普通高等学校教材

动力设备故障诊断方法与案例分析

李录平　刘　忠　张世海　卢绪祥　陈向民　晋风华　编

中国电力出版社
CHINA ELECTRIC POWER PRESS

内 容 提 要

本书比较全面地讨论了发电厂动力设备的结构特点、工作过程特点，在此基础上阐述了大功率旋转动力机械设备的常见故障及其故障原因；论述了动力机械故障诊断基本理论与基本方法；对大功率旋转动力机械的振动特性进行了深入讨论，对振动故障的机理、原因和特征，以及振动故障的诊断方法进行了详细的讨论，给出了一些典型振动故障分析案例；分别针对蒸汽轮机、水轮机、风力机和燃气轮机的典型故障、故障原因、故障诊断方法进行了专门讨论，并结合工程实际案例进行了分析。本书旨在为学习者在动力设备的理论知识、故障诊断理论知识与工程应用之间搭建起联系桥梁，为学习者开展动力设备状态监测与故障诊断领域的知识创新和技术创新提供初步的帮助。本书介绍的许多内容仍然是本领域的研究热点问题，可引导读者在这些方面开展探索与深入研究。

本书主要内容包括：动力设备及其在发电领域的应用；常见发电系统及其设备故障；动力设备状态监测理论与系统；旋转机械常见振动故障的诊断；汽轮机常见故障分析；水轮机常见故障分析；风力机常见故障分析；燃气轮机常见故障分析。

本书可作为能源动力类学科专业的硕士研究生专业课教材，也可以用作能源动力类本科专业高年级本科生的专业选修课教材或教学参考书，还可以为从事发电厂动力设备的设计、制造、故障监测系统研究开发、现场试验研究、运行维护管理等方面工作的工程技术人员提供参考。

图书在版编目（CIP）数据

动力设备故障诊断方法与案例分析/李录平等编．—北京：中国电力出版社，2020.6

ISBN 978-7-5198-4683-1

Ⅰ.①动…　Ⅱ.①李…　Ⅲ.①机械设备—动力设备—故障诊断—研究　Ⅳ.①TH17

中国版本图书馆 CIP 数据核字（2020）第 091105 号

出版发行：中国电力出版社
地　　址：北京市东城区北京站西街 19 号（邮政编码 100005）
网　　址：http：//www.cepp.sgcc.com.cn
责任编辑：孙建英（010－63412369）　马雪倩
责任校对：黄　蓓　李　楠
装帧设计：赵珊珊
责任印制：吴　迪

印　　刷：三河市万龙印装有限公司
版　　次：2020 年 6 月第一版
印　　次：2020 年 6 月北京第一次印刷
开　　本：787 毫米×1092 毫米　16 开本
印　　张：17.5
字　　数：380 千字
印　　数：0001—1000 册
定　　价：90.00 元

前言

动力设备是将自然界中的各种潜在能源予以转化、传导和调整的设备，在国民经济的各个领域都具有十分重要的作用。在发电领域，动力设备特别是旋转动力机械是关键设备。随着发电机组的单机容量持续增加，旋转动力机械设备及其系统越来越复杂，故障因素越来越多，故障机理越来越复杂，故障产生的后果也越来越严重。对于大功率旋转动力机械而言，一旦发生故障，轻者影响机组的出力，严重者引起保护动作而跳机，最严重者导致机组毁坏并酿成严重的社会后果。所以，根据现代发电工程的技术现状和发展趋势的要求，本领域的工程技术人员应该具备动力设备的状态监测、故障诊断、故障处理的基本知识和基本能力，懂得动力设备状态监测与故障诊断系统开发的基本方法，能够根据设备在运行过程中检测到的参数信号开展设备现场故障诊断工作。基于上述原因，许多高校为能源动力领域的硕士研究生开设了动力设备的状态监测与故障诊断课程，为同类专业的高年级本科生开设了相类似的专业选修课程。但是，目前国内动力设备状态监测与故障诊断方面的成熟教材还不多见。为了满足能源动力类学科专业高素质工程技术人才培养的需要，解决人才培养过程的教材瓶颈问题，本书编写团队经过通力合作，共同完成了本书的撰写工作。

本书编写团队成员长期从事发电厂动力设备故障诊断的理论、方法和技术研究，针对发电厂动力设备的典型故障开展了大量的理论和工程应用研究，积累了较为丰富的写作素材。本书由长沙理工大学李录平拟定撰写提纲。具体编写任务分工如下：第一章、第四章由李录平编写；第二章第二节、第六章由刘忠编写；第二章第一节、第五章由张世海编写；第二章第三节、第五节和第八章由卢绪祥编写；第二章第四节、第七章由陈向民编写；第三章由晋风华编写。李录平负责全书的统稿，并对各章内容进行了补充、修改。

本书在撰写过程中参考了本领域有关科技文献资料和部分研究成果，书中的图片来自互联网，在此，对被引用文献和图片的作者表示诚挚的谢意！

由于作者的理论水平和工程实际经验有限，书中难免出现错误和疏漏以及某些论述不当之处，书的内容体系也不够完整，还望各位读者、同行专家不吝赐教。

本书的出版得到了长沙理工大学研究生重点课程建设项目的资助。

作　者

2019 年 9 月

目　录

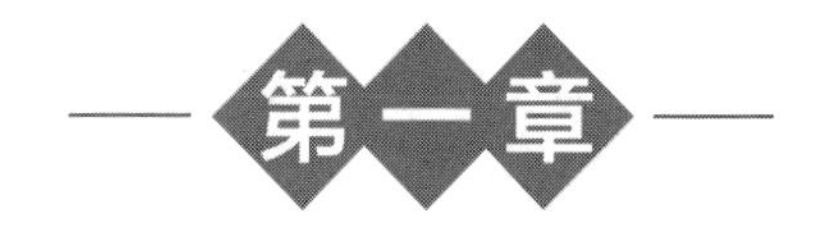

第一章

动力设备及其在发电领域的应用

第一节 动力设备及其相关应用领域

一、动力设备与动力机械

1. 动力设备

动力设备是将自然界中的各种潜在能源予以转化、传导和调整的设备。亦即，在企业生产过程中，动力设备把自然界的潜能转化为热能或机械能，或把机械能转化为电能，以及把电能进一步转化为机械能等生产和生活所需要的各种动力形式，并把它们输送到消费单位使用。按在动力转换中的技术作用不同，动力设备分为以下几类：

(1) 蒸汽发生设备。蒸汽发生设备又称为蒸汽发生器，俗称锅炉，是利用燃料或其他能源的热能把水加热成为热水或蒸汽的机械设备。锅炉可按照不同的方法进行分类：①锅炉按用途可分为工业锅炉、电站锅炉、船用锅炉和机车锅炉等；②按锅炉出口压力可分为低压、中压、高压、超高压、亚临界压力、超临界和超超临界压力等锅炉；③锅炉按水和烟气的流动路径可分为火筒锅炉、火管锅炉和水管锅炉，其中火筒锅炉和火管锅炉又合称为锅壳锅炉；④锅炉按循环方式可分为自然循环锅炉、辅助循环锅炉（即强制循环锅炉）、直流锅炉和复合循环锅炉，其中复合循环锅炉是由辅助循环锅炉和直流锅炉复合而成，包括低循环倍率锅炉；⑤锅炉按燃烧方式可分为室燃炉、层燃炉和沸腾炉等。

(2) 动力发生设备。动力发生设备又称为原动机、动力机，是利用自然能源产生机械能的设备，是现代生产、生活领域中所需动力的主要来源，如蒸汽机、汽轮机、内燃机、燃气轮机、风力机和水轮机等。动力发生设备按照利用的能源来分，蒸汽机、汽轮机、内燃机和燃气轮机等属于热力发动机，水轮机属于水力发动机，风力机属于风力发动机。

(3) 动力转化设备。动力转化设备是将原动机的机械能转化为电能或将电能转化为机械能及其他能量的设备，如发电机、电动机、电气器械，其中发电机和电动机又统称为第二次原动机。

(4) 动力调整或调节设备。动力调整或调节设备是仅改变动力属性而不改变动力形式的设备，主要包括改变电压的变压器和改变电流方式的整流设备。

(5) 动力传导设备。动力传导设备指输送和调配电力的线路、输送蒸汽和热力的管道等。

(6) 产生和转化动力的附属设备。产生和转化动力的附属设备如给水泵、送风泵等。

2. 动力机械及其主要类型

动力机械是把能量转化为机械能而做功的机械装置，属于动力发生设备。动力机械按将自然界中不同能量转变为机械能的方式，可以分为热力发动机、风力机械和水力机械三大类。

(1) 热力发动机。热力发动机包括蒸汽机、汽轮机、内燃机（汽油机、柴油机、煤气机等）、热气机、燃气轮机和喷气发动机等。

1) 蒸汽机。蒸汽机是把蒸汽中的热能转化为机械能的热力装置，蒸汽机的工质是蒸汽，它是将内能转化为功的装置。蒸汽机的产生曾引起了世界上重要的“工业革命”，跨入 21 世纪之后，才渐渐被内燃机和汽轮机取代了领先地位。蒸汽机的使用之所以持续了两个多世纪归功于它对所有燃料都可以由热能转化成机械能。但是蒸汽机的运作依赖于笨重庞大的锅炉，因此最终被轻巧灵活的内燃机所取代，由于蒸汽机的工作效率过低，除在少数国家仍用于机车外，已基本被淘汰。图 1-1 所示为用蒸汽机作为动力的机车。

图 1-1　蒸汽机车

2) 汽轮机。汽轮机也称蒸汽透平发动机，是一种旋转式蒸汽动力装置，高温高压蒸汽穿过固定喷嘴成为加速的汽流后喷射到叶片上，使装有动叶栅的转子旋转，同时对外做功。汽轮机是现代火力发电厂和核能发电厂的主要设备，也用于冶金工业、化学工业、舰船动力装置中。如图 1-2 所示为现代大功率汽轮机。

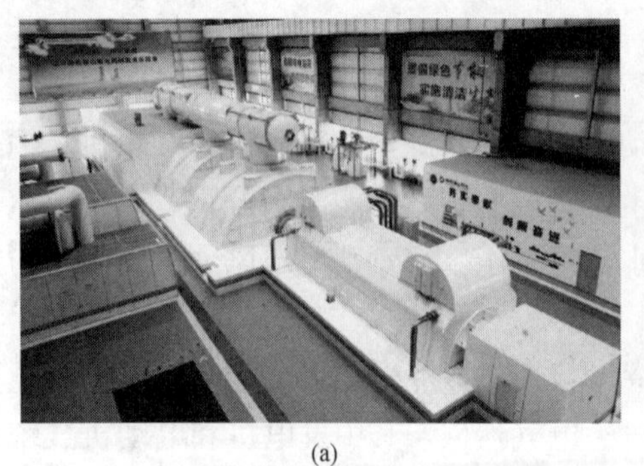

(a)

(b)

图 1-2　现代大功率汽轮机

(a) 火电厂汽轮机；(b) 核电厂汽轮机

3）内燃机。内燃机是将化学能转化为机械能的装置，因为燃料在机械内部直接燃烧，所以称为内燃机。内燃机是目前运用最广泛的热机，它以汽油或轻柴油作燃料，虽然热效率高，但燃料消耗率高，而且内燃机噪声是动力设备噪声的主要来源。因此，未来内燃机的发展将注重于提高机械效率，减少噪声，降低排放量来严格要求燃料的清洁度，实现节能减排的目标。

在工业、农业、交通、采矿和兵工等部门，内燃机的应用最为广泛，船舶、机车、汽车、物料搬运机械、土方机械、坦克、排灌机械和小型发电装置等无不以内燃机为动力。如图 1-3 所示为大功率船舶柴油机。

图 1-3　大功率船舶柴油机

4）煤气机。煤气机是以煤气、天然气和其他可燃气体为燃料，有采用电点火的，也有采用喷入少量柴油压燃引火的。由于气体燃料来源的限制，加上煤气机本身体积大、携带困难等原因，煤气机的应用远不及汽油机、柴油机广泛。煤气机大多应用于固定式动力装置，但也有将气体燃料装囊，或液化装瓶以用于运输车辆的，但因使用不便，未能推广。

5）热气机。热气机也称斯特林发动机，是以空气、氢和氦等作为工质、按回热闭式热力循环，进行周期性的压缩和膨胀而做功的热力发动机。热气机是外燃机，可以采用多种燃料，同时还具有噪声低、振动小和排污较少等优点，主要缺点是散热器大、密封困难和成本较高。

6）燃气轮机。燃气轮机是以燃料燃烧产生的燃气直接推动涡轮做功的装置，转速可高达数万转每分钟，效率也较高。燃气轮机分为开式循环和闭式循环两种，多用作发电机组、船舶、机车和飞机的动力。如图 1-4 所示为安装过程中的现代大功率发电用燃气轮机。

图 1-4　现代大功率燃气轮机

7）喷气发动机。喷气发动机是利用燃

图 1-5　飞机喷气发动机

料燃烧气体排出过程中所产生的反作用力做功的热力发动机，主要用于航空和航天方面。喷气式发动机可以分为两大类，即空气喷气式发动机和火箭喷气式发动机。其中从外界吸入空气作为工质，以空气中所含的氧作为氧化剂的喷气发动机称为空气喷气发动机，空气喷气发动机又可分为无压气机空气喷气发动机和有压气机空气喷气发动机两种，现代航空上采用最广的喷气式发动机就属于后一种，如图 1-5 所示；燃料和氧化剂都由发动机或飞行器本身携带的喷气发动机，称为火箭喷气发动机，或简称火箭发动机。火箭喷气发动机按其所用燃料分固体燃料火箭发动机和液体燃料火箭发动机两种，它们主要用作兵器和航天飞机的动力。

（2）水力机械。水力机械包括水车、水磨、水轮机等。

1）水车。水车是一种古老的提水灌溉工具，也叫天车，其外形酷似古式车轮。水车轮辐直径大的 20m 左右，小的也在 10m 以上，由一根长约 5m、口径约 0.5m 的车轴支撑着 24 根木辐条，呈放射状向四周展开，如图 1-6 所示。水车的每根辐条的顶端都带着一个刮板和水斗。水车的工作原理为通过刮板刮水，水斗装水；河水冲来，借着水势的运动惯性缓缓转动着辐条，一个个水斗装满了河水被逐级提升上去；临顶，水斗又自然倾斜，将水注入渡槽，流到灌溉的农田里。

图 1-6　水车

2）水磨。水磨是一种古老的磨面粉工具，主要由上下扇磨盘、转轴、水轮盘、支架构成。水磨的上磨盘悬吊于支架上，下磨盘安装在转轴上，水磨的转轴另一端装有水轮盘，以水的势能冲转水轮盘，从而带动下磨盘的转动。水磨的磨盘多用坚硬的石块制作，上下磨盘上刻有相反的螺旋纹，通过下磨盘的转动，达到粉碎谷物的目的。

3）水轮机。水轮机是把水流的能量转换为旋转机械能的动力机械，它属于流体机械中的透平机械。早在公元前100年前后，中国就出现了水轮机的雏形——水轮，用于提灌和驱动粮食加工器械。现代水轮机则大多数安装在水电站内，用来驱动发电机发电。在水电站中，上游水库中的水经引水管引向水轮机，推动水轮机转轮旋转，带动发电机发电。作完功的水则通过尾水管道排向下游。水头越高、流量越大，水轮机的输出功率也就越大。

（3）风力机械。风力机械包括有风帆、风车（风力机）、风磨等。

1）风帆。风帆是推动船舶前进的推进工具（如图1-7所示），利用自然界的风作为动力，使船舶的航速、航区大为扩展，为船舶技术的进一步发展奠定了基础。风帆的出现可以说是船舶发展史上的重要里程碑，为船舶的大型化和远洋航行开辟了广阔的前景。

2）风车（风力机）。风车（Wind Mills）是一种不需燃料、以风作为能源的动力机械，早期风力机又称风车。2000多年前，中国、巴比伦、波斯等国就已利用古老的风车提水灌溉、碾磨谷物。古代的风车，是从船帆发展起来的，它具有6～8副像帆船那样的篷，分布在一根垂直轴的四周，风吹时像走马灯似的绕轴转动，叫走马灯式的风车，如图1-8所示。12世纪以后，风车在欧洲迅速发展，通过风车（风力发动机）利用风能提水、供暖、制冷、航运和发电等。现代风力机多指发电用风力机，亦有用于提水灌溉的。如图1-9所示为现代风力发电机组。

图1-7　风帆

图1-8　中国古代风车

3）风磨。风磨是一种利用风力转动的磨。

二、动力机械应用领域

从前面的表述可以发现，动力机械是动力设备的核心组成部分。由于篇幅限制，本书的讨论对象限于动力机械。动力机械的应用领域非常广泛，主要有：

1. 在发电领域的应用

在现代大型发电厂（发电站、发电场），都要使用大功率动力机械，例如：火力发电厂中，核心设备之一就是汽轮机；核电站内，核心设备之一是汽轮机；燃气轮机发电厂中，核心设备是燃气轮；燃气-蒸汽联合循环发电厂，核心设备为汽轮机和燃气轮机；

(a)

(b)

图 1-9　现代风力发电机组

(a) 水平轴风力发电机组；(b) 垂直轴风力发电机组

水电站内，核心设备为水轮机；风电场内，核心设备为风力机。据统计，我国目前95%以上的电量，都是通过动力机械带动发电机发出来的，所以，动力机械在发电领域有广泛的应用。

2. 动力机械在石化行业应用

在石化企业（例如炼油厂、化肥厂、制碱厂和维尼纶厂等企业），也需要使用动力机械来驱动各类泵、风机、压缩机，如汽轮压缩机、汽轮鼓风机、汽轮引风机和汽动给水泵等。

3. 动力机械在冶金行业应用

冶金行业需要大型的热动力设备，如高炉所需要的热空气由锅炉产生再由风机送到高炉中去，则驱动这些大流量风机的设备中，需要使用动力机械，如工业汽轮机、燃气轮机等。

4. 动力机械在船舶工业领域应用

舰艇、轮船多以锅炉产生蒸汽，以汽轮机为原动机带动船桨推动舰船航行。舰艇、轮船中，也有一部分使用内燃式动力机械来驱动船桨。

5. 动力机械在航空航天领域应用

民用航空飞机上，需要大功率的燃气轮机作为动力。航天飞机、运载火箭需要大功率喷气发动机产生巨大的推力才能升空。

6. 动力机械在军事领域的应用

在军事领域，军用飞机上的发动机采用燃气轮机或喷气发动机；一些先进的坦克上采用燃气轮机作为发动机；大型军舰上采用内燃机、蒸汽轮机、燃气轮机作为发动机。

7. 动力机械在农业领域的应用

当前，农业生产正在逐渐实现机械化、自动化，农业机械在农业生产中得到大规模使用。农业机械是指在作物种植业和畜牧业生产过程中，以及农、畜产品初加工和处理过程中所使用的各种机械。在农业机械中，许多需要使用动力机械。

第二节 动力机械的特点分析

动力机械种类繁多，用途广泛，结构差别大，工作原理各不相同。由于篇幅的限值，本书的讨论对象只限于发电领域使用的大功率动力机械。在发电领域，采用的大功率动力机械的工作介质（本书简称为“工质”）不同、结构差异大，工作原理也不尽相同。但是，这些动力机械也有一些共性特点，现讨论如下。

一、动力机械的能量转换特点

动力机械在能量转换方面具有共同的特点，即将工质携带的能量（如热能、动能、势能和化学能）转换为转子旋转的机械能。

1. 蒸汽轮机的能量转换过程

汽轮机（steam turbine，又称为蒸汽透平）是能将蒸汽携带的热能转化为机械功的外燃旋转式机械，也是火力发电、核能发电装置的原动机。汽轮机的基本工作原理是来自锅炉（或核电站中的蒸汽发生器）的蒸汽进入汽轮机后，依次经过一系列环形配置的喷嘴叶栅和动叶栅，将蒸汽携带的热能转化为汽轮机转子旋转的机械能。蒸汽在汽轮机中，以不同方式进行能量转换，便构成了不同工作原理的汽轮机。在现代火电厂、核电厂内使用的汽轮机，主要有冲动式和反动式两种形式的汽轮机，蒸汽在汽轮机内主要呈轴向流动形式。

2. 燃气轮机的能量转换过程

燃气轮机（gas turbine，又称为燃气透平）以高温高压气体为工质，将燃料中的化学能转化为燃气携带的热能，燃气在透平中转化为转子旋转机械能，它是一种热能动力装置，是燃气轮机简单循环发电装置的原动机，也是燃气-蒸汽联合循环发电装置的原动机之一。燃气轮机简单循环中，其绝热压缩、等压加热、绝热膨胀和等压放热四个过程分别在压气机、燃烧室、燃气透平和回热器（或大气）中完成。在燃气轮机简单循环中，压气机从外界大气环境吸入空气，并经过轴流式压气机逐级压缩使之增压，同时空气温度也相应提高；压缩空气被压送到燃烧室与喷入的燃料混合燃烧生成高温高压的气体；然后再进入到透平中膨胀做功，推动透平带动压气机和外负荷转子一起高速旋转，实现了气体或液体燃料的化学能部分转化为机械功，并输出电功；从透平中排出的废气排至大气自然放热。这样，燃气轮机就把燃料的化学能转化为热能，又把部分热能转变成机械能。通常在燃气轮机中，压气机是由燃气透平膨胀做功来带动的，压气机是透平的负载。在简单循环中，透平发出的机械功有1/2～2/3用来带动压气机，其余的1/3左右的机械功用来驱动发电机。在燃气轮机起动的时候，首先需要外界动力，一般是起动机带动压气机，直到燃气透平发出的机械功大于压气机消耗的机械功时，外界起动机脱扣，燃气轮机才能自身独立工作。

3. 水轮机的能量转换过程

水轮机（water turbine，hydro turbine）是将水能转换成机械能的一种水力原动机，它属于流体机械中的透平机械。按水流对转轮的作用原理，水轮机可分成两大类：一类为冲击式，另一类为反击式。冲击式水轮机是在喷嘴内将水的压能转换为高速射流，直接冲击转轮叶片；反击式水轮机是使有压水经导水叶进入叶片的流道，在水压下降的同时，水的压能和动能传递给了转轮，转轮产生反作用力而旋转。经由水轮机做完功的水则通过尾水管道排向下游。水头越高、流量越大，水轮机的输出功率也就越大。

4. 风力机的能量转换过程

风力机（wind turbine）是将风的动能转变成机械动能的设备，也是风力发电装置的原动机。风力机的式样较多，可大体分为两种类型：一种是桨叶绕水平轴旋转的翼式风力机，有单叶式、双叶式、三叶式和多叶式，也可按叶片相对气流的情况分为迎风式（也称为上风向式）、顺风向式（也称为下风向式）；另一种是绕垂直轴转动的“S”形叶片式、“H”形叶片式、Darrieus透平、太阳能风力透平等。

风轮是把风的动能转变为机械能的重要部件，它由若干只叶片组成，当风吹向桨叶时，桨叶上产生气动力驱动风轮转动。由于风轮的转速比较低，而且风力的大小和方向经常变化着，这又使转速不稳定，因此在带动发电机之前，还必须附加一个把转速提高到发电机额定转速的齿轮变速箱，再加一个调速机构使转速保持稳定，然后再连接到发电机上，实现将风的动能连续不断地转换为电能。

二、动力机械的结构特点

发电用的大功率动力机械，在英文中有一个共同的名称turbine（直译的名称为“透平”），其统一的定义为：透平（turbine）是将流体介质中蕴有的能量转换成机械功的机器，又称涡轮。英文turbine单词源于拉丁文turbo一词，意为旋转物体。透平的工作条件和所用介质不同，因而其结构形式多种多样，但基本工作原理相似。透平最主要的部件是旋转元件（转子或叶轮），被安装在透平轴上，具有沿圆周均匀排列的叶片。

因此，发电领域使用的大功率动力机械在结构上由转动部分和静止部分两个方面组成，转子包括主轴、叶轮、动叶片和联轴器等，结构上呈现下列基本特点。

1. 叶片-能量转换的关键部件

发电领域的动力机械，采用叶片来实现能量转换。叶片实现能量转换的原理是携带能量的工质在流过叶片表面时，将发生流动方向、参数（温度、压力、速度）的改变，从而对叶片产生作用力，安装在转轴上的叶片（称为动叶）因工质作用力而驱动转轴旋转，将工质携带的能量转换为转轴旋转的机械能。一根叶片一般由叶根、叶型和连接件组成。

在发电动力机械装置内，一般安装动叶片和静叶片（风力机除外）。安装方式为：由若干根静叶片按一定规律排列组成静叶栅，相邻静叶之间形成的流体通道，能够起到改变流体方向、速度的作用；由若干根动叶按一定规律排列组成动叶栅，相邻动叶之间形成的流体通道，能够起到将流体携带的能量转换机械能的作用。对于汽轮机和燃气轮机，一般由一列静叶栅与一列动叶栅组成一“级”，大功率汽轮机和大功率燃气轮机的通流部分中，都包含多个级。而水轮机的动叶、风力机的桨叶均只有一列叶栅。如图1-10所示为发电领域动力机械的动叶栅。

(a) (b) (c) (d)

图1-10 动力机械的叶栅

(a) 汽轮机叶栅；(b) 燃气轮机叶栅；(c) 水轮机叶栅；(d) 风力轮机叶栅

动力机械动叶在工作时，受到复杂外载荷的作用，产生变形、振动的复杂运动现象。

2. 转轴-机械能的载体

(1) 转轴的作用。转轴（shaft）又称为转子（rotor），是主轴与安装其上的轮盘、动叶而形成的旋转部件的统称（如图1-11所示）。转轴能将流体作用于动叶片所形成的扭矩，通过轮盘和主轴等传递给发电机或其他被驱动的机械。在发电领域使用的动力机械，流体携带的能量，都要转换为转轴旋转的机械能。所以，转轴是机械能的重要载体。

图 1-11 动力机械的转轴

(a) 汽轮机转轴；(b) 燃气轮机转轴；(c) 水轮机转轴；(d) 风力机主轴

(2) 转轴的结构。在发电领域应用的动力机械，因工质类型和参数的差异，使得其转轴的结构和空间布置形式有差异。

1) 汽轮机和燃气轮机转轴。汽轮机和燃气轮机的转轴在外形上具有一定的相似性，即机组的转轴是由多根独立的转轴通过联轴器连接而成的整体，又称为轴系。在轴系上，按一定规律排列了多列叶栅，且每级叶栅由数十根叶片沿圆周方向紧密排列而成。现代发电用汽轮机级、燃气轮机的转轴均为水平轴［如图 1-10 (a) 和 (b) 所示］。

2) 水轮机轴。现代水电站使用的水轮机，其转轴既有立式布置，也有卧式布置，由于水轮机的转速低等原因，大功率水轮机的转轴直径都比热能动力机械的转轴直径大很多。一般来讲，水力发电机组的转轴由水轮机转轴、发电机转轴通过联轴器连接而成。在水轮机组转轴上，只布置一列动叶片（桨叶），并有一列静叶栅（导叶栅）与动叶相对应。

3) 风力机轴。现代风力发电机组的转轴，其转轴既有水平布置形式，也有垂直布置形式，但以水平布置形式为主。大功率水平轴风力发电机组转轴，一般由风轮、主轴、联轴器、齿轮传动链、发电机轴等组成。在风力发电机组的风轮上，只布置一列动叶片（桨叶），且无静叶栅（导叶栅）与动叶相对应。

(3) 转轴上的载荷。无论哪种类型的动力机械，转轴是其关键的部件，它受到复杂的外载荷的作用，这些外载荷主要包括转轴旋转产生的离心力、工质对动叶的作用力、工质对转轴的作用力、轴承对转轴产生的作用力、重力场对转轴产生的作用力、温度场对转轴产生的作用力（汽轮机和燃气轮机最明显），发电机转子磁场对转轴产生的作用力等。转轴在旋转时，既承受弯曲应力又承受扭转应力，作用在转轴上的载荷既有恒定载荷又有交变载荷。转轴在旋转时，会受到多种外力的作用，且这些外力还可能随时间变化，所以转轴旋转时一般会产生振动。转子在某些特定的转速下转动时会发生很大的变形并引起共振，引起共振时的转速称为转子的临界转速。

3. 轴承-支撑转轴的关键部件

转轴在旋转时，会受到多种载荷作用，这些外载荷合成后，可以分解为径向力、轴向力、圆周方向力偶。为了确保转轴的平稳、可靠运转，必须用轴承来承载这些径向力、轴向力。发电领域的动力机械中，采用不同形式的轴承来承载转子上的径向载荷和轴向载荷。

（1）汽轮机轴承。汽轮机采用径向油膜滑动轴承来平衡转子上的径向载荷，采用推力轴承来平衡转子上的轴向载荷。汽轮机的轴承如图 1-12 所示。

图 1-12　汽轮机轴承

（a）支承轴承外形；（b）支承轴承体；（c）支承轴承下瓦；（d）支承-推力联合轴承

（2）燃气轮机轴承。大功率燃气轮机一般由两个支承轴承（或三个支承轴承）来承担转轴的径向载荷，这些支承轴承分别坐落在压气机的下缸和透平排气缸的下缸上，压气机下缸和透平排气缸下缸分别支承在前支腿和后支腿上；燃气轮机转轴上布置一个推力轴承，用于平衡作用在转轴上的轴向推力。如图 1-13 所示为大功率燃气轮机的轴承形式及其在气缸中的相对位置。大功率燃气轮机的轴承的形式一般为油膜滑动轴承。

(a) (b) (c) (d)

图 1-13　大功率燃气轮机轴承

(a) 支承轴承在进气缸中的位置；(b) 支承轴承外形；(c) 支承轴承下瓦；(d) 燃气轮机推力轴承

(3) 水轮机轴承。水轮机轴承分为导轴承和推力轴承。

1) 水轮机导轴承（guide bearing of hydrogenerator)。导轴承（guide bearing）的作用是固定水轮机轴径向方向，防止其在径向方向摆动，受力方向在径向方向。

由于水轮机的结构形式多样，所以水轮机导轴承的形式很多。按轴瓦的材料可以分为橡胶轴承和金属轴承；按润滑方式可分为水润滑轴承和油润滑轴承，油润滑又分为干油和稀油两类，稀油润滑又有很多形式；按轴承形状来分，有筒式和分块瓦式。常用的水轮机导轴承通常有水润滑导轴承、稀油润滑筒式导轴承、稀油润滑分块瓦式导轴承等几种。现在大多数水电厂的水轮发电机均采用分块瓦式导轴承，只不过有的导轴承具有单独的油槽，有的导轴承则与推力轴承共用一个推力油槽。位于发电机转子上方的导轴承称为上部导轴承，反之称为下部导轴承，其结构大同小异。

2) 水轮机推力轴承（thrust bearing of hydrogenerator)。水轮机推力轴承的作用是承受水轮机转轴轴向载荷，防止转轴在轴向方向发生窜动。

(4) 风力机轴承。风力发电机组常年在野外工作，工况条件比较恶劣，温度、湿度和轴承载荷变化很大，有冲击载荷，因此要求轴承有良好的密封性能和润滑性能、耐冲击、长寿命和高可靠性；发电机在 2～3 级风时就要启动，并能跟随风向变化，所以轴承结构需要进行特殊设计以保证低摩擦、高灵敏度。由于大功率风力机的特殊结构和工作特性等原因，风力机上采用的轴承数量多，轴承的种类也比较多。

1）变桨轴承。变桨系统的作用是当风速过高或过低时，通过调整桨叶节距角，改变气流对叶片攻角，从而改变风电机组获得的空气动力转矩，使功率输出保持稳定。变桨系统轴承一般为滚子轴承。

2）偏航轴承。偏航系统主要有两个功能，一是使风轮跟踪风向；二是由于偏航，机舱内引出的电缆发生缠绕时，自动解缆。偏航轴承是风机及时追踪风向变化的保证。风机开始偏转时，偏航加速度 ε 将产生冲击力矩 $M=I\times\varepsilon$（I 为机舱惯量）。由于 I 非常大，这样使本来就很大的冲击力成倍增加。另外，风机如果在运动过程中偏转，偏航齿轮上将承受相当大的陀螺力矩，容易造成偏航轴承的疲劳失效。

3）风轮主轴轴承。一般来讲，大功率风力机的风轮主轴轴承采用滚子轴承，有些风电机组采用圆锥滚子轴承＋圆柱滚子轴承双轴承方案，有些风电机组采用超大双列圆锥滚子轴承单轴承方案，也有些采用单列圆锥滚子轴承双轴承方案。由于风力机主轴承受的载荷非常大，而且轴很长，容易变形，因此要求轴承必须有良好的调心性能。

4）变速器轴承。变速器中的轴承种类很多，主要是靠变速箱中的齿轮油润滑。润滑油中金属颗粒比较多，使轴承寿命大大缩短，因此需采用特殊的热处理工艺，使滚道表面存在压应力，降低滚道对颗粒杂质的敏感程度，提高轴承寿命。

5）风力发电机轴承。风力发电机组中的发电机轴承一般采用圆柱滚子轴承和深沟球轴承。通过对这两种轴承的结构设计、加工工艺方法改进、生产过程清洁度控制及相关组件的优选来降轴承振动的噪声，使风力发电机组中的发电机轴承具有良好的低噪声性能。

4. 轴承润滑系统-转轴旋转的重要保障

所谓轴承润滑系统，指的是向轴承润滑部位供给润滑剂的一系列的给油（脂）、排油（脂）及其附属装置的总称。润滑系统可分为五种，即循环润滑系统、集中润滑系统、喷雾润滑系统、浸油与飞溅润滑系统、油和脂的全损耗性润滑系统。

发电领域的动力机械中，汽轮机、燃气轮机、水轮机各轴承采用循环润滑系统，使用润滑油进行润滑；风电机组中，各类轴承可能采用不同的润滑方式，呈现多样化的润滑方式。

润滑系统的设计要根据各种动力机械设备的特点和使用条件而定，它总是由几种主要元件如液压泵、油箱、过滤器、冷却装置、加热装置、密封装置、缓冲装置、安全装置和报警器等所组成。

润滑系统的功能是向做相对运动的零件（转轴轴颈、轴瓦；滚子、滚道）表面输送定量的清洁润滑油，以实现液体摩擦，减小摩擦阻力，减轻机件的磨损，并对零件表面进行清洗和冷却。

润滑系统中的润滑油有下面四个方面作用：①减轻滑动部位的磨损，延长零件寿命；②减少摩擦功耗；③冷却作用，可导走摩擦热，使零件的工作温度不过高；④保证滑动部分必要的运转间隙，防止接触面被烧伤。这些作用都与设备的效率和安全可靠性有着直接或间接的关系。因此，对于动力机械而言，我们需要密切关注轴承润滑系统的状态监测与故障诊断问题。

第三节 动力机械故障的分类

一、设备故障的定义

所谓设备故障（fault），一般是指设备失去其或降低其规定功能的事件或现象，表现为设备的某些零件失去原有的精度或性能，使设备不能正常运行、技术性能降低，致使设备中断生产或效率降低而影响生产。

设备在使用过程中，由于摩擦、外力、应力及化学反应的作用，零件总会逐渐磨损和腐蚀、断裂导致因故障而停机。加强设备保养维修，及时掌握零件磨损情况，在零件进入剧烈磨损阶段前，进行修理更换，就可以防止故障停机所造成的经济损失。

故障这一术语，在实际使用时常常与异常、事故等词语混淆。所谓异常，意思是指设备处于不正常状态，那么正常状态又是一种什么状态呢？如果连判断正常的标准都没有，那么就不能给异常下定义。对故障来说，必须明确对象设备应该保持的规定性能是什么，以及规定的性能达到什么程度，否则，同样不能明确故障的具体内容。

假如某对象设备的状态和所规定的性能范围不相同，则要认为该设备的异常即为故障；反之，假如对象设备的状态，在规定性能的许可水平以内，此时，即使出现异常现象，也还不能算作是故障。总之，设备管理人员必须把设备的正常状态、规定性能范围，明确地制订出来。只有这样，才能明确异常和故障现象之间的相互关系，从而明确什么是异常，什么是故障；如果不这样做就不能免除混乱。

事故也是一种故障，是侧重安全与费用上的考虑而建立的术语，通常是指设备失去了安全的状态或设备受到非正常损坏等。

二、设备故障的分类

由于机械设备多种多样，因而故障的形式也有所不同，必须对其进行分类研究，以确定采用何种诊断方法。故障分类的方式主要有以下几种：

1. 按故障存在的程度分类

（1）暂时性故障。暂时性故障带有间断性，是在一定条件下，系统所产生的功能上的故障；通过调整系统参数或运行参数，不需要更换零件又可恢复系统的正常功能。

（2）永久性故障。永久性故障是由某些零件损坏而引起的，必须经过更换或修复后才能消除故障。永久性故障还可分为完全丧失所应有功能的完全性故障及导致某些局部功能丧失的局部性故障。

2. 按故障发生、发展的进程分类

（1）突发性故障。突发性故障出现前无明显的征兆，难以靠早期试验或测试来预测。突发性故障发生时间短暂，一般带有破坏性，如转子的断裂，人员误操作引起设备的损毁等属于这一类故障。

（2）渐发性故障。渐发性故障是指设备在使用过程中某些零部件因疲劳、腐蚀、磨损等使性能逐渐下降，最终超出允许值而发生故障。渐发性故障占有相当大的比重，具有一定的规律性，能通过早期状态监测和故障预报来预防。

3. 按故障严重的程度分类

（1）破坏性故障。破坏性故障既是突发性又是永久性的，故障发生后往往危及设备和人身安全。

（2）非破坏性故障。一般非破坏性故障是渐发性的又是局部性的，故障发生后暂时不会危及设备和人身的安全。

4. 按故障发生的原因分类

（1）外因故障。外因故障是指因操作不当或环境条件恶化而造成的故障，如调节系统的误动作，设备的超速运行等。

（2）内因故障。内因故障是指设备在运行过程中，因设计或生产方面存在的潜在的隐患而造成的故障。

5. 按故障相关性分类

（1）相关故障。相关故障也可称为间接故障，相关故障是由设备其他部件引起的，如轴承因断油而烧瓦的故障是因油路系统故障而引起的。

（2）非相关故障。非相关故障也可称为直接故障，非相关故障是因零部件的本身直接因素引起的，对设备进行故障诊断首先应诊断这类故障。

6. 按故障发生的时期分类

（1）早期故障。早期故障的产生可能是设计加工或材料上的缺陷引起的，在设备投入运行初期暴露出来。这种早期故障经过暴露、处理、完善后，故障率开始下降。

早期故障不仅发生在新机械投入使用的初期，而且当机械的零部件经过维修或更换，重新投入使用时，也会出现早期故障。

（2）使用期故障。使用期故障又叫偶发期故障，是产品有效寿命期内发生的故障。使用期故障是由于载荷（外因、运行条件等）和系统特性（内因，零部件故障，结构损伤等）无法预知的偶然因素引起的。设备大部分工作时间段内出现的故障属于使用期故障。使用期故障的故障率基本上是恒定的，对使用期故障进行监视与诊断具有重要意义。

（3）后期故障。后期故障又叫耗散期故障，它往往发生在设备的后期，由于设备长期使用，甚至超过设备的使用寿命后，因设备的零部件逐渐磨损、疲劳、老化等原因使系统功能退化，最后可能导致系统发生突发性的、危险的、全局性的故障。在设备的后期，设备故障率呈上升趋势，通过监测、诊断，发现失效零部件后应及时更换，以避免发生事故。

思考与讨论题

（1）什么是动力设备，动力设备包括哪些研究对象，动力设备的重大应用领域有哪些？

（2）什么是动力机械，动力机械包括哪些研究对象，动力机械的重大应用领域有哪些？

（3）发电领域的动力机械在结构上有什么异同点？在工作原理上有什么异同点？

（4）发电领域的动力机械的故障有哪些故障分类方法？

参考文献

[1] 何正嘉．机械故障诊断理论及应用［M］．北京：高等教育出版社，2010.

[2] 李录平．汽轮机组故障诊断技术［M］．北京：中国电力出版社，2002.

[3] 黄树红．发电设备状态检修与诊断方法［M］．北京：中国电力出版社，2008.

[4] 夏虹，刘永阔，谢春丽．设备故障诊断技术［M］．哈尔滨：哈尔滨工业大学出版社，2010.

[5] 钟秉林，黄仁．机械故障诊断学［M］．北京：机械工业出版社，2003.

[6] 屈梁生．机械故障诊断学［M］．上海：上海科学技术出版社，1986.

[7] 马宏忠．电机状态监测与故障诊断［M］．北京：机械工业出版社，2008.

[8] 李录平，卢绪祥．汽轮发电机组振动与处理［M］．北京：中国电力出版社，2007.

[9] 李录平，晋风华．汽轮发电机组碰磨故障的检测、诊断与处理［M］．北京：中国电力出版社，2006.

[10] 李录平，黄章俊，吴昊，刘洋．火电厂热力设备内部泄漏故障诊断研究［M］．北京：科学出版社，2016.

[11] 李录平，晋风华，张世海，陈向民．汽轮发电机组转子与支撑系统振动［M］．北京：中国电力出版社，2017.

[12] 杨明纬．声发射检测［M］．北京：机械工业出版社，2005.

[13] 王献孚．空化泡和超空化泡流动理论及应用［M］．北京：国防工业出版社，2009.

[14] 王致杰，徐余法，刘三明．大型风力发电机组状态监测与智能故障诊断［M］．上海：上海交通大学出版社，2013.

[15] Ranjan，Ganguli．燃气轮机故障诊断-信号处理与故障隔离［M］．胡金海，王磊，孙权，译．北京：国防工业出版社，2016.

[16] 朱泰．电力工业词典［M］．北京：电子工业出版社，1989.

常见发电系统及其设备故障

发电系统是指将各种形式的一次能源（或非电力类二次能源）转换为电能的系统。目前，因发电原理、一次能源（或二次能源）的种类、单机容量、运行方式的差别，出现了多种形式的发电系统。由于篇幅的限制，以及本书的核心目标的约定，本章主要讨论并网运行的大容量、利用旋转式动力机械作为原动机的发电系统，即火力发电系统、水力发电系统、风力发电系统、核能发电系统和燃气轮机发电系统，简单介绍上述发电系统的基本构成、工作原理、主要系统和常见故障及其原因。

第一节　火力发电系统及其设备故障

一、火力发电系统原理与基本构成

1. 火力发电基本原理

火力发电一般是指利用燃煤、石油和天然气等化石燃料燃烧时产生的热能来加热水，使水变成高温、高压的过热蒸汽，然后再由蒸汽推动汽轮发电机组来发电的方式的总称。目前，利用城市垃圾通过燃烧方式获取热能来发电的方式，可以归于火力发电范畴。如图 2-1 所示为国内某火电厂的外景。

图 2-1　国内某火电厂外景

在火力发电系统中，能量转换的基本过程为：燃料经过制备后进入锅炉燃烧，将燃料的化学能转换为热能，通过传热将热能传递给工质（水、水蒸气），产生符合设计要求的蒸汽；蒸汽通过蒸汽管道（主蒸汽管道、再热蒸汽管道）进入汽轮机汽缸，由汽轮机的静叶栅进行加速，将蒸汽携带的热能转换为动能，在动叶栅中将蒸汽的动能转换为转子旋转的机械能；转子旋转带动发电机组转子磁场旋转，使得发电机组定子绕组切割磁力线，在定子绕组中产生电力输出。

2. 火力发电系统基本结构

在本书中，所指的火力发电系统主要指以煤为燃料的火力发电厂。一般来讲，所有的火力发电系统均可分为锅炉部分、汽轮机部分、发电机部分及公用部分，火电厂生产流程示意图如图 2-2 所示。因此，按照系统的结构来划分，现代火力发电机组可划分为锅炉设备及系统、汽轮机设备及系统、电气设备及系统。

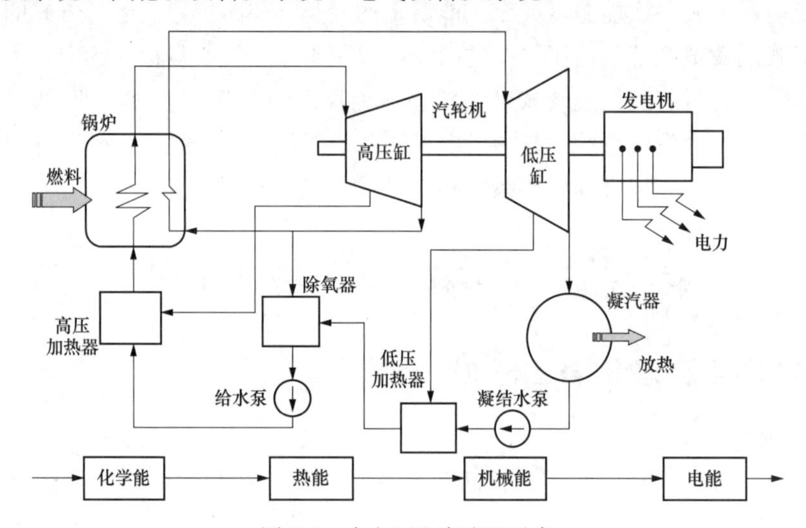

图 2-2　火电厂生产流程示意

图 2-3　国产 1000MW 超超临界火电机组锅炉

（1）锅炉设备及系统。电站锅炉设备及系统的作用为：将燃料的化学能高效、可靠地转换为热能，然后将热能传递给工质（水、水蒸气），向汽轮机输送符合规程要求的高品质蒸汽，并将燃料燃烧过程中产生的污染物控制在国家标准的允许范围内，如图 2-3 所示是国产 1000MW 火电机组锅炉外形。电站锅炉系统包含的设备多，系统复杂，其结构如图 2-4 所示。从设备状态监测与故障诊断的视角，可以将电站锅炉设备与系统划分为锅炉本体、辅助系统和附件，如图 2-5 所示。

1）锅炉本体设备。电站锅炉的本体设备主要包括锅内设备和炉内设备。其中锅内设备包括：汽包、下降管、水冷壁、过热器、再热器和省煤器等；炉内设

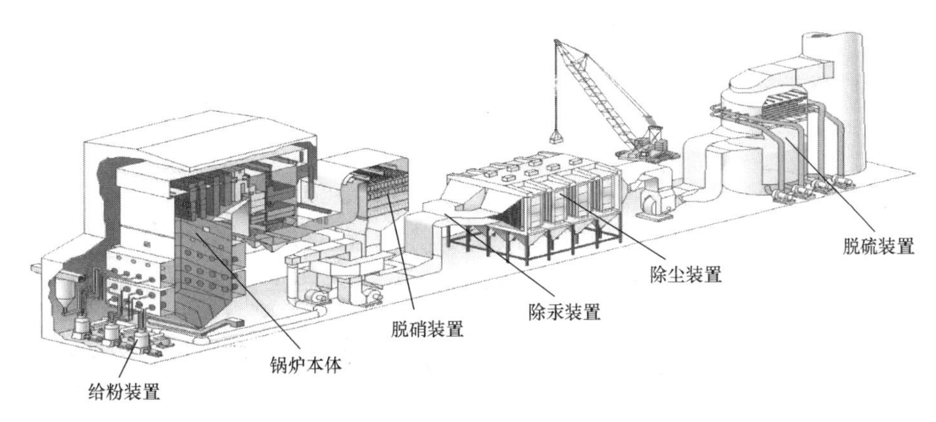

图 2-4 电站锅炉设备结构示意

备包括：炉膛、燃烧器、点火装置和空气预热器等。

2）锅炉辅助设备。锅炉辅助设备主要包括：给水设备、通风设备、输煤设备、制粉设备、烟气净化设备（含除尘设备、脱硫设备、脱硝设备和除汞设备）、除灰（渣）设备和锅炉附件等。

（2）汽轮机系统的组成。汽轮机是一种将蒸汽热能连续、稳定地转变为机械功的旋转式原动机，其优点是单机功率大、热经济性高、运行平稳可靠、使用寿命长和单位功率造价低，如图 2-6 所示是现代大功率汽轮机的外形。电站大功率汽轮机系统包含的设备多，系统复杂，其内部结构如图 2-7 所示。从设备状态监测与故障诊断的视角，可以将电站汽轮机设备与系统划分汽轮机本体和辅助系统，如图 2-8 所示。

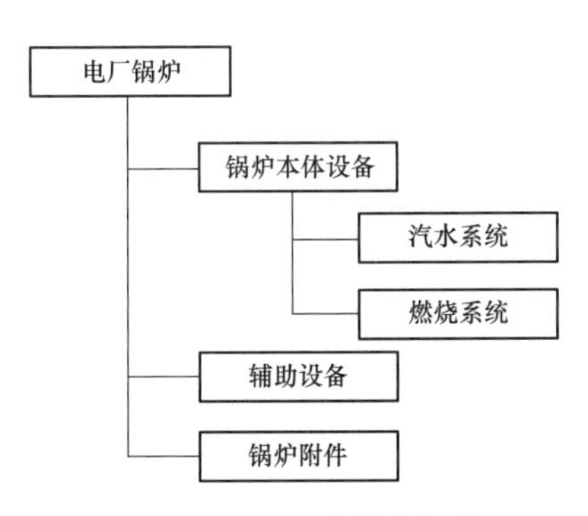

图 2-5 锅炉系统结构划分

图 2-6 现代大功率汽轮机外形

1）汽轮机本体设备。汽轮机的本体设备主要包括汽缸、转子和进汽部分等。

2）汽轮机辅助系统。汽轮机辅助系统主要包括：润滑油系统、轴承支撑系统、调节与保安系统、回热系统（包括低压加热器、高压加热器、除氧器、给水泵和管路等）和凝汽系统（凝汽器、循环水系统和真空系统）等。

（3）电气设备及系统。火电厂电气设备的主要作用是将转子旋转机械能持续、稳定地转换为高品质的电能，并将所发出的电能输出到电网。火电厂电气设备可分为一次设备和二次设备。

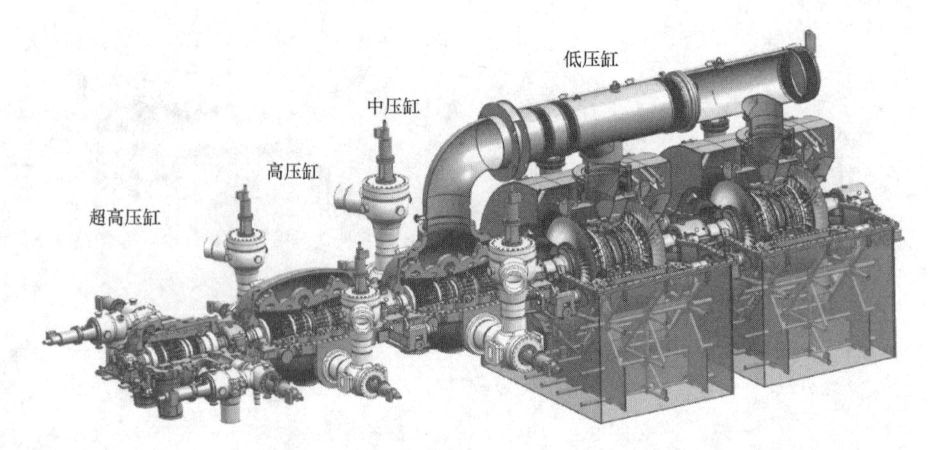

图 2-7　现代大功率汽轮机内部结构示意图

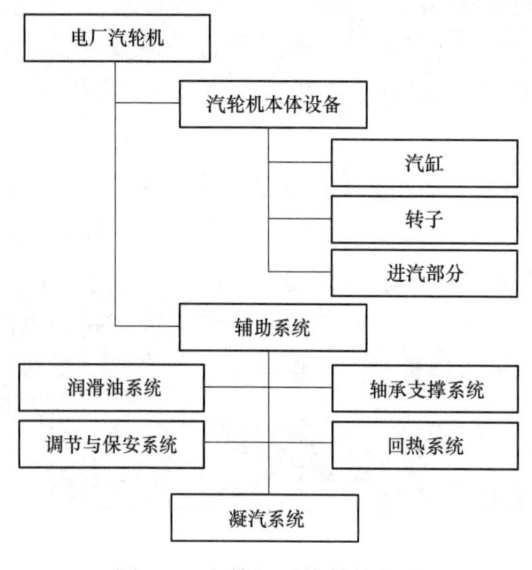

图 2-8　汽轮机系统结构划分

1）一次设备。直接生产、转换和输配电能的设备，称为一次设备，主要有以下几种：生产和转换电能的设备（主要有同步发电机、变压器及电动机，它们都是按电磁感应原理工作的，统称为电机）、开关设备、限流电器、载流导体（包括母线、架空线和电缆线等）、补偿设备和其他设备（包括互感器、保护电器、绝缘子和接地装置）。

2）二次设备。二次设备是指对一次设备进行监察、测量、控制、保护和调节的辅助设备，主要包括测量表计、绝缘监测装置、控制和信号装置、继电保护及自动装置和直流电源设备等。

二、火电厂锅炉系统主要故障

1. 锅炉系统常见故障类型

锅炉系统故障的分类有多种方法，其中常用的分类方法是根据其结构进行分类。按照结构分类，锅炉系统的故障分为本体故障和幅值系统故障，如图 2-9 所示。

2. 锅炉系统典型故障

电站锅炉系统中，具有如下典型故障：

(1) 燃烧故障。锅炉燃烧故障包括受热面结焦、炉膛灭火、尾部烟道二次燃烧。

1）受热面结焦：在煤粉炉中，燃烧中心温度可达 1400～1600℃，当灰渣撞击炉壁时，若仍保持软化或熔化状态，易黏结附于炉壁上形成结焦，尤其是在有卫燃带的炉膛内壁，表面温度很高，又很粗糙，更易结焦。锅炉结焦后，受热面的吸热量和蒸发量都

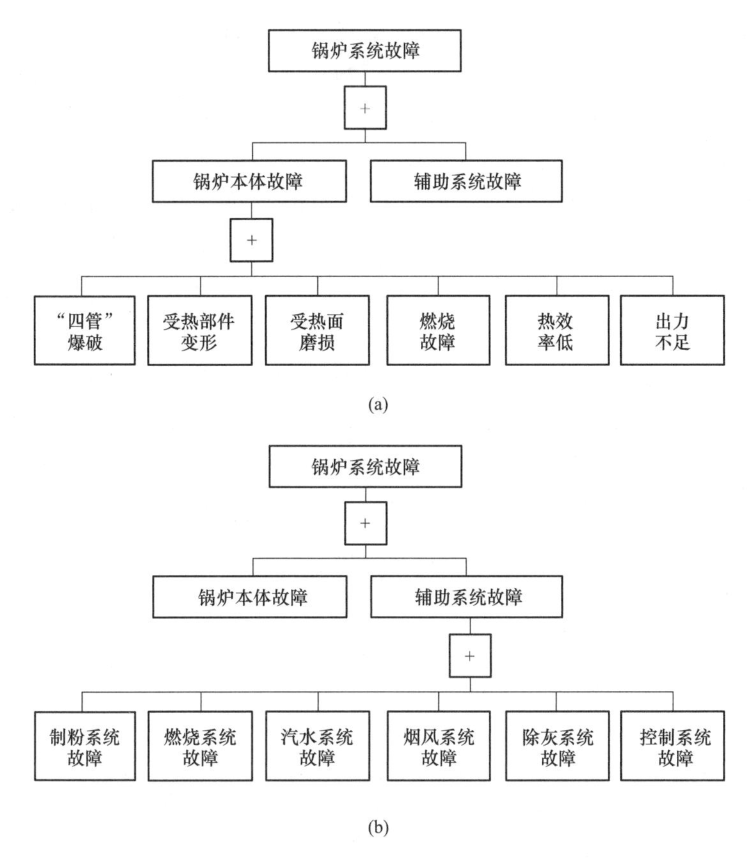

图 2-9 锅炉系统的主要故障结构分类

(a) 锅炉本体主要故障结构分类；(b) 辅助系统主要故障结构分类

会减少，为了保持锅炉负荷，只能通过增加燃料量来加强锅炉燃烧，这将造成炉膛热强度增大，过热汽温、再热汽温上升。为使过热汽温、再热蒸汽温度不超限又被迫减少送风量，总风量的减少将会进一步扩大结焦趋势，严重时甚至被迫停炉。

2）炉膛灭火：炉膛灭火是燃煤锅炉的重大事故，当发生炉膛灭火时，会触发锅炉主燃料跳闸（main fuel trip，MFT），导致锅炉停运。炉膛灭火的主要原因是燃烧不稳或炉膛负压波动大，引起炉膛灭火的原因很多，一般说来，锅炉灭火容易发生在机组变负荷运行、低负荷运行或煤质突变时；炉膛内垮焦或者燃烧器长期运行磨损严重时也容易造成锅炉灭火；同时，由于热控炉膛火焰检测系统失灵导致保护动作在电厂中也时有发生。

3）锅炉尾部烟道二次燃烧：锅炉尾部烟道二次燃烧是发生的较多的事故，主要由于在锅炉运行中燃烧不好时，部分可燃物随着烟气进入尾部烟道，积存于烟道内或黏附在尾部受热面上。在满足条件时，这些可燃物会自行燃烧，引起排烟温度剧升，烟道正压，从而对空气预热器、引风机、省煤器等设备造成损坏，甚至造成人身伤亡事故。

（2）受热面故障。受热面故障主要包括水冷壁爆管损坏、过热器管爆管损坏和再热器管爆管损坏和省煤器管爆管损坏，以上统称“四管”爆漏故障。

在锅炉故障中，受热面“四管”（包括水冷壁、过热器、再热器和省煤器）爆管是锅炉常见的严重故障。受热面爆管时，高压高温的水汽喷出，锅炉不能继续运行，不但要停炉，而且可能造成人身伤亡。因此，防止和消除受热面爆破损坏事故，对保证安全经济运行尤为重要。

造成“四管”爆漏的原因很多，主要有如下几个方面：管材质量不良，制造、安装、焊接质量不合格；管壁金属超温或温度长期波动，产生疲劳损坏；管壁腐蚀、管内结垢和积盐；受热面积灰、结渣引起高温腐蚀；管外磨损；启炉、停炉操作不符合规定要求等。

（3）汽包水位故障。锅炉的汽包水位事故是汽包锅炉最易发生且后果又十分严重的事故之一。锅炉水位事故可分为满水、缺水和汽水共腾等几种情况。

在锅炉汽包中，水位表示蒸发面的位置。汽包正常水位的标准线一般定在汽包中心线以下100～200mm处，在水位标准线的±50mm以内为水位允许波动范围，一旦汽包水位的波动超过一定限值，就产生汽包水位故障。

造成汽包水位故障的主要原因有：汽包水位计故障或水位指示不准确，造成误判断引发误操作；给水自动调节装置失灵，给水调节阀、给水泵调整系统故障；负荷突然变化，控制调整不当；炉管爆破造成缺水。

（4）水循环故障。水循环故障发生在亚临界自然循环汽包锅炉系统中，在自然循环锅炉的蒸发部分中，工质的流动是借助于自然推力，即水和汽水混合物的密度差。但是，由于各种原因导致这种自然推力减弱甚至消失时，就会产生水循环故障。

水循环故障又分为汽水停滞、下降管带汽、汽水分层：

1）汽水停滞。导致汽水停滞的主要原因是水冷壁受热不均匀。从运行管理上看，水冷壁管外结焦、积灰或炉墙脱落、开裂，往往会减弱水冷壁的吸热，在这部分水冷壁管中可能出现汽水停滞。

2）下降管带汽。下降管带汽，增加了流动阻力，并且由于上升管与下降管中工质的重度差减小，影响正常的水循环，导致管子过热烧坏。造成下降管带汽的主要原因有：汽包内的水位距下降管入口太近，在入口处形成漩涡漏斗，将蒸汽空间的蒸汽一起带入下降管；下降管距上升管太近时，也会把上升管送入汽包的汽水混合物再抽入下降管内；另外，当汽包内水容积中蒸汽上浮速度小于水的下降速度时，进入下降管的水中也会带汽。

3）汽水分层。当锅炉水冷壁管水平布置或倾斜角度过小时，管中流动的汽水混合物流速过低，就会出现汽水分层流动的现象，即蒸汽在管子上部流动，水在管子下部流动。这时，管子下部有水冷却不致超温，而蒸汽的传热性能差，因此管子上部很可能由于壁温过高而过热损坏。

三、火电厂汽轮机系统主要故障

1. 汽轮机系统常见故障类型

电站汽轮机系统的故障分类也有多种多样，其中常用的方法是按照故障的机理来划分。按照故障的机理，汽轮机设备的故障可划分为：转子与支承系统振动故障、大轴弯曲故障、汽轮机进水故障、转子超速故障、轴承故障、叶片故障、膨胀不畅故障、通流部分故障、凝汽系统故障和加热器故障等。

2. 汽轮机系统典型故障

（1）振动故障。电站汽轮机是大功率旋转动力机械，机组在运行时，由于多种原因可导致机组的转子及其支承系统振动超过限值，出现异常振动，产生振动故障。本书第四章专门讨论旋转动力机械的振动故障诊断问题。

（2）断叶片故障。造成汽轮机出现断叶片故障的主要原因有：汽轮机进水（冷蒸汽），或主蒸汽、再热蒸汽温度异常变化、急剧下降；叶片频率不合格或制造质量不良；机组严重超负荷时间过长，使叶片疲劳；系统周率忽高忽低频繁，导致叶片疲劳；凝汽器满水，使叶片浸水；汽机动静部分相碰发生摩擦；汽轮机严重超速；固体颗粒侵蚀，低负荷（超临界机组）；叶片结垢使叶片受力增大。

（3）超速故障。导致汽轮机超速故障的主要原因有：调速系统出现异常；汽轮机超速保护装置缺陷；运行中调整不当。

（4）水冲击故障。造成汽轮机产生水冲击的主要原因有：锅炉运行不正常，发生汽水共腾或满水事故；汽轮机启动中没有充分暖管或疏水排泄不畅，主汽管道或锅炉的过热器疏水系统不完善，可能把积水带到汽轮机内；滑参数停机时，由于控制不当，降温降得过快，使汽温低于工质压力下的饱和温度而成为带水的湿蒸汽；汽轮机启动或低负荷运行时，汽封供汽系统管道没有充分暖管和疏水排除不充分，使汽、水混合物被送入汽封；停机过程中，切换备用汽封汽源时，因备用系统积水而未充分排除就送往汽封；高、低压加热器水管破裂，再保护装置失灵，抽汽止回阀不严密，返回汽轮机内。

（5）通流部分热力故障。汽轮机组通流部分热力故障，是指引起通流部分热力性能参数（包括温度、压力、流量和效率等）异常变化的故障。发生通流部分热力故障时，最直接的反应是热力性能参数的变化，只有当故障发展到比较严重的程度时，才可能引起振动参数的变化。因此，热力故障应属于一种早期诊断。

导致汽轮机通流部分产生热力故障的主要原因有：高压缸阀门门杆断裂、松脱及阀门通道结垢；中压缸阀门通道阻塞及故障；调节级堵塞、结垢、腐蚀及喷嘴组脱落；高、中、低压缸通道结垢、堵塞、腐蚀及叶片断裂；轴封磨损；汽缸进冷水或冷蒸汽等。

（6）凝汽器低真空故障。凝汽器真空低故障是指机组运行时，凝汽器内的真空值低于“基准值”，从而使机组效率降低，并危及机组安全的故障现象。

导致凝汽器真空低故障的主要原因有：循环水量不明原因地减小、循环水水阻增加、排汽汽阻增加、真空系统泄漏、抽汽系统异常、热井水位过高和换热管结垢等。

（7）回热加热系统故障。由于回热系统中的某个设备出现故障，导致机组的给水温度达不到“基准值”的现象，不但降低机组运行的经济性，还影响机组运行的安全性。

回热系统故障主要包括：加热器管系泄漏故障、除氧器故障、加热器排气故障、加热器换热管结垢和水路堵塞或短路等。

四、火电厂高压电气系统主要故障

根据火电厂高压电气设备及系统的构成，其故障包括：

（1）电动机故障。电动机故障主要包括：机械振动故障、电磁振动故障、绝缘故障和发热故障。

（2）变压器故障。变压器故障主要包括：电路故障、磁路故障、绝缘油故障等。

（3）高压断路器故障。高压断路器故障主要包括：断路器烧坏或爆炸、断路器绝缘子破坏、断路器操作机构拒绝跳闸、断路器操作机构拒绝合闸、断路器自动跳闸或自动合闸、断路器严重渗油或油变质和断路器运行温度不正常。

第二节 水力发电系统及其设备故障

一、水力发电系统原理与基本构成

1. 水力发电原理

地球上天然水体包括河川径流和潮汐所蕴藏的水能，是水利资源的一部分，可采取工程措施开发出来为人类服务，近代常以水力发电作为水能利用的主要内容。水能是水电站生产电力的一次能源，虽然潮汐水能也是水力发电的资源，但通常所说的水力资源是指河川径流所蕴藏的水能。

河川径流所蕴藏的水流功率，称为天然水流出力。水力发电，就是采用一系列工程措施，建立水电站，集中水流出力，使水能（位能、压能、动能）通过水轮机转化为机械能，带动发电机转子旋转，将机械能转换为电能。在这个能量转换过程中，会有各种损耗，理论功率不可能百分之百地转换为电能。这些损耗包括：水流经引水道的水头损失，水流流过水轮机转化为机械能所引起的能量损失，机械能通过发电机转化为电能所引起的能量损失等。

水力发电的基本原理可用如图 2-10 所示的流程图作简单说明。具有水头的水力（天然水能）→经压力管道或压力隧洞（或直接进入水轮机）进入水轮机转轮流道（可利用水能）→水轮机转轮在水力作用下旋转（水能转变为机械能）→同时带动同轴的发电机旋转→发电机定子绕组切割转子绕组产生的磁场磁力线（根据电磁感应定理，发出

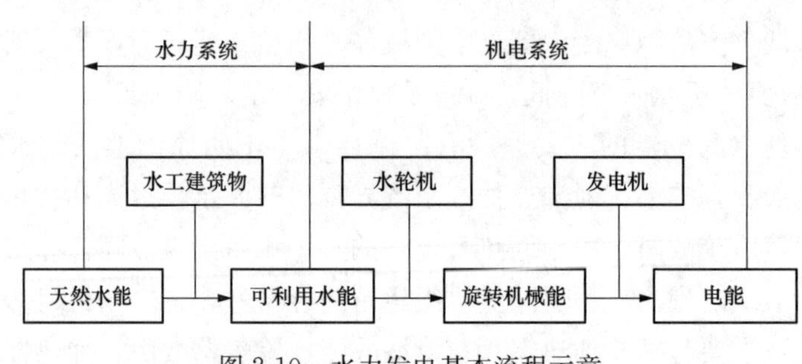

图 2-10 水力发电基本流程示意

电来，完成机械能到电能的转换）→发出来的电经升压变压器后与电力系统联网。

根据水资源的开发方式，水力发电可分为筑坝发电方式、引水发电方式和混合发电方式。

（1）筑坝发电方式。筑坝建库发电的方式（如图 2-11 所示）为在落差较大的河段修建水坝，建立水库蓄水提高水位，在坝外（或坝内）安装水轮机，水库的水流通过输水道（引水道）到水坝低处的水轮机，水流推动水轮机旋转带动发电机发电，然后通过尾水渠到下游河道。利用筑坝方式发电的水电站，称为堤坝式水电站。根据电站厂房的建设位置，筑坝方式水电站又可分为坝外式水电站和坝内式水电站。

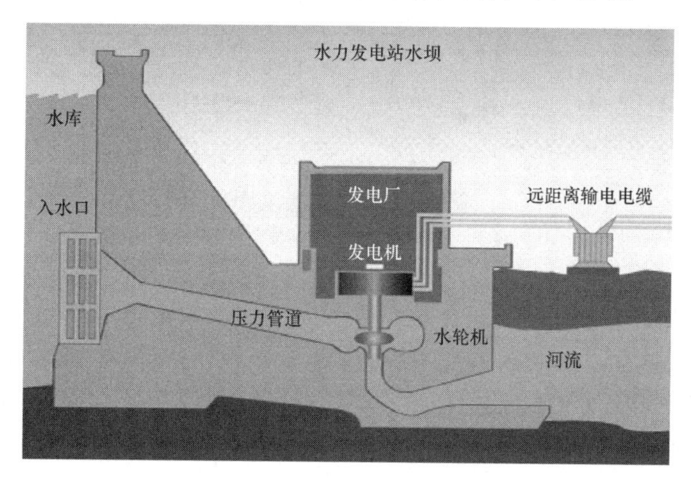

图 2-11 筑坝式发电系统示意图

（2）引水发电方式。引水发电的方式（如图 2-12 所示）为在河流高处建立水库蓄水提高水位，在较低的下游安装水轮机，通过引水道把上游水库的水引到下游低处的水轮机，水流推动水轮机旋转带动发电机发电，然后通过尾水渠到下游河道，引水道会较长并穿过山体。利用引水方式发电的水电站，称为引水式水电站。引水式水电站又可分为有压引水式水电站和无压引水式水电站。

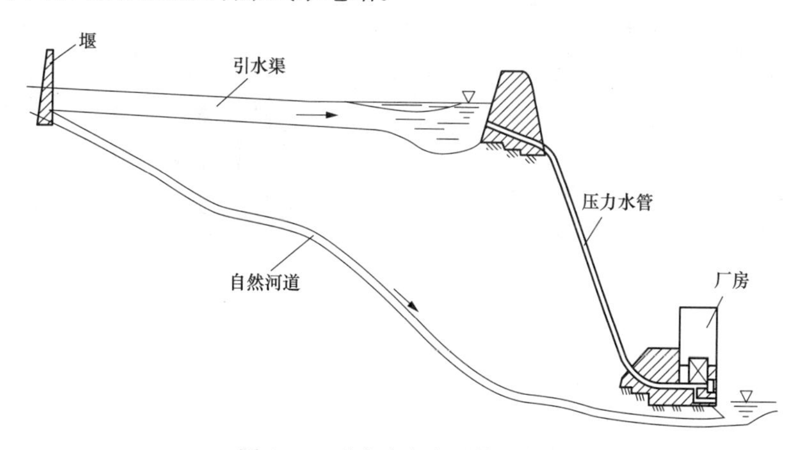

图 2-12 引水式发电系统示意图

(3) 混合发电方式。混合发电方式指在一个河段上，同时采用高坝和有压引水道共同集中落差的开发方式。坝集中一部分落差后，再通过有压引水道集中坝后河段上另一部分落差，形成了电站的总水头。这种开发方式的水电站称为混合式水电站。

2. 水电站机电设备系统基本结构

图 2-13 所示为我国三峡水电站的外景图，图 2-14 所示为三峡工程地下电站的内景，图 2-15 所示为水轮机运行情况。为了将已集中的水能转换成方便用户使用的电能，水电站需要设置能量转换、能量调节、能量控制、能量传输、安全监测和保护等机电设备。

图 2-13　三峡水电站外景图

图 2-14　三峡工程左岸电站厂房内景

水电站机电设备系统的主要结构可如图 2-16 所示来简单说明。水电站机电设备系统主要由发电设备和辅助系统构成。由于篇幅限制，本书只讨论水轮机及其相关辅助系统的状态监测与故障诊断问题。

水轮机是水电站内核心能量转换设备，依工作原理之不同，水轮机可分为冲击式和

图 2-15　三峡工程地下电站水轮机运行情况照片

反击式两大类。

冲击式水轮机的转动全依赖高速水流的冲击力，所以多用在落差较高的场所。冲击式水轮机又可分为水斗式水轮机、双击式水轮机、斜击式水轮机。

反击式水轮机是运用水的压力和流速来推动，是现代最常用的水轮机，所利用的落差和水量的范围广阔，且与最大多数可以开发的水力资源相吻合。反击式水轮机又可分为混流式水轮机、轴流式水轮机（轴流定桨式、轴流转桨式）、斜流式水轮机和贯流式水轮机。如图 2-17 所示为几种反击式水轮机结构示意图。

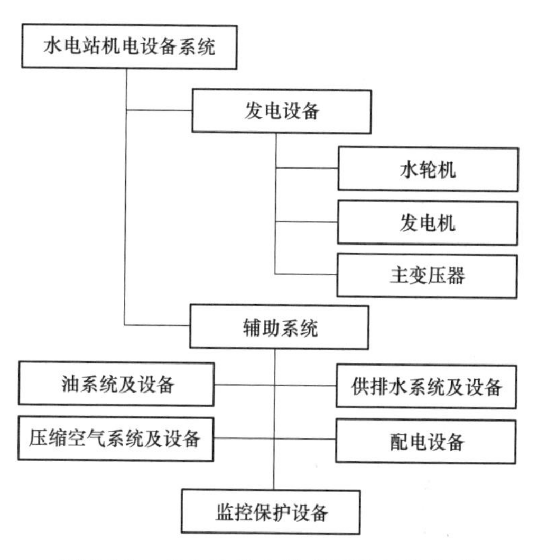

图 2-16　水电站机电设备系统结构划分

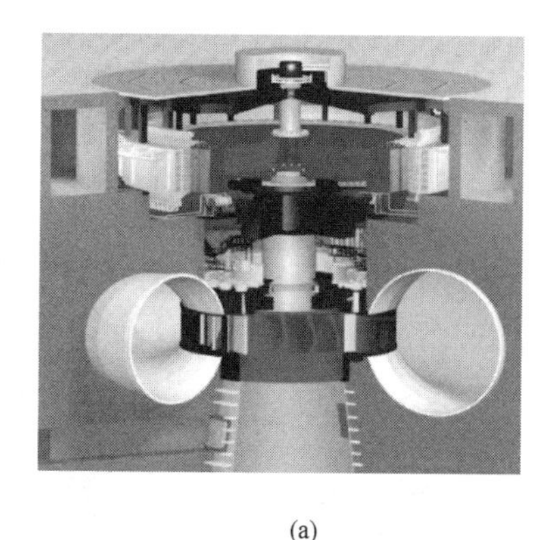

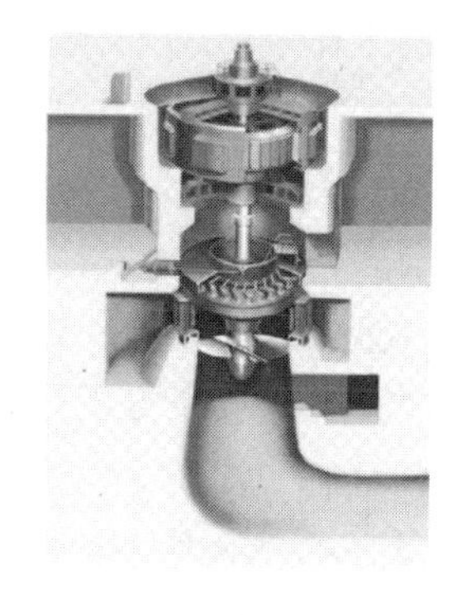

(a)　(b)

图 2-17　反击式水轮机的几种常见形式示意图（一）
（a）混流式；（b）轴流式

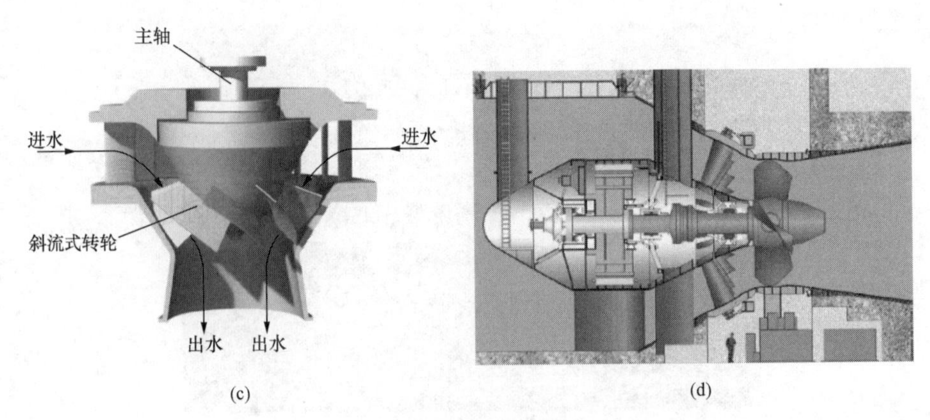

图 2-17 反击式水轮机的几种常见形式示意图（二）

（c）斜流式；（d）贯流式

二、水电站机电设备工作特点与故障特点

1. 水电站机电设备工作特点

（1）地位重要且要求高。水电站尤其是大型水电站的电力生产，对电力系统的安全稳定运行关系重大；水电机电设备是水电生产的核心，既要能长期稳定运行，又要能灵活启停，性能和质量要求高。

（2）工作条件差。水电站环境潮湿，其机电设备必须有良好的防护性能。水电站的河水，大多达不到工业用水标准，其水力机械的过流部件要有良好的抗磨损性能，有的要采取防淤堵措施。水电站各种机电设备布置分散，相互联系的管道、电缆多而长，易发生故障，设计和安装不能有疏忽。

（3）个性化设计任务重。水电站把一次能源开发与电能生产结合在一起，需建在河流上，规模、布置受河流、地形等自然条件约束，其发电机组、主接线、监控系统等需按电站的具体参数设计制造，个性化强。

（4）现场安装工作量大。大中型机组尺寸、重量大，受运输条件限制，难以整装产品运到水电站现场；且各部件要与电站的建筑物有机结合，并只有现场才有进行试运行的条件，需要现场安装、调试。

（5）运行状态多。水电机组运行水头变幅大，常担负调峰、调频、事故备用功能和应付计划外临时任务，并有静止、发电、调相和进相运行工况，工况变化大、转换多。水电机组操作力大，操作程序复杂，既需要可靠的操作动力和自动化的顺序控制系统，又要求设备能胜任状态的快速变化。

2. 水电站机电设备故障特点

水电站设备数量众多，结构复杂，相互之间关系非常密切，互相耦合成为一个整体，其故障模式多种多样，引发故障的原因也非常复杂。一般来说，水电站设备的故障具有以下特点。

（1）复杂性。水电机组是一个涉及水力、机械和电磁等多方面因素的综合复杂强耦合系统，设备发生故障的原因非常复杂。如机组振动故障可能是由机械、水力、电磁三者中的某一种因素引起的，也可能是由几种因素相互耦合、共同作用引起的。以转动部分不平衡故障引起的机组振动举例分析，转动部分不平衡故障引起的机组振动将会造成机组定转子气隙不均匀，从而产生不平衡磁拉力，加剧或者减弱机组振动，可以看出机械、水力和电磁三者是相互影响、相互耦合的。因水电机组的故障机理比较复杂，难以精确描述与表达，而且水电机组振动的故障特征通常有多方面反映，故障和特征之间不存在一一对应关系，不同故障其特征存在明显的交叉。同时，某一故障引起的振动通常在几个部位都有不同程度的反应，而某一部位的异常振动又有可能是由几种不同故障叠加引起的。

（2）相关性。由于水电机组存在多个子系统、子设备、子模块和子单元，当一个设备模块发生故障后，将导致同它相关的设备模块发生故障，也使得同一层次系统中多个故障同时存在，也使得多故障同时诊断是设备诊断一个关键问题。当机组故障发生时，由于故障的相关性，必然会在多个设备中有所体现，因此在对设备进行状态分析与诊断时，必须关联其相关状态与设备，从全局进行考虑。

（3）延时性。故障的传播机理表明，故障的发生和发展以及传播，都有一定的时间过程，从原发性故障到系统级故障的形成，是一个由量变到质变的过程。水轮发电机组的故障延时性表明，设备的故障可以通过状态监测与趋势分析技术，捕捉事故征兆，从而实现防患于未然的目的。

（4）不规则性。由于各个水电站在设计、建设过程中，受到经济技术条件、地理位置以及地质状况等多方面的影响，因此每个水电站都具有其独特性。同时现场安装、水文、电网及气候等诸多因素，将对水轮发电机组的运行产生影响，而且有些影响还是无法预知的。这就使得不同电站的设备，有时候甚至是同一电站的不同设备的故障表现都不一样，可参考性比较差，存在着许多特殊案例。

水电站设备故障的复杂性、相关性、延时性以及不规则性等特点，使得水电设备故障诊断更加复杂。统而言之，在对水电站设备分析时，应当充分利用机组故障相关性和延时性，充分考虑机组故障的复杂性与不规则性。

三、水电站机电设备主要故障及其原因

根据水电站机电设备的结构，可将其故障划分为水轮机及其辅助故障、高压电气设备故障。下面只讨论与水轮机相关的故障。

水轮机常见典型故障如图 2-18 所示。

1. 空化空蚀故障

随着水在水轮机内流道中的流动，压力不断发生变化，水流中出现空泡状态（初生、发展、溃灭）及产生一系列物理化学变化称作空化（空穴）。当空泡的溃灭过程发生于固壁表面，而使材料破坏，即由空化引起的材料破坏（侵蚀），这种现象称为空蚀。

空蚀对过流部件造成的破坏机理，主要包括机械作用（通常分为冲击波理论和微射流理论）、热力学作用和电化作用。一般来说，水轮机的空化和空蚀类型主要有：翼型

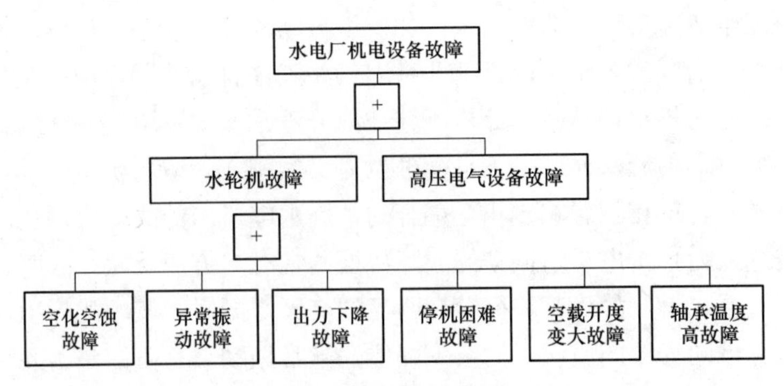

图 2-18　水轮机典型故障分类

空化和空蚀、间隙空化和空蚀、空腔空化和空蚀（尾水管内涡带）、局部空化和空蚀（过流表面缺陷）。

空化与空蚀对水轮机性能的影响主要表现为四个方面：破坏过流表面、机器能量特性发生变化、引起振动和噪声、使机组检修频繁。

2. 异常振动故障

当水轮机的转动部件和（或）静止部件的振动值超过相关标准规定的限值时，就意味着机组发生了异常振动故障。引起水轮发电机组振动的原因可分成三大类：

（1）机械振动：由转动部分质量不平衡等机械原因，或安装、检修质量缺陷，以及运行工况变化等原因造成。

（2）电磁振动：由发电机电气部分的电磁力不平衡而引起。

（3）水力振动：由水轮机尾水管涡带、导叶或叶片尾部的涡列、转轮止漏环中的压力脉动或者引水钢管的振动等因素造成。

3. 出力下降故障

并列运行机组在原来导叶开度下出力下降，或单独运行机组导叶开度不变时转速下降的现象，称为出力下降故障。

水轮机出力下降故障多由拦污栅被杂物堵塞而引起，尤其是在洪水期容易发生；对于长引水渠的引水式电站，也可能由于渠道堵塞或渗漏使水量减小而引起；另外，也可能因导叶或转轮叶片间有杂物堵塞使流量减小而引起。

4. 空载开度变大故障

水轮机开机时，导叶开度超过当时水头下的空载开度时才达到空载额定转速，此种现象称为空载开度变大故障。造成空载开度变大故障的原因主要有：拦污栅堵塞、进水口工作闸门或水轮机主阀未全开。

5. 停机困难故障

水轮机停机时，转速长时间不能降到制动转速，此种现象称为停机困难故障。停机困难故障的原因是导叶间隙密封性变差或多个导叶剪断销剪断，因而不能完全切断水流。

6. 轴承温度高故障

水轮机的导轴承或推力轴承的温度长期超过运行规程或相关标准规定的限值的现

象，称为轴承温度高故障。

造成轴承温度高故障的原因主要有：轴承冷却水水压不足或中断造成冷却效果差；轴承间隙变化而不能保持安装或检修时调整的合理间隙值；因机械、水力或电气等方面因素引起机组强烈振动，使轴承工作条件恶化；由于轴承绝缘不良，产生轴电流，破坏油膜，造成推力瓦与镜板间摩擦力增大，使轴承瓦温升高而警报；机组振动摆度增大引起轴承瓦间受力不均，受力大的轴瓦瓦温升高；轴承油槽油质劣化或不清洁造成润滑条件下降，引起轴承瓦温升高；轴承油槽油面降低引起润滑条件下降造成轴承瓦温升高；导轴承瓦间隙设计部合理或调整不当；强油循环系统中供油量不足或断流，以及油循环系统工作不正常；轴承测温元件损坏、温度计或巡检仪故障引起误警报。

第三节 核能发电系统及其设备故障

一、现代核能发电系统原理与基本构成

利用核能生产电能的电厂称为核电厂，如图 2-19 所示为我国某核电厂外景图。核能发电技术至今已有 50 多年的发展历史。目前正在运行的绝大部分商用核电机组为第二代核电技术，它是在第一代堆型（如 20 世纪 60 年代初投运的 PWR 电厂，英、法等国的天然铀石墨气冷堆电厂等）基础上的改进和发展，与现在的第三代核电技术的设计也有交叉。迄今为止，已经开发和正在开发的先进核电技术主要有：GE 公司开发的先进沸水堆（advanced boiling water reactor，ABWR）、经济简化型沸水堆（economic simplified boiling water reactor，ESBWR），ABB-CE 公司开发的 SYSTEM-80+，西屋公司开发的 AP-600、AP-1000，法、德联合开发的欧洲压水堆 EPR，日本三菱公司开发的先进压水堆（advanced pressurized water reactor，APWR），俄罗斯的 VVER640（V-407）、VVER1000（V-392）先进压水堆核电厂，中国自主开发的第三代 CAP1400、“华龙一号”等。

1. 核能发电基本原理

目前，商业运转中的核能发电厂都是利用核分裂反应获取原子核能，并将其转换为热能，利用热能加热工质（水）而产生蒸汽，蒸汽进入汽轮机做功，将热能转换为转子旋转的机械能，再由发电机将转子旋转机械能转换为电能而向电网输送电力。蒸汽进入汽轮机以后的能量转换过程与火电厂的能量转换过程有类似之处。

由于核反应堆的类型不同，核电厂的系统和设备也不同。下面以常见的压水堆核电厂为例，简要介绍其系统构成及工作原理。

核电站一般分为两部分：利用原子核裂变生产蒸汽的核岛（包括反应堆装置和一回路系统）和利用蒸汽发电的常规岛（包括汽轮发电机系统）。核电站使用的燃料一般是放射性重金属-铀（U）、钚（Pu）。

现在使用最普遍的民用核电站大都是压水反应堆核电站，其主要由反应堆、蒸汽发生器、汽轮机、发电机及有关系统设备组成，压水反应堆核电站工作原理示意图如

图 2-19　我国某核电厂外景图

图 2-20 所示。压水反应堆核电站的基本工作原理是：用铀制成的核燃料在反应堆内进行裂变并释放出大量热能；通过一回路中高压循环冷却水把热能带出；在蒸汽发生器内，一回路工质将热量传递给二回路中的工质（水），产生高温高压蒸汽；高温高压蒸汽通过蒸汽管道进入汽轮机，将热能转换为转子旋转的机械能；然后，转轴旋转机械能在发电机内转换为电能，电能经升压后送入电网。

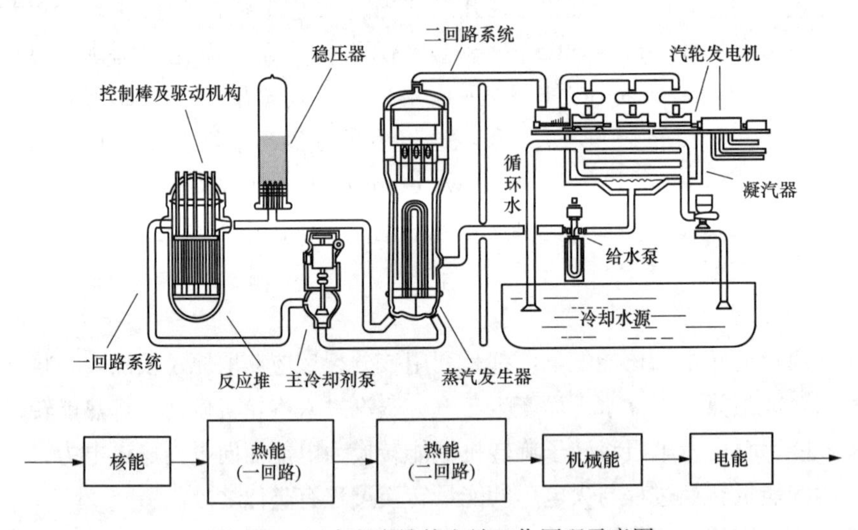

图 2-20　压水反应堆核电站工作原理示意图

2. 核能发电工作流程与特点

核电站原理及工作流程如图 2-20 中的方框流程所示。在核电站中，核反应堆的作用是进行核裂变，将核能转化为水的热能；水作为冷却剂在核反应堆中吸收核裂变产生的热能成为高温高压的水，然后沿管道进入蒸汽发生器的 U 形管内，将热量传给 U 形管外侧的水，使其变为饱和蒸汽。

冷却后的水再由主泵打回到反应堆内重新加热，如此循环往复，形成一个封闭的吸热和放热的循环过程，这个循环回路称为一回路，也称核蒸汽供应系统。一回路的压力由稳压器控制。由于一回路的主要设备是核反应堆，通常把一回路及其辅助系统和厂房统称为核岛（nuclear island，NI）。

由蒸汽发生器产生的水蒸气进入汽轮机膨胀做功，将蒸汽的热能转变为汽轮机转子旋转的机械能。汽轮机转子与发电机转子通过联轴器刚性相连，因此汽轮机直接带动发电机发电，把机械能转换为电能。

在汽轮机内作完功以后的蒸汽（乏汽）被排入冷凝器，由循环冷却水（如海水）进行冷却，凝结成水，然后由凝结水泵送入加热器预加热，再由给水泵将其输入蒸汽发生器，从而完成了汽轮机工质的封闭循环，称此回路为二回路。循环冷却水二回路系统与常规火电厂蒸汽动力回路大致相同，故把它及其辅助系统和厂房统称为常规岛（conventional island，CI）。

综上所述，压水堆核电站将核能转变为电能是分四步，在四个主要设备中实现的：

（1）反应堆。反应堆将核能转变为水的热能。

（2）蒸汽发生器。蒸汽发生器将一回路高温高压水中的热量传递给二回路的水，使其变成饱和蒸汽。

（3）汽轮机。汽轮机将饱和蒸汽的热能转变为汽轮机转子高速旋转的机械能。

（4）发电机。发电机将汽轮机转子传来的旋转机械能转变为电能。

二、核电系统基本结构与特点

1. 核电系统基本结构

核电站中的核岛和常规岛的基本结构如图 2-21 所示。

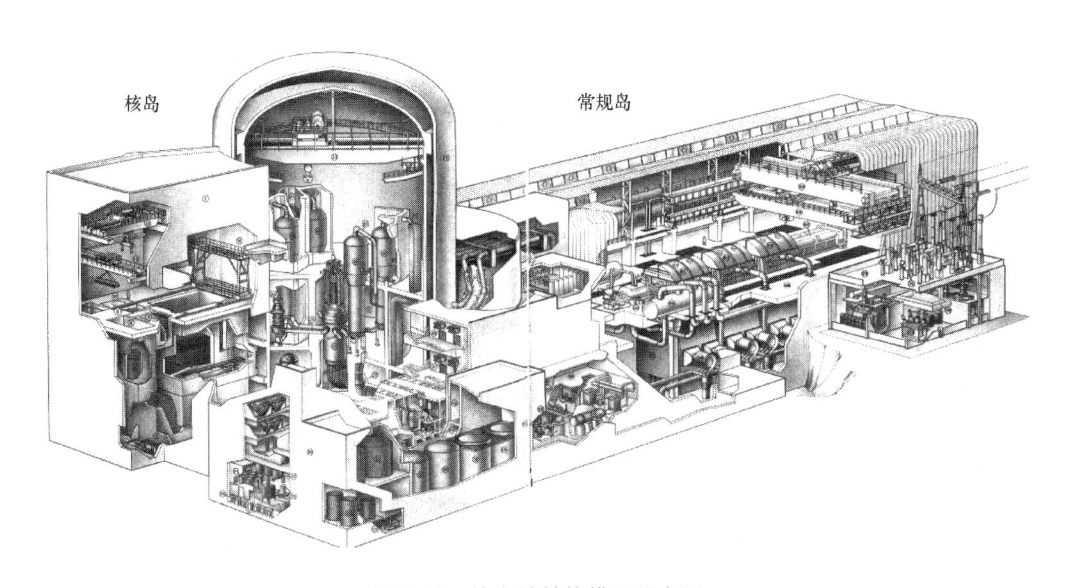

图 2-21　核电站结构模型示意图

核电站是指通过适当的装置将核能转变成电能的设施。核电站以核反应堆来代替火电站的锅炉，以核燃料在核反应堆中发生特殊形式的“燃烧”产生热量，使核能转变成热能来加热水产生蒸汽。核电站的系统和设备通常由两大部分组成：核的系统和设备，又称为核岛；常规的系统和设备，又称为常规岛。核电厂主要系统可划分为若干个子系统，划分方法见表 2-1。

表 2-1　　核电厂各子系统构成

序号	核电厂主要系统		子系统构成
1	核　岛		反应堆冷却剂系统 化学和容积控制系统 反应堆硼和水的补给系统 余热排出系统 反应堆和乏燃料水池冷却和处理系统 安全注入系统 安全壳喷淋系统
2	常规岛	二回路系统	主蒸汽系统 汽轮机旁路系统 汽水分离再热器系统 凝结水抽取系统 循环水系统 低压给水加热器系统 给水除气器系统 汽动/电动给水泵系统 高压给水加热器系统 给水流量控制系统 辅助给水系统 循环水系统
		电气部分	发电机励磁和电压调节系统 输电系统 主开关站-超高压配电装置 厂内 6.6kV 供电网络

2. 核电系统基本结构特点

核电系统的各子系统紧密耦合，各个部分之间很少存在缓冲地带，如果一个部分出了问题，很快就会波及其他地方。当问题出现时，人们没有办法让系统暂停，必须在有限的时间内找到问题、解决问题，才能防止重大事故。

核动力装置是一种高度自动化集成的复杂系统，其故障具有复杂性、多源性、不确定性和随机性。

三、核电系统典型故障及原因

按照核电系统的结构来划分，其故障可分为核岛系统故障、二回路系统故障和电气部分故障。其中，二回路系统的故障与火电厂的汽轮机系统的故障种类和原因有类似之处，电气部分的故障与火电厂高压电气部分的故障种类和原因也有类似之处，所以这两部分故障不再赘述。下面简单讨论一下核电系统的核岛部分典型故障（或设计基准事故）及其原因。核电系统核岛部分典型故障见表2-2。

表2-2 核电系统核岛部分典型故障（或设计基准事故）

序号	故障类别	故障（或事故）名称
1	综合性故障	全部失流事故 主蒸汽管道破裂
2	工作过程故障	主冷却剂泵停运 二回路导出热量减少 冷却剂丧失 预期运行瞬变
3	部件故障	稳压器泄压阀卡开 主冷却剂泵卡轴 控制棒失控

核电系统的设计基准事故中，有一些极限事故，因其物理过程有特点，可作为核电厂事故的典型例子。这些事故分别是：主蒸汽管道破裂事故、主给水管道破裂事故、反应堆冷却剂泵泵轴卡死及泵轴断裂、控制棒弹出事故、蒸汽发生器传热管破裂事故、大破口失水事故、小破口失水事故、未能停堆的预期运行瞬变。下面分别介绍核岛部分的典型故障（或设计基准事故）。

（1）主蒸汽管道破裂事故主蒸汽管道发生破裂后，与破损管道相连接的蒸汽发生器内的二次侧水将汽化成蒸汽，从破口喷出。蒸汽流量开始很大，可达额定功率下蒸汽流量的好几倍，以后随着蒸汽发生器内压力的降低而逐渐减小。一回路向二回路导热的增加，使一回路冷却剂的压力与温度迅速降低。由于慢化剂一般具有负温度反应性系数的特性，温度下降将对堆芯引人正反应性。事故发生后，由于保护系统动作，控制棒下插，使反应堆具有一定的停堆深度。慢化剂温度下降引入的正反应性将使停堆深度变浅，甚至使反应堆重返临界，堆功率升高。

这种事故可能带来三方面的危害：①因局部热负荷过大，损坏堆芯燃料元件，由于在控制棒下插状态下，功率不均匀系数很大，增加了堆芯损坏的可能性；②向环境释放放射性物质；③大量的二次冷却剂带着热量进入安全壳，使安全壳内压力升高，危及安全壳的完整性。

为抗御主蒸汽管道破裂事故，要求核电厂一回路有较大的热容量；控制棒下插时有较大的停堆深度；具有注入硼溶液的能力以引入负反应性；在蒸汽发生器蒸汽管嘴处设置限流器，以减小管道破裂时的蒸汽喷放流量。

（2）主给水管道破裂事故。若破口发生在蒸汽发生器与给水止回阀之间，使主给水中断，蒸汽发生器内的二次侧水通过破口不断排出，是最严重的主给水管道破裂事故。事故初，因受损环路蒸汽发生器二次侧温度下降，造成一回路温度与压力下降。随后，受损蒸汽发生器传热管裸露，一次侧向二次侧传热恶化，使反应堆冷却剂系统温度和压力迅速升高。

为避免反应堆冷却剂系统压力边界和反应堆堆芯遭受破坏，并尽可能防止一回路容积沸腾，核电厂应提供适当的停堆保护，适时、足量地辅助给水，并有足够设计容量的稳压器释放阀及安全阀。

(3) 反应堆主冷却剂泵泵轴卡死及泵轴断裂。反应堆冷却剂泵卡轴或断轴指的是一台反应堆冷却剂泵的泵轴瞬时卡死或断裂。这将使堆芯冷却剂流量迅速下降，系统升温升压。

为防止燃料元件因冷却恶化而损坏，要求保护系统控制棒能迅速下插，降低堆功率及元件表面的热负荷，使事故得到缓解。这两种事故是对核电厂控制棒动作速度的最严格的考验。如果反应堆冷却剂系统能有较大的惯性流量（主泵轴上装有转动惯量较大的飞轮）或堆芯有较小的功率不均匀系数，也可使事故变得较为缓和。这一事故过程时间很短，一般在5s以内即出现包壳温度的峰值。此外，核电厂系统还应具有自然循环能力，使在事故后期能带走衰变热。

主冷却剂泵卡轴事故中，冷却剂管道内形成很大的阻力，流量下降迅速；断轴事故发生几秒以后，导损环路内形成较大的反向流量，从而减小堆芯流量。因而，一般来说，这两种事故相比，卡轴事故较为严重，但在停堆较晚的情况下，断轴事故也有可能会变得更严重。

(4) 控制棒弹出事故。控制棒弹出事故简称弹棒事故，是指控制棒驱动机构密封壳套发生破裂，反应堆压力器内外巨大的压差可把插入堆芯的控制棒迅速弹出，快速地引入正反应性，使核功率激增，同时也形成堆芯功率很不均匀的分布，出现一个很高的局部功率峰。

在事故开始的短时间内，功率激增产生的大部分热量储存在二氧化铀燃料芯块内部。燃料芯块温度升高而可能会熔化，并释放出裂变气体，在燃料棒内部形成高压，可能使燃料元件瞬时破裂。

若元件破裂后，燃料芯块碎粒把热量迅速传输给冷却剂，使部分冷却剂中能量积聚过量，于是热能转变为机械能，形成很强的冲击波，可能损坏堆芯和一回路。热量传递至元件包壳，可造成部分包壳表面发生偏离泡核沸腾，并继而使包壳达到脆性温度，影响堆芯的完整性。热量传送至冷却剂，可使系统内压力和温度上升，形成一回路的压力高峰，冲击压力边界的完整性。

为防止及缓和弹棒事故，应保证控制棒驱动机构密封壳套设计及加工可靠。在核设计上，要求控制棒在堆内合理布置，改善堆芯功率分布，减少单组控制棒的插入深度。

(5) 蒸汽发生器传热管破裂事故。蒸汽发生器传热管发生破裂后，一次侧冷却剂会通过破口进入二次侧，这是一种特殊的小破口反应堆冷却剂丧失事故。由于破口面积小，高压安全注射可以弥补一回路的喷放流量，使堆芯不会裸露，保持得到被冷却的状态。

蒸汽发生器二次侧压力上升后，将从释放阀及安全阀排出蒸汽和水，并伴随着向环境排出放射性物质。蒸汽发生器水位逐渐提高，最后可能会导致满溢。若满溢后，液态水从释放阀及安全阀流出。这样，满溢可能会损坏这些阀门，诱发阀门卡在开启位置，液体水进入蒸汽管道又可造成蒸汽管道受到过大的负荷而损坏或破裂，形成更严重的事故。为避免满溢，缓解事故，操纵员必须在条件允许的情况下隔离掉破损蒸汽发生器，并利用完好蒸汽发生器导出一回路热量，起动稳压器喷淋系统及打开释放阀使一回路减压，并在适当条件下关闭高压安全注射及破损蒸汽发生器的辅助给水系统，以中止破损蒸汽发生器中一次侧向二次侧排放及二次侧向大气排放。

蒸汽发生器传热管破裂事故，在国际核电史上已发生多起，成为发生频率较高的极限事故（Ⅳ类工况）。各核电国家正在研究措施，降低它的发生频率，并试行将此事故列为稀有事故（Ⅲ类工况）进行管理，更严格地限制事故后的放射性物质释放。

（6）大破口失水事故。大破口失水事故以假想的冷管段双端剪切断裂为始发事件。事故过程可分为喷放、再灌水、再淹没及长期冷却四个阶段。

1）喷放阶段：最初一回路为欠热水的卸压过程，破口处冷却剂迅速排出，使系统压力在几十毫秒内降到最高温度流体对应的饱和压力。猛烈的压力释放，会形成卸压波在压力容器内传播，有可能使压力容器内的结构变形。此后，系统进入饱和卸压，卸压速率变缓，堆芯区域出现空泡，引入负反应性，将中止裂变过程，使堆功率降至衰变功率水平。由于堆芯冷却剂流量大大下降，出现停滞或倒流，元件表面将发生偏离泡核沸腾，传热恶化，引起燃料元件内蓄热再分布，元件包壳温度突然上升，形成事故过程中第一个峰值。在喷放阶段，应急堆芯注射的冷却剂（主要由安全注射箱注入），因受下降段环形通道中汽和水的逆向流动的影响，不能通过下降段达到下腔室，而被蒸汽流夹带到破口流出，该现象称为“旁通”现象。喷放阶段一般持续 10～30s。

2）再灌水阶段：当一次冷却剂系统与安全壳之间的压力差减至很小时，破口流量减小，应急堆芯冷却剂克服上升蒸汽夹带力而到达下腔室，使压力容器水位开始上升，即开始了再灌水阶段，此阶段结束于水位到达堆芯底端之时。安全注射箱与低压注射系统同时向压力容器内注水，安全注射箱排空后，低压注射系统继续工作。在此阶段中，堆芯是完全裸露的，燃料棒除了靠热辐射和不大的蒸汽自然对流以外，没有别的冷却方式。高温下元件包壳锆合金同蒸汽的反应又成为一个可观的附加热源，燃料元件的温度很快上升。

3）再淹没阶段：冷却水进入堆芯后，它就被加热，开始沸腾。由强烈的沸腾产生的蒸汽，夹带着相当数量的水滴，向上通过堆芯，为堆芯高温部分提供初始的冷却。随着温度上升，此情况冷却效果越来越好，包壳温度达到第二峰值后开始下降；当包壳温度下降到足够低时，冷却剂即可再湿润包壳表面，包壳温度急骤下降（骤冷）。当整个堆芯被骤冷，且水位最终升到堆芯顶端时，认为再淹没阶段结束。这于破口发生后 1～2min 内完成。

4）长期冷却阶段：再淹没阶段结束后，低压注射系统继续运行，换料水箱接近排空时，低压注射泵的进口转接到安全壳地坑，即转入应急堆芯冷却的再循环阶段。长期冷却应维持很长时间，对于大型压水堆，在停堆一个月后，仍然还会有几兆瓦的衰变热功率。

热管段大破口失水事故由于在喷放阶段堆芯流量没有滞止而没有应急冷却水的旁通现象，因而过程现象的严重性比冷管段破口轻得多。

(7) 小破口失水事故。小破口失水事故以冷管段破口较为严重，与大破口失水事故相区分的主要特点为：系统内汽相与液相的分离及蒸汽发生器导出热量对过程起重大影响。事故初期，有短暂欠热喷放卸压阶段。当系统压力降至最高局部饱和压力时，进入饱和卸压阶段，由于蒸汽发生器继续带走热量及通过破口质量的损失，系统压力继续降低。喷放过程进展较为缓慢，冷却剂保持热力学平衡状态。当一回路减压造成其温度接近二回路温度时，从一回路导出的热量减少，一回路系统的压力和温度出现暂时的稳定。在此时间内压力容器的水位一直在下降，并往往发生“水封现象”。“水封现象”即积存在主泵入口处弯段内的水，阻止了上腔室内蒸汽经热管段及蒸汽发生器传热管从冷管段破口排出，上腔室内较高的压力将冷却剂从堆芯挤出，形成部分堆芯裸露而升温。上腔室与冷管段之间压差继续增大，可使水封清除，上腔室得到减压，堆芯水位回升，燃料元件淹没。水封清除一次或数次之后，系统压力下降，安全注射箱开始注水，堆芯水位迅速上升，燃料元件淹没，过程进入长期冷却阶段。在小破口失水事故中，包壳峰值温度取决于元件裸露的早晚及裸露期的长短。破口较大，元件裸露较早，但裸露期短；破口较小则反之。因而存在一个一定尺寸的破口，将使包壳温度达到最大值，事故分析应找出这一破口尺寸。失水事故期间，如主泵保持运行，有助于事故的缓解，但此时泵内强烈的汽蚀现象，将危及主泵功能的保持。目前，一般国家的核安全监管机构都规定失水事故期间必须停止主泵，在经过一定研究工作之后，此规定有可能修改。

(8) 未能停堆的预期运行瞬变。核电厂发生预期运行瞬变（Ⅰ类工况），参数偏离了正常运行限值而要求停堆时，若停堆失效，则造成这类事故。它的初因事件一般是一些二次系统导出热量减少事件，其中以丧失正常给水及失去非应急交流电源最有代表性。

这种事故最突出的特点是反应堆冷却剂系统升温升压，特别是当蒸汽发生器蒸干后，升温升压尤为猛烈，如果系统设计不好，会造成不可容忍的一次系统超压。系统升温后产生空泡，加入负反应性，可使事故受到一定的限制。这种假想事故可考验核电厂的稳压器释放阀及安全阀的设计容量、稳压器波动管的位置、反应堆第二停堆系统的性能以及事故情况下的操作规程。此外，美国及其他一些国家的核电管理当局还要求核电厂设置“未能停堆的预期运行瞬变缓解系统起动线路”。当核电厂发生未能停堆的预期瞬变时，此线路独立地触发两种功能：辅助给水投入及汽轮机停机。这两种功能都能抑制一次冷却剂系统的升温升压过程，使事故得到一定的缓解。

第四节 风力发电系统及其设备故障

一、风力发电的基本原理与能量转换过程

1. 风力发电基本原理

由多台风力发电机组构成的发电厂，称为风电场。如图 2-22 所示为我国西北地区

某风电场的外景。

图 2-22　我国某风电场外景

风力发电机组是利用风轮将风的动能转换成机械能，再通过轴带动发电机发电、转换成电能的装置。如图 2-23 所示是风力发电机组能量转换的基本原理：当风以一定的速度吹向风力发电机组时，在风轮上产生的力矩驱动风轮转动，将风的动能转变成风轮旋转的机械能；叶轮旋转的机械能通过主轴的旋转、主轴经过传动系统带动发电机转子旋转，使发电机发出电能，从而实现了机械能向电能的转换；发电机输出的电能通过相应的控制设备和变压器升压后，即可输入电网。

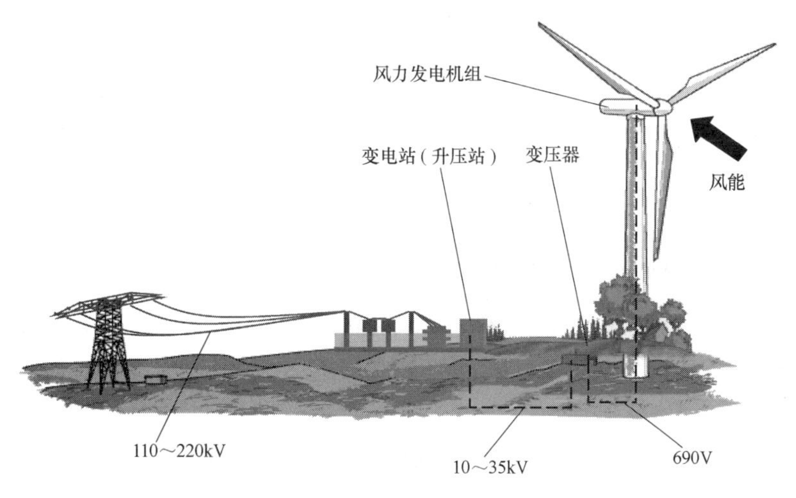

图 2-23　风力发电原理示意

2. 风力发电的基本流程

无论采用何种形式的风电机组，风电场内风能转换为电能的基本流程均可用如图 2-24 所示的方框图简单表示。风能在大功率风电机组中转换为电能，大致经过了三个主要环节：

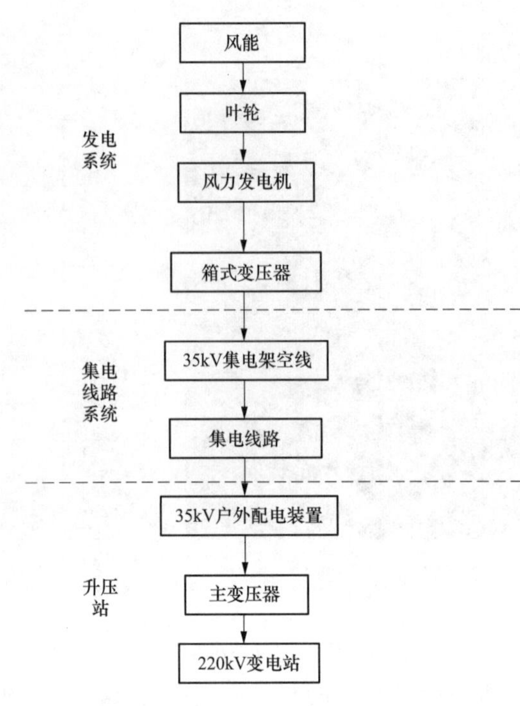

图 2-24　风力发电基本流程

(1) 发电环节。在发电系统中，由风力机的叶片（桨叶）捕获风能，并将风能转换为风轮旋转的机械能，再由风轮经过主轴和传动系统带动风力发电机的转轴旋转，使发电机转轴上的绕组与静止绕组之间产生相对运动，形成导线切割磁力线的运动机制，从而在绕组中产生电压，完成风能向电能的转换。风力发电机的输出电压比较低，需经过安装在机组附近的箱式变压器升压后送入风电场的集电线路系统。

以并网双馈型风力发电机组为例，风能在发电系统中的转换过程可用如图 2-25 所示的流程表示。

(2) 集电环节。一般来说，大型风电场安装有数十台甚至上百台风力发电机组，每台风力发电机组发出的电量需送入风电场内联络线路，由场内联络线路组接后送至场内升压站低压侧。

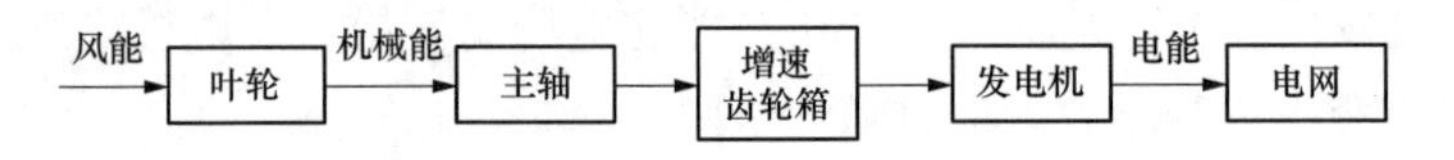

图 2-25　风力发电机组的能量转换基本流程

(3) 升压环节。若干台风力发电机组发出的电能，通过集电线路汇集后，送入风电场的升压站，由升压变压器将电压升高至电网的电压等级值，实现将风电场发出的电能向电网输送的功能。

二、风力发电机组的基本类型

当前，风力发电机组的形式较多，从不同角度出发，可将风力发电机组分为不同的类型。不同类型的风电机组，其故障种类、故障机理、故障原因有较大差别。

1. 按风轮轴向分类

按照风轮轴的布置方向，风电机组可划分为水平轴风电机组和垂直轴风电机组，其中水平轴风力发电机组又可分为升力型和阻力型。目前，大型风力发电机组几乎全部为水平轴升力型。本节及本书第七章主要讨论水平轴风电机组的状态监测与故障诊断问题。

2. 按叶片数量分类

按风轮上安装叶片（桨叶）的数量分类，风电机组可分为单叶片、两叶片、三叶片和多叶片型风力发电机组。与两叶风轮相比，三叶风轮运转时的平衡性好，且旋转速度慢，噪声低；与多叶风轮相比，三叶风轮往往又有轮叶自重较轻、叶片长度较长的优势，且三叶风轮具有较好的综合性能，风能利用率也较高，因而现代大型风力发电机组大多采用三叶片形式。

3. 按功率调节方式分类

按照风力发电机组功率调节方式，风力机可分为定桨距调节、变桨距调节和主动失速调节。

（1）定桨距调节。定桨距调节指桨叶与轮毂固定连接，桨叶的迎风角度不随风速而变化；依靠桨叶的气动特性自动失速，即当风速大于额定风速时依靠叶片的失速特性保持输入功率基本恒定。

（2）变桨距调节。变桨距调节指风速低于额定风速时，保证叶片在最佳攻角状态，以获得最大风能；当风速超过额定风速后，变桨系统减小叶片攻角，保证输出功率在额定范围内。

（3）主动失速调节。主动失速调节指风速低于额定风速时，控制系统根据风速分几级控制，控制精度低于变桨距控制；当风速超过额定风速后，变桨系统通过增加叶片攻角，使叶片“失速”，限制风轮吸收功率增加。

4. 按传动方式分类

按照传动方式分类，风力发电机可分为高传动比齿轮箱型、直驱型和中传动比齿轮箱（半直驱）型。不同传动方式的风力发电机组的结构如图 2-26 所示。

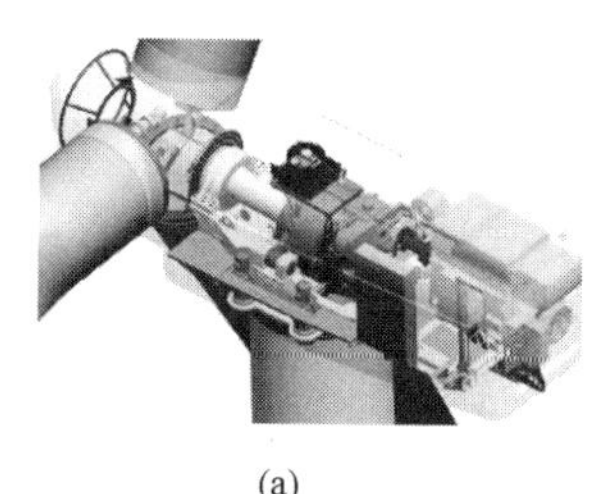
(a)

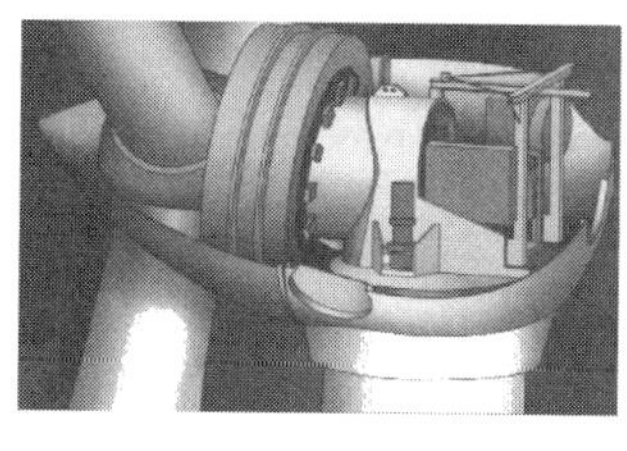
(b)

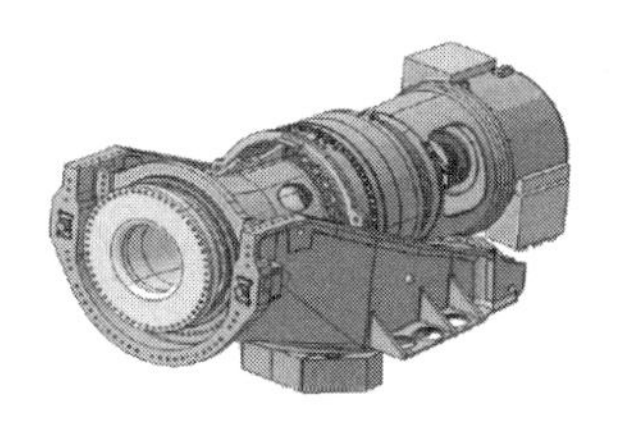
(c)

图 2-26 按传动方式分类的风力发电机组

(a) 高传动比齿轮箱型；(b) 直驱型；(c) 中传动比齿轮箱型

（1）高传动比齿轮箱型。高传动比齿轮箱型风力发电机的风轮的转速较低，通常达不到风力发电机发电的要求，必须通过齿轮箱齿轮副的增速作用来实现，故也将齿轮箱称之为增速箱。

（2）直驱型。直驱型风力发电机指应用多极同步风力发电机可以去掉风力发电系统中常见的齿轮箱，让风力发电机直接拖动发电机转子运转在低速状态，这就没有了齿轮箱所带来的噪声、故障率高和维护成本大等问题，提高了运行可靠性。

（3）中传动比齿轮箱（半直驱）型。中传动比齿轮箱（半直驱）型风力发电机的工作原理是以上两种形式的综合。中传动比高传动风力机减少了传统齿轮箱的传动比，同时也相应地减少了多极同步风力发电机的极数，从而减小了风力发电机的体积。

5. 按发电机分类

目前，在风机市场上最有竞争能力的结构形式是异步发电机双馈式机组（简称双馈式机组）和永磁同步发电机直接驱动式机组（简称直驱式机组），大容量的机组大多采用这两种结构。

（1）双馈式机组。双馈式机组异步发电系统主要由一台带集电环的绕线转子异步发电机和变流器组成，如图 2-27（a）所示。双馈交流异步发电机与电网之间柔性相连，定子直接连接在电网上，转子绕组通过集电环经变流器与电网相连，通过控制转子电流的频率、幅值、相位和相序实现变速恒频控制（变速恒频控制是指发电机的转速随风速变化，输出电流频率通过变换与电网频率相同而实现并网）；当风力机带动发电机接近同步转速时，由转子回路中的变流器通过对转子电流的风控制实现电压匹配、同步和相位的控制，将电能并入电网。

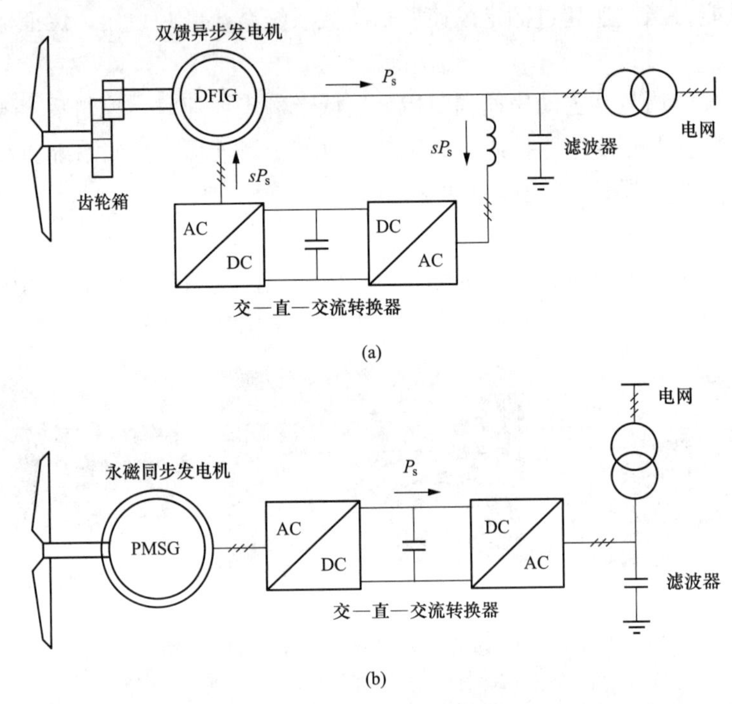

图 2-27　大功率水平轴风力发电机基本形式

（a）双馈异步发电机组；（b）永磁直驱同步发电机组

（2）直驱式机组。直驱式机组永磁同步发电系统主要由永磁同步发电机和交流器组成，如图 2-27（b）所示。由多极永磁同步发电机（因其转子极对数很多，故同步转速较低）组成的风力发电系统的定子通过全功率变流器与交流电网相连，发电机变速运行，通过变流器保持输出电流的频率与电网频率一致。

三、现代风力发电系统的基本构成

目前，大型兆瓦级并网风力发电机组普遍采用水平轴风力发电机组形式，其结构主要由风轮系统、传动系统、偏航系统、变桨系统、电气部分、机舱和塔架等组成，如图 2-28 所示。

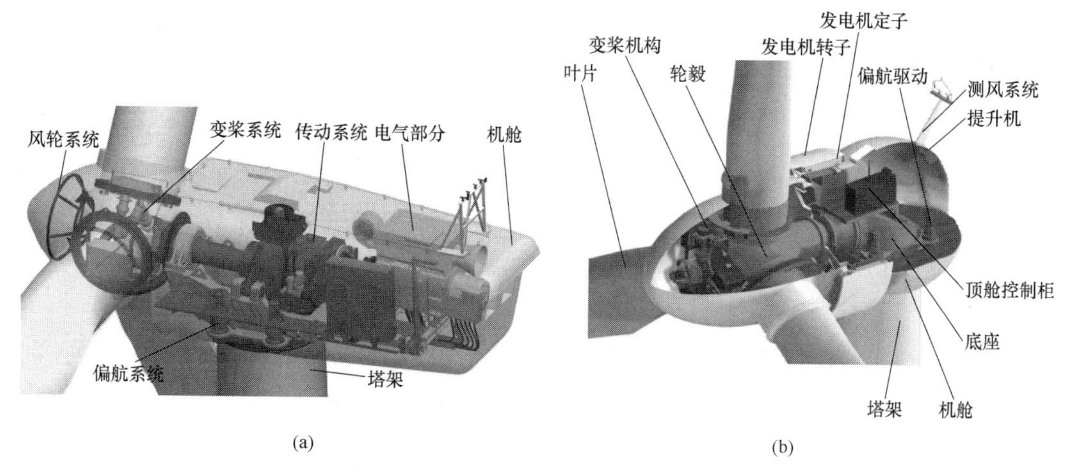

图 2-28　大型风力发电机组基本结构

（a）带齿轮传动系统的风电机组结构示意；（b）直驱式风电机组结构示意

1. 风轮系统

风轮系统由轮毂和叶片等部件组成，作用是将风能转换成机械能，传送到转子轴心。叶片大多为 3 个，具有空气动力学外形，在气流推动下产生力矩，推动风轮绕其轴转动，是大型风力发电机组中受力最为复杂的部件，其材料多为玻璃纤维和碳纤维等。叶片安装在轮毂上，轮毂是能固定叶片位置、并能将叶片组件安装在风轮轴上的装置；轮毂是叶片根部与主轴的连接部件，所有叶片传来的力，都要通过轮毂传递到传动系统。

2. 传动系统

传动系统用来连接风轮与发电机，主要由风轮主轴（低速轴）、主轴轴承、增速齿轮箱、高速轴（齿轮箱输出轴）联轴器及机械刹车制动装置等部件组成，其主要作用是将风轮产生的机械转矩传递给发电机。

3. 偏航系统

风力发电机组的对风装置又称为偏航系统，主要由风向标、偏航轴承、偏航驱动器、偏航制动器、偏航计数器、润滑泵和偏航位置传感器组成，其作用是：

（1）根据风向的变化，偏航操作装置按系统控制单元发出指令，使风轮处于迎风状态，以提高风力发电机组的发电效率。

（2）提供必要的锁紧力矩，以保证机组的安全运行和停机状态的需要。大型风力发电机组主要采用电动偏航或者液压偏航驱动，其风向检测信号来自机舱上的风向标。

4. 变桨系统

现代大型并网风力发电机组普遍采用变桨距型，其主要特征是叶片可以相对轮毂转动，进行桨距角调节，叶片的变桨距操作通过变桨系统实现。变桨系统位于轮毂内部，包括驱动电动机、变距轴承、减速器、限位开关、变桨电池和变桨控制柜等设备。变桨系统的主要功能有：①调节功率，通过改变风机的桨叶角度来调节风力发电机的功率以适应随时变化的风速；②气动刹车，保障风机机组安全停机。变桨系统按照驱动方式，分为液压变桨和电气变桨两种。

5. 电气部分

电气部分包括发电机、并网开关、软并网装置、变频器、控制系统、无功补偿设备、主变压器和转速传感器等。其中，发电机是风力发电机组的核心设备，其作用是利用电磁感应原理将风轮传来的机械能转换成电能，所有并网型风力发电机组均利用三相交流电机将机械能转换成电能。

6. 机舱

风力发电机组在野外高空运行，工作环境恶劣，为了保护传动系统、发电机、控制装置等部件，将它们用轻质外罩封闭起来，这种外罩称为机舱。机舱内放置风力发电机组关键部件，包括主轴、齿轮箱、发电机、控制柜和散热系统等设备。机舱顶部有测风装置。

7. 塔架

塔架用于支撑叶轮和机舱，是风力发电机组的重要承载部件，不仅承受机组重量，同时还承受风载荷和运行中的各种动载荷。根据风的形成可知，离地面越高，风速越大，因此，随着风力发电机组单机容量和叶轮半径的增大，塔架高度越来越高。

四、风电机组典型故障

风力发电机组由于其构成的复杂性，故障表现形式千变万化，总体可归纳为机械系统故障和电气系统故障两大类，如图 2-29 所示。这两大类故障还可以分别划分为若干子类故障。

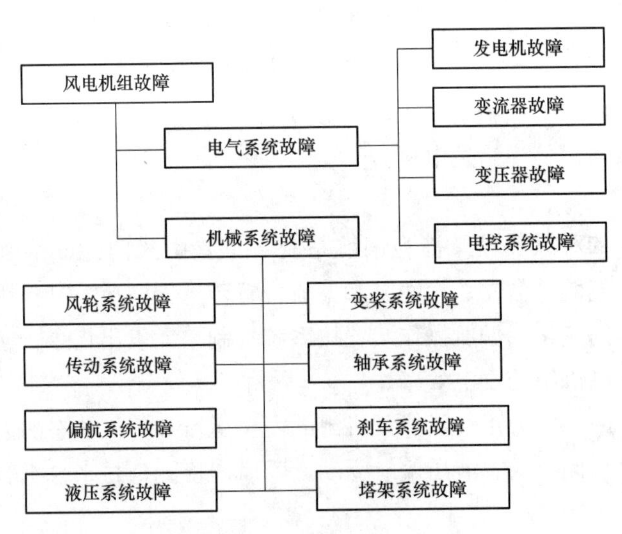

图 2-29　风电机组故障分类示意

1. 机械系统故障分类

根据风电机组机械系统的结构特点，可将机械系统的典型故障划分为如下几个子类：风轮（叶片）系统故障、变桨系统故障、传动系统（齿轮箱）故障、偏航系统故障、轴承故障、刹车系统故障、液压系统故障和控制系统故障等。

根据国外有关统计资料表明，风电机组的故障主要集中在叶轮、电控系统、发电机、齿轮箱、偏航和变桨系统等。本书将在第七章针对风力发电机组主要部件的故障展开分析讨论。

2. 机械系统典型故障原因

（1）叶片故障原因。叶片是风力发电机组的关键部件，也是受力最大的部件。如果受到损伤，更换起来也是最昂贵的部件之一。在旋转过程中，当叶片由上方旋转到与下方时，其受力会发生改变并呈交替变化，以及风力状况的不稳定，这些都会引起叶片振动，导致叶片疲劳损伤，甚至引起风力发电机组的振动。风力发电机组长时间工作后，由于材料老化、物理疲劳以及恶劣环境等原因引起的叶片物理性能下降以及损坏，使叶片性能劣化，逐渐进入故障状态，影响了风力发电机组的工作效率，危及机组的安全。

（2）主轴与主轴承故障。风电机组首先通过风轮将风能转化为机械能，然后通过主轴、传动系统和发电机将机械能转化为电能，从而实现风力发电。主轴及其支撑轴承（滚动轴承）在风电机组的传动链中传递着动力和各种载荷，在高速、高加速度、冲击脉动载荷等工况下，振动冲击等因素常常会对风电机组的主轴（及其支撑轴承）产生重大影响，导致主轴（及其支撑轴承）故障甚至失效，使主轴（及其支撑轴承）进入故障状态。

（3）传动系统故障。风电机组的传动链结构复杂，一直是风电机组故障的多发区。例如，齿轮箱是齿轮型机组的关键部件，由于其长期承受复杂且难以控制的交变载荷和瞬态冲击载荷，齿轮箱的齿轮与轴承易产生故障，如齿轮点蚀、剥落、断齿和损坏等，轴承不对中、轴承损坏渗漏油等。另外，传动系统中轴承故障也会使整个传动系统进入故障状态。

（4）偏航系统故障。偏航系统的作用是：与控制系统相互配合，使机舱轴线能够快速平稳地对准风向，以便获得最大的风能；提供必要的锁紧力，保障风力发电机组在完成对风动作后安全定位运行；当机舱至塔底引出电缆到达设定的扭缆角度后自动解缆。偏航系统承受的载荷大，且长期承受交变载荷的作用，导致偏航系统的电机、轴承、齿轮等关键部件出现故障，轻者使偏航系统不能发挥正常作用，降低机组效率，重者使设备损坏，风机扭缆，造成严重的后果。

（5）变桨系统故障。变桨系统的作用是通过调节桨叶的节距角来改变气流对桨叶的攻角，进而控制风轮捕获的气动转矩和气动功率。变桨系统作为大型风电机组控制系统的核心部分之一，对机组安全、稳定、高效的运行具有十分重要的作用。变桨系统长期承受交变载荷的作用，导致变桨系统的电机、轴承、齿轮等关键部件出现故障，轻者使变桨系统不能发挥正常作用，降低机组效率，重者使设备损坏，造成严重的后果。

（6）塔架故障。风力发电机组的塔架（塔筒）属于自立式高耸结构，风载荷通常是引起结构侧向位移和振动的主要因素，由分析可知，塔架除了自身的重力荷载外，还要受到风轮和机舱的重力荷载作用以及作用在塔身上的风载荷，另外还要受到通过风轮作用在塔筒顶端的气动载荷、偏转力、陀螺力和陀螺力矩等载荷。在长时间承受复杂载荷的作用后，塔架可能出现连接部件松脱、部件裂纹等一系列故障，这对风机的运行存在潜在的威胁，严重时会造成倒塌事故，给业主造成很大的经济损失。

3. 电气系统故障

风电机组的电气系统故障，主要包括发电机故障、变流器故障、箱式变压器故障和电控系统故障等。具体表现有：电气系统的故障有电磁干扰、短路故障、接地故障、过电流故障、过电压故障、欠电压故障、过温故障、变频器无法启动和继电器频跳故障等；发电机的故障有振动过大、噪声过大、发电机过热、轴承过热、不正常杂声和绝缘损坏等。本书对电气系统故障不做重点介绍。

第五节 燃气轮机发电系统及其设备故障

一、燃气轮机发电的基本原理

燃气轮机可按其结构形式、用途或功率大小进行分类，其中按结构形式主要分为三类：微型燃气轮机（功率为数百至几十千瓦），主要替代柴油机用于机车、坦克；轻型燃气轮机（功率在 1～50MW 之间），应用于循环发电、石油的管道运输和舰船应用等；重型燃气轮机（功率在 50MW 以上），主要应用于大型舰船动力和驱动发电机发电。

目前，大功率（重型）燃气轮机已广泛应用于发电领域，如图 2-30 所示为我国某燃气轮机发电厂的外景图。燃气轮机发电系统由四大部分组成（如图 2-31 所示），分别是压气机、燃烧室、燃气透平和发电机。

图 2-30　国内某燃气轮机发电厂外景

燃气轮机发电系统依据布雷顿循环（Brayton cycle）的理论实现将燃料的化学能转换为电能。空气或燃气作为燃气轮机的工作介质（工质），为能量转换提供载体。在燃气轮机发电系统正常工况下，工质的状态变化顺序是：

（1）空气被压缩过程。首先通过压气机吸入并且压缩空气，从而使得空气的动能和速率提高。

（2）压缩空气吸热过程。在燃烧室中，经过压缩的高温高压空气与燃料喷嘴喷出的燃料混合并燃烧成为高温高压的燃气，燃气从燃烧室流出而进入燃气透平。

（3）高温高压燃气膨胀做功过程。在燃气透平中，燃气流经喷嘴气道而加速，将热能转换为动能，高速气流进入动叶气道做功，推动转子旋转，将气流的动能转换为转子旋转的机械能。由于发电机转子与燃气透平的转子连接在一起，所以，在发电机内实现将转子旋转的机械能转换为电能。

（4）排气放热过程。在燃气透平中做完功的燃气，既可直接排入大气自然放热给外界环境，也可通过热换设备回收利用余热。

燃气轮机发电系统的能量转换过程如图 2-31 所示中的流程框图部分。

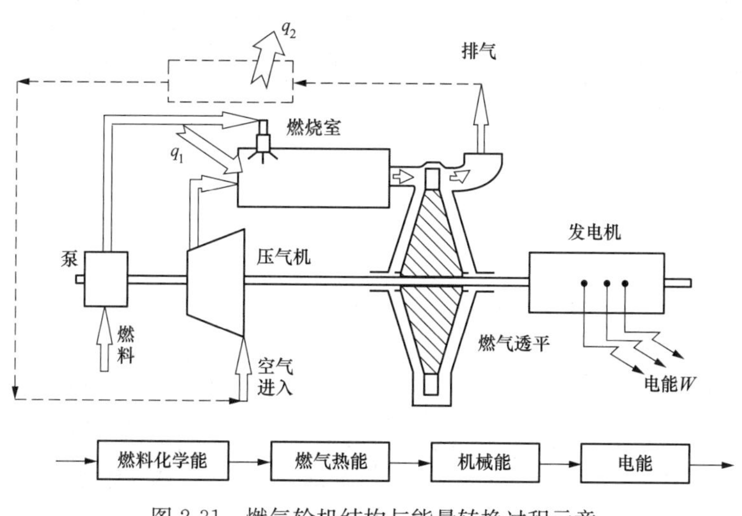

图 2-31　燃气轮机结构与能量转换过程示意

二、燃气轮机发电系统的基本构成

燃气轮机发电系统分为简单循环发电系统和复合循环发电系统，这两种发电系统在构成上有一定的差别。

1. 基于简单循环的燃气轮机发电系统

如图 2-31 所示的发电系统，实际上就是基于简单循环的燃气轮机发电系统。该系统主要构成如图 2-32 所示，主要由主体设备和辅助系统组成。

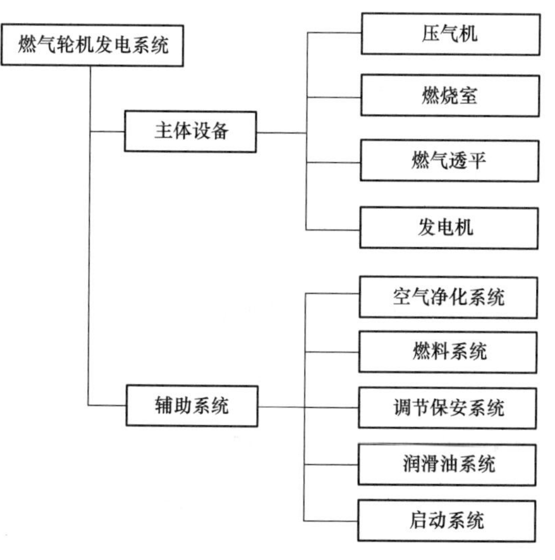

图 2-32　基于简单循环的燃气轮机发电系统结构划分

（1）主体设备。基于简单循环的燃气轮机发电系统的主体设备包括压气机、燃烧室、燃气透平和发电机，其中前三部分是重型燃气轮机装置的核心组成部分。如图 2-33、图 2-34 所示分别为重型燃气轮机的外形和内部结构示意。

图 2-33　重型燃气轮机外形

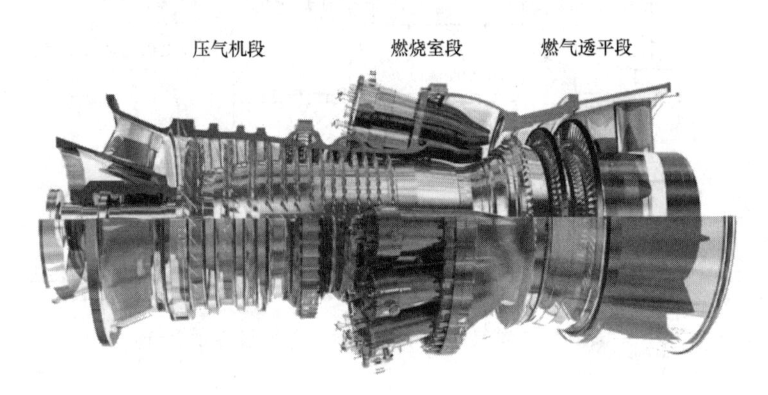

图 2-34　重型燃气轮机内部结构示意

压气机有轴流式和离心式两种，轴流式压气机效率较高，适用于大流量的场合；在小流量时，轴流式压气机因后面几级叶片很短，效率低于离心式。功率为数兆瓦的燃气轮机中，有些压气机采用轴流式加一个离心式作末级，因而在达到较高效率的同时又缩短了轴向长度。

燃烧室和燃气透平不仅工作温度高，而且还承受燃气轮机在启动和停机时，因温度剧烈变化引起的热冲击，工作条件恶劣，故它们是决定燃气轮机寿命的关键部件。为确保有足够的寿命，这两大部件中工作条件最差的零件如火焰筒和透平叶片等，须用镍基和钴基合金等高温材料制造，同时还须用空气冷却来降低工作温度。

（2）辅助系统。对于一台燃气轮机来说，除了主要部件外，还必须有完善的辅助系统，才能确保整个发电装置安全、稳定、高效运行。燃气轮机发电装置的主要辅助系统有：空气净化系统、燃料系统、调节保安系统、润滑油系统、启动系统、进气和排气消声器等。

值得注意的是，辅助系统不但本身会出现故障，同时辅助系统的异常还会导致主体设备出现故障甚至严重事故。

2. 基于复合循环的燃气轮机发电系统

在大型热力发电设备中，目前技术水平比较成熟的，能够经济、大规模应用的只有燃气轮机发电机组和蒸汽轮机发电机组。但是它们的热效率都不高，一般都在38%～42%，即使最先进的燃气轮机热效率也只能达到42%～44%，最先进的超超临界参数蒸汽轮机发电机组热效率也只能达到43%～45%。因此，从节能的角度出发，需要采取措施提高燃气轮机发电系统的能源转换效率。基于复合循环的燃气轮机发电技术，是提高效率的重要举措之一，在工程中，燃气-蒸汽联合循环发电技术是这种复合循环发电技术的主要形式。实际上，如果把上述由燃气轮机和蒸汽轮机组成的系统看成一个整体，那么在它的热力循环中，循环高温就是燃气轮机的循环高温，而循环低温则是蒸汽轮机的冷凝温度。显而易见，这个系统热力循环的卡诺效率远远高于纯燃气轮机或纯蒸汽轮机热力循环的卡诺效率。

目前，工程中所应用的燃气-蒸汽联合循环主要包括余热锅炉型、平行双工质型、增压锅炉型三种。不过，按照目前的燃气轮机技术特点和燃气初温水平，余热锅炉型联合循环的热效率比另两种联合循环的要高，因此近些年来其得到了快速的发展。

燃气-蒸汽联合循环的结构形式有“一拖一”（一台燃气轮机配一台蒸汽轮机）和“二拖一”（两台燃气轮机配一台蒸汽轮机）等多种。如图2-35所示为单轴“一拖一”形式的联合循环装置模块图。如图2-36所示为单轴（蒸汽）多压联合循环发电装置的热力系统简图。由此可知，与简单循环燃气轮机发电装置相比，联合循环发电装置的效率有较大提高，但系统更加复杂，故障因素增加很多，系统的状态监测与故障诊断的技术难度显著增加。

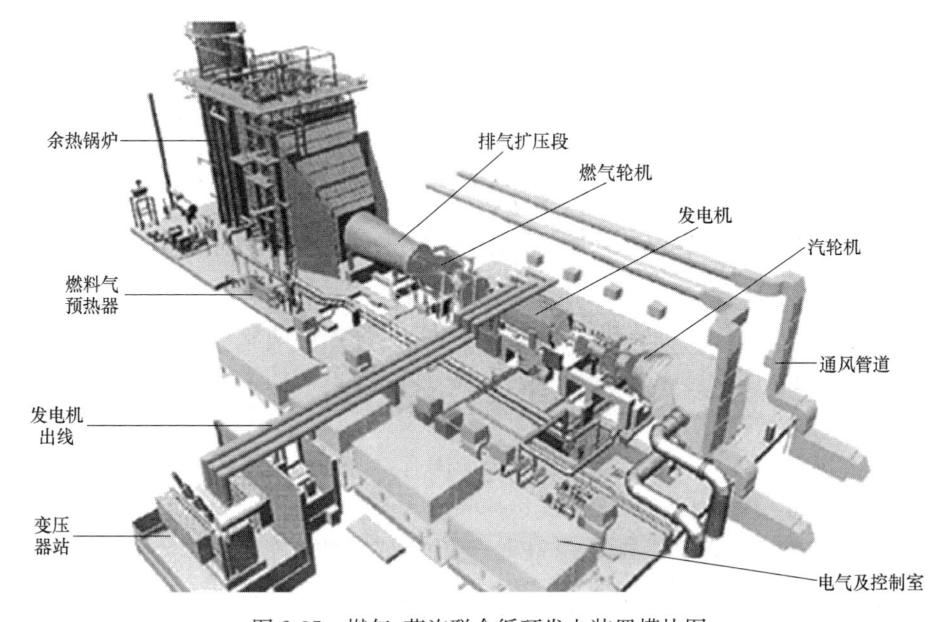

图2-35 燃气-蒸汽联合循环发电装置模块图

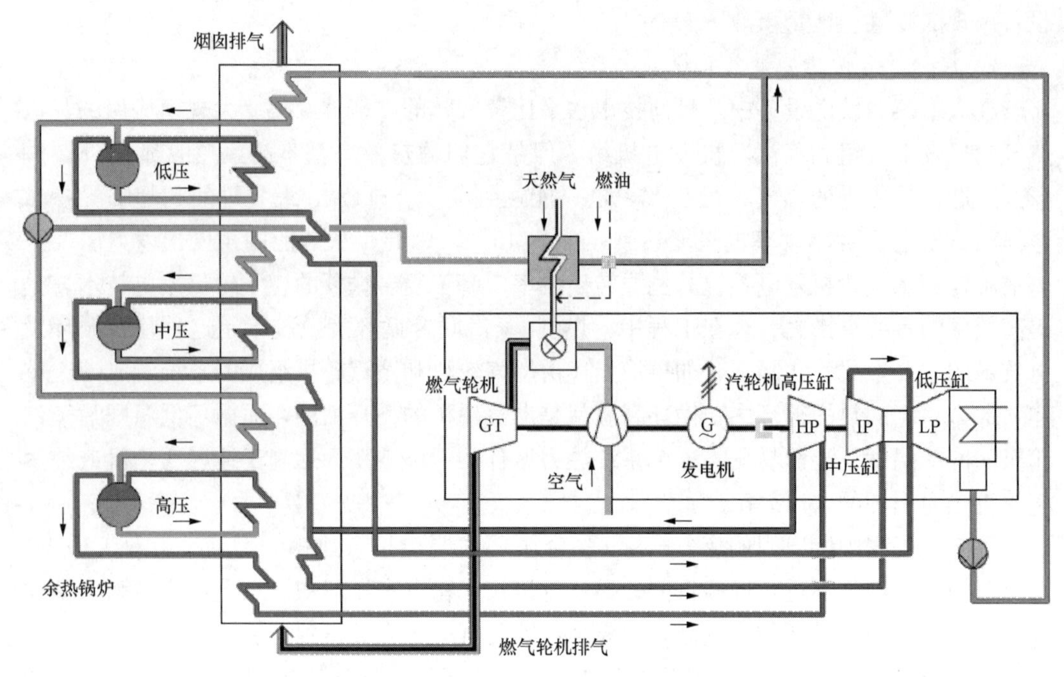

图 2-36 单轴多压联合循环发电装置的热力系统简图

三、燃气轮机发电系统故障与原因

在燃气轮机发电系统中，发电机系统的故障，以及联合循环发电系统的汽轮机系统故障，与火电厂的对应设备系统的故障有类似之处，本节不再讨论。下面主要讨论与燃气轮机装置有关的典型故障。

1. 燃气轮机装置的故障分类

根据重型燃气轮机装置的结构和工作特点，其常见故障可分为：①燃机在启动过程中“热挂”故障；②压气机喘振故障；③机组运行振动大故障；④点火失败故障；⑤燃烧故障；⑥启动不成功故障；⑦燃机大轴弯曲；⑧燃机轴瓦烧坏；⑨燃机严重超速；⑩燃机通流部分损坏；⑪燃机排气温差大。

2. 燃气轮机装置典型故障及其原因

(1)“热挂”故障。燃气轮机“热挂”故障，又称为启动装置障碍降速，是燃气轮机在启动过程可能产生的一种故障。燃气轮机“热挂”故障的现象为：机组转速停止上升甚至下降，最终导致启动失败。

导致燃气轮机产生“热挂”故障的主要原因有：①启动系统的问题，如启动柴油机出力不足，液力变扭器故障等；②压气机的问题，如压气机进气滤网堵塞、压气机流道脏、压缩效率下降；③燃机控制系统问题，如传感器测量精度下降、传感器失灵等；④燃油系统的问题，如燃油雾化不良、燃油中断、燃油通道堵塞；⑤燃气透平的问题，如透平通流部件结垢、透平出力不足。

(2) 压气机喘振故障。压气机喘振主要发生在启动和停机过程中。压气机或压缩机在运转过程中，流量不断减小，小到最小流量界限时，就会在压气机或压缩机流道中出现严重的气体介质涡动，流动状态严重恶化，使压气机或压缩机出口压力突然大幅度下降；由于压气机或压缩机总是和管网系统联合工作的，这时管网中的压力并不马上降低，于是管网中原气体压力就会大于压缩机出口压力，因而管网中的气流就会倒流向压缩机，直到管网中的压力降至压缩机出口压力时倒流才停止；压缩机又开始向管网供气，压缩机的流量又增大，恢复正常工作，但当管网中的压力恢复到原来压力时，压缩机流量又减少，系统中气体又产生倒流，同时还会伴随着低频的怒吼声响，这时还会使机组产生强烈的振动，如此周而复始，产生周期性气体振荡现象就称为“喘振”。

导致压气机喘振故障的主要原因有：①机组在启动过程升速慢，压气机偏离设计工况；②机组启动时防喘放气阀不在打开状态；③停机过程防喘放气阀没有打开。

（3）机组运行振动大故障。燃气轮机在运行过程中，转轴振动量值（包括振动位移、振动速度、振动加速度）或轴承振动量值超过相关国家标准（或行业标准、企业的运行规程）规定的限值，或振动量值的变化速率超过规定的限值，这种现象称为机组振动大故障，或机组异常振动故障。

导致机组产生异常振动故障的主要原因有：①由于升速慢，长时间停留临界转速附近，引起振动偏高；②启动过程中由于压气机喘振引起的振动偏高；③燃气轮机转子有临时性弯曲，造成在启动过程中晃动量大，引起振动偏大，或引起转子振动变化；④转子存在动不平衡，引起振动偏大；⑤转子内部缺陷（拉杆螺栓紧力不均、轮盘接触不良等）引起的振动；⑥由于轴承损坏而引起振动偏大，或油膜失稳引起振动偏大；⑦由于动静部件碰磨引起的振动偏大；⑧由于套齿联轴器或传动齿轮磨损，或接触不良，也会引起机组的异常振动；⑨转子不对中引起振动大；⑩基础不牢、机组地脚螺栓松动、机组滑销系统在热膨胀时受阻等，也可能引起机组振动偏高。

（4）燃烧故障。燃烧故障是指燃料在燃烧室内燃烧不完全，或个别燃烧室燃烧不良，从而导致出口温度不均匀，透平出口处的最大排气温差超过允许值，便引发燃烧故障报警。产生燃烧故障的主要原因有：①燃油进油量不均匀（流量分配器故障、燃油喷嘴堵塞、燃油管道堵塞等）；②雾化不良（雾化空气系统故障、燃油压力偏低等）；③燃油喷嘴故障（变形）、燃烧室及过渡段故障等；压气机故障；④压比低、燃烧及掺冷空气不足；⑤透平故障（主要有流道堵塞、叶片变形等）。

（5）启动不成功故障。启动不成功故障是指燃气轮机发电机组不能按照预定程序从静止（盘车）状态开始实现正常的外部引动、点火、着火加速、升速和调速、同期装置投入和带负荷的目标。

造成燃气轮机启动不成功故障的主要原因有：①启动系统出现故障；②点火失败；燃烧故障；③机组“热挂”；④压气机喘振；⑤压气机进口导叶打开故障；启动过程振动大；⑥发电机同期故障；⑦其他主要辅机故障等。

（6）燃机大轴弯曲故障。燃机大轴弯曲故障是指燃气轮机转轴的各截面形心的连线与转轴两端轴承中心连线不重合的现象。

造成燃机大轴弯曲故障的主要原因有：①机组运行中振动偏大；②机组动、静部件相磨造成大轴局部过热变形；③轴瓦烧损至轴颈严重磨损；④盘车系统故障造成停机过程转子热态无法均匀冷却。

（7）燃机轴瓦烧坏故障。燃机轴瓦烧坏故障是指轴承的轴瓦与燃机轴颈之间没有润滑油、润滑油流量不足或其他原因而没有形成润滑油膜，或润滑油膜被破坏的情况下发生烧瓦的情况。

引起燃机轴瓦烧坏故障的主要原因有：①轴瓦润滑不好，如油位过低、油品劣化、滑油压力不足等引起轴瓦失油或滑油温度偏高；②轴颈处接触不良，造成局部负载过重，轴瓦温度过高。

（8）燃机通流部分损坏故障。燃机通流部分损坏故障是指因各种原因引起的燃气流动通道上的部件表面热障涂层脱落、金属部件的变形、腐蚀、脱落和熔化等现象。

造成燃机通流部分损坏故障的主要原因有：①燃烧产物超温；高温腐蚀；②外来物或热通道部件掉块打击其他部件引起的恶性损坏；③机组振动过高或其他原因引启动、静部件相磨。

（9）燃机排气温差大故障。为了监测燃机高温部件工作是否正常，通过测量均匀分配安装在排气通道上的热电偶测温元件来获取温度场的分布信息。理想正常工况下，这些热电偶所测得的排气温度数据完全相同，但实际总存在一些偏差，这个偏差被称为燃机排气温度分散度。

由于燃机是在高温下连续运行的，燃烧器、火焰筒或过渡段等部件难免会出现堵塞、破裂等各种故障，而这些高温部件在运行中无法进行直接的监测，因此只能采用测量燃机排气温度的间接测量方法来判断这些部件的工作是否正常，当燃机排气温度分散度超过规定的限值时，称为出现了排气温差大故障。

导致燃机出现排气温差大故障的主要原因有：①排气热电偶出现故障，导致测量误差偏大；②燃油喷嘴或止回阀故障造成喷嘴前压差大，使进入各个燃烧室的喷嘴油量不同，从而使透平排气温度场分布不均；③流量分配器故障；④燃油清洗阀关不严或漏气；⑤燃油管道变形或堵塞，使进入各燃烧室的燃油量不相同，从而对排气温度的均匀程度造成影响；⑥雾化空气压比低，雾化空气量偏少，燃油燃烧不完全从而对透平的排气温度场产生影响；⑦火焰筒或过渡段破损，影响火焰筒和过渡段的冷却效果，从而影响排气温度场的分布；⑧叶片积垢不均而影响了热通道各部位的通流量，从而对排气温度场造成影响；⑨叶片冷却空气冷却叶片后进入热通道，如叶片冷却通道堵塞，也会对排气温度场形成一定的影响。

思考与讨论题

（1）现代火力发电系统结构有何特点？如何对火力发电系统的故障进行分类？

（2）火电厂锅炉设备与系统有哪些典型故障？故障原因分别是什么？

（3）火电厂汽轮机设备与系统有哪些典型故障？故障原因分别是什么？

（4）火电厂高压电气设备与系统有哪些典型故障？故障原因分别是什么？

（5）现代水力发电系统结构有何特点？如何对水力发电系统的故障进行分类？

（6）水电厂水轮机设备与系统有哪些典型故障？故障原因分别是什么？

（7）现代核能发电系统结构有何特点？如何对核电站设备与系统的故障进行分类？

（8）核电站核岛设备与系统有哪些典型故障？故障原因分别是什么？

（9）现代风力发电系统结构有何特点？如何对风力发电系统的故障进行分类？

（10）大功率风电机组有哪些典型故障？故障原因分别是什么？

（11）现代燃气轮机发电系统结构有何特点？如何对燃气轮机发电系统的故障进行分类？

（12）重型燃气轮机装置有哪些典型故障？故障原因分别是什么？

参考文献

[1] 叶涛，张燕平．热力发电厂（第五版）[M]. 北京：中国电力出版社，2016.

[2] 李录平，黄章俊，吴昊，等．火电厂热力设备内部泄漏故障诊断研究 [M]. 北京：科学出版社，2016.

[3] 李录平，晋风华，张世海，等．大功率汽轮发电机组转子与支撑系统振动．北京：中国电力出版社，2016.

[4] 刘大恺. 水轮机（第三版）[M]. 北京：中国水利电力出版社，1997.

[5] 李顺. 最新水轮发电机组与水电站大型水泵安装、运行、检修新技术实用手册 [M]. 北京：当代中国出版社，2005.

[6] 沈东. 水力机组故障分析 [M]. 北京：中国水利电力出版社，1996.

[7] 俞冀阳. 核电厂系统与运行 [M]. 北京：清华大学出版社，2016.

[8] 杨锡运，郭鹏，岳俊红，等. 风力发电机组故障诊断技术 [M]. 北京：中国水利水电出版社，2015.

[9] 丁立新. 风力发电机组维护与故障分析 [M]. 北京：机械工业出版社，2017.

[10] 翁史烈，王永泓，宋华芬，等. 现代燃气轮机装置 [M]. 上海：上海交通大学出版社，2015.

[11] 付忠广，张辉. 电厂燃气轮机概论 [M]. 北京：机械工业出版社，2014.

[12] 张会生，周登极. 燃气轮机可靠性维护理论及应用 [M]. 上海：上海交通大学出版社，2016.

[13] Ranjan，Ganguli 著；胡金海，王磊，孙权，等译. 燃气轮机故障诊断：信号处理与故障隔离 [M]. 北京：国防工业出版社，2016.

动力设备状态监测理论与系统

随着我国电力事业的发展，发电机组的单机容量不断增大，参数越来越高，结构与系统日趋复杂，自动化程度也越来越高。同时，对设备运行的安全性、可靠性和经济性的要求也日渐提高。一旦关键设备发生故障，不仅会造成巨大的经济损失，还可能危及人身安全，产生重大的社会影响。因此，人们希望能够及时了解动力设备运行状态，及早发现并处理设备故障，延长设备运行周期，缩短设备维修时间，让设备最大限度地发挥生产潜力。

设备状态监测与故障诊断技术是一项复杂的系统工程，它需要借助机械振动学、转子动力学、设备工作原理等理论来深入研究设备的故障机理，运用现代测试技术监测设备运行状态，利用信号分析与数据处理技术对这些状态参数进行分析与处理，建立动态信息与设备故障之间的联系，并以计算机技术、网络技术为核心，借助人工智能技术，建立设备状态监测与故障诊断系统，进行设备状态的识别和故障诊断。

第一节　设备状态监测的基本概念

一、设备状态的概念与分类

任何设备都处在特定的状态下，设备的故障诊断，本质上讲，就是对设备状态的识别过程。设备在运转过程中，在某一瞬间由设备随外界工作条件和设备内在因素的不同组合关系所决定的设备内部特征的综合，称为设备状态。

一般情况下，设备状态分为三种：正常状态、劣化状态和故障状态。

一台质量指标合格的设备在规定的使用条件下，会受到各种能量的综合作用，并造成一定程度的损伤。但是，构成设备的所有部件仍具有规定的功能，同时引起整机输出参数的变化仍在允许的范围内，设备工作能力的损耗也不超过其极限值。这些变化的因素所确定的状态表明，设备的一切性能都适于继续工作，这样的状态属于正常状态。

设备投入使用后，在各种能量的共同作用下，必然会引起内部因素的变化。如果能量达到一定极限，则会对设备造成损伤。如果这种损伤并不影响产品的输出参数，就不会发生故障；相反，如果损伤已使产品的输出参数发生变化，而且当输出参数超过技术条件规定的极限值时，设备丧失工作能力，即正常状态遭到破坏，这时设备所处的状态就称为故障状态。

介于正常状态和故障状态之间的状态称为劣化状态。

自然界不存在不发生变化的事物，变化是一切物质存在的根本特性。由于外界工作条件和设备内部性能是在不断变化的，因而设备所处的状态也是不断变化的。设备从一种状态到另一种状态的变化过程，称为状态演变。如图 3-1 所示表示了设备状态的演变过程。

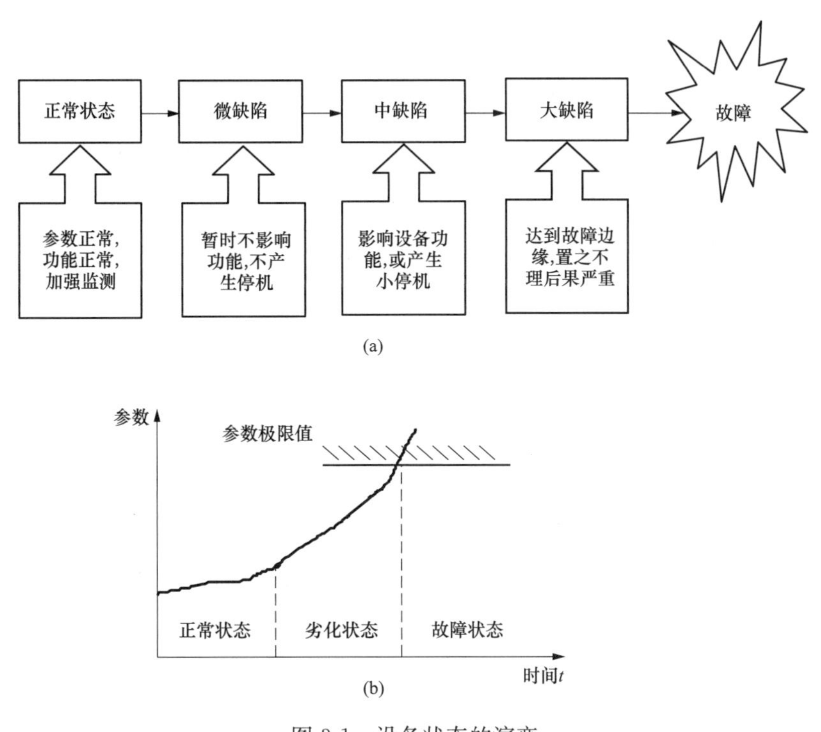

图 3-1 设备状态的演变

(a) 设备状态演变流程；(b) 状态参数随时间的变化趋势

设备在工作中，由于外界工作条件和内部性能的不同组合所决定的某一情况下，设备可能产生一些不正常现象，如异常振动、噪声、温升、裂纹和变形等。随着设备状态的不断演变，这些不正常现象将不断加剧，设备的劣化程度越来越严重，设备的性能也不断下降，最终导致故障的发生。由此可知，识别设备所处的状态，预测设备状态的发展趋势，是故障诊断的根本任务。

二、设备状态的数学描述

1. 设备状态的状态空间描述

对于一些简单的机械设备，识别它处于正常状态还是故障状态或某种劣化状态有时并不复杂。但对于复杂机械系统，故障识别是一个较复杂的过程。因此，有必要探讨出一种行之有效的设备状态的表达方法。

如果把设备所处的状态作为一个空间点，那么设备的所有状态组成一个点集或空间。该空间中的任何一个元素（状态矢量）对应于设备的某种状态。

如果以最少的 n 个变量 $x_1(t)$，$x_2(t)$，…，$x_n(t)$ 可以完全描述设备的状态，其中 $x_i(t)(i=1, 2, \cdots, n)$ 是一个状态变量，那么，用 $x_1(t)$，$x_2(t)$，…，$x_n(t)$ 这 n 个状态变量作为分量所构成的向量，就称为设备的状态向量，记为：

$$X_n=\begin{bmatrix}x_1\\x_2\\\vdots\\x_n\end{bmatrix}, \text{ 或 } X_n=[x_1, x_2, \cdots, x_n]^{\mathrm{T}} \tag{3-1}$$

式中　T——向量或矩阵的转置。

以各状态变量 x_1，x_2，…，x_n 为坐标轴所构成的 n 维空间称为状态空间。状态向量可用状态空间中的一个点来表示。

2. 机械设备状态的特征空间表达

由于机械设备的许多状态变量难以测定，所以，用状态空间方法对设备的状态进行分类在实际中难以实现。为此，本章提出一种机械设备状态的特征空间表达方法。

若描述设备状态的 n 个状态变量 x_1，x_2，…，x_n 所表示的是 n 个相互独立的故障特征，则由这 n 个特征所构成的 n 维空间就叫作设备的状态特征空间。

设备的特征空间是其状态空间的特殊表达形式，如图 3-2 所示。图 3-2 中，x_i' 表示第 i 个特征指标；长方形盒子内所表示的状态为设备的正常状态；黑点表示故障状态；其他空间表示设备的劣化状态。

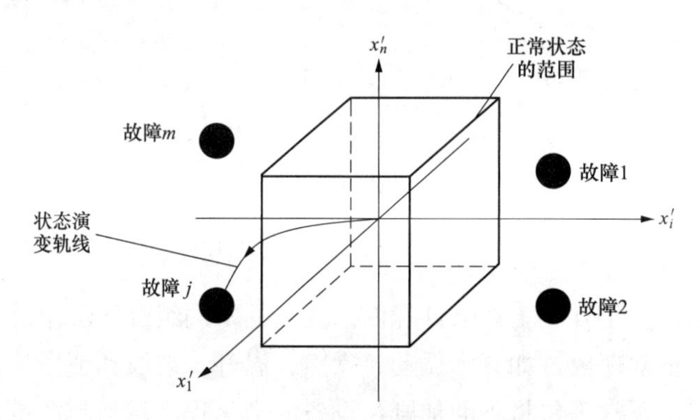

图 3-2　设备状态的特征空间表达

把设备所处的状态作为特征空间的点集来考虑，可以获得解决问题的有效途径。故障诊断、状态评价和状态趋势预报过程实质上就是故障特征信息的提取与模式识别过程。

设在某一时刻提取设备的故障特征集为 x_1'，x_2'，…，x_n'，该特征集确定了特征空间中的一个点 A。若 A 点位于图 3-2 中的长方形盒子内，说明设备处于正常状态；若 A 点位于某黑点（这里的黑点是指具有一定体积的小球体）j 范围内，说明设备发生了第 j 类故障；若 A 点既不位于长方形盒子内，又不位于任何一个黑点内，说明设备处于某一劣化状态。

确认设备状态是否位于黑点内以及位于哪一个黑点内的过程称为故障诊断；确定设备状态在劣化区域中的位置的过程称为状态评价；预测设备的状态在劣化区域或故障区域的变化趋势的过程称为状态趋势预报。设备的状态演变过程，实际上就是状态点从图 3-2 中的坐标原点向某一故障区域的移动过程，状态点的移动过程形成了状态轨线。

三、动力设备状态监测中的特征参量

1. 动力设备的故障特征

动力设备从正常状态向故障状态演变时，会出现各种外观症状，动力设备的故障症状又叫故障征兆或故障特征。如动力设备故障特征有功率下降、能耗增大、效率下降、振动异常、噪声异常、启动困难甚至不能启动、停机困难、泄漏（漏油、漏水、漏气等）、出力下降、输出参数异常变化、局部过热、磨损加剧和材料腐蚀等。对于发电领域的复杂机电系统而言，因其容量、用途和结构上的差异，其故障特征不完全相同。但归纳起来，共有如下几类共同的故障特征。

（1）输出参数的变化。动力机械设备的输出参数的变化是指其性能指标的下降，这是一种十分明显的常见故障特征。如汽轮机组的汽耗量与输出功率的关系的变化、热耗量与输出功率的关系的变化等。这些故障特征十分明显，容易察觉。但其形成原因比较复杂，在进行诊断时必须认真分析，才能正确判断故障的部位和故障的原因。

（2）振动的变化。机械振动是大多数动力机械设备在运转过程中的一种属性，如汽轮机组、水轮机组、燃气轮机和风电机组等，即使在正常运转情况下也不可避免地要产生振动。但是，动力机械设备在正常运转时，其振动的量值在允许范围内，其振动的频率分布也在正常范围内；如果设备的性能发生了劣化或出现了故障，将导致振动的量值发生变化，振动的频率分布也会发生改变。因此，研究和分析动力机械设备产生振动的特征及其变化，可以对机组的故障进行诊断。

（3）异常声响。动力机械设备处于正常的技术状态时，在运转过程中能够听到的仅是一些均匀而轻微的声音，也就是说，处于正常技术条件下运转的机组，其产生的噪声的强度和噪声的分布均在合理范围内；当设备的技术条件发生变化或发生故障时，其产生的噪声的强度和分布均会偏离正常值。所以，声响异常是机组技术状态不良的有力证据。

（4）过热现象。动力机械设备在运转过程中，有些零部件（如轴承）会产生发热现象。在正常情况下，无论设备工作多长时间这些部位都应保持一定的工作温度；如果这些部位的温度超过规定的工作温度，即称为过热现象。过热现象表明设备的某一部位存在潜在的故障。

（5）磨损残余物变化。旋转动力机械的轴承在运转过程中的磨损残余物可以在润滑油中采集到。油样中磨损微粒的含量和颗粒分布是轴承损伤的函数，测定出油样中磨损微粒含量的多少和颗粒的分布情况可以确定轴承的磨损程度。因此，油液分析可以获得轴承磨损故障的信息。

2. 设备故障特征参量

(1) 故障特征参量的定义。对于某一具体的故障类型，所关心的问题主要有两个方面：一是这种故障通过哪些物理参量表现出来；二是与各物理参量间的关系强弱情况如何。一般说来，对于前一个问题，只要机械系统的状态发生了变化，就必定会影响与之相联系的各个动态物理参量；而故障类型与物理参量的关系强弱是我们最为感兴趣的，因为只有那些与某种故障类型之间的关系密切、对故障灵敏可靠的物理参量才能用于故障诊断。

在机械故障诊断学领域，将这些对故障灵敏、稳定可靠的物理参量称为故障特征参量，又称为故障特征参数、特征信号。机械系统的故障类型是千差万别的，与每一种故障类型相对应，机械系统必定会通过一个或多个特征参量将其表征出来。

(2) 故障特征信号的选取原则。实践证明，选取故障特征参量应遵循如下的原则：

1) 高度敏感性原则。机械系统状态的微弱变化应能引起故障特征参量的较大变化。

2) 高度可靠性原则。故障诊断特征参量是依赖于机械系统的状态变化而变化的，如果把故障特征参量取作因变量，系统状态取作自变量，则故障特征参量应是系统状态这个自变量的单值函数。

3) 实用性原则（或可实现性原则）。故障特征参量应是便于检测的，如果某个物理参量虽对某种故障足够灵敏，但这个参量不易获得（经济的、技术方面的考虑），那么这个物理参量也不便用作故障特征参量。

3. 动力设备状态监测中的特征参量类型

(1) 按功能来分类。按监测的功能来分，有健康状态监测用的特征参数和性能监测用的特征参数。健康状态监测用的特征参数是指用来监测机组或设备健康状况的特征参数，如振动、噪声、转速、位移、胀差、应力、泄漏、温度和压力等；性能监测用的特征参数是指表征机组或设备工作性能状况的特征参数，如各种效率、功率、电耗和能耗（率）等。

(2) 按参数的来源分类。根据特征参数的来源，可分为直接特征参数和间接特征参数。直接特征参数是指通过传感器测量直接获得的特征参数，如温度、压力、流量、振动和功率等；间接特征参数是指需要根据一个甚至多个测量信号，进行较为复杂计算后才能获得的特征参数，如效率，泄漏量、能耗（率）等。

(3) 按参数本身的性质来分类。按参数本身的物理性质来分，有热工类（如温度、压力、流量和水位等）特征参数，机械类（如振动、位移、噪声和应力等）特征参数和电气类（如电压、电流等）特征参数。

(4) 按参数的变化快慢来分类。根据参数随时间变化的快慢，分为快变特征参数和慢变特征参数。所谓快变特征参数是指在很短时间间隔内就能观察到显著变化的特征参数；而慢变特征参数是指需要在较长的时间间隔内才能观察到显著变化的特征参数。快变和慢变只是一个相对的概念，应根据具体情况具体进行分析。

四、设备状态监测与故障诊断

1. 设备状态监测与故障诊断的内涵

（1）状态监测。设备状态监测和故障诊断是既有区别又有联系的两个概念，在生产实际中常常将两者统称为设备故障诊断。实际上，没有状态监测就没有故障诊断，诊断是目的和结果，监测是手段和方法。

设备状态监测通常是指在设备运行中，对设备的特定特征信号进行检测、变换、记录、分析处理并显示，并以此来判断设备状态是否正常。例如，当监测到的特征参数小于允许值时便可认为设备正常，否则为异常；还可以用超过允许值多少来表示故障严重程度，当达到某一设定值（极限值）时就应停机检修。

（2）故障诊断。在有些情况下，仅以有限的几个特征指标就可以确定设备的状态，这就是以状态监测为主的简易诊断。根据简易诊断的结果，发现设备或部件发生状态异常时，应转入精密诊断。

对设备进行精密诊断时，需要对异常状态进行多方面的分析，这种分析一般包括收集设备运行历史资料、对简易诊断结果的审核，同时需进一步合理地选择测量仪器并确定测试方案，对设备参数进行全面检测，然后对监测到的参数进行全面分析，以便从特征信号中提取故障征兆，对设备状态做出综合判断。通常所称的“故障诊断”就是指这种比较复杂的精密诊断。

设备故障诊断不仅仅要判断设备状态是否正常，还需要对设备发生故障的具体位置、故障产生的原因、故障的性质和严重程度等给出较为全面的分析和判断。这就不仅仅要求对设备状态监测和故障诊断理论有较为系统的了解，还必须熟悉设备本身结构、特性以及维护管理等。

2. 设备状态监测与故障诊断的技术路线

设备状态监测与故障诊断的技术路线是：故障机理分析→信号检测→信号提纯去噪→特征提取→信息融合→获得监测与诊断结果。上述一系列技术过程必须借助于计算机技术、网络技术和人工智能技术来实现，如图 3-3 所示。

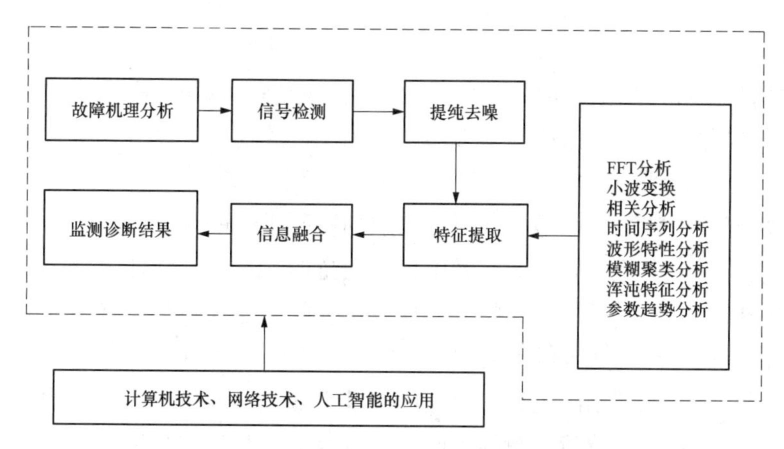

图 3-3 设备状态监测与故障诊断技术路线

(1) 故障机理分析。所谓故障机理，是指设备因某种原因“丧失规定功能”或危害安全的原理，或者引起设备故障的物理化学变化等内在原因叫故障机理。透彻地掌握被监测设备的故障机理是实现对设备进行状态监测与故障的前提。经过长时间的研究积累，目前动力机械设备的多数故障机理已经较为清楚，但仍有一部分故障机理的研究还不够透彻，需要继续加强研究。

(2) 信号检测。信号检测是指采用特定的传感原理和技术手段，对反映设备状态的原始信号进行传感、测量与数据采集，信号检测需要借助一定的硬件系统来实现。

(3) 信号提纯去噪。信号提纯去噪是指信号在采集和传输过程中，由于外界环境和仪器本身的影响，难免会有噪声夹杂在其中，而噪声是影响目标信号检测与识别的一个重要因素，所以在信号分析过程中，首先要做的工作就是对信号进行去噪处理，通过去噪获得高纯度的检测信号。

(4) 特征提取。所谓特征提取，是指通过变换（或映射）的方法获取最有效的特征，实现特征空间的维数从高维到低维的变换。通过变换后的特征称为二次特征，它们是原始特征的某种组合，最常用的是线性组合。

(5) 信息融合。信息融合技术可概括为：利用计算机技术对按时序获得的若干传感器的观测信息在一定准则下加以自动分析、综合处理，以完成所需的决策和估计任务而进行的信息处理过程。按照这一定义，多传感器系统是信息融合的硬件基础，多源信息是信息融合的加工对象，协调优化和综合处理是信息融合的核心。信息融合是实现设备复杂状态和疑难故障识别的重要技术手段。

(6) 获取监测与诊断结果。通过研究，建立设备的故障特征与故障状态之间的映射关系，即故障诊断建模；然后根据设备实际检测到的特征向量，利用已经建立的诊断模型，推断出设备的状态或故障类型，称为故障（或状态）识别。通过状态识别，获取监测与诊断结果，形成相关决策，用以指导设备的运行和维护。

3. 设备状态监测与故障诊断的基本内容

设备状态监测与故障诊断的基本内容如图 3-4 所示。由图 3-4 可以看出，设备状态监测与故障诊断的基本内容包括信号获取、特征提取、识别预测三大方面：

(1) 信号获取。所谓信号获取就是通过特定的方法和技术手段，全面获取反映设备状态的参数信号，并对所获取的参数信号进行去噪处理，以获得高纯度的、能够全面反映设备状态的参数信号。如何用新的方法来准确、快速地获取设备的状态参数信号，仍是本领域的热点研究课题。

(2) 特征提取。特征提取是指针对所获取的不同类别的状态参数信号，分别采用合适的信号处理方法，从经过处理的信号中提取设备的状态参数特征。对于动力机械设备而言，通常需要在时域、频域和时频域内提取设备的状态参数特征。目前，动力机械设备的状态特征提取方法仍是本领域的研究热点。

(3) 识别预测。识别预测包含两个方面的基本含义，即设备的故障状态识别与状态趋势预测。如何建立设备故障诊断的精确模型以及设备趋势的预测模型，目前仍是本领域的研究热点和研究难点。

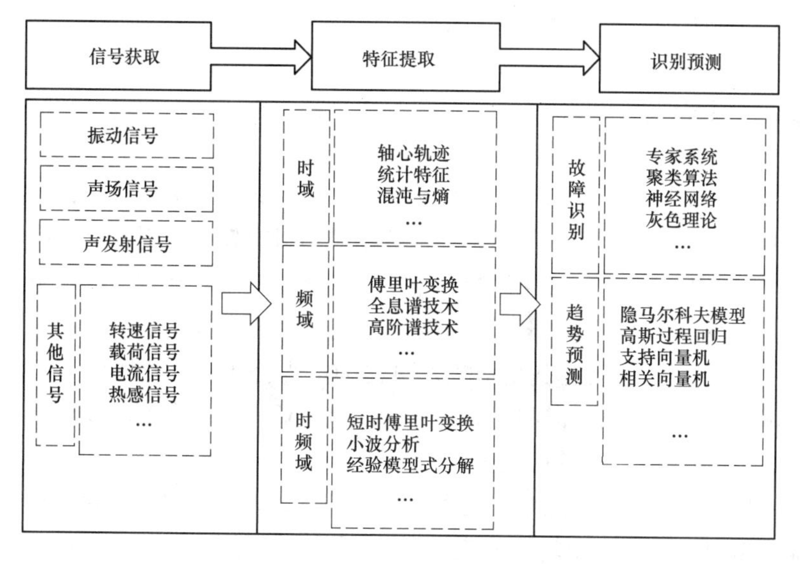

图 3-4　设备状态监测与故障诊断基本内容

五、离线监测、在线监测与远程监测

设备的状态监测分为两种，即离线状态监测和在线状态监测。其中，在线状态监测又可分为就地在线状态监测、企业级在线状态监测和远程状态监测。

1. 离线状态监测

对设备进行离线状态监测一直是传统的设备管理方法之一。所谓离线状态监测，就是通过定期对运行中的设备或停止运行的设备进行规定项目的检查，找出设备的问题和隐患。在我国一些火电厂和核电站中推行的“点检”制，就大量采用了离线监测方式。

离线监测的优点主要有：投资较小；监测面宽；检测设备相对简单，使用方便；对被监测设备的影响小；适合小型系统和设备的状态监测。

离线监测的缺点有：反应相对迟钝；数据整理麻烦；数据不全；必须另外配备分析系统。

离线状态监测的优点决定了它目前的不可替代性，特别在停机和维修过程中进行的静态探查仍然是状态评价的最重要的数据依据之一。

2. 在线状态监测

在线状态监测及故障诊断，是指利用现代传感技术、信息技术、计算机技术、网络技术和人工智能等领域技术，实时地监测与诊断设备的状态。

根据监测的范围和级别不同，在线状态监测可分为现场在线状态监测和远程在线状态监测。其中，现场在线状态监测又分为就地在线状态监测、厂级在线状态监测。

（1）现场在线状态监测。

1）就地在线状态监测。发电厂内高压电气设备进行现场监测的参数大多是微安级、毫安级的模拟小电流信号，因此，易受现场强电磁的干扰，使信号在传输及处理时经常发生故障导致监测数据丢失。就地智能化监测单元就是为满足发电厂或变电站高压电气设备绝缘在线监测的特殊需要而开发的。它可实现数据信息的就地采集与计算，并将结果上传绝缘诊断系统，使实时、历史数据可利用可视化程序在上位机诊断层中查阅。

2）厂级在线状态监测。厂级在线状态监测通过厂级监控信息系统（supervisory information system in plant level，SIS）来实现，SIS是集过程实时监测、优化控制及生产过程管理为一体的电厂自动化信息系统。该系统通过对发电厂生产过程的实时监测和分析，实现对全厂生产过程的优化控制和全厂负荷优化调度，在整个电厂范围内充分发挥主辅机设备的潜力，达到整个电厂生产系统运行在最佳工况的目的；同时该系统提供全厂完整的生产过程历史/实时数据信息，可作为电力公司信息化网络的可靠生产信息资源，使公司管理和技术人员能够实时掌握各发电企业生产信息及辅助决策信息，充分利用和共享信息资源，提高决策科学性。

（2）远程状态监测。将传感检测技术、人工智能、计算机网络技术应用于状态监测及诊断系统，实现各个局部现场分布设备的资源共享、协同工作、分散监测和集中操作、管理、诊断；同时，将数据库技术应用于监测及诊断系统的数据管理，不但能实现整个机群监测数据的高效集中管理与不同监测系统间的数据交换，而且也能够更方便地与整个企业（集团）的信息系统集成，为企业管理的各级用户提供决策支持。

第二节 设备故障的分布规律

评判设备状态优劣除了要看它的主要功能（性能）是否优良，同时还要考察设备在使用过程中这些性能能够保持多久，也就是通常所说的经久耐用问题，性能优良与可靠耐久两者不可偏废。

性能指标一般可以通过仪器直接测量出来，比较直观且容易引起重视；而耐久性指标则难以立即测出，需要长时间进行大量的寿命试验和统计分析才能估算出来，并且其数值往往具有某种程度的不确定性（随机性），因而容易被忽视。对于可能影响整个系统全局的关键设备来说，可靠性指标甚至比设备性能指标更加重要。

一、可靠性与失效基本概念

1. 可靠性

所谓可靠性，是指设备（或产品）在规定条件下和规定时间内，完成规定功能的能力。

上述所谓“规定的条件”，是指设备（或产品）在运输、储存和使用时所处的环境条件，如载荷、温度、压力、湿度、速度、振动、冲击、噪声、电磁场、盐雾与腐蚀等，此外还应包括使用操作、维修方式以及维修水平等有关方面；所谓“规定的时间”，可以指某一时刻或某段时间范围，也可以指使用次数、公里数等；“规定的功能”对不同类设备（或产品）要有相应的具体规定，而对于失效（故障）也要有确切的规定。类似精度与误差两个概念，可靠与故障是从相反的角度来描述设备（或产品）功能持久性的两个概念。

设备（或产品）的可靠性可分为固有可靠性和使用可靠性。固有可靠性是设备（或产品）内在的可靠性，它是设计制造部门在标准环境下进行试验并予以保证的可靠性，它取决于设计、制造、装配与调试各阶段的工作水平；使用可靠性则是产品在使用过程中，在操作状况工作条件、维修方式、维修技术等有关因素影响下所具有的可靠性。

2. 失效

所谓失效，是指设备（或产品）丧失规定的功能，对于可修复产品，失效通常也称为故障。

如前所述，故障（失效）就是“设备（或产品）丧失规定的功能”，即设备（或产品）发生的任何与技术文件规定的数据或状态不符合的现象都称为失常。随着失常的加剧，根据某些物理状态或工作参数，可以判断即将发生设备（或产品）功能的丧失现象，我们认为设备（或产品）此时具有潜在的故障；再进一步演变在丧失功能之后，就认为设备（或产品）发生了功能故障（简称故障），对于不可修复的设备（或产品）则称失效。

3. 故障基本类型

设备（或产品）在规定条件下使用，由于设备（或产品）本身固有的弱点而引起的故障叫“本质故障”（inherent weakness failure）；但有些故障是由于不按规定条件使用引起的，这类故障叫“误用故障”（或使用故障）（misuse failure）；从对完成任务的影响来说，如果设备（或产品）参数超过某种确定的界限，以至于完全丧失规定功能的故障叫“完全故障”（complete failure）；某些情况下，设备（或产品）的性能超过某一确定的界限，但还没有完全丧失规定功能，这类故障叫“部分故障”（partial failure）。

设备（或产品）的故障从它们发生故障的规律来说可以分为两大类：一类是由于设备（或产品）参数逐渐退化而导致的故障，例如轴承由于使用磨损，性能逐渐退化，最终超过规定范围不能再用。实际上，在参数的规定范围边缘附近使用时性能就不理想了，这叫“退化故障”（degradation failure），“退化故障”在掌握了设备（或产品）的退化规律后，可以采取针对性的措施加以解决。“退化故障”根据退化参数是否可以直接测量又可以进一步分为两类：有一类设备（或产品）的退化参数可以直接测试或进行监控，当发现参数快接近边缘时就予以更新，就可以避免退化故障；有一类设备（或产品）的退化参数不能直接测试，但是可以通过专门的寿命试验得出它的寿命规律，从而作出“使用多少时间后就应更新”的对策，也可避免相应故障。很多故障属于这种“退化故障”也就是“渐变故障”（gradual failure）的类型，对于渐变故障，主要采取“预防为主”的措施。

在实际工作中有相当一类故障，是不能通过事前的测试或监控预测到的“突发性故障”（sudden failure），这类故障从机理来说是由于偶然因素发生的，也叫“偶然故障”（random failure）。“偶然故障”的发生率由设备（或产品）本身的材料、工艺、设计、安装等因素所决定，对此类故障主要是采取“控制”的措施。

在实际工作中，有时还会出现这样的故障：设备（或产品）出现了故障，但不经修复而在规定时间内，能自行恢复功能，这类故障叫“间歇故障”（intermittent failure)。“间歇故障”有时会导致严重后果，所以不能等闲视之，在可能条件下，必须千方百计找出原因加以排除。

一个设备（或产品）往往由许多零部件组成，每一个组成部件都可能产生故障，并且故障模式往往也不止一种，不可能也不必要对每一个组成部件的所有故障模式都进行研究，因为不同组成部分的不同故障模式对设备（或产品）的影响是不同的。如果某一组成部件的某种故障可能导致人或物的重大损失，这种故障叫“致命故障”（critical failure)；可能导致设备（或产品）完成规定功能能力降低的叫“严重故障”（major failure)；不致引起设备（或产品）完成规定功能能力降低的叫“轻度故障”（minor failure)。

设备（或产品）故障的后果要与故障发生的频繁程度结合起来考虑，这就需要建立可靠性指标评价体系。

二、设备可靠性概率指标

1. 可靠度

所谓设备的可靠度是指，设备在规定的条件下和在规定的时间内，完成规定功能的概率。当可靠度为时间函数时，又称之为可靠度函数，记作 $R(t)$。

设备未完成规定功能的概率，即设备失效或发生故障的概率称为失效概率，或称不可靠度，记作 $F(t)$。

设随机变量 T 表示设备从开始工作到发生失效（故障）的时间，则 $R(t)$ 和 $F(t)$ 的表达式分别为：

$$\left.\begin{aligned} R(t)=P(T>t)=\int_t^{\infty} f(t)\mathrm{d}t \\ F(t)=P(T\leqslant t)=\int_0^{t} f(t)\mathrm{d}t \end{aligned}\right\} \tag{3-2}$$

式中　$f(t)$——随机变量 T 的分布密度，又称之为失效概率密度函数。

由于设备完成规定功能与未完成规定功能是对立事件，则根据概率运算法则，$R(t)$ 和 $F(t)$ 有如下基本关系：

$$\left.\begin{aligned} R(t)+F(t)=1 \\ f(t)=\frac{\mathrm{d}F(t)}{\mathrm{d}t}=-\frac{\mathrm{d}R(t)}{\mathrm{d}t} \end{aligned}\right\} \tag{3-3}$$

$R(t)$ 与 $F(t)$ 及 $f(t)$ 的关系如图 3-5 所示。

从以上关系可知，掌握设备可靠度 $R(t)$ 的关键是掌握 T 的分布密度 $f(t)$ 确定正确的分布密度 $f(t)$，是进行可靠性设计、预测和模拟试验的基础。

2. 失效概率密度函数

分布密度 $f(t)$ 可通过试验近似求得。设接受试验的产品总数为 n，在 $[t,\ t+\Delta t]$ 时间间隔内，产品有 $\Delta m(t)$ 个失效，而在此之前失效总数为 $m(t)$，则失效频率密度定

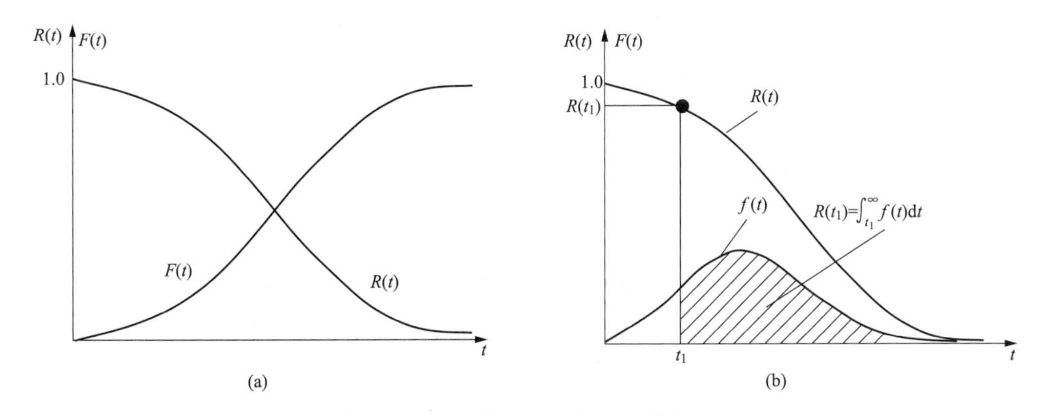

图 3-5 $R(t)$ 与 $F(t)$ 及 $f(t)$ 的关系

(a) $R(t)$、$F(t)$ 随时间的变化关系；(b) $R(t)$ 与 $f(t)$ 随时间的变化关系

义为 $\frac{\Delta m(t)}{n \cdot \Delta t}$，当 $n \to \infty$时，则有：

$$f(t)=\lim_{\substack{n\to\infty \\ \Delta t\to 0}} \frac{\Delta m(t)}{n \cdot \Delta t} \tag{3-4}$$

3. 失效率

所谓失效率，又称故障率，是指工作到时刻 t 还未失效的产品，在时刻 t 后单位时间内发生失效的概率，记作 $\lambda(t)$。失效率的表达式为：

$$\lambda(t)=\lim_{\Delta t\to 0} \frac{\Delta m(t)}{[n-m(t)] \cdot \Delta t} \tag{3-5}$$

在一般情况下，用失效率的估计式，即：

$$\lambda(t)=\frac{\Delta m(t)}{[n-m(t)] \cdot \Delta t} \tag{3-6}$$

失效率反映了产品在任一瞬时失效的速率，较好地描述了产品失效的真实情况。失效率是可靠性研究中应用最广泛的指标之一。

在实际中常用平均失效率，即：

$$\bar{\lambda}(t)=\frac{1}{t_2-t_1}\int_{t1}^{t2} \lambda(t)\,\mathrm{d}t \tag{3-7}$$

失效率是一种条件概率，由 $\lambda(t)$ 的表达式得：

$$\lambda(t)=\lim_{\Delta t\to 0} \frac{\Delta m(t)}{[n-m(t)] \cdot \Delta t}=\lim_{\Delta t\to 0} \frac{\Delta m(t)}{n \cdot \Delta t} \cdot \frac{n}{n-m(t)}=f(t)/R(t) \tag{3-8}$$

又由 $f(t)=-\mathrm{d}R(t)/\mathrm{d}t$，代入式 (3-8) 可得：

$$\lambda(t)=-\frac{\mathrm{d}R(t)}{\mathrm{d}t} \cdot \frac{1}{R(t)}=-\mathrm{d}\ln R(t)/\mathrm{d}t \tag{3-9}$$

上式两边积分得：

$$R(t)=\mathrm{e}^{-}\int_0^t \lambda(t)\mathrm{d}t \tag{3-10}$$

失效分布函数反映在时间 t 附近单位时间内的失效数与总产品数的比；而失效率反

映某一时刻 t 残存的产品在其后紧接着的一个单位时间内的失效数对 t 时刻的残存产品数的比。失效分布函数主要反映产品在所有可能工作的时间内的失效分布情况；而失效率更直观地反映每一时刻的失效情况。

三、设备可靠性寿命指标

1. 平均寿命

对可修复产品，平均寿命（mean time to failure，MTTF）称为平均无故障工作时间（mean time between failure，MTBF）。平均寿命记作 $\bar{t}$，其一般表达式为：

$$\bar{t}=E(T)=\int_0^{\infty} t \cdot f(t)\mathrm{d}t=\int_0^{\infty} R(t)\mathrm{d}t \tag{3-11}$$

平均寿命的观测值可由下式计算：

$$\bar{t}=\frac{1}{m}\sum t \tag{3-12}$$

式中 $\sum t$ ——产品总工作时间；

m ——产品失效或发生故障的次数。

对于可修复产品，平均无故障工作时间的观测值是指产品某个观察期间累计工作时间与故障次数之比；对于不可修复产品，当全部测试产品都观察到寿命终了时，平均寿命的观测值是指其算术平均值。

2. 可靠寿命

所谓可靠寿命，是指与给定的可靠度所对应的工作时间，记作 $t(R)$。

例如，服从指数分布的可靠度函数为 $R(t)=\mathrm{e}^{-\lambda t}$，两边取对数得：

$$\lg R(t)=-\lambda t \lg e \tag{3-13}$$

从而求出时间为：

$$t(R)=-\frac{1}{\lambda}\frac{\lg R}{\lg e} \tag{3-14}$$

当已知 λ 时，对给定的可靠度 R，由上式即可求得对应的可靠寿命 $t(R)$ 当 $R=0.5$ 时所对应的寿命，即 $t(0.5)$ 称为中位寿命。

寿命 T 服从指数分布，且 λ 为常数，是可靠性技术中使用最广泛和最简单的一种分布。由 $f(t)=\lambda \cdot \mathrm{e}^{-\lambda t}$ 可得：

$$R(t)=\mathrm{e}^{-\lambda t} \tag{3-15}$$

$$F(t)=1-\mathrm{e}^{-\lambda t} \tag{3-16}$$

$$\bar{t}=E(T)=\int_0^{\infty} t \cdot \lambda \mathrm{e}^{-\lambda t}\mathrm{d}t=\frac{1}{\lambda} \tag{3-17}$$

因此，对于指数分布，平均寿命 $\bar{t}$ 与失效率 λ 成简单的倒数关系。且当 $t=\frac{1}{\lambda}$ 时，$R(t)=\mathrm{e}^{-1}=0.368$，这是一个特定的值，因而又称此寿命为特征寿命。

3. 维修度与维修率

（1）维修度。所谓维修度，是指可修复产品在规定的条件下和规定的时间内完成维修的概率，即在规定的维修体系中，按照规定的工艺方法维修时，在规定的时间内使产品恢复规定功能能力的概率，一般记作 $M(t)$。

维修是指故障诊断、拆卸修理、零件更换和安装调试等全过程，因此，维修时间是一个随机变量。如果用 T 表示维修时间这一随机变量，则产品从开始维修，到某时刻 t 以内能完成维修的概率为：

$$P(T \leqslant t) = M(t) \tag{3-18}$$

显然有 $0 \leqslant M(t) \leqslant 1$，且 $M(t)$ 越大，说明该产品越容易维修。当维修度 $M(t)$ 连续可调时，则称 $\mathrm{d}M(t)/\mathrm{d}t$ 为维修概率密度函数，记作 $m(t)$，即：

$$m(t) = \frac{\mathrm{d}M(t)}{\mathrm{d}t} \tag{3-19}$$

因此，又有：

$$M(t) = P(T \leqslant t) = \int_0^t m(t)\mathrm{d}t \tag{3-20}$$

（2）维修率。与失效率类似，维修率是指维修时间达到某时刻 t 尚未修复的产品，在该时刻后单位时间内完成修复的概率，记作 $\mu(t)$。

维修率 $\mu(t)$ 越高，表示维修所需时间越短，即系统单位时间内失效状态向正常状态转化的可能性越大。维修率的数学表达式为：

$$\mu(t) = \lim_{\Delta t \to 0} \frac{1}{\Delta t} \cdot \frac{m(t) \cdot \Delta t}{1 - M(t)} = \frac{m(t)}{1 - M(t)} \tag{3-21}$$

4. 有效度

有效度是综合考虑可靠度和维修度指标而定义的广义可靠性指标。可修复产品在规定时间内具有或维持其规定功能的概率，称为有效度，记作 $A(t)$，它是时间的函数。

由于所考虑的时间范围不同，有效度有多种计算方式。用可能工作时间系数来表示的有效度是系统在长时间使用的平均有效度，即：有效度等于“可工作时间”除以“可工作时间＋故障时间（停机时间）”。

当工作时间和维修时间均服从指数分布时，有效度有以下简单数学表达式：

$$A(t) = \frac{\mu(t)}{\lambda(t) + \mu(t)} \tag{3-22}$$

式中　$\mu(t)$、$\lambda(t)$——分别为维修率和失效率。

5. 可靠度、维修度与有效度的关系

按照有效度的定义，有效度应当是产品的可靠度与因维修而增加的可靠度之和，即：

$$A(t) = R(t) + F(t) \cdot M(t) \tag{3-23}$$

式中　$R(t)$——产品的可靠度；

$F(t)$——产品的不可靠度；

t——规定的维修时间。

当工作时间与维修时间均服从指数分布时，有效度的计算公式为：

$$A(t)=e^{-\lambda t}+(1-e^{-\lambda t})(1-e^{-\mu t}) \tag{3-24}$$

从上面的方程可以看出，提高产品有效度有两种方法，一是提高产品的可靠度 $R(t)$；二是提高维修率 $\mu(t)$，使产品的失效部分更多地转化为完好部分，从而增加可靠度。

四、设备故障发生的基本规律

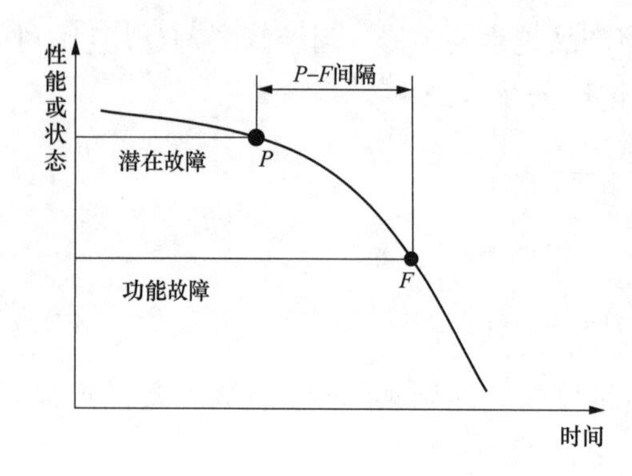

图 3-6 设备性能或状态变化图

设备在使用过程中，其性能或状态随着使用时间的推移而逐步下降，呈现如图 3-6 所示的变化规律曲线。很多故障发生前会有一些预兆，这就是所谓潜在故障（potential failure），其可识别的物理参数表明一种功能性故障即将发生；功能性故障（functional failure），指设备已经丧失了某种规定功能。称设备从潜在故障到功能故障的间隔期为 *P-F*（potential failure-functional failure）间隔。

图 3-6 中“*P*”点表示设备性能已经变化，并发展到可识别潜在故障的程度：这可能是表明金属疲劳的一个裂纹；可能是振动，说明即将会发生轴承故障；可能是一个过热点，表明炉体耐火材料的损坏；可能是一个轮胎的轮面过多的磨损等；“*F*”点表示潜在故障已变成功能故障，即它已质变到损坏的程度。*P-F* 间隔，就是从潜在故障的显露到转变为功能性故障的时间间隔，各种故障的 *P-F* 间隔差别很大，可由几秒到好几年。突发故障的 *P-F* 间隔就很短；较长的 *P-F* 间隔意味着有更多的时间来预防功能性故障的发生，因而要不断地花费很大的精力去寻找潜在故障的物理参数，为采取新的预防技术，避免功能性故障，争得较长的时间。

设备故障率随时间的变化规律，即产品的典型失效率曲线大多如图 3-7 所示，该曲线常被叫作“浴盆曲线”。设备的故障率随时间的变化大致分 3 个阶段：早期故障期、偶发故障期和耗损故障期。

(1) 早期故障期，发生于设备投产前的调整或试运转阶段。设备处于早期故障期时，故障较多，故障率较高，但随时间的推移，设备逐渐磨合及故障的排除，故障率逐步降低并趋于稳定，此段时间的长短，随产品、系统的设计与制造质量而异。早期故障期的故障形态反映了产品设计、制造及安装的技术质量水平，也与调整、操作有直接关系；对于大修及改造的设备，早期故障率则反映了大修或改造的质量。

(2) 偶发故障期，发生于设备正常使用阶段。设备进入偶发故障期，故障率大致处于稳定状态，趋于定值，在此期间，故障发生是随机的。在偶发故障期内，设备的故障率最低，而且较为稳定，因而可以说这是设备的最佳状态期或称正常工作期。这个区段也称为设备的“有效寿命”阶段。

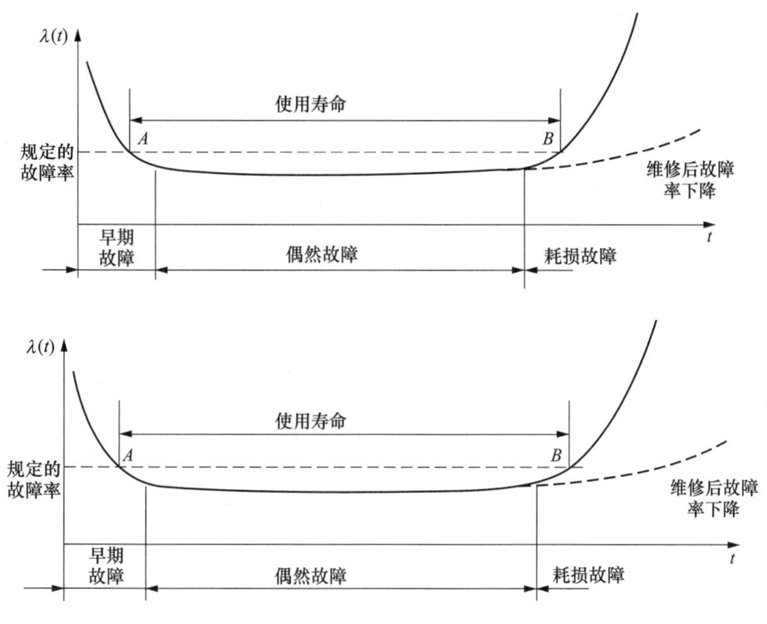

图 3-7 产品典型故障率曲线（浴盆曲线）

偶发故障期的故障，多起因于设计、使用不当及维修不力，除设备本身质量外，管理在很大程度上决定了这一阶段持续时间的长短。故通过提高设计质量，改进使用管理，加强监视诊断与维护保养等工作，可以使故障率降低到最低水平。

（3）耗损故障期，发生于设备使用后期。由于机械磨损、化学腐蚀及物理性质的变化，设备故障率开始上升。对于进入耗损故障期的设备，应及时进行修理或改装，以延长设备的使用寿命。

设备故障率曲线变化的 3 个阶段，真实地反映了设备从磨合、调试、正常工作到大修或报废过程中设备故障率的典型变化规律。这三个阶段中设备故障率、可靠度与故障密度函数之间的关系曲线如图 3-8 所示。

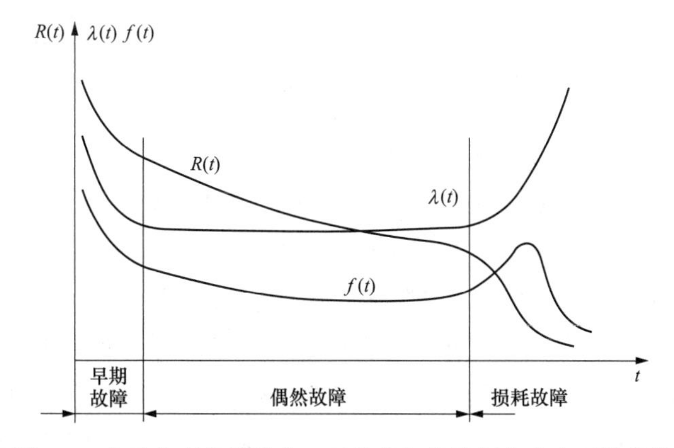

图 3-8 产品典型的故障率、可靠度与故障概率密度函数曲线

第三节 设备故障诊断基本方法

在本章的第一节中“三、动力设备状态监测中的特征参量”一节中，讨论了动力设备状态监测的主要特征参量。根据发电厂机电设备的工作原理和工作特点，经过多年的研究与工程实践，在一些常见的特征参量用于设备故障诊断方面取得了丰富的理论与应用成果，并发展成一些成熟的故障诊断方法。

一、振动诊断法

利用设备在运行中产生的振动信号进行故障诊断，是旋转动力机械故障诊断中最常用的诊断方法。这主要是由于振动信号中包含了丰富的设备故障信息，有时还非常直观，且振动信号测试分析的手段、方法和理论比较成熟，易于实现对设备的在线监测和诊断。其中，决定诊断效果的技术关键是信号分析处理技术。

1. 基本原理

动力机械大多是旋转机械，其旋转运动是一个激励源，激励作用在机械设备上产生了机械振动，机械振动在机组各部件中传递，直达设备的表面。因此，机组在工作过程中产生的振动，包含了很多状态信息。采集这些振动信号，提取信息，就可能从中诊断出机械设备及其工作过程的状态。

2. 机械设备振动测试

（1）振动信号的测试原理。如图 3-9 所示是振动信号测试原理图，图中用传感器将机组振动量（位移、速度或加速度）的变化转变成电量（电荷、电压或电流）的变化。为了能测取各种振动量，测量系统常包含有积分和微分电路，信号经放大后可直接分析、记录或示波。

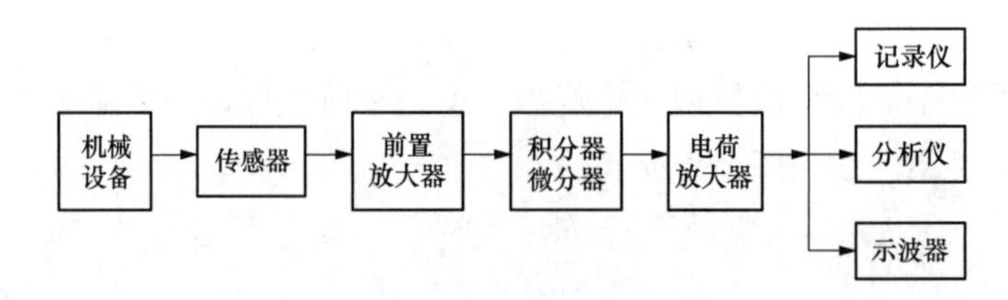

图 3-9　振动信号测试分析流程

（2）振动信号的测取要点。振动信号测取要点如下：

1）根据被测件的振动频率范围选择合适的传感器。如：加速度传感器频响最宽，可达 1～50kHz；而速度传感器为 1～1500Hz，有较高的信噪比。

2）测试前应对传感器进行校准和标定，以保证测量的可靠性。

3）选择测点时应注意：测点应尽可能靠近被诊断的零部件；测取旋转零件的振动信号一般将传感器安装在轴承座上，或距轴承承载区越近越好；传感器不能安装在盖板、轴承盖之类的轻薄零件上；要尽可能减少传感器与被测件间的机械分界面。

4）安装传感器应注意：振动频率较高（如 5kHz 以上）时，传感器应采用刚性安装方法（用螺钉连接或用弹力胶黏接），而不应用磁性安装（用磁座吸附）；如果设备表面较热，应采用云母片等隔热。

5）振动在不同部件、不同方向的传播特性是不相同的，故应在多个位置、多个方向测量振动信号。

3. 振动参量的选择

一般认为，低频时的振动强度与位移成正比；高频时的振动强度与加速度成正比。因此，对表征设备状态的振动主要频率在 1kHz 以下时，按振动速度诊断；1kHz 以上按振动加速度诊断。宽频带测量及冲击实验通常选用振动加速度作为测量指标。

对于旋转机械而言，若测量转动体的振动，则以用非接触式涡流传感器测量振动位移信号为主；若测量非转动部件的振动，则以测量振动速度或振动加速度为主。

4. 振动诊断基本方法

引起大功率旋转动力机械的振动的原因非常复杂，振动故障诊断的难度大，利用检测振动信号来诊断设备故障，需要遵循一定方法与流程。振动故障诊断的基本流程如下：

（1）振动摸底试验。所谓振动摸底试验，就是在运行规程允许的条件下，选定机组振动现象较为突出的某一稳定工况，采用专用的旋转机械振动检测仪器，全面测量机组转轴和非旋转部件（轴承、轴承座、机器的外壳等）的振动量值。

（2）振动状态评价。经过摸底试验获得的振动信号，需要采用专门的分析、诊断软件，提取机组振动的典型特征规律，包括：①各测点的振动量值大小情况，各测点振动量值沿轴系的分布规律；②旋转部件的振动量值与同一轴截面位置的非旋转部件的振动量值差别规律；③各振动测点振动信号时域波形规律，频谱分布规律；④各轴承处转轴的轴心运动轨迹规律；⑤各轴承座的振动外特性规律。

在提取上述振动特征后，以 GB/T 6075.1—1999《机械振动　在非旋转部件上测量评价机器的振动　第 1 部分：总则》和 GB/T 11348.1—1999《旋转机械转轴径向振动的测量和评定　第 1 部分：总则》为依据，综合考虑企业的运行规程要求，对机组的振动状态进行评价。根据不同的评价结论，采取不同后续策略：①通过评价，证实机组的振动不存在异常的话，则诊断工作结束；②通过评价，发现机组振动存在异常，且振动原因和故障类别不明确，则需要进行后续的诊断性试验。

（3）机组振动诊断性试验。机组振动诊断性试验的目的是进一步确认机组振动是由于什么原因引起的，确定故障发生的部位。不同类别的动力机械，诊断性试验的内容不同；同一类别的动力机械，所怀疑可能存在的故障类别不同，诊断性试验的项目也有差别。主要的诊断性试验项目包括：①振动随转速变化特性试验；②振动随机组负荷变化特性试验；③振动随工质参数、流量变化特性试验；④超速过程振动试验；⑤轴承油膜特性试验；⑥轴承座振动外特性试验；⑦振动随发电机励磁电流变化特性试验；⑧振动随发电机冷却介质参数变化特性试验等。

（4）试验数据综合分析。试验数据综合分析包括：

1）典型振动特征的提取。采用专门的分析软件，提取振动的信号特征，主要包括：①转轴（轴承座）宽带振动量值随转速的变化关系曲线；②转轴（轴承座）1X 振动（1倍频振动分量）量值、相位随转速变化关系曲线；③转轴（轴承座）振动瀑布图特征；④各轴承处转轴中心位置与转速的变化关系曲线；⑤额定转速下，各轴承处转轴中心运动轨迹曲线；⑥若干典型转速和额定转速下，振动信号的时域波形特征，频谱特征等。

2）振动与机组状态的关系分析。振动与机组状态的关系分析主要包括如下分析内容：①振动量值与机组工质参数的相关性分析；②振动量值与机组工质流量的相关性分析；③振动量值与发电机励磁电流大小的相关性分析；④振动量值与轴承润滑油参数（压力，温度）的相关性分析；⑤振动量值与发电机冷却介质参数（压力，温度）的相关性分析等。

（5）机组轴系振动全面诊断、评价。机组轴系振动全面诊断、评价，就是根据摸底性试验和诊断性试验获得全部特征数据，对机组轴系振动的状态进行全面诊断和综合评价。这一阶段，需要重点回答好如下几个问题：①机组是否真正存在故障；②机组存在什么故障，严重程度怎样；③故障发生在机组的什么部位；④造成机组故障的原因是什么；⑤机组故障将来的发展趋势是什么；⑥采取何种措施，来消除（或控制）机组的故障。

二、噪声诊断法

利用设备在运行过程中发出的噪声进行故障诊断，也是目前常用的诊断手段。在机械设备发出的噪声信号中包含了丰富的设备状态信息，过去是靠人耳的感觉和经验来实现监测和判断；现在对噪声测试分析的手段、方法和理论日臻完善，已能够实现对设备的在线实时监测和诊断。

1. 噪声信号的测试原理

如图 3-10 所示是噪声信号测量系统示意图。图中用传声器来拾取机组产生的噪声信号，并将声学信号转换为电信号，经前置放大后输入到声级计。还可以通过信号分析与处理的方法进行更为精密的状态监测和诊断。

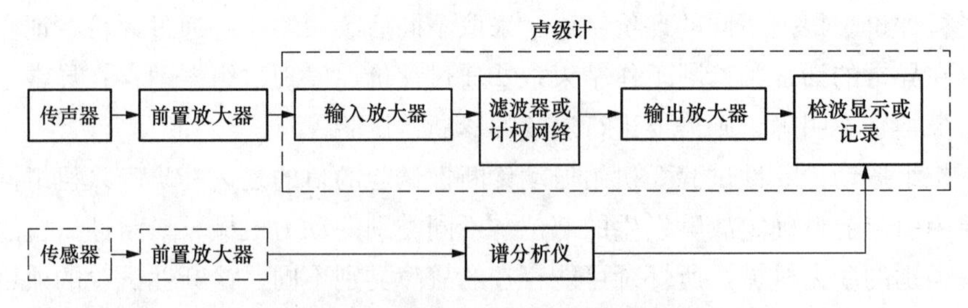

图 3-10 噪声信号测量系统示意图

声级计是最基本的噪声测量仪器，通常由输入放大器、计权网络、带通滤波器、输出放大器、检波器和显示装置组成，其中声级计的计权网络是按国际统一标准设计制造的。目前在噪声分析中，广泛采用 A 声级作为噪声评价的主要指标。

噪声测量中常用的传声器有动圈式、电容式和压电式三种。传声器拾取的噪声信号由声级计的计权网络处理，然后直接输出给计算机进行记录、分析或示波。

噪声信号测取要点如下：

(1) 根据声压级合成原理，测取声信号时，一般要求背景噪声声压级低于被测机组的声信号 10dB 以上。如果背景噪声较大，应采用克服声干扰的手段或技术，如采用指向性强的传感器，采用隔声套，应用自适应消噪技术，或声强测量技术等。

(2) 为进一步对分析噪声信号的时域、频域和倒频域的构成，声级计应采用线性计权。分析机械设备噪声对人的影响，则测取与人耳频率特性很接近的 A 计权。

(3) 传声器的安装位置应符合有关规定。

(4) 风、振动等对噪声测量都有明显影响，应尽量避免。在发电厂机房内测量时，还应注意墙壁等反射体的影响。

2. 基于噪声检测的故障诊断方法

利用噪声的测量与分析进行机组监测与诊断的主要方法有下列几种：

(1) 声强法。声强探头具有明显的指向性，所谓声强的指向性是指在声波入射角为 $\pm 90^{\circ}$ 时具有最大的方向灵敏度。用声强法能区分声波究竟是在声强探头的前方还是后方、左侧还是右侧入射的，而且这种区分对每一种频率成分均可实现。

声强法测量对声学环境没有特殊的要求，并可在近场测量，既方便又迅速，可以为维修管理提供详细而有用的信息。

(2) 相关函数法。相关函数法是利用两个或两个以上的传声器组成监测阵列单元，通过各传声器所测声源信号两两之间的互相关函数或互谱，决定信号时差或相位差，并计算声源到各测点的路程差，由此可确定声源的位置。相关函数法可用于监测和诊断发电厂压力容器（如加热器，燃料罐等）和管路（如蒸汽管道，燃料管道，压力水管道等）的泄漏。

(3) 频谱分析精密诊断法。频谱分析是识别声源的重要方法，特别是对噪声频谱的结构和峰值进行分析，可求得峰值及对应的特征频率，进而寻找发生故障的零部件及故障原因。对于旋转机械而言，一般可在它们的噪声信号中找到与转速 n(r/min) 和系统结构特性有关的基波和谐波峰值及其频率值，可以此识别主要噪声的来源。

三、声发射法

1. 声发射检测的基本原理

金属材料在外载荷作用下产生晶格的滑移变形和孪生变形时会发生声发射；材料中裂纹的形成和扩展过程、不同相界面间发生断裂以及复合材料的内部缺陷的形成也都能成为声发射源。

声发射检测的基本原理就是根据物体的发声推断物体的状态或内部结构的变化。由于物体发射出来的每一个声信号都包含着反映物体内部或缺陷性质和状态变化的信息，声发射检测就是接受这些信号，加以处理、分析和研究，从而推断材料内部的状态变化。

如图 3-11 所示是声发射检测原理图。从声发射源发出的声音信号以弹性波的形式向四周传播，经过耦合剂从材料传播到传感器变成电信号，由声发射仪器接受并进行处理，最后将数据显示出来。声发射是材料或零部件的缺陷发生变化时产生的，所以，声发射检测是一种动态无损检测方法，在故障诊断中用以进行动态监测和报警。

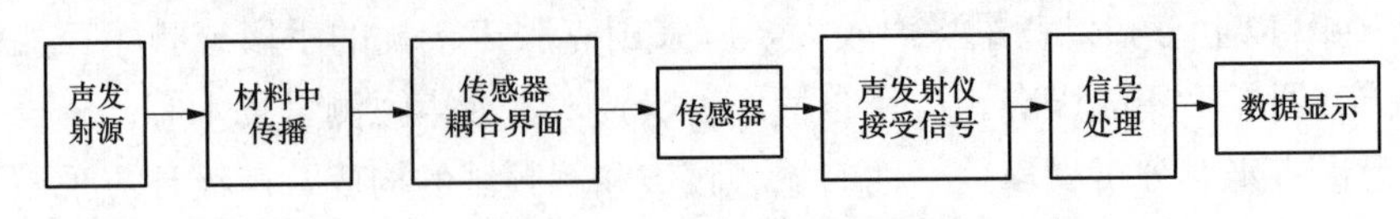

图 3-11　声发射检测原理图

2. 声发射信号的表征参数

一般来说，声发射信号分为连续型与突发型。连续型与随机噪声相似；突发型是一连串的脉冲衰减波，其脉冲宽度约为数微秒至数毫秒，脉冲宽度与材料内部应变能释放有关。描述声发射信号的特征参数可概括为振铃计数与计数率、事件计数与计数率、振幅与振幅分布、有效值和频谱分布等。

振铃计数和事件计数方法如图 3-12 所示。图 3-12（a）描述了一个脉冲衰减波，每当信号幅值超过阈值电平时，将产生一个矩形脉冲，此脉冲即为振铃计数的触发信号，每单位时间内的脉冲数即为振铃计数率；图 3-12（b）表示，当脉冲衰减波的包络线超过阈值电平时，产生一个矩形脉冲，将此脉冲作为事件计数，单位时间内的事件数即为事件计数率。

声发射的振铃或事件计数方法，一个重要的特点是，低于阈值电平的信号不予计数，这在一定程度上抑制了干扰噪声，往往对此又称为幅值剔噪方法。

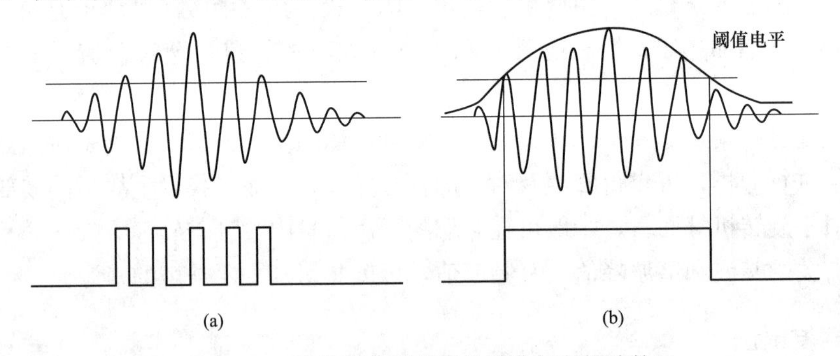

图 3-12　声发射信号的振铃计数与事件计数

（a）振铃计数；（b）事件计数

3. 声发射诊断基本方法

动力设备在运行过程中，必定受到外载荷的作用，这些外载荷还会随工况的变化而发生变化。通过一段时间运行的动力设备，各部件内部必定存在或大或小的内部缺陷，这些缺陷会不断地发展，从而以弹性波的形式释放出能量。通过检测这些弹性波，并对这些波的特性进行分析，可以实现对设备缺陷（故障）的诊断。利用检测设备声发射信号来诊断设备故障的基本方法有：

(1) 基于相关分析诊断故障位置。热能动力发电厂内安装了为数较多的压力容器和压力管道，这些压力容器或压力管道壁面上会出现裂纹故障。压力容器存在裂纹故障时，在裂纹扩展过程中会不断产生声发射信号，可以利用声发射信号的相关分析来诊断此类裂纹故障。如图 3-13 所示，是利用三个声发射传感器来对压力容器的裂纹进行诊断与定位的检测系统示意图。图 3-13 中设三个声发射传感器检测到的声发射信号分别用 $x_1(t)$、$x_2(t)$ 和 $x_3(t)$ 表示，用专门的软件对这个时域信号做相关分析，求出两两之间的相关函数，根据声发射信号本身的特征和相关函数的值可以回答下列几个方面的问题：

1) 根据声发射信号的本身特征，诊断裂纹故障是否存在。

2) 根据相关函数值，诊断这三个信号是否为同源信号。

3) 根据相关函数值，求取声发射信号在材料中传播的时间差，再根据三个传感器安装点的空间坐标，计算出裂纹所在位置距离各传感器安装点的距离，实现对裂纹的空间定位。

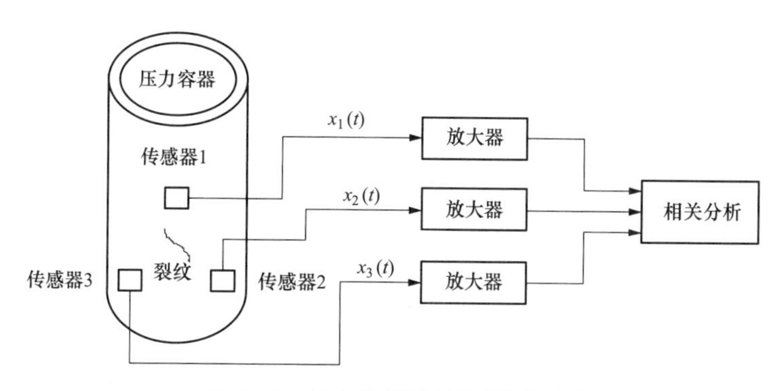

图 3-13 压力容器裂纹检测原理图

(2) 基于特征参数分析诊断故障严重程度。利用声发射传感器检测到的被测对象的声发射信号，可以计算出声发射信号的振铃计数和振铃计数率、事件计数和事件计数率等特征参数，根据声发射信号的特征指标的大小，可以回答下列几个方面的问题：

1) 声发射信号特征值是否超过报警限值，若超过报警限值，说明被诊断对象存在故障。

2) 声发射信号特征值是否超过停机限值，若超过停机限值，说明被诊断对象的故障非常严重，并可利用特征指标的实际值与报警限值、停机限值之间的数量关系，来计算被诊断对象的故障严重程度。

(3) 基于声发射信号的频率分析确定故障的类别。对于同一个被诊断对象，在出现不同类型故障时，所发生的声发射信号的频率分布特性是不一样的。在通过理论分析、试验研究的方法获取被诊断对象典型故障下的声发射信号频率分布特征后，就可以根据实际检测到的声发射信号的频率分布特性，诊断出实际存在什么故障。

四、其他诊断方法

1. 基于红外线检测的诊断方法

温度诊断是故障诊断中最早进入实用阶段的技术。起源于手模测温和主观判断。随着测温技术、计算机智能技术及其他相关技术的发展，测温技术不断更新，诊断原理不断完善，应用范围不断扩大。目前，红外、光纤、激光等测温新技术正不断扩大应用，从而使温度诊断不仅用于查找机械的各种热故障，而且还可以弥补射线、超声、涡流等无损检测方法的不足。在温度诊断方法中，基于红外检测的温度诊断方法在发电厂内的应用最为广泛。

通常设备在正常工作时都有额定的温度，当设备的状态出现异常时，部件的温度可能异常，从而引起其红外辐射的变化，可以通过检测设备红外辐射的变化情况来诊断设备的故障。

(1) 红外测温原理。红外测温原理可用如下的定律来描述：

1) 斯蒂芬-玻尔兹曼定律。部件的温度与辐射热功率之间的关系符合斯蒂芬-玻尔兹曼定律（即四次方定律）：

$$E = 5.67 \times 10^{-8} \times \varepsilon \times T^4 \tag{3-25}$$

式中 E——部件的辐射力；

ε——部件的辐射率；

T——部件的绝对温度，K。

部件的红外辐射力与部件本身的绝对温度的四次方成正比，部件温度越高，它辐射的能量也越大。所以，可通过一定的传感元件测得部件某部分红外辐射能量，从而确定该部件的表面温度。

2) 维恩位移定律。在任一温度下，黑体的光谱辐射曲线有一个最大值，此值所对应的波长称为峰值辐射波长，以 λ_m 表示。由实验得知，黑体的峰值辐射波长 λ_m 与黑体的绝对温度之积是一个常数，即：

$$\lambda_m T = 2897 \approx 2900(\mu m \cdot K) \tag{3-26}$$

该式称为维恩位移定律，它表明：当黑体温度升高时，其峰值波长向短波方向移动。所以，可以通过测量峰值波长 λ_m 来计算部件的温度。

利用红外对机组进行故障检测具有如下特点：不接触被测部件，不影响部件的温度场分布；测温反应速度快（十分之几秒）；灵敏度高（能区别出 0.01～0.1℃的温度差）；测温范围宽（−10～1800℃）；不受材料种类的限制。

(2) 红外测温仪表的测温原理。常用的红外测温仪表有：全辐射测温仪、单色测温仪、比色测温仪和三色测温仪。

1) 全辐射测温仪。一个物体在一定温度下的辐射功率满足斯蒂芬-玻尔兹曼定律，全辐射测温仪就是依据此原理，利用热电传感元件，通过测量物体热辐射全部波长的总能量来确定被测部件的表面温度。

2) 单色测温仪。单色测温仪是通过测量部件辐射中某一波长范围（$\lambda \sim \lambda + \Delta\lambda$）内所发出的辐射能量来确定部件的表面度。

3) 比色测温仪。比色测温仪是通过测量部件辐射中两个不同波段（$\lambda_1 \sim \lambda_1 + \Delta\lambda_1$、$\lambda_2 \sim \lambda_2 + \Delta\lambda_2$）的辐射能量的比值来确定部件的表面温度。

4) 三色测温仪。三色测温是依次取三个波段，将第一、第三波段内辐射功率之积，除以第二波段内辐射功率的平方，所得之商对应于所测的温度。

（3）常用红外诊断方法。常用的红外诊断方法有：红外温度检测、红外主动探查和红外被动探查。

1）红外温度检查。红外温度检查就是用红外测温仪测量机组部件的温度，由温度初步判断是否存在故障。

2）红外主动探查。红外主动探查是指将被检查件加热时或当其保温到热平衡后，检查其表面温度的分布情况，当有缺陷（如孔洞、夹杂、裂缝和脱黏等）存在时，会在被测件表面形成温度不规则区，从而发现缺陷。红外主动探查方法一般用于对设备的离线检测。

3）红外被动探查。红外被动探查是利用部件自身的温度分布诊断部件内部缺陷，多用于机组运行中的设备检查。红外被动探查方法检查设备表面的温度梯度的分布规律，由温度梯度分布异常可检查被测部件的故障情况。

2. 基于污染物检测的诊断方法

污染诊断是以设备在工作过程中或故障形成过程中产生的固体、液体和气体污染物为监测对象，以各种污染物的数量、成分、尺寸和形态等为检测参数，并依据检测参数的变化来判断机组所出技术状态的一种诊断技术。目前，已进入实用阶段的污染诊断技术主要有油液污染监测法和气体污染物监测法。

（1）油液污染物监测方法。油液污染监测法是通过对机械系统中循环流动的油液污染状况进行监测，获取机械零部件运行状态的有关信息，从而判断机组的污染性故障和预测零部件的剩余寿命。在故障诊断中，油液污染监测法所起的作用与医学诊断中验血所起的作用是颇为相似的，它是一种最广泛和最有前途的不解体检验方法。油液污染监测法是污染监测技术的主要研究内容。可用油液污染监测法诊断大功率动力机械（如汽轮机组、燃气轮机组）的轴承故障油液污染监测法的基本原理是：各类机械的流体系统（如液压系统、润滑系统、燃油系统）中的油液，均会因内部机件的磨损产物和外界混入的物质而产生污染，流体系统中被污染的油液带有机械技术状态的大量信息，根据监测和分析油液中污染物的元素成分、数量、尺寸、形态等物理化学性质的变化，来判断流体系统的污染性故障。

油液污染度检测的方法有：称重法、计数法、光测法、电测法、淤积法和综合法。

油液污染状态监测仪器有如下三大类：油液污染物体积浓度检测仪、油液污染物粒度分布检测仪、油液中污染物颗粒数目和尺寸检测仪。

（2）气体污染物监测方法。气体污染物监测方法是通过对电气系统故障形成过程中产生的溶解气体、密封性故障形成过程中产生的漏失气体或液体、以及发动机或烟道排放的废气等所产生污染性物质种类、数量和成分进行监测分析来判断机械设备和电气设备的运行状态。

可用气体污染监测法诊断大功率热力发电系统中的燃烧设备（如火电厂锅炉、燃气轮机组的燃烧室）和高压电气设备的故障，以及火电厂凝汽系统中的泄漏故障。

第四节 设备状态诊断基本方法

如图 3-3 和图 3-4 所示可以清晰地看出，建立被诊断对象的故障诊断模型（亦即，建立状态特征空间到故障类别空间的映射关系）是故障诊断领域的核心任务之一，也是本领域内长期研究热点课题。

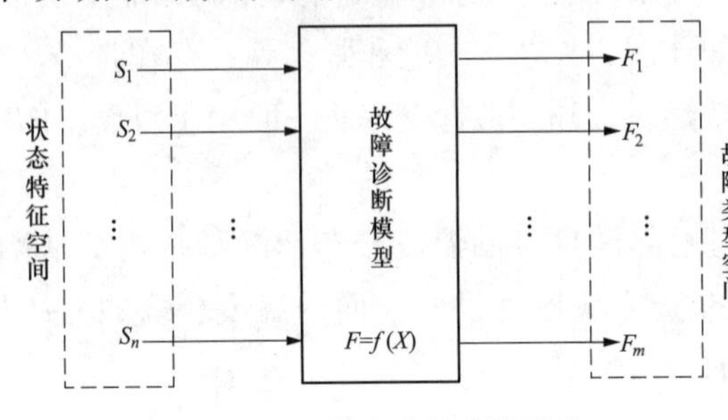

图 3-14 故障诊断建模示意

所谓设备状态诊断建模，就是要建立如图 3-14 所示的故障映射模型。在图 3-14 中，$S=[S_1, S_2, \cdots, S_n]^T$ 是从设备特征参数信号中提取的 n 个特征指标，它构成被诊断设备的 n 维特征空间；$F=[F_1, F_2, \cdots, F_m]^T$ 是被诊断设备待诊断的 m 个典型故障，它构成被诊断设备的 m 维故障空间。而故障诊断建模，就是要建立从 $S=[S_1, S_2, \cdots, S_n]^T$ 空间到 $F=[F_1, F_2, \cdots, F_m]^T$ 空间的映射模型 $F=f(S)$，换句话说，就是确定广义的映射函数 $f(X)$。

下面简单介绍故障诊断领域常用的故障诊断建模方法。

一、基于模糊数学的状态诊断方法

根据现代数学的集合论可知，集合可以表示概念，而集合的运算和变换可以表示判断和推理。在普通集合中，一个对象对应一个集合，要么属于，要么不属于，二者必居其一，而且二者仅居其一，绝不模棱两可。因此，普通集合论只能表现“非此即彼”的现象。

然而，客观世界中存在许多亦此亦彼的现象。例如，机器运转过程中的动态信号及其特征值都具有某种不确定性，也就是偶然性和模糊性。这使得同一机器，在不同运行条件下，其动态行为表现出不一致性，导致对该机器的状态评价只能在一定范围内做出估计，而无法形成明确的判定；还有不同专业技术人员，主观判断能力不同，也可能导致对同一机器得出不确切的评价结论。为解决这类问题，需要以模糊数学为基础，把模糊现象与因素间的关系用数学表达方式来描述，并用数学方法进行运算，得到某种确切的结果，这就是模糊诊断技术。

1. 模糊集合的基本概念

模糊集合是用来表达模糊性概念的集合，又称模糊集、模糊子集。普通的集合是指具有某种属性的对象的全体；模糊集合就是指具有某个模糊概念所描述的属性的对象的全体，由于概念本身不是清晰的、界限分明的，因而对象对集合的隶属关系也不是明确的、非此即彼的。这一概念是美国加利福尼亚大学控制论专家 L. A. 扎德于 1965 年首先提出的。模糊集合这一概念的出现使得数学的思维和方法可以用于处理模糊性现象，从而构成了模糊集合论（中国通常称为模糊性数学）的基础。

给定一个论域 U，那么从 U 到单位区间 [0, 1] 的一个映射 μ_A：$U_a[0, 1]$，称为

U 上的一个模糊集，或 U 的一个模糊子集。

模糊集的常用表示法有下述几种：

（1）解析法，也即给出隶属函数的具体表达式。

（2）Zadeh 记法。例如 $A=\frac{1}{x_1}+\frac{0.5}{x_2}+\frac{0.72}{x_3}+\frac{0}{x_4}$，分母是论域中的元素，分子是该元素对应的隶属度。有时候，若隶属度为 0，该项可以忽略不写。

（3）序偶法。例如 $A=\{(x_1, 1), (x_2, 0.5), (x_3, 0.72), (x_4, 0)\}$，序偶对的前者是论域中的元素，后者是该元素对应的隶属度。

（4）向量法。在有限论域的场合，给论域中元素规定一个表达的顺序，那么可以将上述序偶法简写为隶属度的向量式，如 $A=(1, 0.5, 0.72, 0)$。

2. 隶属函数及其确定方法

若对论域（研究的范围）U 中的任一元素 x，都有一个数 $A(x)\in[0, 1]$ 与之对应，则称 A 为 U 上的模糊集，$A(x)$ 称为 x 对 A 的隶属度。隶属度属于模糊评价函数里的概念：模糊综合评价是对受多种因素影响的事物做出全面评价的一种十分有效的多因素决策方法，其特点是评价结果不是绝对的肯定或否定，而是以一个模糊集合来表示。当 x 在 U 中变动时，$A(x)$ 就是一个函数，称为 A 的隶属函数；隶属度 $A(x)$ 越接近于 1，表示 x 属于 A 的程度越高；$A(x)$ 越接近于 0，表示 x 属于 A 的程度越低。用取值于区间（0，1）的隶属函数 $A(x)$ 表征 x 属于 A 的程度高低。

隶属度函数是模糊诊断的应用基础，是否正确地构造隶属度函数是能否用好模糊诊断的关键之一。隶属度函数的确定过程，本质上说应该是客观的，但每个人对于同一个模糊概念的认识理解又有差异，因此，隶属度函数的确定又带有主观性。

隶属度函数的确立还没有一套成熟有效的方法，大多数系统的确立方法还停留在经验和实验的基础上。对于同一个模糊概念，不同的人会建立不完全相同的隶属度函数，尽管形式不完全相同，只要能反映同一模糊概念，在解决和处理实际模糊信息的问题中仍然殊途同归。

在故障诊断领域，确定隶属度函数的常用方法有模糊统计法、例证法、专家经验法和二元对比排序法。

3. 最大隶属原则及其在故障诊断中的应用条件

最大隶属原则是模糊数学的基本原则之一，它是用模糊集理论进行模型识别的一种直接方法。对于 n 个实际模型，可以表示为论域 X 上的 n 个模糊子集 A_1，A_2，…，A_n，$X_0\in X$ 为一具体识别对象，如果有 $i_0\leqslant n$，使 $A_{i0}(X_0)=\max[A_1(X_0), A_2(X_0), \cdots, A_n(X_0)]$，则称 X_0 相对隶属于 A_{i0}，这即是最大隶属原则。

在故障诊断中，已经认识的故障种类是有限的，且任何两种故障都有可能同时并发，所以很难找全模糊子集，即被识别对象 X_0 有可能使 $A_1(X_0)$，$A_2(X_0)$，…，$A_n(X_0)$ 均较小，但 $A_{i0}(X_0)=\max[A_1(X_0), A_2(X_0), \cdots, A_n(X_0)]$ 总是存在的，若用最大隶属原则判断，则必然存在误判的可能性。

因此，在故障诊断中若要应用最大隶属原则，需加一条限制，即增加一个阈值 T，

$A_{i0}(X_0)$不仅要满足最大隶属原则，还需满足$A_{i0}(X_0)\geqslant T$,这样才能判断X_0隶属于A_{i0}。

4. 基于模糊数学的故障诊断技术及应用

基于模糊数学的状态诊断方法，就是用隶属度矩阵代替图 3-11 中故障映射函数$F(X)$。在设备故障诊断过程中测量得到的是许多信号，通过信号分析可以得到许多故障征兆，征兆和故障之间存在一定关系。设一种征兆论域为S，故障论域为F，测量分析得到的信号是论域S上的一个模糊子集A_i，对应着故障论域上一个模糊子集，以向量b表示；S论域与F论域之间存在着模糊关系R，可应用模糊变换定理得到b对应的故障论域上的一个模糊子集，即一个诊断结果。

但在故障诊断中，往往单征兆诊断的结果是相互交叉、重叠的，最终的诊断结果应是多征兆诊断结果的综合。此综合的理论即是模糊综合决策。模糊综合决策分为一级模型和多级模型，多级模型为一级模型的扩展。

（1）模糊综合决策模型的三要素。模糊综合诊断模型中对应的三要素为：

1）因素集。因素集为征兆种类集S，$S=\{S_1，S_2，\cdots，S_n\}=\{$第一种征兆，第二种征兆，…，第$n$种征兆$\}$。

2）决断集。决断集为诊断结果集F，$F=\{F_1，F_2，\cdots，F_n\}=\{$第一种故障，第二种故障，…，第$n$种故障$\}$。

3）单因素决断。单因素决断为单征兆诊断结果，将所有单位征兆诊断结果构成矩阵R，$R=\{b_{s1}，b_{s2}，\cdots，b_{sn}\}=\{$第一种征兆诊断结果，第二种征兆诊断结果，…，第$n$种征兆诊断结果$\}$。则决策模型为：

$$b=c\cdot R \tag{3-27}$$

式中　c——权重向量$c=\{c_1，c_2，\cdots，F_n\}=\{$第一种征兆诊断结果权重，第二种征兆诊断结果权重，…，第n种征兆诊断结果权重$\}$；

　　b——诊断结果，$b=\{b_1，b_2，\cdots，b_n\}=\{F_1$故障可信度，$F_2$故障可信度，…，$F_n$故障可信度$\}$。

（2）模糊综合决策模型的改进。模糊综合决策用于故障诊断，需要进行以下三个方面的改进：

1）权重向量c的归一化。原模糊数学对c的归一化要求其元素之和等于 1，然而，故障诊断的实际却并非如此。故障征兆分为以下几种：充分条件、必要条件、充要条件、辅助条件和充要条件的元素之和应为 1。在征兆种类论域上，可能有不止一个充分条件或充要条件，由此，模糊关系方程求解的前提就不成立。为此，归一化发展为充分条件、充要条件子集元素之和为 1。

2）单征兆决断改为多征兆决断。仅以一种主要的征兆最终决定故障的可信度，这显然与实际不相符，实际应用中应加以改进。

3）权重向量扩展为矩阵。同一种故障征兆在对不同故障诊断中占有不同的地位，权重也应不一样，权重向量不能描述所有故障，所以应扩展为矩阵。

二、基于神经网络的状态诊断方法

人工神经网络模型是在现代神经生理学和心理学的研究基础上，模仿人的大脑神经元结构特性而建立的一种非线性动力学网络系统，它由大量的简单的非线性处理单元高度并联、互联而成，具有对人脑某些基本特性的简单的数学模拟能力。人工神经网络具有自学习和自适应的能力，可以通过预先提供的一批相互对应的输入-输出数据，分析掌握两者之间潜在的规律，最终根据这些规律，用新的输入数据来推算输出结果，这种学习分析的过程被称为“训练”。

人工神经网络在故障诊断领域的应用主要集中于三个方面：一是从模式识别角度应用神经网络，作为分类器进行故障诊断；二是从预测角度应用神经网络，作为动态预测模型进行故障预测；三是从知识处理角度建立基于神经网络的诊断专家系统。本节主要介绍基于神经网络的诊断专家系统。

1. 神经网络的基本原理

（1）生物神经元模型。神经元是大脑处理信息的基本单元，典型的神经元模型如图3-15所示，它以细胞体为主体，由许多向周围延伸的不规则树枝状纤维构成的神经细胞，其形状很像一棵枯树的枝干，主要由细胞体、树突、轴突和突触组成。一元神经元的树突是从神经元躯体伸展出来的，与另一神经元轴突的突触相连；而生物神经元传递信息的过程为多输入、单输出。从神经元各组成部分的功能来看，信息的处理与传递主要发生在突触附近，当树突从突触接收信号后，把信号引导到神经元躯体，信号在那里累积，激起神经元兴奋或抑制，从而决定了神经元的状态；当神经元躯体内累积超过阈值时，神经元被驱动，沿着轴突发送信号到其他神经元；两神经元结合部的突触，决定了神经元之间相互作用的强弱。

（2）人工神经元模型。根据神经元生物原型设计的人工神经元模型如图3-16所示，它是神经网络的基本计算单元，是多个输入 $x_j(j=1, 2, \cdots, n)$ 和一个输出 y_i 的非线性单元，具有一个内部反馈 S_i 和阈值 θ_i；F 是神经元活动的特性函数；$w_j(j=1, 2, \cdots, n)$ 为每个输入的权重值。则神经元的数学模型为：

$$\begin{cases} Y_i^0 = F(\sum_{j=1}^{n} w_j x_j + s_j) \\ Y_i^i = \sum_{j=1}^{n} w_j x_j + s_j \end{cases} \tag{3-28}$$

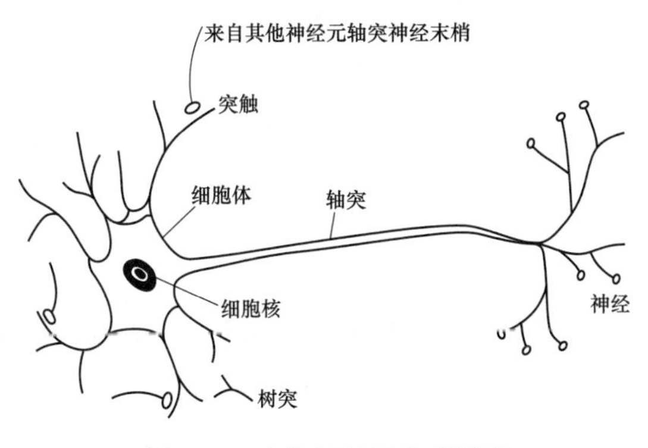

图3-15　生物神经元典型模型

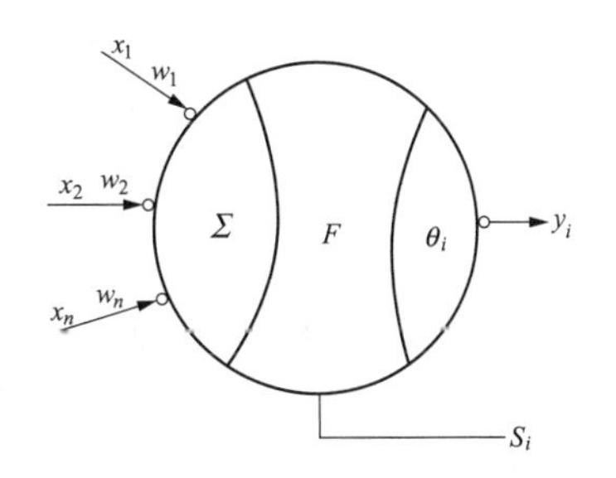

图3-16　人工神经元模型

表示神经元输入输出关系的函数 F 称为作用函数或传递函数，在机械故障诊断和预报工作中，一般采用 Sigmoid 函数，它是一个有界连续递增的非线性函数。

从神经生物学的角度来看，人工神经元模型过于简化，它没考虑影响神经元动态特性的时间延迟，没有包括同步机能和神经元的频率调制功能，而这些特性被认为是非常重要的。尽管如此，人工神经元对于认识人脑“计算”的原则仍然很有价值。

(3) 神经网络模型。大量神经元相互连接形成神经网络。神经网络连接模型通常分为三种：单层连接模式、多层连接模式和循环连接模式。

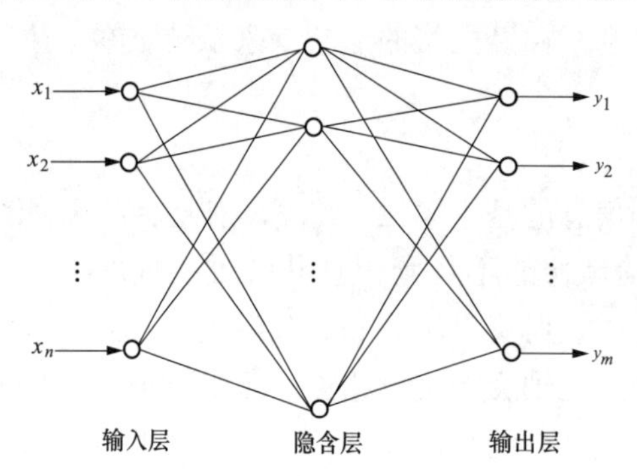

图 3-17　具有三层结构的 BP 神经网络

虽然单个神经元的信息处理功能十分有限，但是如果将多个神经元连成网状结构后，其处理能力却可以大大增强。按照神经元连接方式的不同，神经网络可以分为前向网络和反馈网络两种结构形式。

如图 3-17 所示为具有三层结构的 BP 神经网络，该型神经网路广泛用于设备的故障诊断。该型神经网路的输入层有 n 个节点，用 $x_j(j=1, 2, \cdots, n)$ 表示，可与前述的设备故障特征向量 $S=[S_1, S_2, \cdots, S_n]^T$ 对应起来；网络的输出层有 m 个节点，用 $y_j(j=1, 2, \cdots, m)$ 表示，可与前述的设备故障类别向量 $F=[F_1, F_2, \cdots, F_m]^T$ 对应起来。隐含层节点数目由下式确定：

$$J=\sqrt{n+m}+a \tag{3-29}$$

式中　n ——神经网络输入层节点数；

m ——神经网络输出层节点数；

a ——常数，$a \in [1, 10]$。

2. 神经网络故障诊断技术

(1) 人工神经网络故障诊断系统的知识表达。人类所拥有知识只有用适当的方法表达出来，才能在计算机或智能机器中存储、检索、运用、增删和修改；所谓知识的表达方法，实际上就是描述知识和组织知识的规则符号、形式语言和网络图等。神经网络把知识变换成为网络的权值和阈值，并分布存储在整个神经网络之中；在确定了神经网络的结构参数、神经元特性和学习算法之后，神经网络的知识表达是与它的知识获取过程同时进行、同时完成的；当神经网络在训练（知识获取）结束时，神经网络系统所获取的知识就表达为网络权值矩阵和阈值矩阵。

(2) 人工神经网络系统的推理过程。人工神经网络系统是用一种并行计算的方式来完成其推理过程的：将征兆输入模式样本输入到神经网络输入层，经过并行前向计算，可以得到输出层的输出，这就是所得出的故障类型。由于神经网络同一层的各个神经元之间完全是并行的关系，而同一层内的神经元数目远大于层数，因此从整体上看，它是一种并行的推理。

(3) 人工神经网络系统的学习能力。机器学习是使计算机具有智能的根本途径，一台计算机如果不会学习就不能称其为具有智能。神经网络独有的特点之一是具有良好的自学习功能，这就为系统性能的提高和实用性的增强提供了基础。

系统的自学习过程也是系统知识的再次获取过程，通过系统不断地学习，使其性能不断提高。根据样本的来源不同，系统的学习可分为以下三种：

1）正常样本的自学习。一般在进行样本训练时首先要对机器进行测试，以判断其有无故障发生。如果在很长一段时间内机器工况一直处于正常状态，就可以把这段时间内的工况总结生成为样本数据，并利用这些样本来训练神经网络，直到满足要求为止。所有这些过程可以自动进行，也可以采用人机交互的形式完成。

2）故障样本的自学习。如果在诊断实测数据的过程中发现故障信息，并确认这些故障信息存在时，可以按照正常样本自学习中的方法对这些故障样本进行学习。

3）外部编译样本的自学习。外部编译样本是用户根据专家经验和机器运行情况等构造的学习样本，当然这对于不熟悉样本构造的用户有一定难度，一般仅为程序编制者使用。

以上几部分，特别是当系统的诊断结果发生错误时，更显示出系统重新学习的重要性，只有这样系统才能在运行中不断适应周围环境的变化和提高故障诊断能力。

（4）神经网络故障诊断的局限性。人工神经网络对于给定的训练样本能够较好地实现故障模式表达，也可以形成所要求的决策分类区域，但是也存在一些缺点。

1）性能受所选择的训练样本集的限制。如果训练样本正交性和完备性不好时，系统的性能就较差，系统设计者不能从根本上保证能得到正交、完备的训练样本集，特别是当训练样本较少时，无论什么样的网络也仅仅只能起到记忆这些样本的作用。

2）透明性差。人工神经网络故障诊断属于智能诊断范畴，既然具有智能就应该能解释和回答用户的问题，可神经网络系统却无能为力，它就像一个“黑匣子”，用户仅能看到其输入和输出，中间的分析和演绎过程对用户是不透明的。

3）神经网络将一切知识均变为数字，把推理过程演变为数值计算，这样处理，人类的智能过于僵化了，因为并非一切思维都可以用数字来表达，如果仅用数字来表达一切，必然会失去一些信息。

因此，人工神经网络只有和专家系统相结合，才能使故障诊断技术对人类智能模拟深度产生新的飞跃。

三、基于灰色理论的状态诊断方法

设备故障的灰色诊断是应用灰色系统理论对故障的征兆模式和故障模式进行识别的技术。灰色系统理论认为，客观世界是信息的世界，既有大量已知信息，也有不少未知信息、非确知信息；未知的、非确知的信息是黑色的，已知信息为白色的，既含有未知信息又含有已知信息的系统，称为灰色系统。当机械设备系统发生故障时，必然有一些征兆会表现出来，但也有不是全知的征兆，因此是灰色系统。可以利用灰色系统理论使这些征兆明确，完成故障诊断的任务。

1. 灰色系统基本概念

信息不完全的系统称为灰色系统。信息不完全一般指：系统因素不完全明确；因素关系不完全清楚；系统结构不完全知道；系统的作用原理不完全明了。

灰数、灰元、灰关系是灰色现象的特征，是灰色系统的标志。灰数是指信息不完全的数，即只知大概范围而不知其确切值的数，灰数是一个数集；灰元是指信息不完全的元素；灰关系是指信息不完全的关系。

2. 灰色系统诊断基本理论

(1) 灰色系统描述方式。灰色系统的描述目前主要采用以下方式：

1) 灰色参数、灰色数、灰色元素（简称灰元）。

2) 灰色方程，即含有灰色参数的方程，包括微分、差分、代数方程。

3) 灰色矩阵，即含有灰色元素的矩阵。

4) 灰色群。

(2) 灰色系统处理方法。研究灰色系统的关键是灰元如何处理，灰色系统如何白化。灰元的处理在故障诊断中一般有如下方法：

1) 通过 n 个特殊的白色矩阵（称为样本矩阵）对灰色矩阵作用后，使灰色矩阵变白。

2) 根据某种准则、规则、概念作定量化处理，将灰元变为白元，称为灰元的白化。

3) 将时间的数据列，或两个因素的关联序列，在因素平面，或时间—数据平面上作图，然后将曲线按某种规则分为 n 块，定位 n 种量值，灰色参数以取相应的量值白化。

一个灰色系统的白化在工程应用中更具重要性，即将一个整体信息不完全确定的灰色系统从结构上、模型上、关系上，使其由灰变白。这方面常用的方法有：

1) 以建模为基础的动态模型法。

2) 确定时间序列关联程度的灰色关联度分析法。

3) 灰色统计法。

4) 对多种因素，在众多的指标限制下的灰色聚类分析方法。

其中关联度分析法是故障诊断中应用最多的。本节只简单介绍灰色关联度分析法及其在故障诊断中的应用。

3. 灰色关联度分析法及其在故障诊断技术中的应用

一个系统含有许多因素（对象），有些因素之间的关系是灰色的、分不清哪些因素关系密切，哪些不密切，这样就难以找到主要矛盾，发现主要特征，认清主要关系，而关联度所指的就是不同因素（不同对象）之间的关联程度。一个因素或对象可用一个过程曲线形象表征，则曲线几何形状的相似性和空间位置的相近性可作为衡量它们所代表对象之间的关联度的指标。

灰色系统理论提出了对各子系统进行灰色关联度分析的概念，意图透过一定的方法，去寻求系统中各子系统（或因素）之间的数值关系。因此，灰色关联度分析对于一个系统发展变化态势提供了量化的度量，非常适合动态历程分析。其具体实施步骤如下：

（1）确定反映系统行为特征的参考数列和影响系统行为的比较数列。反映系统行为特征的数据序列，称为参考数列；影响系统行为的因素组成的数据序列，称比较数列。

（2）对参考数列和比较数列进行无量纲化处理。由于系统中各因素的物理意义不同，导致数据的量纲也不一定相同，不便于比较，或在比较时难以得到正确的结论。因此在进行灰色关联度分析时，一般都要进行无量纲化的数据处理。

（3）求参考数列与比较数列的灰色关联系数 ξ_{0i}。所谓关联程度，实质上是曲线间几何形状的差别程度，因此曲线间差值大小，可作为关联程度的衡量尺度。对于一个参考数列 X_0 有若干个比较数列 X_1，X_2，…，X_n，各比较数列与参考数列在各个时刻（即曲线中的各点）的关联系数 ξ_{0i} 可由下列公式算出：

$$\xi_{0i}=\frac{\Delta(\min)+\rho\Delta(\max)}{\Delta_{0i}(\kappa)+\rho\Delta(\max)} \tag{3-30}$$

式中 ρ——分辨系数，一般在 0～1 之间，通常取 0.5；

$\Delta_{0i}(\kappa)$——各比较数列 X_i 曲线上的每一个点与参考数列 X_0 曲线上的每一个点的绝对差值；

$\Delta(\min)$——第二级最小差；

$\Delta(\max)$——两级最大差。

（4）求关联度 r_i。因为关联系数是比较数列与参考数列在各个时刻（即曲线中的各点）的关联程度值，所以它的数不止一个，而信息过于分散不便于进行整体性比较。因此有必要将各个时刻（即曲线中的各点）的关联系数集中为一个值，即求其平均值，作为比较数列与参考数列间关联程度的数量表示，关联度 r_i 计算公式如下：

$$r_i=\frac{1}{N}\sum_{k=1}^{N}\xi_i(k) \tag{3-31}$$

式中 r_i——比较数列 X_i 对参考数列 X_0 的灰色关联度，或称为序列关联度、平均关联度、线关联度；r_i 值越接近 1，说明相关性越好。

（5）关联度排序。因素间的关联程度，主要是用关联度的大小次序描述，而不仅是关联度的大小。将 m 个子序列对同一母序列的关联度按大小顺序排列起来，便组成了关联序，记为 $\{x\}$，它反映了对于母序列来说各子序列的“优劣”关系。若 $r_{0i}>r_{0j}$（r_{0i} 表示第 i 个子序列对母数列特征值），则称 $\{x_i\}$ 对于同一母序列 $\{x_0\}$ 优于 $\{x_j\}$，记为 $\{x_i\}>\{x_j\}$。

灰色关联度分析法是将研究对象及影响因素的因子值视为一条线上的点，与待识别对象及影响因素的因子值所绘制的曲线进行比较，比较它们之间的贴近度，并分别量化，计算出研究对象与待识别对象各影响因素之间的贴近程度的关联度，通过比较各关联度的大小来判断待识别对象对研究对象的影响程度。

四、基于解析模型的状态诊断方法

基于解析模型的故障诊断方法主要依赖于系统精确的数学模型，通过系统的输入/

输出信号并借助于相应的技术手段来生成残差信号；通过某种评价方法，或者对比残差与报警阈值来检测故障。基于解析模型的故障诊断方法的主要优点是可以深入理解系统的动态过程，可实时完成系统的故障检测以及分离；缺点是需要借助于系统精确的数学模型。基于解析模型的故障诊断方法的主要过程可以分为残差生成以及残差评价，按照残差生成方式的不同，可以分为状态估计法、参数辨识法以及等价空间法。

1. 状态估计法

状态估计法主要借助于状态观测器、未知输入观测器或滤波器，通过系统的数学模型以及测量信号重新构建或者估计系统的可测量变量，并通过对比实际测量值与估计值来生成残差信号，从而完成系统故障检测以及分离。状态估计法的优点是可以实时检测故障，并且不需要严格的连续激励信号；其主要缺点是依赖于系统精确的数学模型。

2. 参数辨识法

参数辨识法的主要思想是通过检测模型中参数的变化，完成系统故障的检测。参数辨识法的原理为：故障可能引起系统参数的变化，从而进一步导致模型参数的变化，通过相关的参数辨识方法如最小二乘法、卡尔曼滤波器法等，辨识系统的模型参数，并通过对比估计值与正常值之间的差异来检测系统的故障。参数辨识法的主要优点是可以更好地分离故障并能实现容错控制，但是其需要精确的数学模型，并且需要连续不断的动态过程输入激励信号。

3. 等价空间法

等价空间法主要通过建立系统数学模型中输入与输出变量之间的动态解析冗余关系，然后对比实际系统的输入输出关系与此解析冗余关系的一致性，从而完成系统故障的检测以及分离。等价空间法的主要实现方法有奇偶方程法、具有方向的残差序列法以及约束优化的等价方程法，其中奇偶方程法研究最多，但是绝大多数只能应用于线性系统，对于非线性系统的故障诊断较难实现。

第五节 设备状态预报基本方法

故障预报和预警是20世纪后期才发展起来的一个新兴的研究方向，也是当前故障预测控制理论研究的热点之一。随着对系统可靠性和安全性要求的进一步提高，人们希望能够在故障对设备和系统的危害显现之前就能够更加准确地预测故障发生的有关信息，由此提出了对故障预报更加严格的要求。

广义地说，预测是人们对未来事物或不确定性事件的行为与状态做出的主观判断，预测必须建立在对客观事物的过去和现在进行深入研究和科学分析的基础上。科学的预测一般有以下途径：

（1）因果分析：通过研究事物形成的原因来预测事物未来发展变化的必然结果。

（2）类比分析：通过类比来预测事物的未来发展。

（3）统计分析：通过一系列数学方法，对事物过去和现在的数据资料进行分析，去伪存真，由表及里，揭示出历史数据背后隐藏的必然规律，给出事物的未来变化趋势。

设备状态预报的方法很多，其中主要有趋势分析法、曲线拟合法、时序分析法、灰色模型预测法及神经网络预测法等。

一、基于时间序列模型的状态预报方法

1. 时间序列预测的基本概念

所谓时间序列，是指按时间顺序排列的一组数字序列，是将某一现象在时间上发展变化的一系列数量表现按时间先后顺序而形成的一个动态数列，也称为时间数列或动态数列。时间序列预测就是已知时间序列的现在和过去的观测值，预测（估计）其将来的值或变化趋势，以预测未来事物的发展。在工程、自然科学、经济和社会科学等领域的实际工作者和研究人员都要和一系列的历史观察数据打交道。具体到设备故障诊断领域，一个设备在某个生产过程中的状态值就可以看作一个时间序列，该序列表明了这台设备的发展变化过程及其趋势，并可以用这组时间序列预测该设备状态的发展方向及前景。

2. 时间序列预测设备状态的基本步骤

时间序列预测法就是通过编制和分析时间序列，根据时间序列所反映出来的发展过程、方向和趋势，进行类推或延伸，借以预测下一段时间或以后若干年内可能达到的水平。时间序列预测法的内容包括：收集与整理某种现象的历史资料；对这些资料进行检查鉴别，排成数列；分析时间数列，从中寻找该现象随时间变化而变化的规律，得出一定的模式；以此模式去预测该现象将来的情况。其预测过程分为以下几个步骤：

（1）第一步收集历史资料，加以整理，编成时间序列，并根据时间序列绘成统计图。时间序列分析通常是把各种可能发生作用的因素进行分类，传统的分类方法是按各种因素的特点或影响效果分为四大类：①长期趋势；②周期变动；③循环变动；④不规则变动。

（2）第二步分析时间序列。时间序列中的每一时期的数值都是由许许多多不同的因素同时发生作用后的综合结果。

（3）第三步求时间序列的长期趋势（T）、周期变动（S）和不规则变动（I）的值，并选定近似的数学模式来代表它们。对于数学模式中的诸未知参数，使用合适的技术方法求出其值。

（4）第四步利用时间序列资料求出长期趋势、周期变动和不规则变动的数学模型后，就可以利用它来预测未来的长期趋势值 T 和周期变动值 S，在可能的情况下预测不规则变动值 I，然后用以下模式计算出未来的时间序列的预测值 Y：

加法模式 $T+S+I=Y$

乘法模式 $T\times S\times I=Y$

如果不规则变动的预测值难以求得，就只求长期趋势和周期变动的预测值，以两者相乘之积或相加之和为时间序列的预测值；如果所观测现象本身没有周期变动，则长期趋势的预测值就是时间序列的预测值，即 $T=Y$。但要注意这个预测值只反映现象未来的发展趋势，即使很准确的趋势线在按时间顺序的观察方面所起的作用，本质上也只是一个平均数的作用，实际值将围绕着它上下波动。

3. 时间序列预测的基本特征

(1) 假定事物的过去延续到未来。时间序列分析法是根据过去的变化趋势预测未来的发展，它的前提是假定事物的过去延续到未来。时间序列分析，正是根据客观事物发展的连续规律性，运用过去的历史数据，通过统计分析，进一步推测未来的发展趋势。

事物的过去会延续到未来这个假设前提包含两层含义：一是不会发生突然的跳跃变化，是以相对小的步伐前进；二是过去和当前的现象可能表明现在和将来活动的发展变化趋向。这就决定了在一般情况下，时间序列分析法对于短、近期预测比较显著，但如延伸到更远的将来，就会出现很大的局限性，导致预测值偏离实际较大而使决策失误。

(2) 时间序列数据变动存在着规律性与不规律性。时间序列中的每个观察值大小，是影响变化的各种不同因素在同一时刻发生作用的综合结果。从这些影响因素发生作用的大小和方向变化的时间特性来看，这些因素造成的时间序列数据的变动分为四种类型：

1) 趋势性：某个变量随着时间进展或自变量变化，呈现一种比较缓慢而长期的持续上升、下降、停留的同性质变动趋向，但变动幅度可能不相等。

2) 周期性：某因素由于外部环境影响产生的交替出现高峰与低谷的规律。

3) 随机性：个别为随机变动，整体呈统计规律。

4) 综合性：实际变化情况是几种变动的叠加或组合。预测时设法过滤除去不规则变动，突出反映趋势性和周期性变动。

4. 常用的时间序列模型

目前，在时序分析领域中，研究和应用较广的模型有自回归滑动平均（autoregressive moving average，ARMA）模型、双线性模型、门限自回归模型、指数自回归模型和状态依赖模型等。不同的时序模型有各自适用的范围，如 ARMA 模型主要应用于平稳正态过程；门限自回归模型适用于描述非线性自激振动的极限环；指数自回归模型则可以复现幅频依赖；极限环和共振跳跃等典型的非线性现象。由于每一种模型都有其各自的应用领域，选用合适的模型类别是至关重要的。

(1) ARMA 模型。ARMA 模型对于零均值平稳正态时间序列，这类模型具有广泛的代表性。ARMA(n，m) 模型可由如下的随机差分方程描述：

$$x_t - \sum_{i=1}^{n} \varphi_i x_{t-i} = a_t - \sum_{j=1}^{m} \theta_j a_{t-j} \tag{3-32}$$

式中 n，m ——分别称为模型的自回归部分（AR）和滑动平均部分（MA）的阶次；

$\varphi_i(i=1, 2, \cdots, n)$，$\theta_j(j=1, 2, \cdots, m)$ ——模型参数；

$\{a_t\}$ ——零均值白噪声序列。

由该模型描述的时间序列 $\{x_t\}$ 也称为 ARMA 序列。用后移算子 B 表示，则 ARMA(n，m) 模型可表示成：

$$\Phi(B)x_t = \Theta(B)a_t \tag{3-33}$$

其中

$$\Phi(B) = 1 - \sum_{i=1}^{n} \varphi_i B^i \tag{3-34}$$

$$\Theta(B)=1-\sum_{j=1}^{m}\theta_j B^j \tag{3-35}$$

用传递函数表示为：

$$x_t=\frac{\Theta(B)}{\Phi(B)}a_t \tag{3-36}$$

因此，ARMA(n，m）序列 $\{x_t\}$ 可以视为一个传递函数为 $\frac{\Theta(B)}{\Phi(B)}$ 的系统在白噪声序列 $\{a_t\}$ 激励下的响应，如图 3-18 所示。由此建立了 ARMA 模型与线性系统模型之间的一种对应关系。

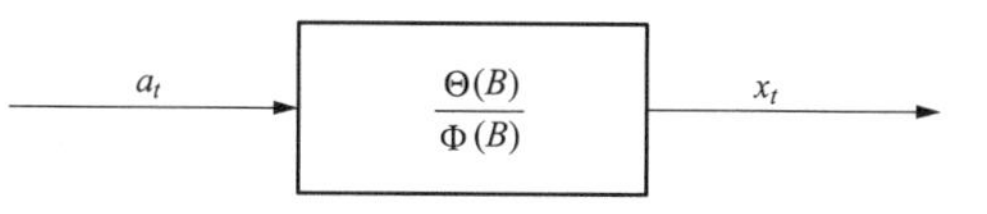

图 3-18　ARMA 模型与线性系统模型的关系

（2）AR 模型与 MA 模型。ARMA(n，m）在应用中主要困难是在参数估计时，观察值 $\{x_t\}$ 可通过检测读出，而残差 $\{a_{t-j}\}$ 则需要递推计算求出，因此参数估计时间长，往往不能满足在线建模的要求。但是表达一个系统模型不是唯一的，ARMA 数学模型的含义是数据序列不仅与它的观测值有关，而且与 $\{a_{t-j}\}$ 也是相关的，若 $m=0$，即不考虑 $\{a_{t-j}\}$ 对数据序列的影响，认为系统的主要信息都用观测值 $\{x_{t-i}\}$ 本身的相关性描述，即 $m=0$，则将其称为自回归模型，简称 $AR(n)$ 模型。

$$x_t-\sum_{i=1}^{n}\varphi_i x_{t-i}=a_t \tag{3-37}$$

或

$$x_t=\frac{1}{\Phi(B)}a_t \tag{3-38}$$

若 $n=0$，则称之为滑动平均模型（简称 MA(m）模型），是故障诊断中常用的一种模型。

不论是 ARMA 模型还是 AR 模型，它们都是线性差分方程表达式，也就是说它只能用于线性系统，如果系统含有某种趋势性或其他非线性成分，就不能直接采用 ARMA 模型，而应用预处理方法进行处理，或采用非线性模型。

5. 设备状态变化趋势性及其预报

ARMA 模型适用于平稳线性时间序列，但机械设备的测试信号往往包含非平稳趋势，这种非平稳趋势反映了设备运行状态的变化。比较典型的非平稳趋势有线性趋势、多项式趋势、周期趋势等，同一序列也可能同时含有几种不同的非平稳趋势。在对时间序列进行建模和分析时，必须考虑到这种趋势性的影响。一般来说，含有非平稳趋势的时间序列建模方法可分为如下三类。

（1）组合模型方法。对非平稳时间序列中的趋势分量和平稳序列分量分别建模，再将它们组合成原时间序列的数学模型。组合模型的一般形式为：

$$w_t=s_t+x_t \tag{3-39}$$

式中　$w_t(t=1,2,\cdots,N)$——非平稳时间序列；

$s_t(t=1,2,\cdots,N)$——趋势序列，它可以是线性函数、三角函数等，也可以由这些函数组合而成，其具体结构视非平稳趋势的特性而定；

x_t ——w_t 中的平稳序列分量，它可由平稳时序模型例如 ARMA 模型描述。

实际生产设备测试信号的非平稳趋势通常十分复杂，因此在采用组合模型建模时，正确地选择函数 $\{s_t\}$ 的结构是影响模型预报误差大小的主要因素。此外需要说明的是，组合模型主要用于含有确定性趋势的非平稳序列。

(2) 非平稳时序模型方法。这里所说的非平稳时序模型主要指 ARIMA 型乘积模型，这类模型与 ARMA 模型具有相同的结构形式，所不同的是，其特征多项式含有形如 $(1-B^S)(1-B)^d$ (s 为季节性周期，d 为差分次数)的因子，或者说，这类模型具有一个或多个分布在单位圆上的特征根或单位特征根。

与组合模型不同，ARIMA 模型适用于具有随机趋势的非平稳序列的建模和预报，其特征多项式中所含的因子 $(1-B^S)$ 和 $(1-B)^d$ 分别反映时间序列的随机季节性趋势和随机多项式趋势。这类模型的建模方法可参考时间序列分析的有关论著。

以上有关非平稳趋势分析的讨论主要是为了说明以下问题：来自生产设备的测试序列往往是非平稳的，如果对这类序列不加分析地直接建立数学模型，则可能由于数学模型的选取不当而导致虚假的结果，为后续的特征分析和故障诊断提供错误的信息。

(3) 非线性模型法。平稳/非平稳性只是表征时间序列基本特征之一，除此之外，正态/非正态性从另一角度反映时间序列的主要特征。一般来说，对于非正态序列，应采用非线性时序模型，常用的有门限自回归模型、指数自回归模型、双线性模型和状态依赖模型等。值得一提的是，门限自回归模型和指数自回归模型正是依据非线性振动的典型特征提出的，对于以振动信号作为主要特征信号的机械故障诊断来说，这类非线性模型的应用是尤其值得注意的。

二、基于灰色系统理论的预报方法

灰色预测也是对时间序列进行建模，然后进行预测。与时序分析不同的是，灰色预测在建模之前需对原始序列进行生成处理。这样做的目的，一是为建模提供中间信息；二是弱化原始时间序列的随机性。

灰色系统理论中有两种方法可用于设备状态的预报，一种是基于灰色系统动态模型 DM 的灰色预测模型，另一种是基于残差信息开发与利用的数据列残差辨识预测模型：

(1) DM 预测模型。在设备状态监测和预报中，主要采用能反映设备状态的一些物理量，常用 DM(1，1) 模型进行预报，DM(1，1) 模型为：

$$\frac{\mathrm{d}x^1(t)}{\mathrm{d}t}+ax^1(t)=u \tag{3-40}$$

故有

$$x^1(t)=[x^1(0)-\frac{u}{a}]\mathrm{e}^{-at}+\frac{u}{a} \tag{3-41}$$

或

$$x^1(k+1)=\left[x^1(0)-\frac{u}{a}\right]\mathrm{e}^{-ak}+\frac{u}{a} \tag{3-42}$$

其中数据个数 $k=1, 2, \cdots, N$。待识别的参数 a 和变量 u 由下式决定：

$$\hat{a}=[a, u]^{T}=(B^{T}B)^{-1}B^{T}Y_{n} \tag{3-43}$$

其中

$$B=\begin{bmatrix} -\frac{1}{2}[x^{1}(1)+x(2)] & 1 \\ -\frac{1}{2}[x^{1}(2)+x(3)] & 1 \\ \vdots & \vdots \\ -\frac{1}{2}[x^{1}(n-1)+x(n)] & 1 \end{bmatrix} \tag{3-44}$$

$$Y_{n}=[x^{0}(2), x^{0}(3), \cdots, x^{0}(n)]^{T} \tag{3-45}$$

B 矩阵中的 $x^{1}(k)$ 是原始数据 $x^{0}(i)$ 的累加值，即：

$$x^{1}(k)=\sum_{i=1}^{k}x^{0}(i) \tag{3-46}$$

而计算值由下式得到：

$$\hat{x}^{0}(k)=\hat{x}^{1}(k)-\hat{x}^{1}(k-1) \tag{3-47}$$

这就是预测值。

灰色预测模型的特点是根据自身数据建立动态微分方程再预测自身的发展，而其他预测法往往用因素模型预测自身的发展。

（2）残差辨识预测模型。若原始数据为 $\{M_{i}\}(i=1, 2, \cdots, n)$。则预测数据 $\hat{M}(n+1)$ 由下式给出：

$$\hat{M}_{n+1}=M_{n}\hat{\sigma}_{n-1}+M_{n-1}\hat{\sigma}_{n-2}+\cdots+M_{2}\hat{\sigma}_{1}+\Delta\hat{t} \tag{3-48}$$

待辨识的参数列 $\hat{\sigma}_{i}(i=1, 2, \cdots, n)$ 和末级残差 Δt 由比较下列等式（共 n-1 个）两边的对应的部分求出：

$$\begin{cases} \frac{M_{n}}{M_{n-1}}=\hat{\sigma}_{n-1}+\frac{\hat{\sigma}_{n-1}}{M_{n-1}} \\ \frac{M_{n-1}}{M_{n-2}}=\hat{\sigma}_{n-2}+\frac{\hat{\sigma}_{n-2}}{M_{n-2}} \\ \cdots \quad \cdots \quad \cdots \\ \frac{M_{2}}{M_{1}}=\hat{\sigma}_{1}+\frac{\hat{\sigma}_{1}}{M_{1}} \end{cases} \tag{3-49}$$

预测值 $\hat{M}_{n+1}$ 的可信度，可由后验差检验手段检验。这种方法简便、精度高、适用于摆动幅度不大的非平稳随机过程的预报，其残差信息利用率提高。

三、基于神经网络的预报方法

神经网络用于设备状态预报的原理可如图 3-19 所示。已知观测到的时间序列 $X_{(1)}$，$X_{(2)}$，…，$X_{(n)}$，我们需要用其中的 m 个观测值来预测 $n+1$ 时刻的值 $\hat{x}(n+1)$，这实质上是一个模式识别的问题，用神经网络来进行预测，其步骤如下：

（1）首先把 $X_{(1)}$，$X_{(2)}$，…，$X_{(n)}$ 按网络输入要求组成 k 个训练模式，每个训练模

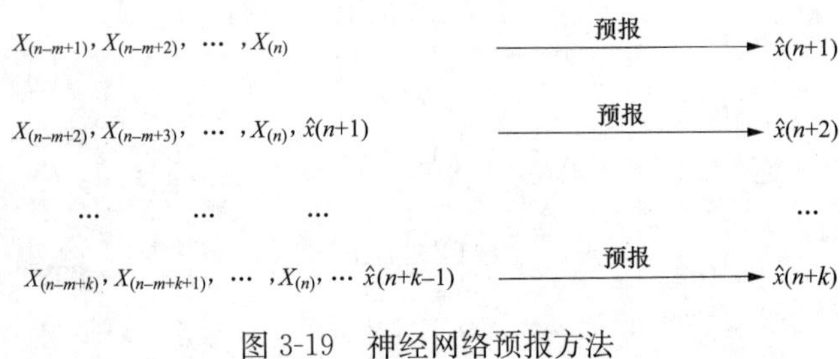

图 3-19 神经网络预报方法

式包含 $m+1$ 个观测样本，前 m 个作为网络输入，后一个作为输出节点的期望值。

（2）用上述训练模式对网络进行训练（采用 BP 算法、基因算法、共轭梯度算法等学习算法），确定网络的连接权系数。

（3）采用训练后的连接权系数，将 $X_{(n-m+1)}$，$X_{(n-m+2)}$，…，$X_{(n)}$ 共 m 个样本作为网络的输入，计算出网络的实际输出，即所需的预测值 $\hat{x}(n+1)$。

（4）当需要进行多步预报时，可采用递推预报的方法，即用 $X_{(n-m+2)}, X_{(n-m+3)}, \cdots, X_{(n)}, \hat{x}(n+1)$ 来预报 $\hat{x}(n+2)$ 等。

由此可见，在进行网络训练之前，首先要确定网络的拓扑结构和训练算法。网络拓扑结构的选择方面，目前应用最广、也最为成熟的是层式神经网络，为使网络具有较好的非线性映射能力，网络层数应大于或等于三层。其中输入层节点数视待预报序列的复杂程度而定，隐含层节点数与输入层节点数相等（对于预测网络来说，隐含层节点数等于输入层节点数，具有较好的预报效果），输出层节点数一般为 1。大量试验应用表明，在大多数情况下，网络结构选为 4-4-1 就已经比较合适，一般不必选用太庞大的网络结构，就可满足实际要求。

网络训练算法方面，对于层式前馈神经网络，应用最多的训练算法是隶属于梯度下降算法的误差反向传播算法，即 BP 算法。

综上所述，神经网络预测过程可分为如下几个步骤：

（1）对原始振动时间序列进行预处理，包括训练样本时间间隔的修正、粗大误差的剔除等方面。

（2）模型拓扑结构的选择：确定网络输入层、输出层、隐含层的节点数。

（3）归一化处理：按照网络输入要求，将输入数据序列进行归一化处理。

（4）将训练样本输入神经网络，对网络进行训练，获得各神经元之间的连接权值，并保存。

（5）采用已建立的模型进行外推，得到未来的预测值。

第六节 设备状态监测与故障诊断系统

一、监测与故障诊断系统工作过程与基本构成

1. 设备状态监测与诊断系统一般工作过程

设备状态监测与故障诊断系统的一般工作过程如图 3-20 所示。其中信号处理、状

态辨识和监测与诊断决策一般由计算机系统或由专用仪器设备完成。

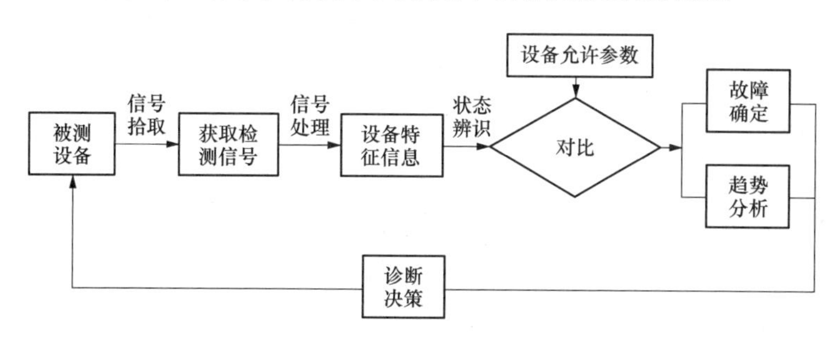

图 3-20 设备故障诊断过程框图

2. 设备状态监测与诊断系统一般工作过程

设备状态监测与故障诊断系统主要由以下几部分组成：信号拾取、信号处理（特征提取）、状态辨识、监测与诊断决策。

（1）信号拾取。设备在运行过程中必然会产生诸如力、热、振动及能量等各种状态参量的变化，由此产生各种不同的监测与诊断信息。信号拾取就是根据不同的诊断需要，选择能表征设备工作状态的不同信号，通过安装在设备上或设备附近的传感器来实现的。这些可用的信号包括振动、噪声、力、温度、压力、电流、电压、磁场和射线等；传感器的选择以最能反映设备状态变化为原则。如果传感器信号输出不准确，后续的处理都将失去意义，因此传感器技术是状态监测与故障诊断系统中的一项关键技术。

就诊断系统的组成而言，如果只采用一个传感器进行信号拾取，若传感器出现异常，就很难判断到底是设备故障，还是传感器故障。在这种情况下就得要采用多个传感器，对传感器的数据进行证实，以剔除故障传感器的影响。

有时为了提高故障诊断的精确性，需要采用不同类型的传感器从不同侧面来拾取反映设备状态变化的信息。各种传感器的信息可能具有不同的特征：可能是实时信息，也可能是非实时信息；可能是快变或瞬变的，也可能是缓变的；可能是模糊的，也可能是确定的；可能由各传感器获得的信息相互支持或互补，也可能互相矛盾或竞争。这就需要把多个传感器的冗余或互补信息依据某种准则来组合，以获得被监测对象的一致解释或描述，使该诊断系统由此获得比它的各组成部分的子集所构成的系统更优越的性能。这就是多传感器信息融合技术的基本思想，其基本方法包括加权平均法、卡尔曼滤波、贝叶斯估计、统计决策理论、证据推理、粗糙集理论、具有置信因子的产生式规则、模糊逻辑、神经网络和模糊模式辨识等。

（2）信号处理。传感器信号经过调理、传输和采样后送入信号处理模块，在信号处理模块中将拾取到的信号进行分类处理、加工，去掉冗余信息后获得能表征设备状态的特征量，也称特征提取过程。如果拾取到的信号能直接反映设备的问题，如温度的测量值，则与设备正常状态的规定值相比较即可；但工程实际中拾取到的很多信号例如声波或振动信号，一般都伴有杂音和其他干扰，放大后多需要滤波，并且一般拾取到的波形和数值没有一定规则。这就需要把表示信号特征的参量提取出来，以此数值和信号图形来表示设备状态，这就是信号处理技术。

信号处理技术一般可分为两大类：一是时间系列处理技术，用来表现各种参数的时间函数，这些参数包括振动、声响或各类主要效果参数，这是一种最基本的技术，在其他各类信号处理技术中也经常要用到；二是图像处理技术，主要是把信号表现为空间位置函数，即表现成几何图像，有一维、二维（平面）和三维（立体）的。除光学图像外，设备故障诊断技术常以温度模式和几何形状为对象。

相关分析和频谱分析是信号处理中最基本和最常用的方法。

（3）状态辨识。将经过信号处理后获得的设备状态特征量送入状态辨识模块，在该模块中主要是将设备特征参数与规定的允许参数或判别参数进行比较、对比以确定设备所处的状态，即设备是否存在故障及故障的类型和性质等。为此应正确制定相应的判别准则和诊断策略。

设备故障诊断中常用的状态识别方法有两种：

1）决定论的识别方法。决定论的识别方法即从对被诊断设备的机构原理的理论研究和试验中，寻求其故障和征兆的关系。现在大部分诊断技术都采用决定论的识别方法，其基础是掌握每台设备的技术特征。

例如，当轴承元件的工作表面出现疲劳剥落、压痕或局部腐蚀时，机器运行中就会出现周期性脉冲，用传感器接收各种缺陷的脉冲频率，就可分析诊断滚动轴承的故障。

2）概率论的识别方法。概率论的识别方法是一种识别征兆原因的方法，可由过去的数据得到征兆参数和故障之间的关系，如再重新出现征兆，就可识别出引起的原因；还必须准备相应的逻辑，以便使识别结果的误判率最低。概率论的识别方法只能指出“A 故障出现的概率最高”，并不能断言必然出现 A 故障。为了提高这种技术的实用性，必须建立详细的理论，不断积累有特色的现场数据。

利用这些间接测得的信息作为判断机器运行状态的特征，带有某些“不确定性”。例如，判断机器运行过程中的主轴承状态，可选择轴承润滑油温作为特征。油温升高可能是由于轴承运行状态异常，也可能是由于室温高、散热慢、润滑油枯度偏高或运行时间较长等原因。因此，在判断时可能出现两类决策错误：一是把实际处于异常状态的机器误认为正常状态；二是把实际处于正常状态的机器错认为异常状态。如果同时用几个特征，如油温。润滑油分析和噪声来监视机器主轴承的运行状态，判断就较为可靠。

由此可见，正确地识别理论是十分重要的。在识别理论中，首先要明确区分所要识别的状态，提出诊断对象；其次，要选择检测特征，确定其与机器状态之间的关系；再次，要提出决策规则。通常，为了区分机器的状态为正常或损坏，要相应地选择一组检测特征，如果将机器状态切分得更细一些，则需要选择另一组检测特征。因此，状态识别问题也可称为分类问题。

（4）诊断决策。诊断决策过程主要是将获得的辨识结果送入监测与诊断决策模块进行综合决策，根据对设备状态的判断，决定应采取的对策和措施，同时应根据当前信号预测设备状态可能发展的趋势，进行趋势分析。

状态辨识和监测与诊断决策是一个整体。目前正在研究并应用的诊断方法包括：观测器方法、奇偶空间方法、参数估计方法、频谱分析方法、贝叶斯分类方法、假设检验方法、模糊逻辑方法、故障征兆树方法、基于规则推理方法和神经网络方法等。对设备故障、传感器故障、执行器故障、过程故障。目前用得较多的方法是观测器方法、参数估计方法，而神经网络方法在故障诊断中将用得越来越多。

二、发电厂动力设备状态监测与故障诊断系统举例

下面以华中科技大学开发的汽轮发电机组振动远程监测与诊断系统为例，简单说明设备诊断系统的结构与主要功能。

1. 系统硬件结构

如图 3-21 所示为汽轮机组远程监测诊断系统的总体结构图。远程监测诊断系统分布于图中的应用服务器和数据库服务器之上；数据采集工作站从汽轮机组中布置的传感器采集各种机组运行数据，按照数据库服务器的需求整理数据，然后通过网络发送到数据库服务器，分别存放在实时数据库、当前数据库和历史数据库中，供远程监测诊断系统使用。

（1）数据采集工作站。数据采集工作站采用高性能微处理器和高速采集板来完成汽轮机组振动数据的采集。工作站针对机组的不同转速采用同步整周期采样或定频率采样两种模式获取振动数据。

（2）电厂本地服务器。电厂本地服务器行使本地数据库服务器和电厂局域网 Web 服务器的功能。通过共享文件方式访问数据采集工作站，获得数据，写入数据库中；同时，作为局域网 Web 服务器，还提供了实时监测功能，直接面向电厂局域网，使局域网内用户通过 Web 浏览器可以监测机组的振动及相关状态量变化情况。

（3）中心数据库服务器。中心数据库服务器完成数据汇总功能。实现与各个电厂的本地数据库通讯，保证历史数据的完备性和共享性；同时，为诊断中心的 Web 应用服务器提供数据支撑。

（4）监测诊断应用服务器。监测诊断应用服务器作为 Web 服务器，面向整个互联网用户。用户登录到监测诊断应用服务器，通过使用监测分析软件和故障诊断软件对机组故障进行诊断，并将结果取回给现场用户；若故障类型比较复杂，中心还可以向远方专家求救，专家通过互联网登录到监测诊断应用服务器使用自己的知识进行诊断，将结果返回诊断中心，并由诊断中心反馈给现场用户，指导现场运行。

（5）监测诊断工作站。监测诊断工作站是一个可以访问监测诊断应用服务器的浏览器，用于显示监测诊断应用服务器的运行结果。

2. 系统软件结构

汽轮机组远程监测诊断软件系统采用浏览器/服务器（B/S）模式，如图 3-22 所示。这种模式是一种 3 层的结构，它们分别是表示层、功能层和数据层。表示层是应用系统的用户接口，即客户浏览器；功能层是应用的主体，即监测诊断（Web）服务器，其主

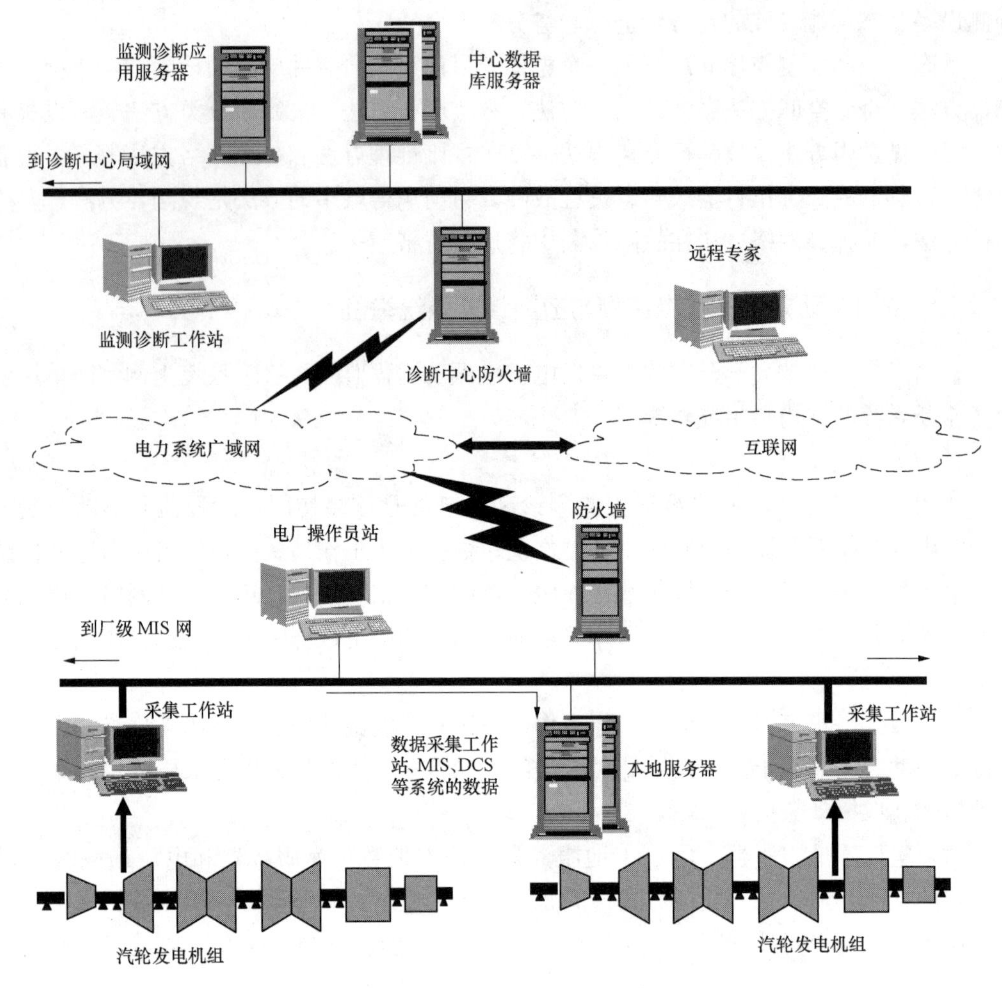

图 3-21　汽轮机组远程监测诊断系统体系结构图

要功能是连接用户和数据库，当用户提出请求时，由它执行相应的应用程序与数据库进行连接，并按照用户需求向数据库提出数据处理申请，最后将数据以 HTML 的形式返回给客户浏览器；数据层就是数据库管理系统，负责处理数据的存取。

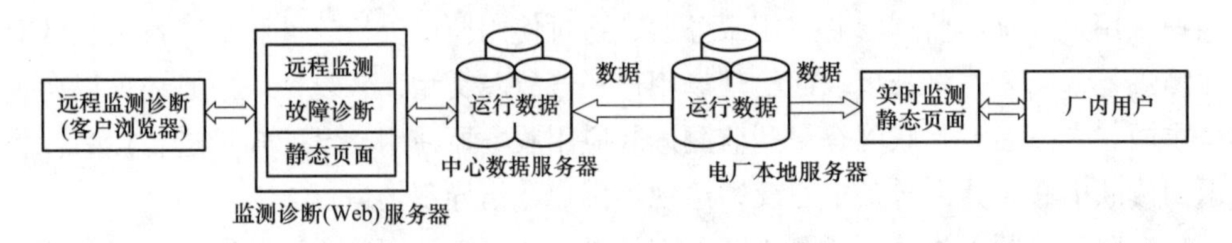

图 3-22　汽轮机组远程监测诊断系统的软

软件系统采用现场运行分析系统和远程诊断系统相结合的形式。

现场运行分析系统位于电厂本地服务器上，只允许厂内授权用户访问。现场运行分析系统直接面向运行人员，生产管理人员，以 1s 的采样间隔实时监测机组的振动数据及相关的运行参数，并对振动数据进行波形、频谱、轴心轨迹、全息普和三维谱等分析。

远程监测诊断系统运行于监测诊断应用服务器上，面向互联网授权用户。远程监测诊断系统具有远程监测，历史查询，故障诊断和数据管理等功能。当用户经过授权后，通过网页浏览器登录到服务器，可以对机组的运行状态以 5s 的采样间隔进行远程监测，也可以查看机组的历史状态和趋势；当发现机组异常后，启动故障诊断软件对机组进行诊断并将诊断结果反馈给现场。

3. 数据库

数据库分为电厂本地数据库和中心数据库，中心数据库需要管理多个电厂机组数据。就单个电厂而言，诊断中心的数据库与其本地数据库结构是一样的。整个系统的数据库结构如图 3-23 所示。

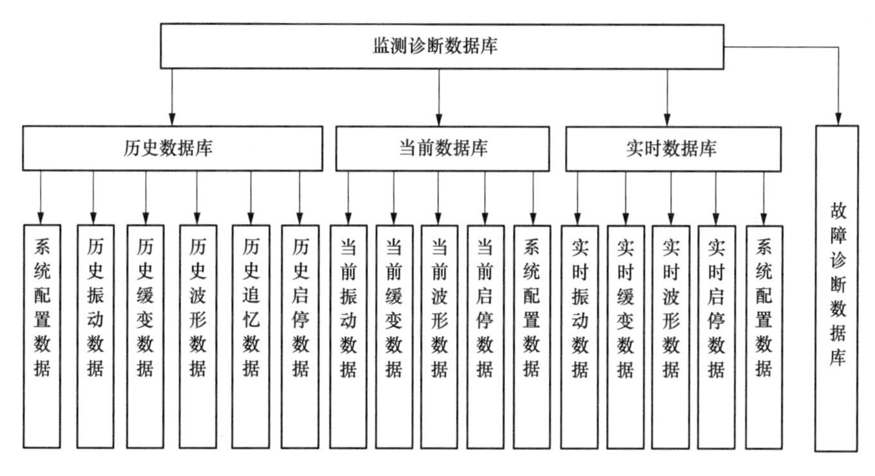

图 3-23　监测诊断数据库结构图

（1）实时数据库。实时数据库是为了实现机组实时状态监测而设置的，因此实时数据库的各个数据表中始终只保留几个时刻的实时数据，以 1s 的频率刷新数据。

（2）当前数据库。当前数据库是为用户查看几天内的机组状态及趋势而设置的。数据库中的各个数据表保留机组当前 72h 的数据，记录的时间间隔为 5s；当前启停数据表中保留最近一次启停时的数据，振动数据按照转速间隔 20rpm 记录。

（3）历史数据库。历史数据库中的各个数据表保留机组一年甚至更长时间的运行数据，振动数据和其他状态数据的记录时间间隔为 3min；原始振动波形数据，记录的时间间隔是 30min；启停数据表中保留一年内机组启停时的数据；追忆数据表保存机组在振动超过门限值时，前后 3min 的数据。

（4）故障诊断数据库。故障诊断数据库主要用来存储要是机组的征兆与故障信息，以及人工神经网络连接权值。诊断中心用户或经过授权的专家根据机组的实际运行状况提供故障诊断所用神经网络的训练用样本，使用神经网络训练工具进行网络训练。

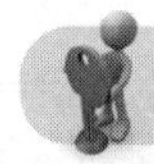

思考与讨论题

（1）什么是设备的状态？如何定量描述设备的状态？

（2）什么是设备的状态参数？状态参数的量值与设备状态之间有何定量关系？

（3）描述设备可靠性的指标有哪些？在设备故障诊断领域，如何用这些指标来描述设备的健康状况？

（4）设备故障率分布模型有哪些？在故障诊断领域，如何使用这些故障率分布模型？

（5）大型旋转动力机械故障诊断理论与技术的发展现状怎样？

（6）旋转动力机械的故障诊断基本方法有哪些？每种诊断方法的理论依据是什么？这些诊断方法在工程中如何实施？

（7）旋转动力机械故障有哪些常用建模方法？故障建模的基本技术路线是什么？

（8）设备状态趋势预报有何实际价值？如何建立设备状态趋势预报模型？

（9）旋转动力机械故障诊断系统是怎样的基本结构？如何设计、开发出设备状态监测与故障诊断系统？

（10）基于云平台的发电设备远程状态监测与故障系统由哪些部分组成？如何设计、开发出基于云平台设备远程状态监测与故障诊断系统？

参 考 文 献

[1] 盛兆顺，尹琦岭．设备状态监测与故障诊断技术及应用［M］．北京：化学工业出版社，2003.
[2] 王致杰，徐余法，刘三明．电力设备状态监测与故障诊断［M］．上海：上海交通大学出版社，2012.
[3] 吴永平．工程机械可靠性［M］．北京：人民交通出版社，2002.
[4] 何国伟．可靠性工程概论［M］．北京：国防工业出版社，1989.
[5] 李录平．汽轮机组故障诊断技术［M］．北京：中国电力出版社，2002.
[6] 陈水利，等．模糊集理论及其应用［M］．北京：科学出版社，2005.
[7] Etienne E. Kerre，等．模糊集理论与近似推理［M］．武汉：武汉大学出版社，2004.
[8] 何书元．应用时间序列分析［M］．北京：北京大学出版社，2003.
[9] 虞和济．故障诊断的基本原理［M］．北京：冶金工业出版社，1989.
[10] 虞和济．基于神经网络的智能诊断［M］．北京：冶金工业出版社，2002.
[11] 张雨，徐小林，张建华．设备状态监测与故障诊断的理论和实践［M］．长沙：国防科技大学出版社，2000.
[12] 林志英．设备状态监测与故障诊断技术［M］．北京：中国林业大学出版社；北京大学出版社，2009.

旋转机械常见振动故障的诊断

第一节 描述转子运动的基本方程及其理论解

一、转子运动方程及其解的一般形式

1. 转子运动微分方程

大功率动力机械的转子系统结构复杂，无论是径向尺寸还是轴向尺寸都比较大，所以动力机械转子系统是质量、刚度、阻尼连续分布的弹性连续体。大型动力机械中，汽轮机、燃气轮机的转速高，属于柔性转子范畴；而水轮机、风力机在正常带负荷运行时的转速比较低，属于刚性转子范畴。

无论是刚性转子还是柔性转子，一般情况下都存在一定程度的质量不平衡（或称为质量偏心），且这种质量不平衡是沿轴向空间分布的，每个截面的偏心质量大小、偏心半径的大小、偏心半径的方向都不一样。动力机械在运转时，工质都会产生黏性阻尼。在具有黏性阻尼的情况下，不平衡转轴运动微分方程式为：

$$\frac{E_{\mathrm{J}}}{m}\times\frac{\partial^4\vec{y}(s,t)}{\partial s^4}+\frac{\partial^2\vec{y}(s,t)}{\partial t^2}+2\varepsilon\times\frac{\partial\vec{y}(s,t)}{\partial t}=\omega^2a(s)\mathrm{e}^{i[\omega t+\gamma(s)]} \tag{4-1}$$

式中 s ——转轴的轴向坐标；

$\vec{y}(s,t)$ ——转子的挠度，它是空间和时间的函数，为矢量；

m ——转子单位长度的质量；

E_{J} ——转子的抗弯刚度；

ω ——转子的旋转角速度；

$a(s)$ ——转子偏心距的轴向分布；

$\gamma(s)$ ——转子偏心方向的轴向分布；

ε ——阻尼系数。

2. 运动方程的一般解

根据微分方程理论，方程式（4-1）的解为：

$$\vec{y}(s,t)=\mathrm{e}^{i\omega t}\times\sum_{n=1}^{\infty}\frac{A_n+iB_n}{\sqrt{\left(\frac{\omega_n^2}{\omega^2}-1\right)^2+\frac{4\varepsilon^2}{\omega^2}}}\sin\frac{n\pi s}{L}\cdot\mathrm{e}^{-i\varphi_n}=\mathrm{e}^{i\omega t}\times\sum_{n=1}^{\infty}Y_n(s)\cdot\mathrm{e}^{-i\varphi_n} \tag{4-2}$$

$$\varphi_n = \tan^{-1}\frac{2\varepsilon\omega}{\omega_n^2 - \omega^2} \tag{4-3}$$

式中 $Y_n(s) = K_n \sin\frac{n\pi s}{L}$——转子的第 n 阶振型，K_n 为振型系数；

A_n，B_n——待定系数，由初始条件决定；

φ_n——第 n 阶振型的初始相位角，由初始条件决定；

ω_n——转子的第 n 阶临界转速。

从式（4-2）可知，当 n 取值为 1 时，表示转子存在一阶不平衡分布，其振型为一阶振型；当 n 取值为 2 时，表示转子存在二阶不平衡分布，其振型为二阶振型；以此类推，当 n 取值为 1，2，3，…，N 时，转子的不平衡分布为前 N 阶不平衡分布的叠加，其实际振型为前 N 阶振型的叠加。

对于大型发电用动力机械而言，汽轮机、燃气轮机工作转速一般低于第三阶临界转速，因此只有前三阶不平衡分布对转子振动产生明显影响，转子的振型主要由前三阶振型叠加而成；水轮机、风力机的额定工作转速（或最高允许工作转速）一般低于第一阶临界转速，因此只有第一阶不平衡分布对转子振动产生显著影响（最多考虑前两阶的不平衡分布的影响）。

由于刚性转子的振动规律较柔性转子的振动规律简单，本节主要以柔性转子为例进行讨论。

二、不平衡分布与转子振动的幅-频、相-频特性的关系

根据式（4-2）和式（4-3）可知，转子的不平衡分布对转子的幅-频特性（振动幅值与转速的关系）相-频特性（相位角与转速的关系）有较大的影响。本节从理论上解释低阶典型不平衡分布对转子振动特性的影响，本节的理论模型虽然比较简单，但在工程实际中判断转子的不平衡分布具有重要的指导意义。

1. 柔性转子的典型振型

所谓振型，就是转子的变形曲线，即振幅沿轴长的函数表示。根据式（4-2），两端简支（铰支）的等截面转轴的振型为：

$$Y_n(s) = K_n \sin\frac{n\pi}{L}s \tag{4-4}$$

式中 K_n——某阶振型系数；

n——阶次；

L——轴长；

s——转子某个截面距离左端的轴向长度坐标。

取 $n=1$、2、3，获得等截面转子前三阶振型曲线如图 4-1 所示。

式（4-4）中的振型系数 K_n 可用下式表示：

$$K_n = \frac{A_n + iB_n}{\sqrt{\left(\frac{\omega_n^2}{\omega^2} - 1\right)^2 + \frac{4\varepsilon^2}{\omega^2}}} \tag{4-5}$$

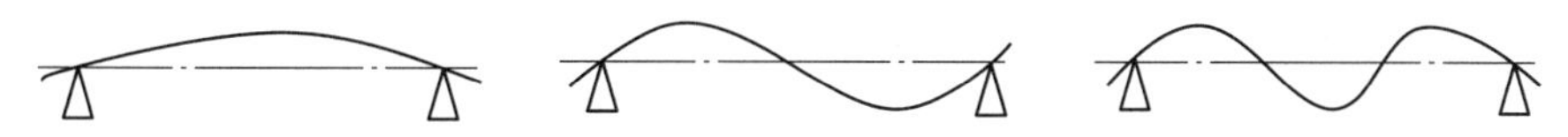

图 4-1 两端铰支均布质量转轴 1、2、3 阶振型曲线

在非共振状态，旋转机械转子在不平衡载荷作用下的挠曲变形可表达为各阶振型的叠加。发电领域的动力机械转子的工作转速一般低于转子的第三阶临界转速，所以，在工作转速时，转子的挠曲变形主要由第 1、2、3 阶振型叠加：

$$Y(s)=K_1\sin\frac{\pi s}{L}+K_2\sin\frac{2\pi s}{L}+K_3\sin\frac{3\pi s}{L} \tag{4-6}$$

若忽略转子阻尼的影响，转子的挠曲变形可表述为：

$$Y(s)=\frac{\omega^2}{\omega^2-\omega_1^2}A_1\sin\frac{\pi s}{L}+\frac{\omega^2}{\omega^2-\omega_2^2}A_2\sin\frac{2\pi s}{L}+\frac{\omega^2}{\omega^2-\omega_3^2}A_3\sin\frac{3\pi s}{L} \tag{4-7}$$

式中 ω ——工作转速；

ω_1、ω_2、ω_3 ——分别为 1、2、3 阶临界转速；

A_1、A_2、A_3 ——分别为前三阶振幅比例系数。

由式（4-7）可见，转子的工作转速越接近某阶临界转速，所对应的振型影响就越大。

由振型的正交性可知，第 n 阶不平衡分布只激起第 n 阶振型。因此，1、2、3 阶振型曲线必须与 1、2、3 阶临界转速相对应，即转子只有通过 1 阶临界转速时才会出现 1 阶振型，通过 2 阶临界转速时才会出现 2 阶振型。从图 4-1 中可以看出，1 阶振型为半幅正弦曲线，作用在转子两端轴承上的力同相；2 阶振型曲线就类似于正弦曲线，作用在转子两端轴承上的力反相。由上面分析可推论出，奇次振型作用在转子两端轴承上的力同相，偶次振型作用在两端轴承上的力反相。

2. 连续不平衡分布引起的转子振动特性

由前面的分析可知，若转子的不平衡分布为连续分布，则转子的振动位移（挠曲变形）和振动相位（滞后角）满足式（4-2）、式（4-3）。下面讨论转子存在不同的不平衡分布情况下，振动位移幅值、振动相位随转速的变化关系，前者称为幅值-频率特性（简称幅频特性），后者称为相位-频率特性（简称相频特性）。

（1）单纯某阶不平衡分布引起的转子振动特性。

1）一阶不平衡分布引起的转子振动特性。若转子的不平衡分布为纯粹的一阶不平衡分布，根据振型的正交性，转子的挠曲变形可表示为：

$$Y(s)=K_1\sin\frac{\pi s}{L}=\frac{A_1+iB_1}{\sqrt{\left(\frac{\omega_1^2}{\omega^2}-1\right)^2+\frac{4\varepsilon^2}{\omega^2}}}\sin\frac{\pi s}{L} \tag{4-8}$$

转子振动的幅值和相位角随转速的关系可表示为：

$$|Y(s)|=|K_1|=\left|\frac{A_1+iB_1}{\sqrt{\left(\frac{\omega_1^2}{\omega^2}-1\right)^2+\frac{4\varepsilon^2}{\omega^2}}}\right| \tag{4-9}$$

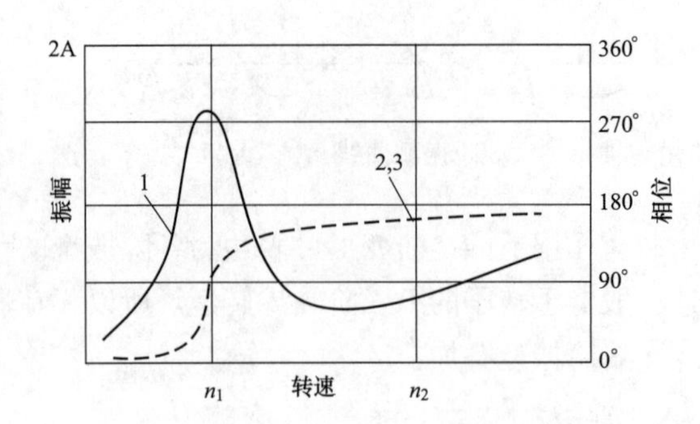

图 4-2 一阶不平衡分布转子的振动幅相特性

1—振幅转速特性；2，3—转子两端振动相位转速特性

$$\varphi_1=\tan^{-1}\frac{2\varepsilon\omega}{\omega_1^2-\omega^2} \tag{4-10}$$

则转子转速在越过第一阶临界转速时，振幅出现峰值，相位角（即阻尼引起的机械滞后角，下同）从零开始增加约 180°（如图 4-2 所示）。

2）二阶不平衡分布引起的转子振动特性。若转子的不平衡分布为纯粹的二阶不平衡分布，根据振型的正交性，转子的挠曲变形可表示为：

$$Y(s)=K_2\sin\frac{2\pi s}{L}=\frac{A_2+iB_2}{\sqrt{\left(\frac{\omega_2^2}{\omega^2}-1\right)^2+\frac{4\varepsilon^2}{\omega^2}}}\sin\frac{2\pi s}{L} \tag{4-11}$$

转子振动的幅值和相位角随转速的关系可表示为：

$$|Y(s)|=|K_2|=\left|\frac{A_2+iB_2}{\sqrt{\left(\frac{\omega_2^2}{\omega^2}-1\right)^2+\frac{4\varepsilon^2}{\omega^2}}}\right| \tag{4-12}$$

$$\varphi_2=\tan^{-1}\frac{2\varepsilon\omega}{\omega_2^2-\omega^2} \tag{4-13}$$

则转子转速在越过第二阶临界转速时，振幅出现峰值，转子两端的相位角基本上相差 180°（相位相反）；在转速越过第二阶临界转速时，转子两端的振动相位角均增加约 180°（如图 4-3 所示）。

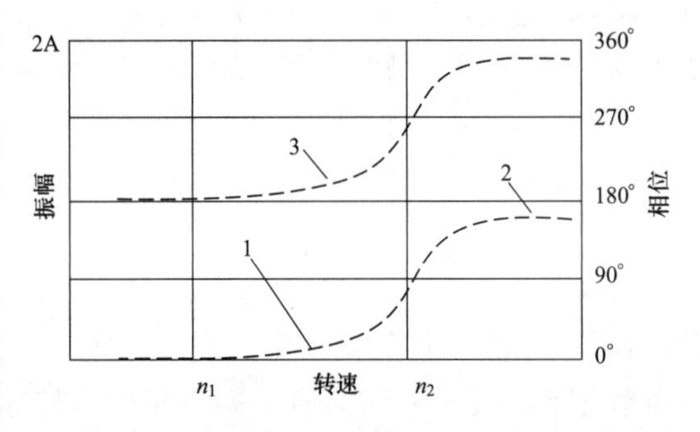

图 4-3 二阶不平衡分布转子的振动幅相特性

1—振幅转速特性；2，3—转子两端振动相位转速特性

3）三阶不平衡分布引起的转子振动特性。同样的道理，若转子的不平衡分布为纯粹的三阶不平衡分布，则转子转速在越过第三阶临界转速时，振幅出现峰值，相位角从零开始增加约 180°。

（2）组合不平衡分布引起的转子振动特性。

1）一阶和二阶组合不平衡分布引起的转子振动特性。若转子的不平衡分布为一阶不平衡与二阶不平衡的叠加，则转子的挠曲变形可表示为：

$$\begin{aligned}Y(s)&=K_1\times e^{-i\varphi_1}\times\sin\frac{\pi s}{L}+K_2\times e^{-i\varphi_2}\times\sin\frac{2\pi s}{L}\\&=\frac{(A_1+iB_1)\times e^{-i\varphi_1}}{\sqrt{\left(\frac{\omega_1^2}{\omega^2}-1\right)^2+\frac{4\varepsilon^2}{\omega^2}}}\sin\frac{\pi s}{L}+\frac{(A_2+iB_2)\times e^{-i\varphi_2}}{\sqrt{\left(\frac{\omega_2^2}{\omega^2}-1\right)^2+\frac{4\varepsilon^2}{\omega^2}}}\sin\frac{2\pi s}{L}\end{aligned} \tag{4-14}$$

则在转子转速越过第一和第二阶临界转速时，振动出现峰值。升速过程中，转子两端振动相位变化有较大的差异（如图 4-4 所示），其中一端的振动相位从零开始增加，增加量始终不超过 180°；而另一端的相位在转速越过第一阶临界转速后相位角继续增加，增加量将超过 180°，当转速越过第二阶临界转速后，这一端的振动相位的增加量将接近 360°。

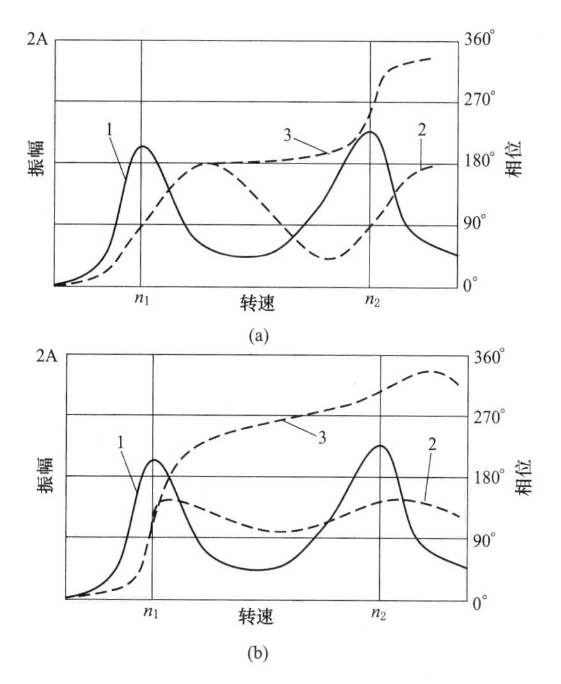

图 4-4　由一阶和二阶不平衡分布合成的不平衡转子幅相特性

(a) 一阶和二阶不平衡分布在同一平面内；(b) 一阶和二阶不平衡分布相互垂直

1—振幅转速特性；2，3—转子两端振动相位转速特性

2）一阶和三阶组合不平衡分布引起的转子振动特性。若转子的不平衡分布为一阶不平衡与三阶不平衡的叠加，则转子的挠曲变形可表示为：

$$Y(s)=K_1\times \mathrm{e}^{-i\varphi_1}\times \sin\frac{\pi}{L}s+K_3\times \mathrm{e}^{-i\varphi_3}\times \sin\frac{3\pi}{L}s$$

$$=\frac{(A_1+iB_1)\times \mathrm{e}^{-i\varphi_1}}{\sqrt{\left(\frac{\omega_1^2}{\omega^2}-1\right)^2+\frac{4\varepsilon^2}{\omega^2}}}\sin\frac{\pi}{L}s+\frac{(A_3+iB_3)\times \mathrm{e}^{-i\varphi_3}}{\sqrt{\left(\frac{\omega_3^2}{\omega^2}-1\right)^2+\frac{4\varepsilon^2}{\omega^2}}}\sin\frac{2\pi}{L}s \tag{4-15}$$

则在转子转速越过第一和第三阶临界转速时，振动出现峰值。升速过程中，转子两端振动相位变化规律基本相同，一种典型情况（不平衡集中在转子两端）下，振动相位增加量始终不超过 180°；另一种典型情况（不平衡集中在转子中部）下，转速在达到第二阶临界转速时相位变化达到 180°，当转速越过第二阶临界转速后，振动相位继续增加，在转速越过第三阶临界转速后，相位变化量将接近 360°（如图 4-5 所示）。

由图 4-4 和图 4-5 可知，当转子的不平衡分布为多阶不平衡的合成时，转子振动的相频特性发生了很大变化，从转子两端检测到的相频特性都会有较大的差异。这种差异的存在，导致在转子上产生摩擦时会使摩擦振动的行为发生变化。

3. 集中不平衡分布引起的转子振动特性

(1) 集中不平衡分布的数学表达。若转子上的不平衡分布并不按照振型分布，是任意的，则可以用傅里叶级数按振型展开，用求取傅立叶系数的方法将各阶振型系数求出来。

如图 4-6 所示，假设转子中部有一集中不平衡量 Q，所处半径为 r，可以将 Q、r 看作分布在一段 $2h$ 长度上的分布载荷，如果用转轴的偏心距 $U(s)$ 来表示这种不平衡，则：

$$U(s)=\begin{cases}\dfrac{Qr}{mg2h}, & s_1-h\leqslant s\leqslant s_1+h \\ 0, & s\text{ 在其他个点}\end{cases} \tag{4-16}$$

式中 m ——转轴单位长度的质量；

g ——重力加速度；

s ——表示沿轴方向的位置。

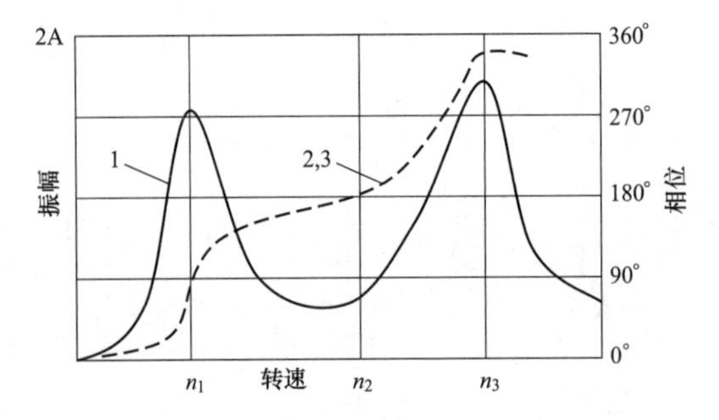

图 4-5 由一阶和三阶不平衡分布合成的（不平衡集中在转子中部）不平衡转子幅相特性

1—振幅转速特性；2，3—转子两端振动相位转速特性

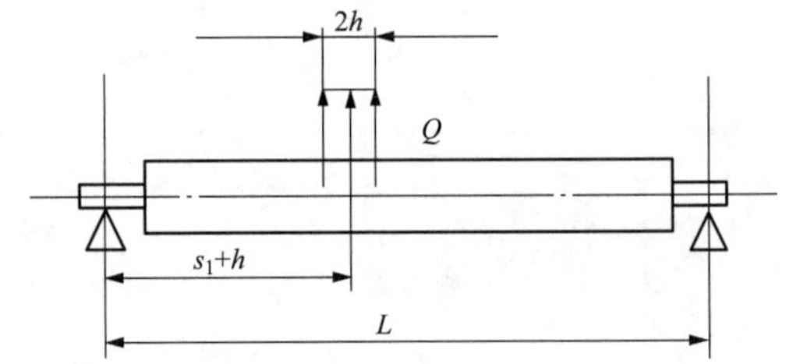

图 4-6 集中质量数学模型

将 Q、r 引起的偏心 $U(s)$ 按振型进行展开，则可得：

$$U(s)=A_1\sin\frac{\pi s}{L}+A_2\sin\frac{2\pi s}{L}+A_3\sin\frac{3\pi s}{L}+\cdots=\sum_{k=1}^{\infty}A_n\sin\frac{n\pi s}{L} \tag{4-17}$$

式中 A_1、A_2、A_3、…、A_n——各阶振型系数。

可以用求取傅里叶系数的方法求得：

$$\begin{aligned}A_n&=\frac{2}{L}\int_{s_1-h}^{s_1+h}\frac{Qr}{mg2h}\sin\frac{n\pi}{L}s\,\mathrm{d}s=\frac{-2Qr}{mg2hL}\frac{L}{n\pi}\cos\frac{n\pi}{L}s\Bigg|_{s_1-h}^{s_1+h}\\&=\frac{-2Qr}{mg2hn\pi}\left[\cos\frac{n\pi}{L}(s_1+h)-\cos\frac{n\pi}{L}(s_1-h)\right]\\&=\frac{4Qr}{mg2hn\pi}\sin\frac{n\pi}{L}s_1\times\sin\frac{n\pi}{L}h\end{aligned} \tag{4-18}$$

当 $h\to0$ 时，分布质量即代表了集中质量，这时 $\sin\frac{n\pi}{L}h\approx\frac{n\pi}{L}h$ 故上式可写为：

$$A_n = \frac{4Qr}{mg2hn\pi}\frac{n\pi}{L}h\sin\frac{n\pi}{L}s_1 = \frac{2Qr}{mgL}\sin\frac{n\pi}{L}s_1 \tag{4-19}$$

令 $R = \frac{2Qr}{mgL}$，则：

$$A_n = R\sin\frac{n\pi}{L}s_1 \tag{4-20}$$

利用这一方法，可计算出 s_1 在 $L/4$、$L/3$、$2L/3$、$3L/4$ 等处集中质量对各阶振型的影响，见表 4-1。

表 4-1　　集中质量分布在不同部位时的各阶振型系数

序号	集中质量位置	各阶振型系数			备注
		A_1	A_2	A_3	
1	$s_1 = L/4$	$\frac{\sqrt{2}}{2}R$	R	$\frac{\sqrt{2}}{2}R$	
2	$s_1 = L/3$	$\frac{\sqrt{3}}{2}R$	$\frac{\sqrt{3}}{2}R$	0	
3	$s_1 = L/2$	R	0	$-R$	
4	$s_1 = 2L/3$	$\frac{\sqrt{3}}{2}R$	$-\frac{\sqrt{3}}{2}R$	0	
5	$s_1 = 3L/4$	$\frac{\sqrt{2}}{2}R$	$-R$	$\frac{\sqrt{2}}{2}R$	

（2）典型的集中不平衡分布引起的转子振动特性。

1）不平衡对称分布在转子端部。若在转子的两端有集中对称不平衡分布，相当于在 $s_1 = L/4$ 和 $s_1 = 3L/4$ 处均有同向的不平衡分布（如图 4-7 所示），这时，转子的不平衡分布可简单地用下式表示：

$$\begin{aligned} U(s) &= \left(\frac{\sqrt{2}}{2}R + \frac{\sqrt{2}}{2}R\right)\sin\frac{\pi s}{L} + (R - R)\sin\frac{2\pi s}{L} + \left(\frac{\sqrt{2}}{2}R + \frac{\sqrt{2}}{2}R\right)\sin\frac{3\pi s}{L} \\ &= \sqrt{2}R\sin\frac{\pi s}{L} + \sqrt{2}R\sin\frac{3\pi s}{L} \end{aligned} \tag{4-21}$$

从式（4-21）可以看出，这种不平衡分布可以激发起一、三阶振型（如图 4-8 所示）。这种不平衡分布在转子波特图上的特点是：转子通过一阶临界转速时振动较大，而后振幅较快地下降；至三阶临界转速附近再次出现峰值，转子的幅频特性和相频特性如图 4-9 所示。

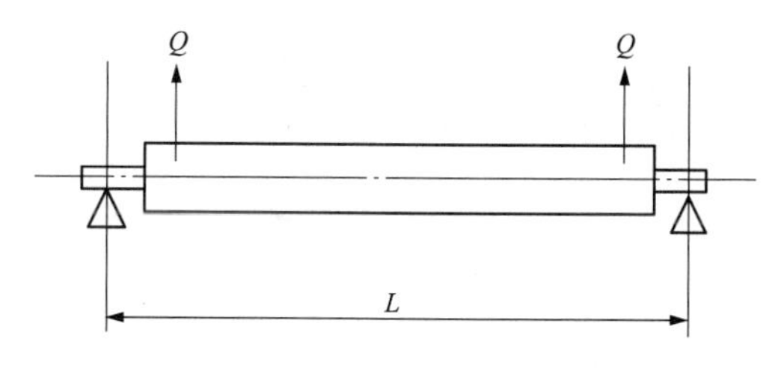

图 4-7　转子两端对称不平衡分布

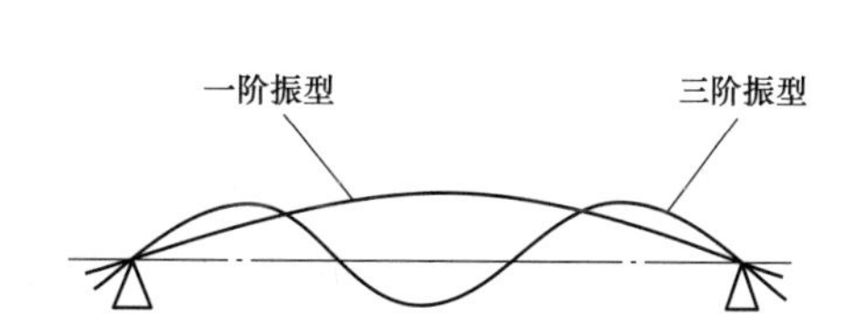

图 4-8　转子两端对称不平衡分布激起的振型

2）不平衡对称分布在转子中部。若在转子的中部有对称不平衡分布，相当于在 $s_1=L/3$ 和 $s_1=2L/3$ 处均有同向的不平衡分布（如图 4-10 所示），这时，转子的不平衡分布可简单地用下式表示：

$$U(s)=\left(\frac{\sqrt{3}}{2}R+\frac{\sqrt{3}}{2}R\right)\sin\frac{\pi s}{L}+\left(\frac{\sqrt{3}}{2}R-\frac{\sqrt{3}}{2}R\right)\sin\frac{2\pi s}{L}+(0+0)\sin\frac{3\pi s}{L}$$
$$=\sqrt{3}R\sin\frac{\pi s}{L} \tag{4-22}$$

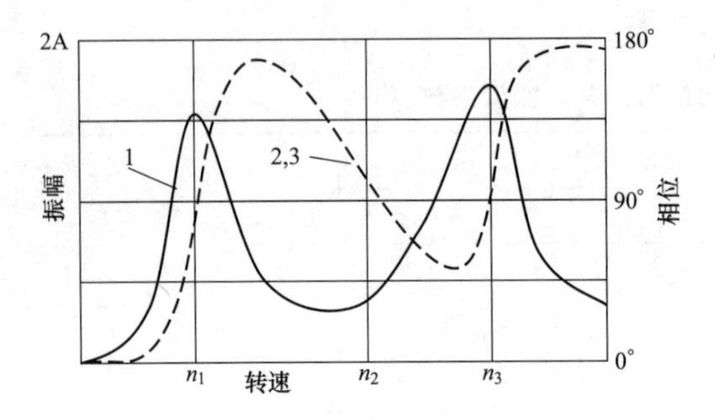

图 4-9　转子两端对称不平衡分布激起的转子幅频特性和相频特性

1—振幅转速特性；2，3—转子两端振动相位转速特性

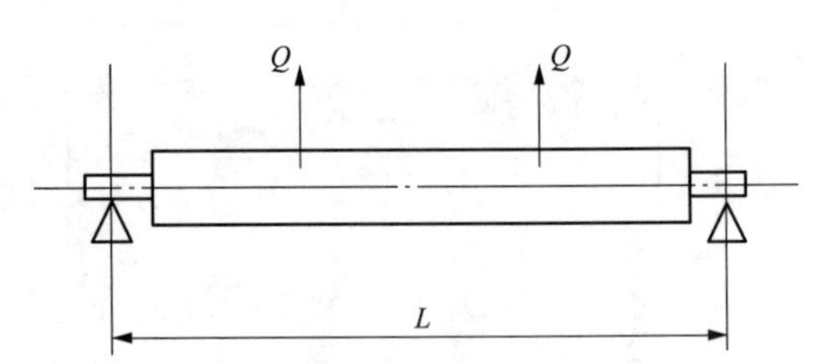

图 4-10　转子中部对称不平衡分布

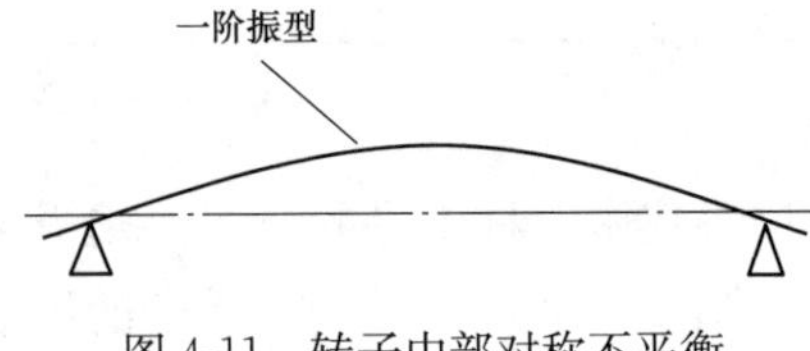

图 4-11　转子中部对称不平衡分布激起的振型

从式（4-22）可以看出，这种不平衡分布可以激发起一阶振型（如图 4-11 所示），二阶和三阶振型不明显。这种不平衡分布在转子波特图上的特点是：转子通过一阶临界转速振动较大，而后振幅较快地下降；至二阶、三阶临界转速附近不出现明显的峰值；接近工作转速时再次有所增加，转子的幅频特性和相频特性如图 4-12 所示。显然，这种振动特点在现场进行动平衡比较困难，因为在利用端部平衡槽平衡一阶振型时，将会产生三阶振型，使平衡工作无法进行下去。

3）不平衡反对称分布在转子端部。若在转子的两端有集中反对称不平衡分布，相当于在 $s_1=L/4$ 和 $s_1=3L/4$ 处有反向的不平衡分布（如图 4-13 所示），这时，转子的不

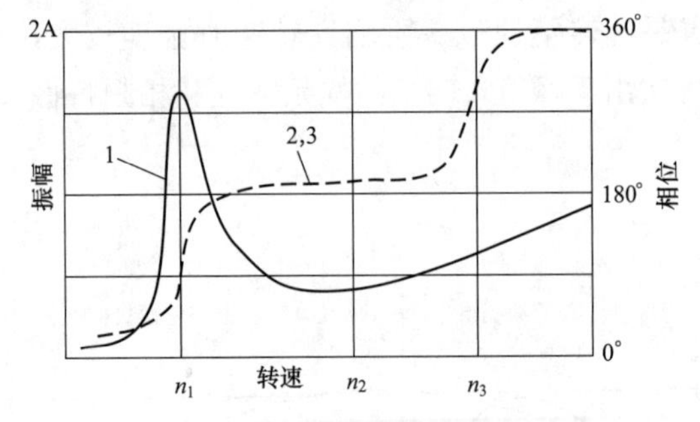

图 4-12　转子中部对称不平衡分布激起的转子幅频特性和相频特性

1—振幅转速特性；2，3—转子两端振动相位转速特性

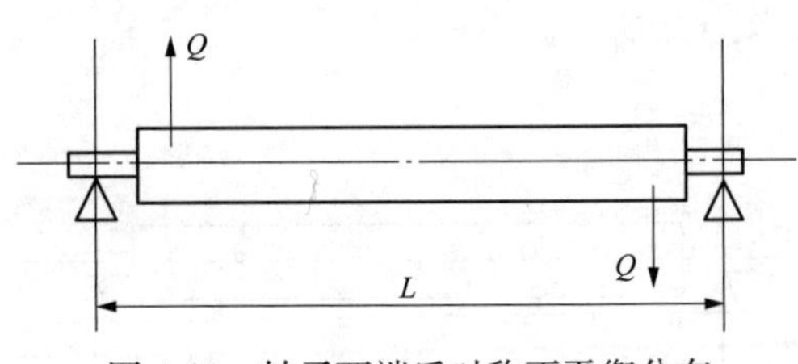

图 4-13　转子两端反对称不平衡分布

平衡分布可简单地用下式表示：

$$U(s)=\left(\frac{\sqrt{2}}{2}R-\frac{\sqrt{2}}{2}R\right)\sin\frac{\pi s}{L}+(R+R)\sin\frac{2\pi s}{L}+\left(\frac{\sqrt{2}}{2}R-\frac{\sqrt{2}}{2}R\right)\sin\frac{3\pi s}{L}$$

$$=2R\sin\frac{2\pi s}{L} \tag{4-23}$$

从式（4-23）可以看出，这种不平衡分布可以激发起二阶振型（如图 4-14）。这种不平衡分布在转子波特图上的特点是：转子通过二阶临界转速振动较大，而后振幅较快地下降，转子的幅频特性和相频特性如图 4-15 所示。

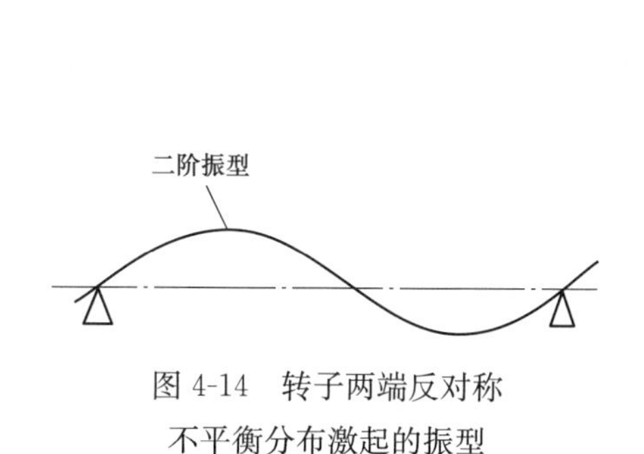

图 4-14　转子两端反对称不平衡分布激起的振型

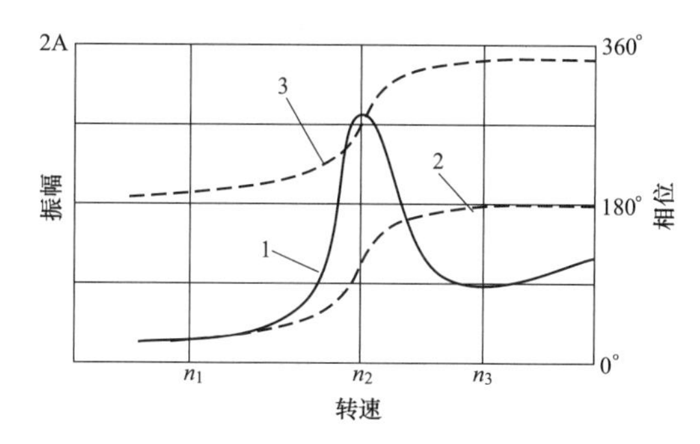

图 4-15　转子两端反对称不平衡分布激起的转子幅频特性和相频特性

1—振幅转速特性；2，3—转子两端振动相位转速特性

4）不平衡分布在转子一端。若在转子的一端有集中不平衡分布，相当于在 $s_1=L/4$（或 $s_1=3L/4$）处有集中的不平衡分布（如图 4-16 所示），这时，转子的不平衡分布可简单地用下式表示：

$$U(s)=\frac{\sqrt{2}}{2}R\sin\frac{\pi s}{L}+R\sin\frac{2\pi s}{L}+\frac{\sqrt{2}}{2}R\sin\frac{3\pi s}{L} \tag{4-24}$$

从式（4-24）可以看出，这种不平衡分布可以激发起一、二、三阶振型（如图 4-17 所示）。这种不平衡分布在转子波特图上的特点是：转子通过一阶、二阶和三阶临界转速时振动较大。

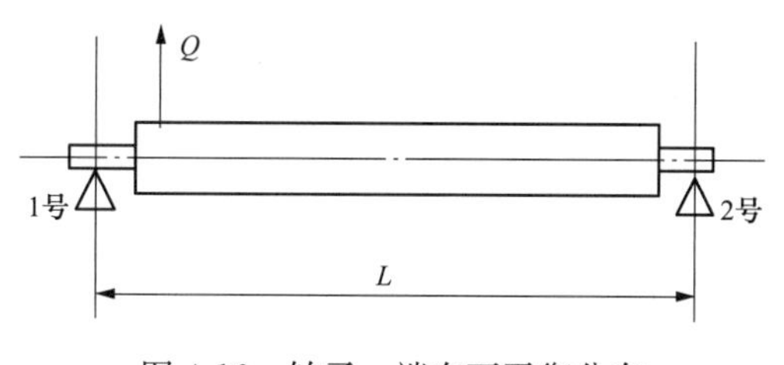

图 4-16　转子一端有不平衡分布

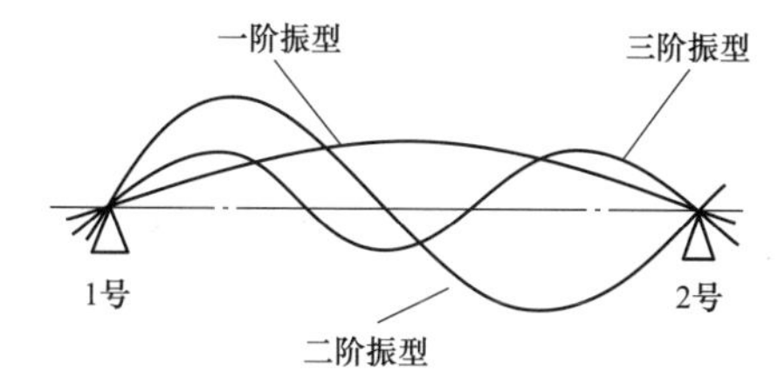

图 4-17　转子一端集中不平衡分布激起的振型

这种情况也是较常遇到的，现假定不平衡分布在 1 号轴承侧，转子的工作转速远小于第三阶临界转速，则在 1 号轴承侧一、二阶振型同相，而在 2 号轴承侧一、二阶振型反相；在升速过程中 1 号轴承侧振动大于 2 号轴承侧振动，通过第一临界转速后 2 号轴承侧振幅降低较快，相位迅速分开，BODE 图如图 4-18 所示。

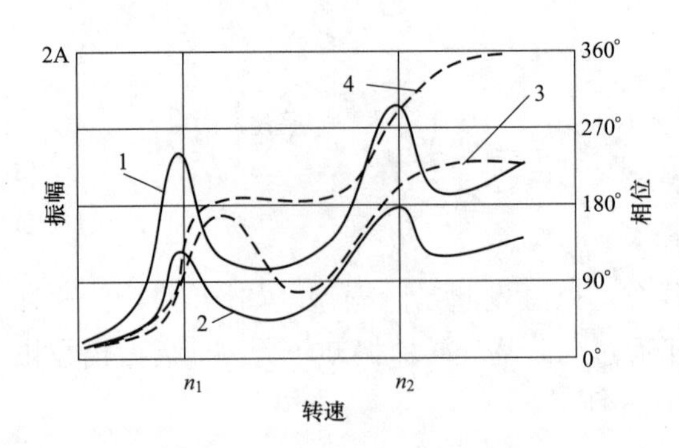

图 4-18　转子一端集中不平衡分布激起的转子幅频特性和相频特性

1—1 号端振幅转速特性；2—2 号端振幅转速特性；3—1 号端振动相位转速特性；4—2 号端振动相位转速特性

5）混合不平衡。假设转子既有对称又有反对称不平衡，对称不平衡既不在端部也不在中部，对称和反对称不平衡不在同一个平面上。这种情况在工程实际中是比较多的，实际转子多数不平衡分布与此相类似。

若在转子的 $s_1=L/3$ 和 $s_1=2L/3$ 分布了 Q 大小的对称不平衡量，在 $s_1=L/4$ 和 $s_1=3L/4$ 分布了 Q' 大小的反对称不平衡，且一对对称不平衡量所在平面与一对反对称不平衡量所在平面之间的夹角为 φ（如图 4-19 所示），则转子的不平衡分布可简单地用下式表示：

$$U(s)=\sqrt{3}R\sin\frac{\pi s}{L}\times \mathrm{e}^{-i\varphi}+2R'\sin\frac{2\pi s}{L} \tag{4-25}$$

从式（4-25）可以看出，这种不平衡分布可以激发起一、二阶振型（如图 4-20 所示）。这种不平衡分布在转子波特图上的特点是：转子通过一阶、二阶临界转速时振动较大；转子通过一阶临界转速后，1 号、2 号轴承侧振动相位慢慢地分开，相位差较小，如图 4-21 所示。

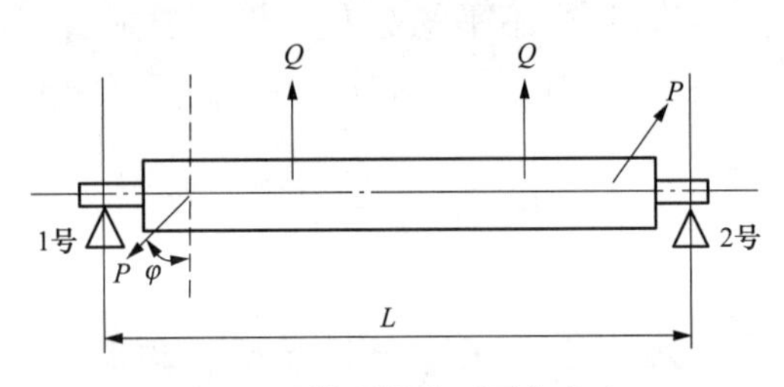

图 4-19　转子混合不平衡分布

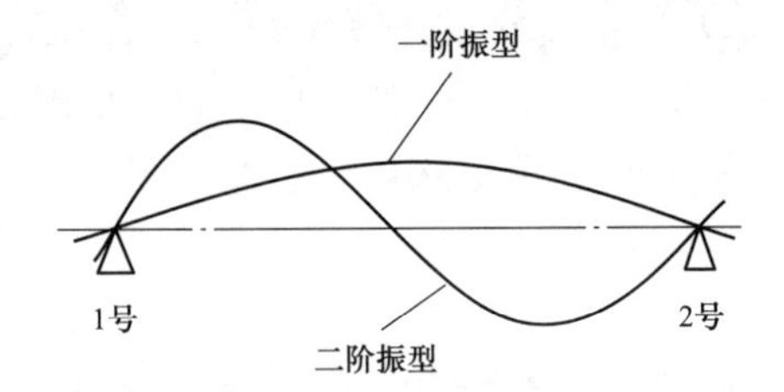

图 4-20　转子混合不平衡分布激起的振型

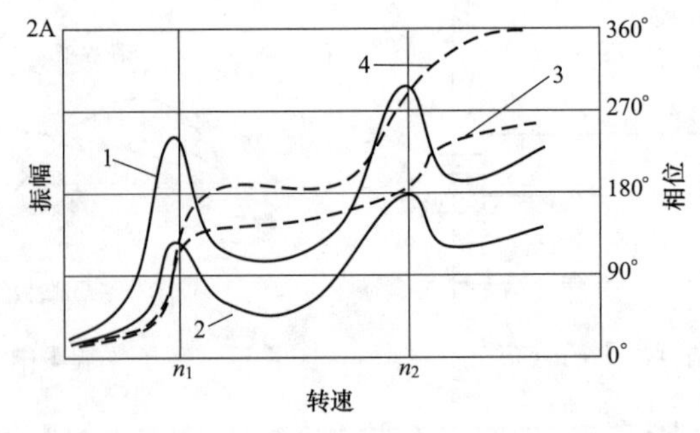

图 4-21　转子混合不平衡分布激起的转子幅频特性和相频特性

1—1 号端振幅转速特性；2—2 号端振幅转速特性；

3—1 号端振动相位转速特性；4—2 号端振动相位转速特性

第二节 旋转机械常见振动故障及其原因

一、转子异常振动理论分析

导致动力机械在运转时出现异常振动故障的原因比较复杂，有些异常振动是单一原因引起的，有些是多种原因引起的。下面根据转子的运动方程来综合分析导致转子异常振动的原因。

动力机械在运行时，转子上除了作用有不平衡离心力外，还作用有其他形式扰动力，因此，可以将转子的运动方程（4-1）改写为：

$$\frac{E_J(s,t)}{m(s,t)}\times\frac{\partial^4\vec{y}(s,t)}{\partial s^4}+\frac{\partial^2\vec{y}(s,t)}{\partial t^2}+2\varepsilon(s,t)\times\frac{\partial\vec{y}(s,t)}{\partial t}$$
$$=\omega^2 a(s,t)e^{i[\omega t+\gamma(s)]}+F_1(s,\beta,t)+F_2(y,y') \qquad (4\text{-}26)$$

式中 $F_1(s,\beta,t)$——表示作用在子上的其他形式的扰动力，它是空间坐标 s（轴向位置）、β（周向坐标）和时间 t 的函数；

$F_2(y,y')$——表示作用在子上的与转子本身运动状态密切相关的扰动力，该种力又称为非线性扰动力，它使转轴产生非线性振动；

$E_J(s,t)$——表示转轴的抗弯刚度在运行时随时间的变化；

$m(s,t)$——表示转轴的惯性参数在运行时随时间的变化；

$\varepsilon(s,t)$——表示转轴的阻尼参数在运行时随时间的变化；

$a(s,t)$——表示转轴的不平衡分布（偏心距）参数在运行时随时间的变化。

由式（4-26）可以看出，转子的动挠度 $\vec{y}(s,t)$（亦即转子的振动位移响应）受到下列因素的影响：

1. 不平衡离心离心力 $\omega^2 a(s,t)e^{i[\omega t+\gamma(s)]}$ 的影响

实际的转子系统都会存在不同形式的质量不平衡，因此一旦机组进入运行状态，势必会产生一定的振动，所以，振动参数是动力机械的重要且关键的状态参数。当转子的不平衡分布严重不合理或在运行中发生显著变化时，将导致机组振动超过相应的标准（包括国际标准、国家标准、行业标准或企业标准），这时机组进入故障状态，如不及时采取处理措施则可能导致机组产生严重事故。

首先，当转轴的转速 ω 发生变化时，其振动参数 $\vec{y}(s,t)$ 肯定会发生改变，转轴振动随转速改变的特性称为振动的转速特性，该特性是诊断转轴振动故障的重要参数。

其次，机组在运行过程中，旋转部件脱落、旋转部件不均匀结垢、旋转部件不均匀腐蚀、转轴弯曲等原因均会导致不平衡离心力的变化。因此，不平衡离心力产生的原因、不平衡离心力作用下转轴振动的特性、不平衡故障处理的新技术等方面的研究，长期以来是本领域的研究热点。

2. 外界线性扰动力 $F_1(s,\beta,t)$ 的变化

动力机械在运转过程中，转子会受到许多外界扰动力作用，例如：

(1) 工质的作用力。工质在旋转部件表面流过时，会产生流体-固体耦合作用，这种耦合作用的效果是在旋转部件上产生随时间、随工况变化的扰动力，引起转子振动。所以，在故障诊断领域，需要研究工质与旋转部件相互作用的机理，作用在旋转部件上的耦合作用力的表达形式，转子在耦合作用力的作用下的动力学特性，为故障诊断提供依据。

(2) 轴承的作用力。动力机械的转子上均设置若干径向轴承，用来约束转轴的径向方向的运动；除风力机外，其他类型的动力机械一般也设置一个推力轴承，用来承担转子的轴向推力。这些轴承大多数为油膜滑动轴承，压力油在轴颈与轴瓦表面之间的间隙流动过程中，势必会对转轴产生作用力。当油膜的参数发生变化、轴承结构参数发生变化时，会导致转轴振动发生变化甚至出现异常振动现象，严重时可能导致转轴损坏。

在风力机中，多数采用滚动轴承，滚动轴承中润滑油（或润滑脂）的参数、轴承的结构参数、轴承各部件的健康状况等都影响转轴振动的特性，一旦上述因素中的任意一个发生变化均会引起转轴的振动变化甚至出现异常，严重时可能导致转轴损坏。

另外，轴承的支撑特性的变化（例如，轴承座的松动、轴承座刚度变化、轴承座不对中心等），也会导致 $F_1(s, \beta, t)$ 发生变化，从而引起转轴振动参数发生变化。

因此，在故障诊断领域，轴承及轴承座故障引起的转轴异常振动问题，是长期的研究热点。

3. 外界非线性扰动力 $F_2(y,y')$ 的变化

动力机械在运转过程中，因多种原因会受到一些非线性扰动力的作用。这些非线性扰动力的显著特点是，扰动力的大小和方向与转轴的运行状态（即转轴的运动坐标 y 和运动速度 y'）相关。这些非线性扰动力的产生原因主要有：流体在转轴周向不均匀间隙中的流动、转轴与静止部件碰磨、油膜滑动轴承失稳、旋转部件松动、转轴裂纹等。

非线性扰动力作用在转轴上，会导致转轴产生发散的振动，使转轴失去稳定甚至破坏，导致严重的后果。因此，研究旋转机械非线性扰动力来源、机理、数学表达模型，以及转轴在非线性扰动力作用下的动力学特性，是本领域当前的热点课题。

4. 阻尼参数 $\varepsilon(s,t)$ 的变化

动力机械在运行过程中，转轴的阻尼由两大部分构成：转轴材料的内部阻尼和工质产生的外阻尼。一般来说，转轴材料的内部阻尼的变化较小，但外部阻尼随机组运行工况的变化而变化。因此，即使机组不出现明显的故障，在机组不同的负荷工况下转轴的振动会发生一定的变化。从总体趋势上看，在未发生故障的情况下，机组负荷越大，工质产生的外部阻尼越大，转轴的振动幅值越小。

但是，在一些特殊的运行工况下，工质产生的外部阻尼变化很大。例如，转轴与静止部件产生摩擦。有时可能出现外部阻尼从负值向正值转变的工况，这时，转轴会产生剧烈振动，甚至导致转轴损坏，例如，动力机械在一些特殊工况（一般为低负荷工况）下，流体在转轴局部空间上产生的阻尼可能从负值变为正值，使转轴失去稳定，产生剧烈振动。

5. 转轴结构参数的变化

(1) 惯性参数 $m(s, t)$ 变化的影响。动力机械在运行过程中，惯性参数一般很少发生变化，但是，在发生故障时，可能导致惯性参数的变化，例如，旋转部件的松动、飞脱，旋转部件的磨损、腐蚀。惯性参数 $m(s, t)$ 的变化，势必会导致转轴振动参数的变化，因此，可以通过检测到的振动参数的变化特征来诊断惯性参数变化引起的故障。

(2) 刚度参数 $E_J(s, t)$ 变化的影响。动力机械在运行过程中，刚度参数 $E_J(s, t)$ 也一般很少发生变化，但是在发生故障时，可能导致刚度参数的变化。例如，转轴磨损导致轴半径变化，转轴出现裂纹而引起的转轴局部抗弯截面模量的变化，转轴温度大幅度变化引起的材料杨氏模量的变化、联轴器连接紧力变化、联轴器螺栓紧力不均匀、联轴器对中心不良等。上述故障可能直接或间接地改变转轴的刚度参数的分布，从而引起转轴振动参数的变化。因此，可以通过检测到的振动参数的变化特征来诊断刚度参数变化引起的故障。

二、转子常见振动故障原因分析

1. 质量不平衡故障原因分析

转子质量不平衡是大功率动力机械最常见的振动故障原因，占振动故障的大多数。造成转子质量不平衡主要原因有：原始质量不平衡、转子热弯曲、转动部件飞脱或松动。

(1) 原始质量不平衡。由于转子加工制造过程机加工精度不够以及装配质量差，或是在检修时更换转动部件，都能可造成转子的质量不平衡。转子在制造厂家出厂时都会进行高速动平衡试验，所以原始的质量不平衡在制造环节出厂前已消除。但是，在制造厂完成了单根转子高速动平衡的转子，在安装现场连接成轴系后，整个轴系的不平衡情况与单根转子的不平衡分布情况发生了较大变化，所以一些新安装的机组在第一次启动过程中就出现不平衡引起的异常振动。

动力机械检修时，若更换了大质量的转动部件，新部件与被更换的部件存在较大的质量差，导致转子产生质量失衡，引起异常振动。

(2) 转子热弯曲。此种情况主要发生在热力动力机械转子上。新装机组转子的热弯曲一般来自材质不均匀引起的热应力。有时，运行原因（如轴承润滑油温、发电机密封油温、汽轮机轴封供汽温度、发电机两端的氢气温差、汽轮机汽缸进水与进冷空气、转子与静止部件摩擦等）也会导致转子热弯曲。但是，只要转子不发生永久塑性变形，这类热弯曲都可以恢复。根据实际运行经验制定合理的运行规程消除引起热弯曲的根源，工频振动大的现象就会得到有效控制。

转子的热弯曲与转子的温度场分布密切相关，因此，热力动力机械的工质参数变化、机组负荷变化都可能改变转子的热弯曲状态，从而引起转子的振动参数的变化。

(3) 转动部件飞脱和松动。在运行过程中转动部件（如叶片、围带、拉金、质量平衡块等）发生飞脱，或是联轴器松动都会造成突发性的振动，致使轴振幅值迅速增大，随后下降并基本稳定在固定的振幅和相位值。在检修过程中加强转动部件的检查是消除此类问题的关键。

2. 动静摩擦故障原因分析

旋转动力机械动静部分摩擦（又称为动静碰磨）造成的转子振动较为复杂，会引起轴系失稳。严重的可以造成转子永久的塑形变形。产生动静摩擦的原因有以下几点：

（1）转子轴振过大。轴振振幅一旦超过动静间隙的最小值，就会发生碰磨，从而引起更大的振动。若转子轴振较大，不能盲目升速，应找出原因，处理后再进行升速。

（2）动静间隙偏小。在设计上或是在安装、检修过程中，动静间隙的调整偏小，会造成热态下动静部分发生碰磨。在安装、检修过程要严格控制好动静间隙，尤其是易发生碰磨的汽封及油档等处，更要严格控制好动静间隙，确保不泄漏、不碰磨。

（3）缸体（或壳体）变形。除风力机外，其他类型的动力机械的转轴周围用缸体（或壳体）包覆，一方面是为了合理地组织工质流场；另一方面防止工质外漏。在机组运行过程中，如果出现缸体受热不均，或壳体受力不均匀，就会引起缸体（或壳体）大幅度变形，当变形量超过动静间隙时就发生碰磨。

（4）机组膨胀不畅，胀差超标。这种情况主要发生在热力动力机械中，特别是汽轮机中尤为突出。在汽轮机组启机过程中，由于滑销系统故障，机组膨胀不畅，致使汽缸与转子的胀差超标，发生碰磨。机组启动过程中，应控制好汽缸胀差，不得盲目升速和升负荷。

3. 转子不对中心故障原因分析

转子不对中心（简称不对中）是旋转动力机械常见故障之一，也是机组检修中经常碰到的重要问题。当转子存在不对中时，将产生附加弯矩，给轴承增加附加载荷，致使轴承的负载重新分配，形成附加激励，引起机组强烈振动，严重时导致轴承和联轴器损坏、地脚螺栓断裂或扭弯、油膜失稳、转轴弯曲、转子与定子产生碰磨等严重后果。

大功率动力机械（特别是热力动力机械）轴系由多个单转子通过联轴器连接而成，通过多个支撑轴承支撑在机组基础上。因此，转子不对中具有两种含义：一是转子轴颈与两端轴承不对中；二是转子与转子之间的连接不对中，主要反映在联轴器的不对中上。

（1）联轴器不对中心。联轴器不对中会在转子连接处产生两倍频作用的弯矩和剪切力，相邻轴承也将承受工频径向作用力，从而造成机组的振动。导致联轴器不对中的主要原因有：

1）制造误差导致的不对中。在联轴器的加工过程中，由于工艺或测量等原因造成端面与轴心线不垂直或端面螺栓孔的圆心与轴颈不同心。这种情况下的联轴器处会产生一个附加弯矩，但这个弯矩的大小和方向不随时间及运行条件的变化而变化，只相当于在联轴器处施加了一个不平衡力，其结果是在联轴器附近产生较大的一阶振动，通过加平衡块的方法容易消除。

2）安装误差和运行原因导致的不对中。制造加工误差控制在允许范围内的转子部件，由于现场安装误差、维修和运行因素影响，也可能产生不对中。这种在发电厂现场产生的不对中，可分为冷态不对中和热态不对中两种情况。

冷态不对中：冷态不对中主要是指在室温下由于安装（包括维修）误差造成的对中不良。

热态不对中：热态不对中指机组在运行过程中由于温度等因素造成的不对中，其主要原因有：基础受热不均；机组各部件的热膨胀变形和扭曲变形；机组热膨胀时由于滑动表面的摩擦力及导向键磨损引起轴承座倾斜和侧行；由于转子的挠性和重量分配不均匀，转子在安装之后产生原始弯曲，进而影响对中；地基下沉不均匀。

（2）转子轴承不对中心。转子轴承不对中实际上反映的是轴承坐标高和左右位置的偏差。由于结构上的原因，轴承在水平方向和垂直方向上具有不同的刚度和阻尼，不对中的存在加大了这种差别。虽然油膜既有弹性又有阻尼，能够在一定程度上弥补不对中的影响，但当不对中过大时，会使轴承的工作条件改变，使转子产生附加的力和力矩，甚至使转子失稳和产生碰磨。轴承不对中使轴颈中心的平衡位置发生变化，使轴系的载荷重新分配，负荷大的轴承油膜呈现非线性，在一定条件下出现高次谐波振动，负荷较轻的轴承易引起油膜涡动进而导致油膜振荡。

4. 滑动轴承油膜失稳故障原因分析

影响轴承状态的因素很多，可将这些因素分为内因和外因两大类。

（1）影响轴承状态的内因。影响轴承状态的内因是指由轴承的材料缺陷、轴瓦的形式、结构等自身因素造成的轴承运行状况的恶化。影响轴承状态的内因主要有：

1）轴瓦的形式。目前，在工程现场使用的轴瓦有圆筒瓦、椭圆瓦、可倾瓦、三（四）油楔瓦等。在汽轮机组上使用历史最长的轴瓦是圆筒瓦和椭圆瓦，但是，圆筒瓦最容易导致油膜失稳，椭圆瓦的油膜稳定性好于圆筒瓦。根据资料介绍，使用在汽轮发电机组上稳定性最好的是可倾瓦，其次是椭圆瓦，再次是三油楔瓦，最后是圆筒瓦。

2）轴瓦的结构参数。即使是同一种形式的轴瓦，采用不同的结构参数（长径比），油膜的稳定性也将不同。一般来说，减小长径比可以提高轴瓦的工作稳定性。原因是，减小长径比后，一方面提高了轴承的比压，另一方面使下瓦的油膜力减小，轴瓦偏心率增大，这两方面都会使油膜的稳定性提高。但是，并不是长径比越小越好，长径比太小，就会使单位面积轴瓦上载荷太大，危及轴瓦的安全。因此，每一种形式轴瓦的长径比都有一个最佳范围。

3）轴承的材料缺陷。轴承的材料包括轴瓦和轴承衬的材料，要求具有良好的减摩性、耐磨性、抗胶合性、顺应性、磨合性和工艺性，常见的轴承材料是巴氏合金。良好的轴承状态和优质的材料是分不开的，而由于制造工艺等原因引起的材料缺陷，如微小裂纹、气孔、夹渣、组织不均匀等，使得轴承巴氏合金的强度、硬度等指标达不到要求，严重损坏轴承的性能。

4）轴承合金层与钢衬背结合不良。轴承合金层与钢衬背结合不良，会产生脱壳现象，主要原因是浇铸轴承合金层之前对金属基体表面的清洁工作不彻底，在结合面上存在氧化膜灰尘和油脂而引起的。此外，若采用钢衬背材料的含碳量较高时，它与轴承合金之间黏接性差，也会造成脱壳。针对上述脱壳的原因分析，完善浇铸轴承合金的工艺，使结合处的铸造应力降低到最低程度，轴承合金层中不应存在气孔和夹渣等缺陷。

5）轴瓦的自位能力差。目前，椭圆轴承自位能力差是一个带有普遍性的问题，轴瓦自位能力差，势必造成瓦体不能跟踪瓦-轴平行度的改变，轴瓦瓦体与轴颈平行度的大幅度改变破坏轴瓦油膜的正常形成，产生局部润滑不良，造成轴承故障。改善措施是调整球面紧力，改变轴瓦设计等。

6）轴承座松动。轴瓦的基础（轴承座）是否稳定对轴承状态的影响很大。轴承座的变形甚至倾斜会带动轴瓦一起运动，一般说来，这种运动远比轴瓦自位调节数值大，危害也大。轴承座的变形和倾斜与设计有很大关系，发生在新机型上的事例已见报道。

（2）影响轴承状态的外因。影响轴承状态的外因是指由机组的维护、操作、机组的工况等轴承以外的因素引起的轴承运行工况的恶化。影响轴承状态的外因主要有：

1）转子不对中。转子不对中的原因主要是设备制造或检修工艺方面的问题，比如，对轮瓢偏、节圆不同心、铰孔不正、个别对轮螺栓松紧配合等问题。转子不对中的主要特征是低速下转子挠曲过大，带负荷后轴振动随负荷增加而增加。

2）机组振动超标。机组振动过大很可能使油膜破坏，从而损伤轴瓦，轴瓦的损坏反过来又会加剧振动，如此进入恶性循环。转轴的振动使轴对轴瓦乌金的撞击力增加，而短时间轴颈过大的相对振动也能引起乌金的碾压。碾压变形的乌金可能将油孔堵塞，引起供油系统故障，更加加剧轴承的损坏，造成恶性事故。

3）润滑油中带水或空气。油中的水破坏油膜的连续性和强度，降低油的运动黏度，恶化润滑性能，改变轴承动、静特性，能使油液产生酸性物质腐蚀元件，并生成氧化铁颗粒，加剧磨损和金属脱落。油中溶有空气，会加速油的氧化，增加系统中的杂质污染，破坏油的正常润滑作用。

4）润滑油油质劣化。轴承用的润滑油油质劣化的主要原因来源于油中的水和空气，或是由于受热、氧化变质、杂质的影响、油系统的结构与设计不合理、受到辐射、油品的化学组成不合格、油系统的检修不到位等原因。如果油质劣化，就使润滑油的黏附性不好，油对摩擦面的附着力不够，油膜受到破坏，转子轴颈就可能和轴承的轴瓦发生摩擦。这就是为什么如果油质劣化时，油的黏度变大，即使油中的杂质含量没有超标，也会造成轴瓦磨损的原因，即油的黏附性不能克服润滑油本身分子间的摩擦力，造成了油膜的破坏，是轴瓦磨损的主要因素。

5）供油系统故障。由于供油系统压力不足，或者由油中杂质引起油路堵塞造成油量不足，都会引起供油系统故障，危害轴承的正常运行。

6）油膜涡动和油膜振荡。转动轴的轴心在滑动轴承中的位置是变化的，转子的中心绕着轴承中心转动，其转动频率约为转子的二分之一自转频率，称为半速涡动或亚同步现象，因而油膜也以轴颈表面圆周速度之半的平均速度环行，这便是油膜涡动。油膜涡动的频率是随着转子的频率增加而增加的，两者之比约为 1：2，但当油膜涡动频率等于转子的一阶临界转速频率时，便不再随着转子回转频率升高了，此时出现共振现象，叫油膜振荡。

7）轴承受到交变应力而引起金属疲劳。由于转轴振动冲击等原因，所产生的交变应力超过合金材料的疲劳极限，引起轴承金属疲劳，这时动力油膜压力的变化使瓦面产生拉压和剪切的复合应力，特别是剪切应力会使瓦面产生裂纹，在轴承工作瓦面上呈凹坑或孔状剥落，严重时使轴承合金局部成块脱落。

5. 流体间隙激振故障原因分析

转轴有缸体（或壳体）包覆的动力机械，动叶片与缸体（或壳体）之间、转轴与缸体（或壳体）之间的间隙非常小。理论上要求转动部件与静止部件之间的间隙在圆周360°范围应该均匀，一旦这种间隙在周向不均匀时，流体将在转轴上作用一个涡动力，使转轴产生涡动运动，从而使转轴的振动出现异常。

引起动静间隙出现不均匀的原因有：转轴发生弯曲，缸体（壳体）变形，安装、检修时间隙调整不当等。

这种流体间隙不均匀引起的振动，在汽轮机中比较明显，称为汽流激振。汽轮机汽流激振力主要包括下列几个方面：①叶顶间隙产生的激振力。在汽轮机中，当转子偏心时，转子叶轮和汽缸间的间隙沿周向不均匀，使间隙的漏汽量重新分布，小间隙处产生大推力，大间隙处产生小推力。其结果产生了一个垂直于转子中心位移的横向力，此力将诱发转子涡动；②汽封产生的激振力，包括围带汽封、隔板汽封、轴端汽封产生的激振力。在汽轮机的高压级中，蒸汽在汽封处产生的激振力的大小与汽封前蒸汽的参数（压力、温度）、汽封后蒸汽的参数（压力）、汽封间隙处的半径以及进入汽封的蒸汽的周向速度有关。一般来说，汽封前蒸汽的参数越高，进入汽封的蒸汽的周向速度越大，蒸汽产生的激振力越大。

当水轮机转动部件外表面和固定部件内腔均为圆形且又同心时，密封间隙为一定值，且周向间隙均匀，此时水封中的压力场和速度场均应该是轴对称的，作用在转轮上的径向力之和应该为零。由于制造和安装上的原因，水轮机转轮和固定部件不在同一轴线上；或由于水封零部件加工安装不精确，或者转轮质量的动、静态不平衡，都会引起在运行中水封间隙不均匀。此时，作用在转轮水封圆柱表面上的径向力不再等于零，这时就产生了水力不平衡，这种不平衡力是周期性的，它导致间隙内水压力脉动，从而引起转动部件自激振动。另外，由于导轴承间隙不当，大轴弓状回旋振动等，都会使上、下水封间隙偏斜，从而产生水力不平衡力，引起转轮自激振动。

6. 结构刚度不足

结构刚度不足是指机组支撑结构刚度过低。结构刚度包括转子-轴承（座）-支撑部件-基础整个系统的刚度。结构刚度不足（或在运行过程中减弱），使振动被放大，或使转子临界转速降低，落入共振。

引起结构刚度不足的原因主要有：设计阶段缺乏足够的刚度校核造成结构初始刚度不足；安装阶段因质量缺陷导致结构刚度未达到设计要求；检修时因部件连接紧力不足导致结构刚度下降；运行过程中因部件载荷变化导致连接紧力下降等。

第三节 旋转机械常见振动故障的基本特征

一、转子不平衡故障的基本特征

转子不平衡是旋转机械最为常见的故障。根据式（4-2），当转子上存在不平衡时，转子的振动响应随时间的变化规律用 $e^{i\omega t}$ 函数表达，这是一个正弦（或余弦）函数，变化的频率为 ω，与旋转频率相同。在工程界，这个频率有时用符号“f_r”或“1X”表示。不同原因引起的转子不平衡故障的规律基本相近，但也各有特点，见表 4-2。

表 4-2　　转子不平衡振动基本特征

序号	特征参数	故障特征		
		原始不平衡	渐变不平衡	突发不平衡
1	时域波形	正弦波	正弦波	正弦波
2	特征频率	1X	1X	1X
3	常伴频率	较小的高次谐波	较小的高次谐波	较小的高次谐波
4	振动稳定性	稳定	逐渐增大（或减小）	突发性增大后稳定
5	振动方向	径向	径向	径向
6	相位特征	稳定	渐变	突变后稳定
7	轴心轨迹	椭圆	椭圆	椭圆
8	进动方向	正进动	正进动	正进动
9	矢量区域	不变	渐变	突变后稳定

1. 转子原始质量不平衡

当转子有原始质量不平衡故障时，转子振动的主要特征有：

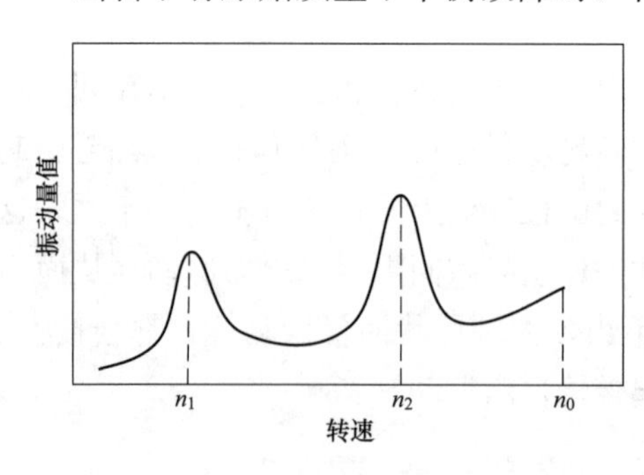

图 4-22　柔性转轴振动量值随转速的变化特性曲线示意

（1）振动量值与转速之间的关系特征。转子的振动是一个与转速同频的强迫振动，振动幅值随转速按振动理论中的共振曲线规律变化，在临界转速处达到最大值。因此，通过升速过程测量转轴（或轴承）振动量值（振幅值，振动速度有效值）随转速的变化关系，就可以得到如图 4-22 所示的变化规律。对于大功率高转速动力机械，在启动升速至额定转速（n_0）过程中，轴系可能越过两阶临界转速（n_1 和 n_2），振动量值出现一个或两个峰值。工程中，常常利用测量转轴的升速特性来测量转轴实际的临界转速。

（2）稳定转速工况下的振动特征。

1）振动信号时域波形特征。由于转轴的质量不平衡引起的振动，所检测到的振动信号时域波形与正弦曲线（余弦曲线）相似，无论是在转轴的哪个方向测量得到的振动时域信号基本相似，曲线比较光滑，看不到明显的皱褶，如图 4-23 所示。

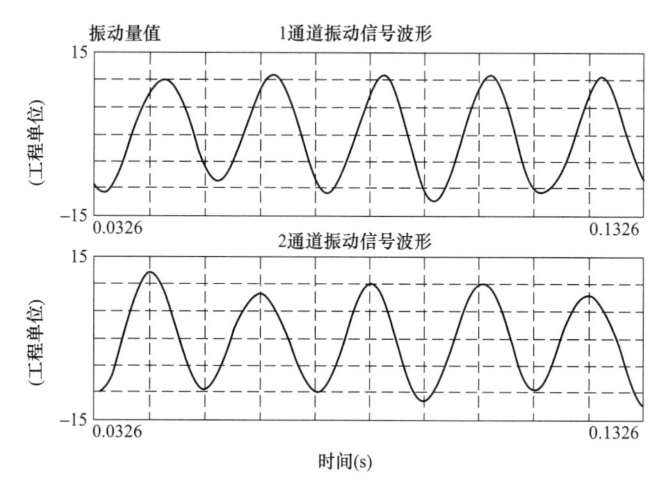

图 4-23 质量不平衡引起的振动信号时域波形

2）振动信号频谱分布特征。由于转轴的质量不平衡引起的转轴振动，振动信号的频率成分以旋转频率为主（1X 振动为主），实际情况中可能包含少量的二倍旋转频率及以上（2X、3X 等）的成分，且频率越高振动量值越小，不存在分数倍的振动成分，如图 4-24 所示。

若从转轴上测得的振动信号频率分布虽然以 1X 振动为主，但包含某些明显的高频成分（如 2X 及其以上振动），或包含明显低频成分，说明机组还存在其他故障。

3）轴心运动轨迹特征。若转轴振动是由单纯的质量不平衡引起的振动，将同一轴向截面上两个互相垂直的振动传感器输出信号作为点的平面坐标而形成的轨迹曲线，其形状接近为一个圆或椭圆（如图 4-25 所示）。

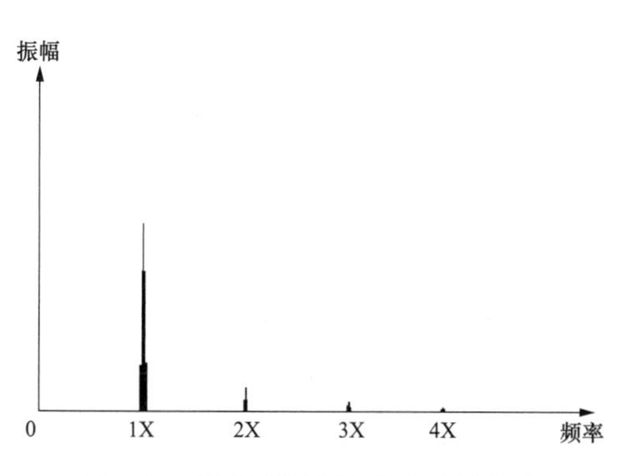

图 4-24 质量不平衡引起的转轴振动信号频率分布示意

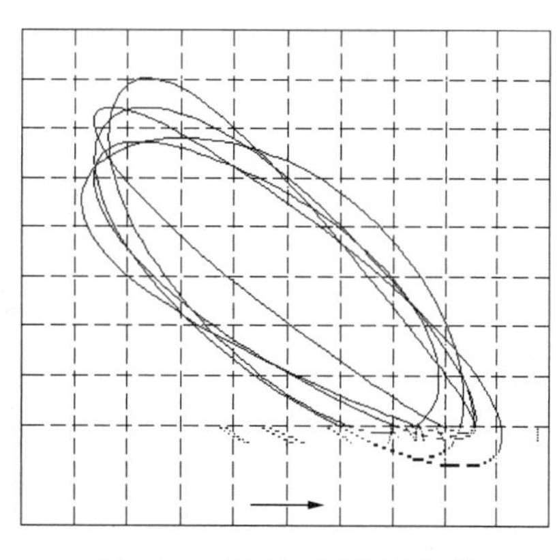

图 4-25 质量不平衡引起的转轴轴心运动轨迹

2. 转子初始弯曲

所谓转子初始弯曲，是指在冷态和静态条件下，转子各横截面的几何中心线与转子两端轴承的中心连线不重合，从而使转子产生偏心质量。

有初始弯曲的转子具有与质量不平衡转子相似的振动特征，所不同的是初始弯曲转子在转速较低时振动较明显，趋于弯曲值。在汽轮发电机组中，通常用盘车时和盘车后测量到的转轴晃度大小来判断转子是否存在初始弯曲。

3. 转子热态不平衡

转子热态不平衡是指在机组的启动和停机过程中，由于热交换速度的差异，使转子横截面产生不均匀的温度分布，使转子发生瞬时热弯曲，产生较大的不平衡，从而使转子产生振动。

转子热态弯曲引起的振动一般与负荷有关，改变负荷，振动相应地发生变化，但在时间上较负荷的变化滞后。随着盘车或机组的稳态运行，整机温度场趋于稳定，振动会逐渐减小。

一根材质均匀的转子，如果均匀受热是不会产生弯曲变形的。只有当某种不均匀因素的存在并且只有这种不均匀在转子横截面呈不对称的状态（例如，材质不对称、温度不对称、受力不对称），才可能产生弯矩，使转子弯曲。

当转子出现热态不平衡时，将出现如下的故障特征：转子的振动频谱与质量不平衡时的振动频谱类似；振动的幅值和相位随负荷发生变化；在一定的负荷下，振动的幅值和相位随时间发生变化；轴心运动轨迹与质量不平衡时的轴心运动轨迹类似。

4. 转子部件脱落

平衡状况良好的转子在运行中突然有部件脱落时，会引起转子质量不平衡，在不平衡质量的作用下会使转子发生振动。当脱落的部件质量相当大时，会使转子出现严重的质量不平衡，从而使转子的振幅值突然增大。尤其是，若转子的振幅值非常大时，就会导致二次事故的发生。

当发生转子部件脱落时，将出现如下的故障特征：转子部件脱落后，转子的振动频谱与质量不平衡时的振动频谱类似；转子部件脱落的前后，振动的幅值和相位突然发生变化；部件脱落一段时间后，振动的幅值和相位趋于稳定；轴心运动轨迹与质量不平衡时的轴心运动轨迹类似。

5. 转子部件结垢

如果蒸汽的品质长期不合格，随着时间的推移，将在汽轮机的动叶片和静叶片表面上结垢，使转子原有的平衡遭到破坏，振动增大。由于结垢需要相当长的时间，因此振动是随着年月逐渐增大的。并且由于通流部分结垢，导致通流条件变差，轴向推力增加，机组级间压力逐渐增大，效率逐渐下降。

转子部件结垢的典型特征为：转子的振动频谱与质量不平衡时的振动频谱类似；轴心运动轨迹与质量不平衡时的轴心运动轨迹类似；振动的幅值和相位随时间发生极为缓慢地变化，这种变化有时需要一个月甚至数个月才能发现明显的差别；机组的出力和效率逐渐下降；各监视段的压力随时间的变化而缓慢增加。

二、转子不对中故障的基本特征

1. 转子不对中故障类型

转子不对中故障，是指用联轴器联结起来的两根轴的中心线存在偏差，且这种偏差超过了容许值。转子热态不平衡故障引发的偏差有如下几种类型：平行不对中、偏角不对中、平行偏角不对中。

所谓平行不对中，是指两根轴的中心线产生了平行偏移，如图 4-26（a）所示；偏角不对中是指两根轴的中心线存在一定的夹角，如图 4-26（b）所示；平行偏角不对中，是指两根轴的中心线既产生了平行偏移，又存在一定的夹角，如图 4-26（c）所示。

转子的对中性能包括静止状态下的冷对中和运行状态下的热对中。影响转子对中性能的因素主要是联轴器的制造、安装误差，以及连接到机组上的管道系统、支座与基础、机架、应对中的各转轴的温度差异等。

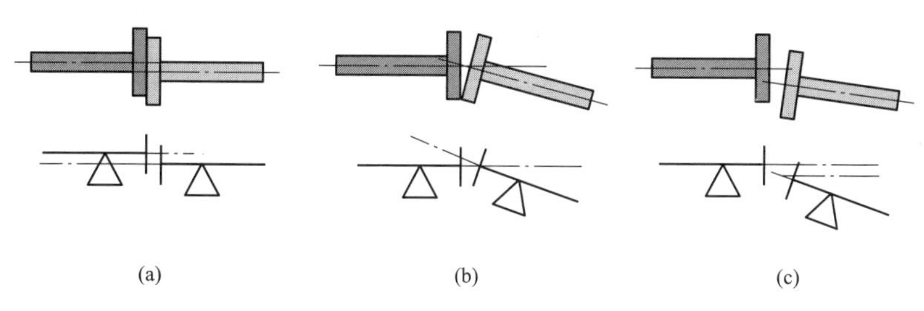

图 4-26　转子不对中的几种类型

a）平行不对中；（b）角度不对中；（c）组合不对中

2. 转子不对中故障的振动特征

（1）振动的方向性特征。

1）偏角不对中的振动方向性特征。当转子不对中以偏角不对中为主时，其特征是轴向振动大，联轴器两侧轴承座轴向振动相位差 180°，振动信号中的成分主要为 1X 和 2X，伴随有 3X 及以上高频成分，如图 4-27 所示。

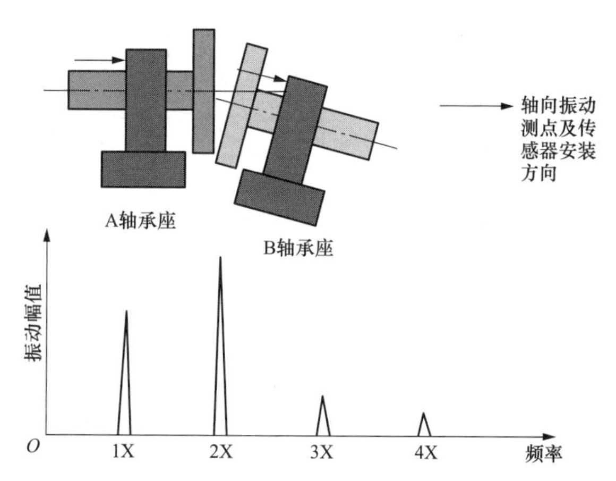

图 4-27　偏角不对中故障引起的轴向振动及其频谱示意

2）平行不对中的振动方向性特征。当转子不对中以平行不对中为主时，其特征是径向振动大，联轴器两侧转轴（或轴承座）的径向振动相位差 180°，振动信号中的成分主要为 1X 和 2X，伴随有 3X 及以上高频成分，如图 4-28 所示。

（2）不同严重程度下的振动特征区别。

1）转子轻度不对中。当转子存在轻度不对中时，转子振动（或轴承振动）的波形有轻度的“畸变”，如图 4-29（a）所示；振动信号的频谱分布中出现明显的工频的高次分量（如 2X 和 3X 振动），如图 4-29（b）所示，尤其是 2X 振动非常明显，如果 2X 或 3X 振动分量超过 1X 振动分量的 30%～50%，则可认为存在转子不对中故障；轴心运动轨迹呈现椭圆形或“香蕉形”，如图 4-29（c）所示。

2）转子严重不对中。当不对中故障达到较为严重的程度时，转子振动（或轴承振

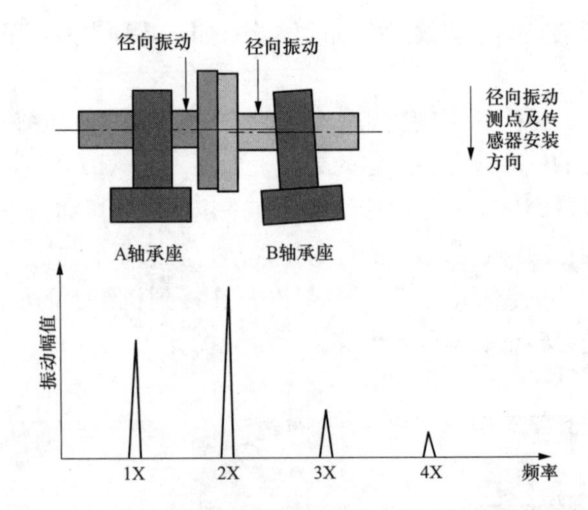

图 4-28 平行不对中故障引起的径向振动及其频谱示意

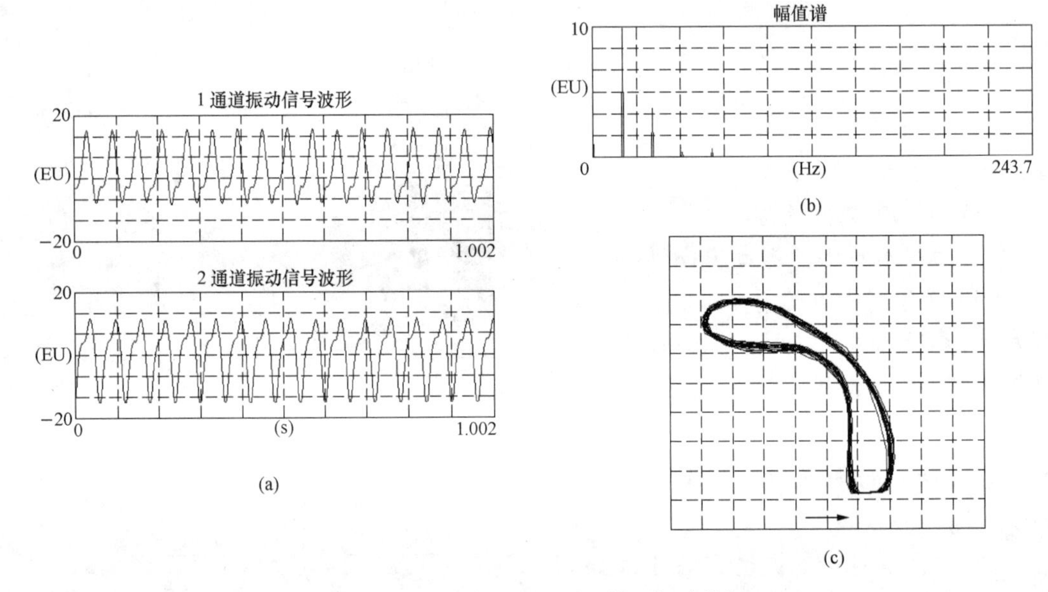

图 4-29 不对中不严重时，转子振动特征

（a）振动信号时域波形；（b）振动信号频谱；（c）轴心运动轨迹

动）的波形出现严重“畸变”，出现摩擦振动信号的特征；振动信号的频谱分布中出现更加显著的工频的高次分量［并且以 2X 成分为主，旋转频率 1X 成分的幅值远小于 2X 成分的幅值，并且会出现较明显的（3X～8X）振动］；轴心运动轨迹呈现外“8”字形，如图 4-30 所示为某 300MW 发电机转子出现不对中时的轴心轨迹。

三、转子碰磨振动故障的基本特征

1. 转子碰磨的几种类型

（1）按摩擦的部位可分为径向碰磨、轴向碰磨和组合碰磨，如图 4-31 所示。转子外缘与静止部件接触而引起的摩擦称为径向碰磨；转子在轴向与静止部件接触而引起的摩擦称为轴向碰磨；既有径向摩擦又有轴向摩擦的碰磨称为组合碰磨。

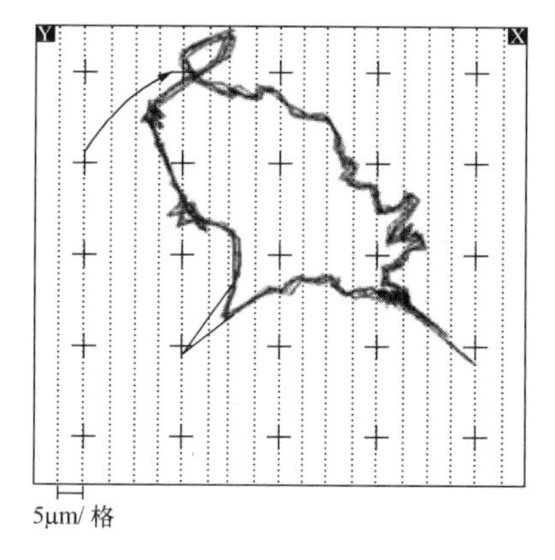

图 4-30 某 300MW 发电机转子不对中时的轴心轨迹

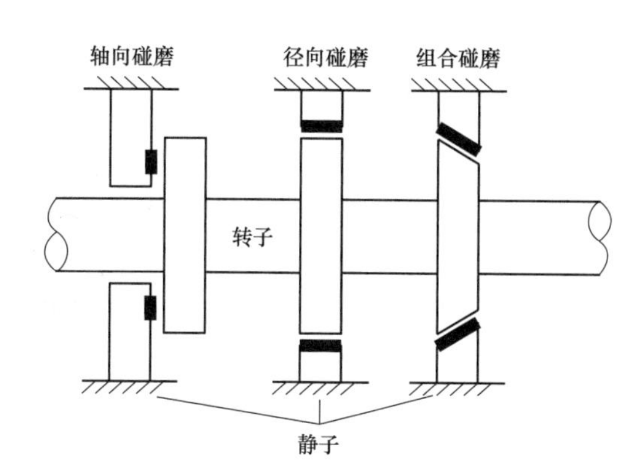

图 4-31 动静碰磨的几种类型

(2) 按转子在旋转一周内与静止部件的接触情况分为整周碰磨和部分碰磨。转子在旋转的一周中始终与静止的碰磨点保持接触，称为整周碰磨；转子在旋转的一周中只有部分弧段发生接触，称为部分碰磨。

(3) 按照摩擦的程度分为早期、中期和晚期碰磨。

2. 转子碰磨的振动特征

若需要诊断旋转动力机械转子是否存在碰磨，从振动信号的基本特征上可做出初步判断。转子存在碰磨时，转子振动信号具有如下的基本特征：

(1) 振动信号的时域波形特征。碰磨时振动信号时域波形发生“畸变”。如图 4-32 所示为某国产 300MW 汽轮发电机组的发电机转子与密封环发生碰磨时检测到的转子振动信号时域波形。从图 4-32 可以明显地看出，发电机转子振动信号时域波形发生了严重的“畸变”(波形的形状严重偏离正弦波的形状)，并伴有明显的削波现象。

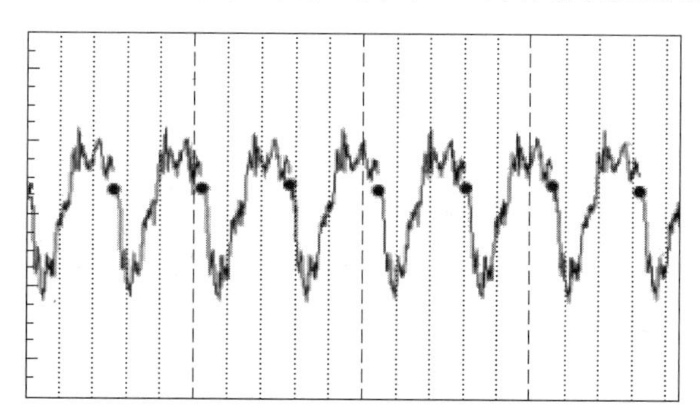

图 4-32 某 300MW 汽轮发电机密封环碰磨振动信号时域波形

(2) 动静碰磨故障的振动信号频谱特征。碰磨时振动信号的频率成分非常丰富，如图 4-33 所示为在国产某 200MW 汽轮机转轴检测到的转子碰磨振动信号，该机组当时的转速为 2950r/m，转子与油挡发生了碰磨。从图 4-33 可以看出，转子振动信号中 2X 成分非常大，倍频成分也比较明显，同时还存在分数倍振动分量。

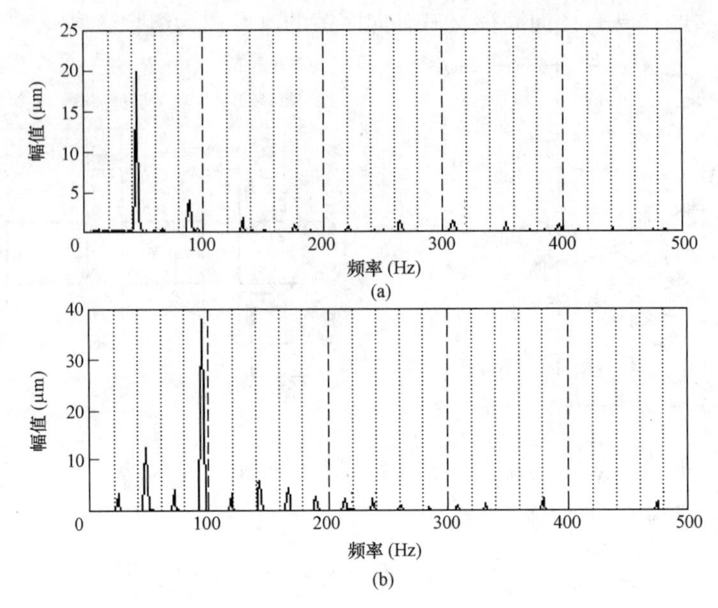

图 4-33　某国产 200MW 汽轮机油档碰磨时振动信号频谱（转速：2950r/min）

一般来说，转子碰磨振动信号的频谱中有 1X、2X、3X、4X 成分，也有大于或等于 5X 的高频成分，同时还有 (0～0.39)X、(0.4～0.49)X、0.5 X 和 (0.51～0.99)X 的低频成分。

(3) 动静碰磨故障的轴心运动轨迹特征。当发生转子动静碰磨故障时，根据碰磨情况的不同，轴心运动轨迹有如下特征：

1）若发生的是整周碰磨故障，则轴心运动轨迹为圆形或椭圆形，且轴心轨迹比较紊乱。

2）若发生的是单点局部碰磨故障，则轴心运动轨迹呈内“8”字形，如图 4-34 (a) 所示。

3）若发生的是多点局部碰磨故障，则轴心运动轨迹呈花瓣形，如图 4-34 (b) 所示。

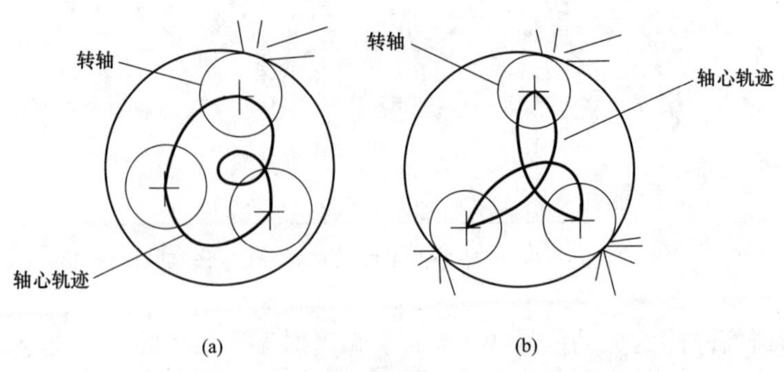

图 4-34　发生碰磨故障时的轴心运动轨迹示意图

(a) 单点局部碰磨时的轴心运动轨迹；(b) 多点局部碰磨时的轴心运动轨迹

如图 4-35 所示为某国产 300MW 汽轮发电机组的发电机转子与密封环发生碰磨时检测到的转子轴心运动轨迹。从图 4-35 可以看出，发电机转子的轴心运动轨迹偏离圆形或椭圆形，轨迹的边界形状不规则，说明转子在旋转一周的过程中多次与静止部件发生碰撞。

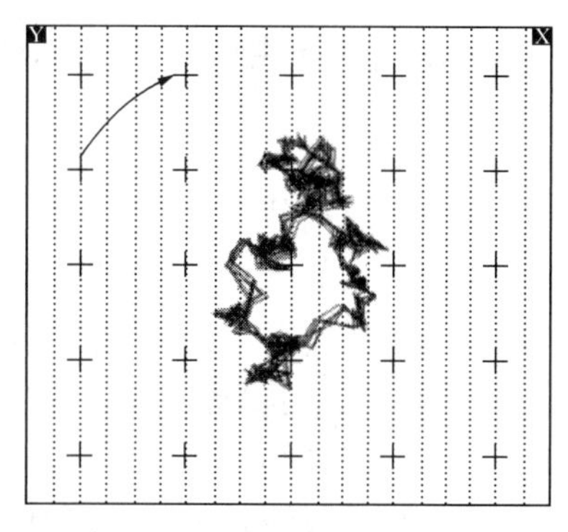

图 4-35　某 300MW 汽轮发电机密封环碰磨振动时的轴心运动轨迹

（4）动静碰磨故障的振动信号时变特征。当转轴与静止部件发生碰磨时，会使转子产生振幅时大时小、振动相位也时大时小的旋转振动。如图 4-36 所示为某国产 330MW 汽轮发电机组带负荷运行（检测时的负荷为 230MW）时，检测到的碰磨故障状态下振动信号幅值随时间变化规律。从图 4-36 可以看出，转子发生碰磨故障时，振动信号幅值发生波动，波动的规律呈现如下特征：

1）波动的周期不够稳定，波动一次的时间长度为 1.5～2.0h。

2）振动信号幅值的平均值成不断增加趋势，说明碰磨越来越严重。

3）振动幅值波动的频度有越来越快的趋势，但波动的幅度有减小的趋势。

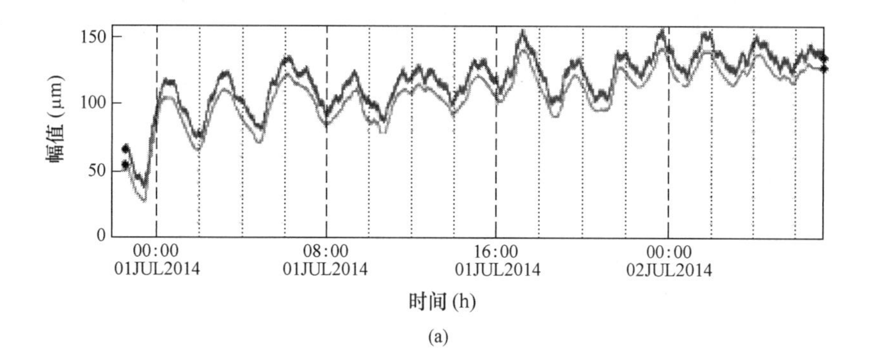

(a)

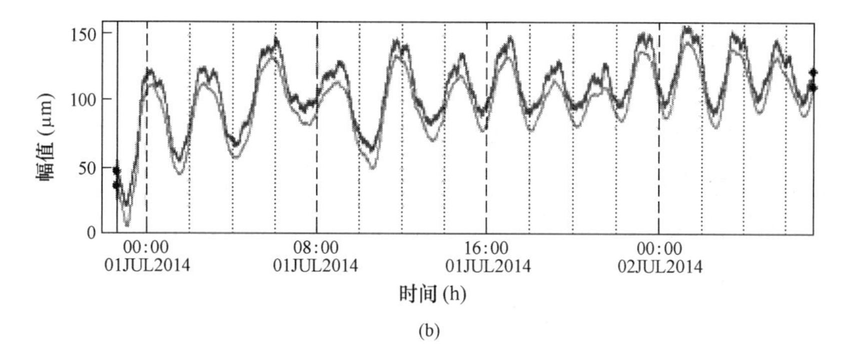

(b)

图 4-36　某国产 330MW 汽轮机低压转子碰磨振动随时间变化规律

（a）3 号轴承处 *X* 方向振动变化规律；（b）4 号轴承处 *X* 方向振动变化规律

四、滑动轴承油膜失稳故障的基本特征

1. 升速过程中滑动轴承失稳特征

对于油膜滑动轴承而言，主要存在两种类型的失稳现象，即油膜涡动和油膜振荡，这两种类型的失稳故障发生在不同的转速范围。例如，对于额定转速远高于第一阶临界转速的动力机械转子，如果它的支撑轴承存在油膜失稳的可能，则升速过程将出现下面一系列的油膜状态的变化过程：油膜稳定→油膜涡动发生→持续的油膜涡动→油膜振荡发生→剧烈油膜振荡。如图 4-37 所示为某国产 200MW 汽轮机的 6 号轴承在升速过程中出现的油膜失稳故障发生、发展过程：

（1）在 0～1000r/min 范围，轴承油膜处于稳定状态。

（2）当转速达到 1000r/min 时，油膜开始不稳定，发生油膜涡动，典型特征是振动信号中出现了 0.5X 成分；随着转速提高，0.5X 成分始终存在且其振动量值有所增加。

（3）当转速大于 2000r/min 后，低频振动分量的频率大小基本保持不变，且该成分的振动量值随转速增加略有增加；当转速继续增加到一定值，该轴承的振动量值急剧增加。这种现象表明，该轴承发生了油膜振荡。

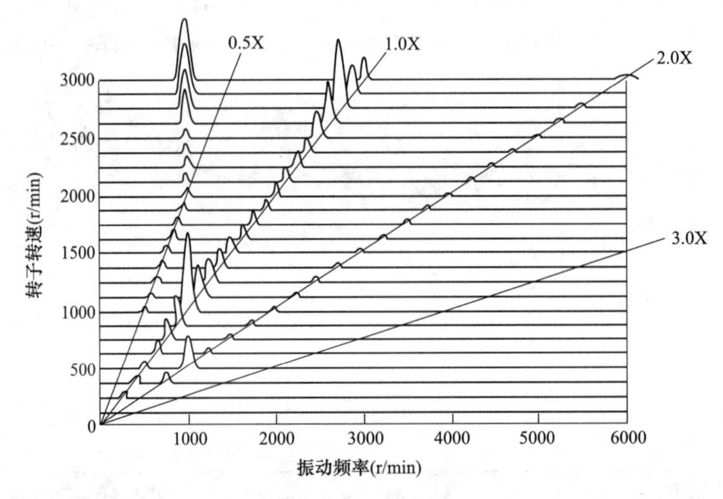

图 4-37　某国产 200MW 汽轮机 6 号轴承在升速规程的失稳特性

2. 定速运行时油膜失稳故障振动特征

（1）油膜涡动故障的基本振动特征。当转子的某个滑动轴承出现油膜涡动（又称为“半速涡动”）时，振动信号的时域波形在一个周期内有一半发生“畸变”［如图 4-38（a）所示］，轴心轨迹呈内“8”字形［如图 4-38（b）所示］。在振动信号频谱图中，可发现有明显的 1X、0.5X 成分（有时在 0.42X～0.48X 范围有振动分量分布），并伴有一定量的 2X 成分，如图 4-39 所示。

（2）油膜振荡故障的基本振动特征。当出现油膜振荡时，振动的主要成分的频率近似地等于 f_{c1}。这里，f_{c1} 表示转子系统的第一阶临界转速频率。实验结果表明，出现油膜振荡故障时，f_{c1} 振动的幅值与工频振动幅值之比大于（2.0～10.0），如图 4-40 所示；

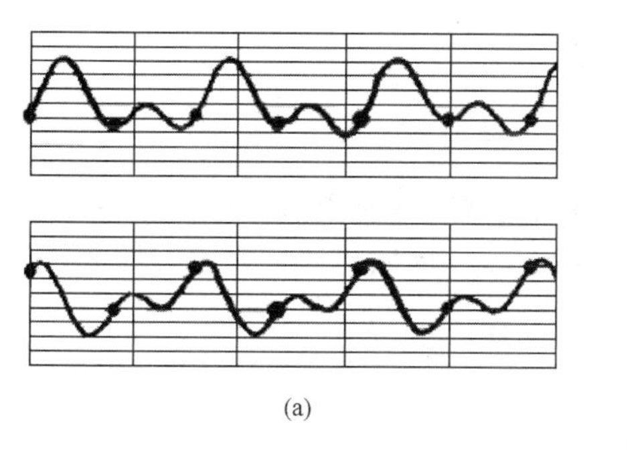
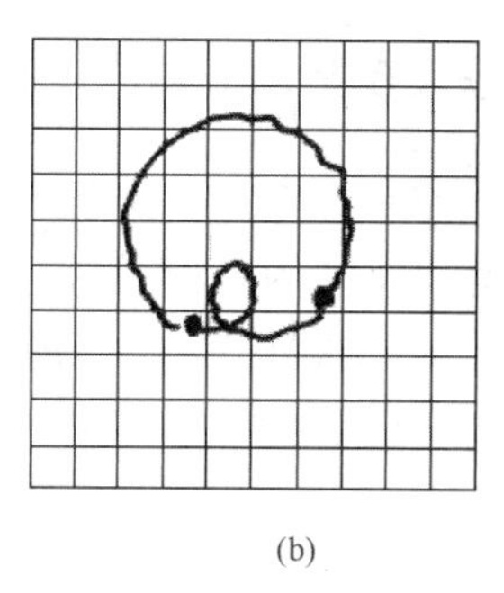

(a) (b)

图 4-38 油膜涡动故障振动信号特征

(a) 时域波形；(b) 轴心轨迹

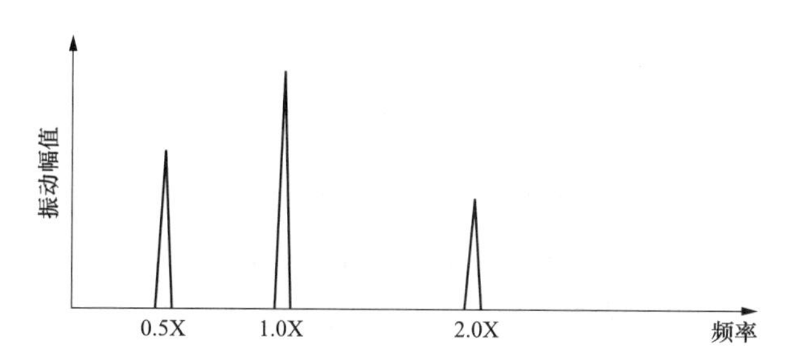

图 4-39 油膜涡动故障振动信号频率分布特征示意图

出现典型的油膜振荡故障时，振动信号的时域波形发生“畸变”，变“稀疏”[如图 4-41（a）所示]；轴心轨迹为多重“椭圆”形或“花瓣”形 [如图 4-41（b）所示]。

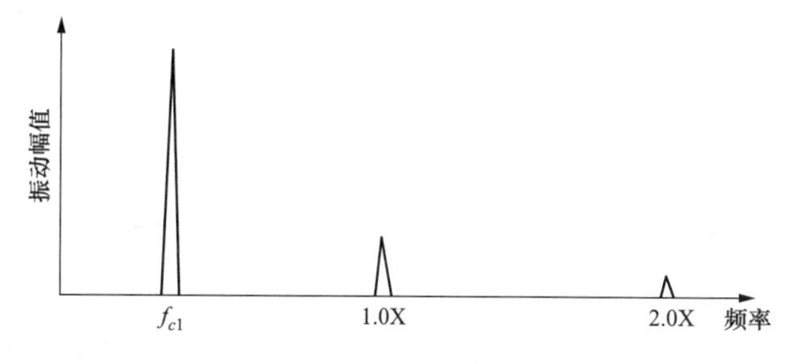

图 4-40 油膜振荡故障振动信号频率分布特征

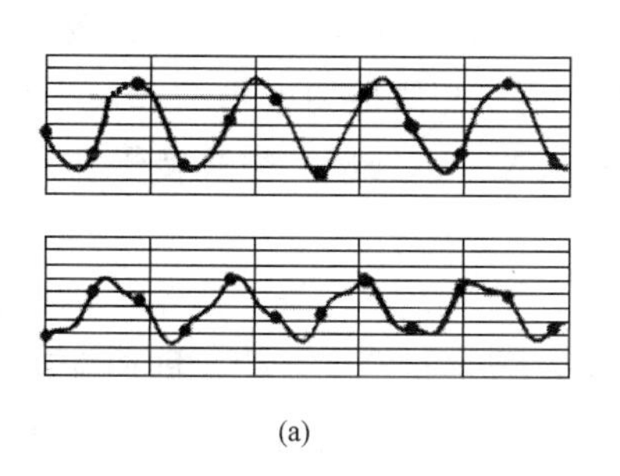
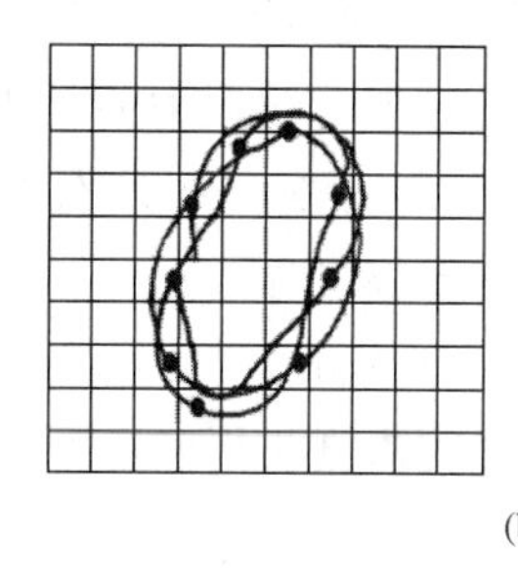
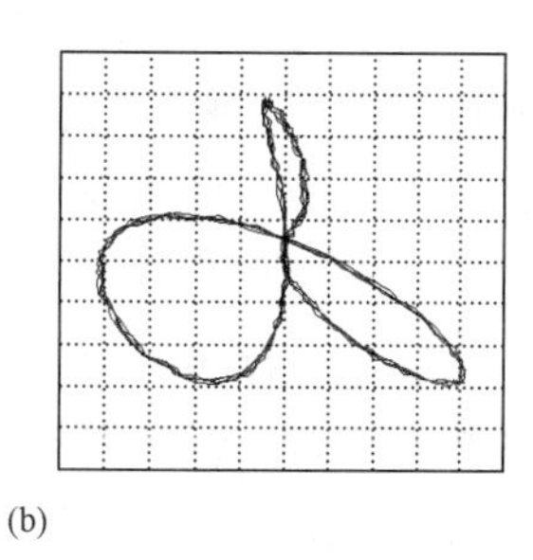

(a) (b)

图 4-41 油膜振荡故障振动信号特征

(a) 时域波形；(b) 轴心轨迹

五、转子裂纹振动故障的基本特征

1. 转子裂纹的分类

（1）按转子裂纹的方向分类，有轴向裂纹、径向裂纹和斜裂纹，如图 4-42 所示。轴向裂纹沿着转子轴向扩展，径向裂纹沿着转子周向扩展，而斜裂纹的扩展方向与轴向方向成一定的夹角 $\alpha(0<\alpha<90°)$，其中，径向裂纹对转子的安全危害最大，斜裂纹次之。

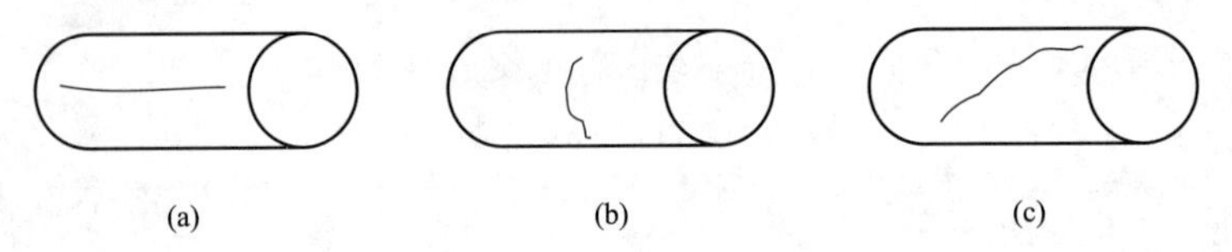

图 4-42 转子裂纹的类型

a）轴向裂纹；（b）径向裂纹；（c）斜裂纹

（2）按裂纹的形状特征分为开裂纹、闭裂纹和时开时闭裂纹。开裂纹转子的挠度大于无裂纹转子的挠度；闭裂纹对转子的振动特性不会发生作用；而时开时闭裂纹对振动影响复杂。一般来说，径向裂纹在转子旋转的动应力作用下，始终处于“开”和“闭”的周期变化过程中。

2. 裂纹转子的振动特征分析

（1）裂纹的存在，使转子系统的固有频率降低。有径向裂纹的转子其横向刚度下降，而且转子的刚度不对称，与无裂纹转子的旋转轴线不再重合，由此产生弹性不平衡力。转子以 ω 旋转时，伴随其非同步的弯曲振动使裂纹分别以固有频率 ω_1 和 ω_2（ω_1 为裂纹闭合时转子的固有频率，ω_2 为裂纹张开时转子的固有频率）周期性开闭，不断改变裂纹的性质。

由于裂纹的存在改变了转子的刚度，从而使转子的各阶临界转速较正常值要小，裂纹越严重，各阶临界转速减小得越多；由于裂纹造成刚度变化且不对称，从而使转子的共振转速扩展为一个区域。

（2）裂纹的存在，使转子系统产生亚谐共振。所谓亚谐共振，是指转速为转子第一阶临界转速的分数倍时，转子振动信号的谐波分量出现峰值、相位出现突变的现象。

（3）裂纹的存在，使转子的稳态振动频率成分更加复杂。由于裂纹性质的改变导致转子刚度的变化，改变了转子对主要激振力的动力响应，此激振力即重力和不平衡力。裂纹转子由重力引起的响应除 1X 成分外，还有 2X、3X、…分量。裂纹转子在做强迫响应时，一次分量的分散度较无裂纹时大。

（4）裂纹的存在，使转子的振动随时间发生变化。对于裂纹转子，振动（包括振动信号的频谱分布，各频率成分的幅值和相位）不稳定，随时间发生变化，即使在恒定转速下，各阶谐波幅值及其相位不稳定，且尤以二倍频最为突出。原因是，裂纹转子的振动是典型的非线性振动，在外界扰动作用下，振动运动规律会发生很大的变化；转子上的裂纹在内外载荷作用下会不断扩展，转子的刚度随时间不断变化，从而导致振动不断发生变化。

(5) 裂纹的存在，使转子的轴心运动轨迹发生畸变。裂纹转子在不同的转速下工作时，振动信号中不但包含有 1X 成分、2X 成分、3X 成分、5X 成分、7X 成分、……，而且包含分频成分，同时振动信号随时间变化。因此，轴心运动轨迹的形状可能发生畸变，且轨迹的重现性比较差。

六、转子周向微小间隙中的流体激振故障的基本特征

1. 蒸汽轮机间隙激振的特征分析

(1) 蒸汽激振故障与机组负荷的关系。蒸汽激振出现在机组并网后、负荷逐渐增加的过程中，其主要特点是振动敏感于负荷，且一般发生在较高负荷段。蒸汽激振引起的突发性振动通常有一个门槛负荷，超过此负荷时立即激发蒸汽激振，而当负荷降低至某一数值时，振动即能恢复到正常值，有较好的重复性。蒸汽激振引起的振动有时与调节汽门的开启顺序和调节汽门开度有关，通过调换或关闭有关阀门能避免低频振动的发生或减小低频振动的幅值。

(2) 蒸汽激振故障的振动信号特征。蒸汽激振产生的自激振动为转子的正向进动。与轴承油膜涡动不同，蒸汽激振产生的低频振动的频率与工作转速无关。发生严重蒸汽激振时的振动频率通常与转子第一阶临界转速频率相吻合，但在绝大多数情况下振动成分以接近工作转速一半的频率分量为主。此外，由于实际蒸汽力和轴承油膜力的非线性特性，有时该振动也会呈现其他一些谐波频率分量。

发生蒸汽振荡时，振动值在一定范围内波动。

(3) 蒸汽激振故障的其他特征。发生蒸汽振荡故障时，振动信号中的低频振动幅值常与轴承标高、轴承形式和结构、负荷、调节阀门开启、润滑油温度等密切相关。

2. 水轮机间隙激振的特征分析

水轮机间隙激振的主要特征为：①下水封水压脉动幅值最大；②脉动频率为转频或转频乘以叶片数；③水压脉动幅值随机组出力增加而增大。

七、转子支承部件松动引起的振动故障基本特征

转子支承部件松动可以使任何已有的不平衡、不对中所引起的振动问题更加严重，从而可能导致旋转动力机械剧烈振动。当机组出现非转动部件松动故障时，振动信号将出现如下特征：

1. 振动信号的时域波形特征

从振动信号的时域波形特征来看，当发生转子支承部件松动故障时，时域波形会出现跳跃现象，有时可能出现明显的跳变信号，转子支承部件松动故障越严重，跳变信号越突出。这种跳变信号有时甚至用手触摸也能感觉得到。

2. 振动信号的频谱特征

由于非线性可能引起转子的分数次谐波共振（亚谐波共振），其频率是精确的 1/2 倍、1/3 倍、…转速。所以，当机组出现松动故障时，除了产生与旋转频率相同的振动

外，还会产生 0.5X 和（1/3）X 等分数级谐波振动，以及旋转频率的高倍频振动（如 2X、3X、4X、5X、6X、7X 及以上的频率成分）。

3. 振动的方向性特征

转子支承部件松动故障的另一特征是振动的方向性，特别是转子支承部件松动方向上的振动。由于约束力的下降，将引起振动的加大。转子支承部件松动使转子系统在水平方向和垂直方向具有不同的临界转速，因此分谐波共振现象有可能发生在水平方向，也可能发生在垂直方向。

转子支承部件松动故障的诊断依据见表 4-3 和表 4-4。

表 4-3　　　　转子支承部件松动的故障特征

序号	特征参量	故障特征
1	时域波形	0.5X，（1/3）X，…，1X，2X，3X，4X，5X，…的叠加
2	特征频率	0.5X，（1/3）X，…，1X 成分
3	常伴频率	2X，3X，4X，5X，…
4	振动稳定性	不稳定，当转速达到某一域值时，振动突然增大或减小
5	振动方向	松动方向振动大
6	相位特征	不稳定
7	轴心轨迹	紊乱
8	进动方向	正进动

表 4-4　　　　转子支承部件松动的振动敏感参数

序号	敏感参数	随敏感参数变化情况
1	振动随转速变化	很明显
2	振动随润滑油参数变化	不变
3	振动随工质参数变化	不变
4	振动随工质流量变化	有变化
5	振动随负荷变化	很明显
6	振动随转子不平衡量变化	很明显

八、转子永久弯曲引起的振动故障的基本特征

已有的研究成果表明，弯曲转子与质量偏心转子的振动特性基本相似，但也存在差别，归纳起来有如下几点：

（1）两者动力响应幅频特性相似，即在频率比 λ（$\lambda=n/n_1$，n 为转子的转速，n_1 为转子第一阶临界转速）很小时，轴的动力响应都趋于零，而 λ 远大于 1 时，轴的动力响应分别趋于 r_b（r_b 为弯曲转子的初始弯曲值）或 e（e 为偏心转子的原始偏心距）。由于轴的动力响应可表征转子支承处所受到的动反力的大小，而对实际弹性支承的转子，其支承处的轴承振动幅值与动反力大小成比例，所以在轴承上来监测转子的振动时，两者的幅频特性相似。

（2）初始弯曲转子的总振动幅频特性与质量偏心转子不同，即 r（r 为转子的总动力响应值）在 λ 很小时，并不趋于零，而趋于轴初始弯曲量 r_b 。当 λ 远大于 1 时，r 反而有减小至零的趋势。也就是说，初始弯曲转子在较低转速范围内也有较明显的振动输出。

（3）初始弯曲转子的总振动相频特性与质量偏心转子总振动相频特性基本相似。

（4）两者在有阻尼的情况下，由幅频特性曲线的峰值测得的临界转速是不同的。当有质量偏心时，有阻尼临界转速略高于无阻尼临界转速；而有初始弯曲时，有阻尼临界转速略低于无阻尼临界转速。

（5）从转子动力学的理论推导中可以看出，两者均会产生与转速同频的激振力，因而两者的振动频谱和波形是相似的，即振动频谱中都是转速的 1X 成分大，振动波形都趋于正弦波。

第四节 转子-支承系统结构共振故障案例分析

一、故障背景

国产某型号的 300MW 汽轮发电机组（汽轮机为 N300-16.7/537/537 亚临界中间再热双缸双排汽凝汽式汽轮机，发电机型号为 QFSN-300-2-200，冷却方式为水-氢-氢），其轴系结构如图 4-43 所示。其中，3 号、4 号轴承坐落在低压缸上，4 号轴承和盘车相邻，两箱通过垂直法兰在下部相连，坐落在一个公共基架上，如图 4-44 所示。根据统计，同类型 300MW 汽轮机低压缸轴承不稳定振动的故障事例发生过多起，振动的特征基本相同，该汽轮机低压转子和轴承出现的异常振动特征主要有：低压转子振动 BODE 图中，在 3000r/min 左右振动幅值出现峰值；振动对气温敏感，常在冬季易出现异常振动；机组运行参数（特别是凝汽器真空，低压轴封蒸汽参数，轴承动态标高）变化，均可能导致振动变化。

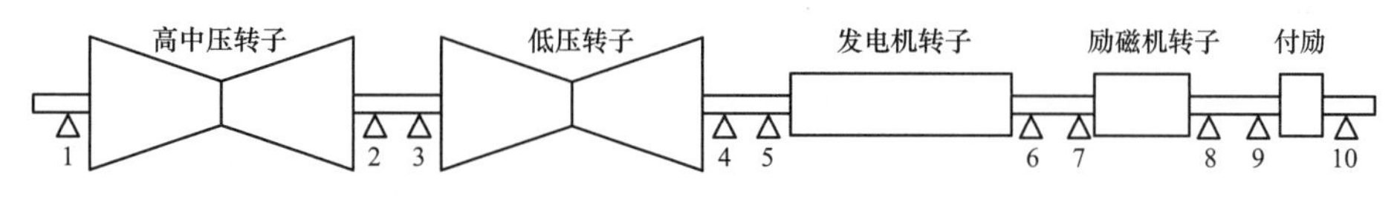

图 4-43 某国产 300MW 汽轮发电机组轴系结构示意图

二、故障经过

某火电厂 1 号机组为上述同型号的 300MW 汽轮发电机组，2006 年 B 级检修更换次末级叶片后机组出现严重的振动问题，机组在低速下就出现剧烈振动，后通过揭缸检查、现场高速动平衡、低压转子在制造厂进行低速和高速平衡以及低压轴承座临时加固措施，机组维持运行，但 3 号、4 号轴承座的振动问题仍然未得到彻底解决。2007 年机组小修期间发现 4 号轴承座下部支撑出现裂纹，进行了修补和加固工作，机组小修后开机过程中，发现 4 号轴瓦振动在带负荷过程仍然超标。

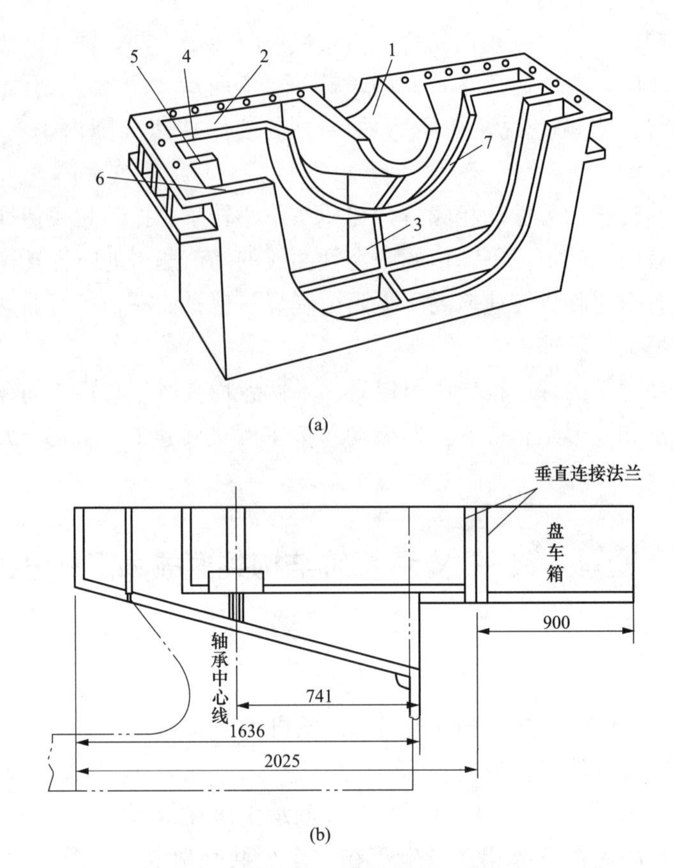

图 4-44 低压转子两端轴承箱结构示意图

(a) 轴承箱结构示意；(b) 轴承箱与盘车连接方式

1—圆锥体；2—前部端板；3、4、5、6—横向筋板；7—环形筋

利用机组调停机会进行了降负荷振动测量，通过检测到的振动数据发现，3 号、4 号轴承处的转轴振动、轴瓦振动成分主要以工频（1X）为主，其他振动分量所占比例很小。试验中获得的 3 号、4 号、5 号轴承工频（1X）振动数据见表 4-5。从表 4-5 可以看出：

（1）4 号轴瓦振动超标，3 号轴瓦振动较小，5 号轴瓦振动非常小。

（2）负荷对该机组的轴瓦振动（特别是 4 号轴瓦振动）有一定的影响。

表 4-5　　机组降负荷过程振动数据（μm∠°）

工况	3 号瓦垂直	4 号瓦垂直	5 号瓦垂直
290MW/3001r/min	16∠201	61∠358	2∠
260MW/3000r/min	12∠150	60∠357	2∠
230MW/3001r/min	13∠127	55∠349	2∠
152MW/3002r/min	16∠158	58∠356	1∠
100MW	11∠152	50∠357	4∠27
45MW	10∠162	47∠0	2∠
0MW/3000r/min	6∠198	43∠4	3∠321

利用机组一次冷态开机的机会，测量了该机组各轴承和转轴振动随转速的变化关系，其中 3 号、4 号轴瓦的 BODE 图如图 4-45 所示。从图 4-45 可以看出，无论是 3 号瓦振还是 4 号瓦振，在 3000r/min 转速附近存在明显的峰值。

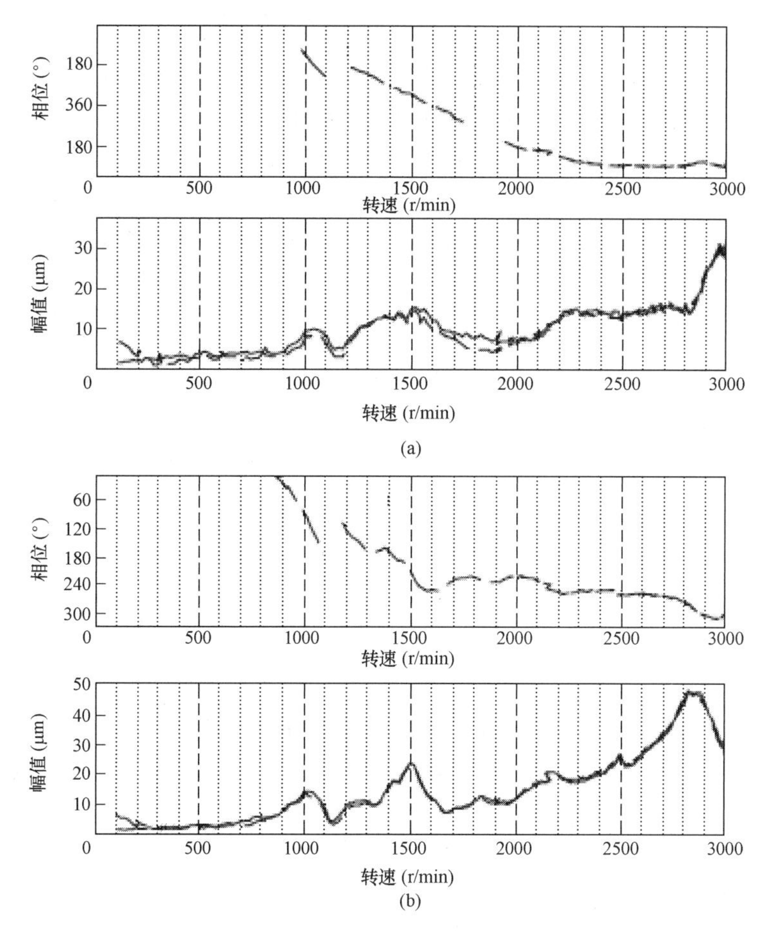

图 4-45 低压转子两端轴瓦振动随转速的关系

(a) 3 号轴瓦振动随转速的关系；(b) 4 号轴瓦振动随转速的关系

三、故障诊断

1. 机组典型振动特征

利用旋转机械振动检测仪器，现场检测机组升速过程的振动数据、带负荷运行过程的振动数据、降负荷过程的振动数据，对上述数据进行分析后发现，该机组（含国内多台同型号机组）低压转子与轴承异常振动具有如下共同的特征：

(1) 在转子升速特性曲线（BODE 图）中，3 号、4 号轴承的瓦振在 3000r/min 附近出现共振峰，但是，这两个轴承的瓦振峰值转速不完全相同。

(2) 对 3 号、4 号轴承处的轴瓦振动信号和转子振动信号作频谱分析后发现，出现异常振动时的振动频率以工频（1X）为主，其他频率成分很小，属于普通的质量不平衡引起的强迫振动，可以排除轴瓦失稳、转子不对中心等其他故障。

（3）根据机组小修后几次开机情况来看，机组3号和4号轴承座的振动幅值波动较大，在并网前稳定3000r/min时4号轴承的振动都有爬升现象。

2. 诊断结论

综合机组多次现场试验的结果，得到如下诊断结论：

（1）机组在升速过程中，3号和4号轴承座在2850～3000区间振动幅值有振动高峰，表明在3000r/min附近存在共振区，因此转子不平衡振动响应灵敏度高，抗干扰能力差。

（2）该型汽轮机的低压轴承座坐落在排汽缸上，且呈向缸内伸出的悬臂结构，刚度比较弱，机组的运行工况变化（如真空变化，汽缸金属温度场变化，轴封蒸汽参数变化，负荷变化等）容易引起这种结构的刚度变化，所以上述结构共振转速是一个有一定宽度的区间。

（3）4号轴承处向外伸出的盘车箱也呈悬臂结构，在汽轮机运行工况变化时，盘车箱底部与基础台板的接触情况也发生变化。特别是，当凝汽器真空提高等因素引起4号轴承座向下发生形变时，盘车箱的底部与台板之间产生“脱空”现象，使4号轴承的振动进一步放大，出现大幅度振动。

（4）由于低压缸的体积大，当存在温度场不均匀、缸体膨胀不畅时，容易产生动静碰磨，导致转子振动波动，这种碰磨振动经3号、4号轴承座这种特殊结构放大后，使得机组的振动规律更加复杂化。

四、原因分析

该机组（包括同型号机组）低压转子和轴承的异常振动原因为：

（1）机组的3号、4号轴承存在结构共振，3000r/min附近是其共振点，所以表现为轴振动不大而轴瓦振动大。

（2）低压汽缸缸体膨胀不畅，以及运行中负荷、真空等诸多参数对振动都会有影响，其中凝汽器真空度影响最为明显。汽缸膨胀不畅会导致连接刚度降低，进而也会导致支撑系统产生结构共振；处于共振区振动会显得异常敏感，运行工况的细微变化都会引起振动参数的大幅变化。

五、处理措施

针对该型汽轮机低压缸、低压转子及其支承系统的特殊结构，控制低压转子及其轴瓦异常振动的主要措施包括：

（1）对低压转子进行动平衡，降低转子不平衡扰动力。

（2）设法提高3号、4号轴承座支撑动刚度，根据具体结构，可考虑在3号、4号轴承座下面沿垂直方向增加一个支撑以提高垂直方向的刚度。

（3）运行中尽量保持运行参数（包括机组负荷、凝汽器真空、低压轴封蒸汽参数等）稳定，所有参数保持缓慢变化。无论是机组负荷从低负荷升到高负荷，还是从高负荷变到低负荷，均应严格控制负荷的变化率，避免负荷的大起大落。

（4）在机组低压转子及其轴承振动偏大工况，可以适当降低凝汽器真空。

第五节 转子裂纹故障案例分析

一、故障背景

旋转动力机械的转子系统由于材料固有的内部缺陷，或在运行中承受过大的载荷，或由于运行时间过长而导致的过度疲劳，都会引起裂纹的产生，如果发现不及时，很可能造成非常严重的后果。

所谓转子裂纹，是指转子材料在应力或环境（或两者同时）作用下产生的裂隙，分微观裂纹和宏观裂纹。裂纹形成的过程称为裂纹形核；已经形成的微观裂纹和宏观裂纹在应力或环境（或两者同时）作用下，不断长大的过程，称为裂纹扩展或裂纹增长；裂纹扩展到一定程度，即造成材料的断裂。

按照产生的机理不同，裂纹可分为：①交变载荷下的疲劳裂纹；②应力和温度联合作用下的蠕变裂纹；③惰性介质中加载过程产生的裂纹；④应力和化学介质联合作用下的应力腐蚀裂纹；⑤氢进入后引起的氢致裂纹。

发电领域的动力机械转子系统裂纹故障是常见故障。如果在裂纹形成的早期能够及时地诊断出故障，避免裂纹进一步扩展导致转子断裂而酿成重大事故，对机组的安全稳定运行具有重要的意义。

二、故障经过

国外某火电站项目汽轮机设备为我国生产的 N600-16.7/538/538 型汽轮机，发电机为 QFSN-600-22G 型的汽轮发电机。该机组的轴系组成与支承轴承布置方式如图 4-46 所示，其中，1 号、2 号可倾瓦轴承位于高中压缸两端，3 号、4 号轴承位于 A 低压缸（LPⅠ）两端，5 号、6 号轴承位于 B 低压缸（LPⅡ）两端，7 号、8 号轴承位于发电机两端，9 号轴承位于励磁机末端，为辅助稳定轴承。其中，6 号和 7 号轴承之间为低发连接对轮。该机组轴系的临界转速计算值见表 4-6。

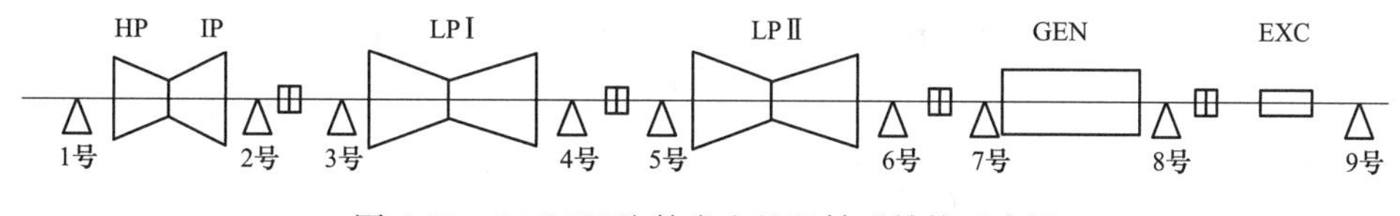

图 4-46 600MW 汽轮发电机组轴系结构示意图

表 4-6 某 600MW 汽轮发电机组临界转速计算结果 (r/min)

阶次		1 阶	2 阶	3 阶	4 阶	5 阶	6 阶
单跨	高中压转子	1650	4778	>5000			
	A 低压转子	1670	4178	>5000			
	B 低压转子	1697	4266	>5000			
	发电机转子	933	2691	>5000			

续表

阶次		1阶	2阶	3阶	4阶	5阶	6阶
轴系	临界转速	984	1692	1724	1743	2676	3835
	对应振型	电机一阶	高中压一阶	A低压一阶	B低压一阶	电机二阶	A低压二阶

该机组于某年5月18日首次并网，至6月12日，共进行了7次并网。机组首次并网时，各参数正常，机组稳定运行1h 36min后解列。

6月5日机组第二次并网，参数基本正常。并网后，机组带至135MW负荷进行了汽轮机超速试验，机组本次并网运行9h11min，过程中8号瓦振动最大达130μm。本次启动在机组并网后轴承振动最初有增大的迹象，但增速较慢，在切缸后振动降低趋于稳定。

从6月10日后的连续5次并网过程中机组状态发现：①并网前3000r/min定速情况下汽轮机振动情况良好（其中8Y振幅在70μm左右，其余测点的振幅都在40μm左右）；②机组并网后，发电机及与发电机相连的低压缸轴承振动快速持续升高，其中5号、6号、7号、8号瓦振动尤为明显；③这几次机组启动皆因并网后轴系振动变大而跳机。

三、故障诊断

1. 机组振动的典型特征

在该机组冲转升速和并网带负荷过程中，用旋转机械振动专用检测仪器测量了转轴和轴承的振动，通过对振动信号的分析，发现该机组的异常振动具有下列特征：

（1）在机组并网和加带初始负荷过程中，发现机组振动幅值随时间的变化规律，与发电机组负荷开关信号、机组负荷随时间的变化规律，在变化趋势上有明显的相似性，如图4-47所示为该机组某次启动并网加初始负荷阶段的振动信号、负荷信号、发电机

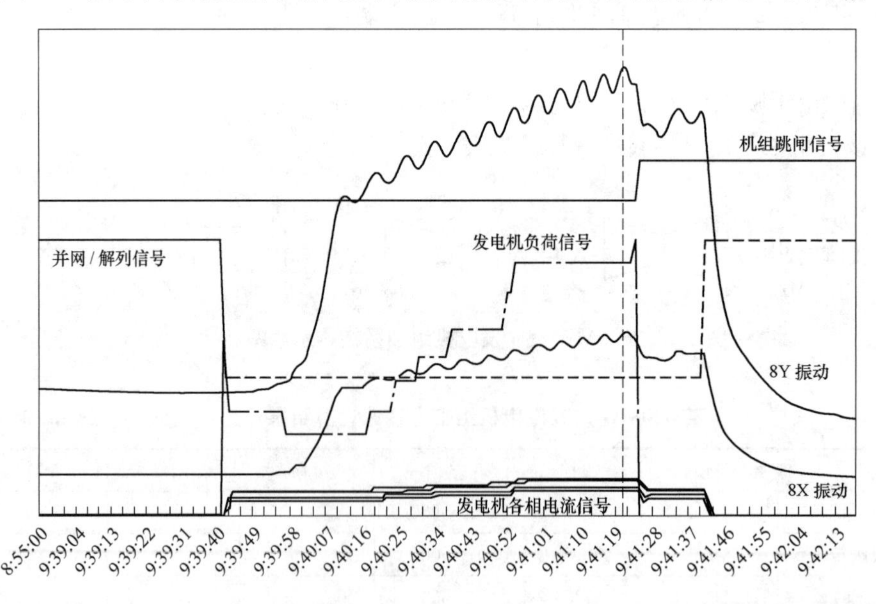

图4-47 机组并网过程检测到的振动信号、发电机负荷、发电机各相电流与时间的关系曲线

电流信号随时间的变化规律。从图 4-47 可以看出，在机组并网 10 余秒钟后，转子的轴振量值迅速爬升，且在爬升过程中出现小幅波动。当机组因振动量值超限发生跳机时，转子的振动量值迅速回落，振幅波动现象消失。

（2）转子振动信号中出现显著的分数倍分量。该机组带负荷时检测到的振动信号频谱如图 4-48、图 4-49 所示。从振动信号频谱中可以看出，除了明显的 1X 成分外，还有显著的 0.5X、1.5X、2X 成分，且有一定的高倍频成分。

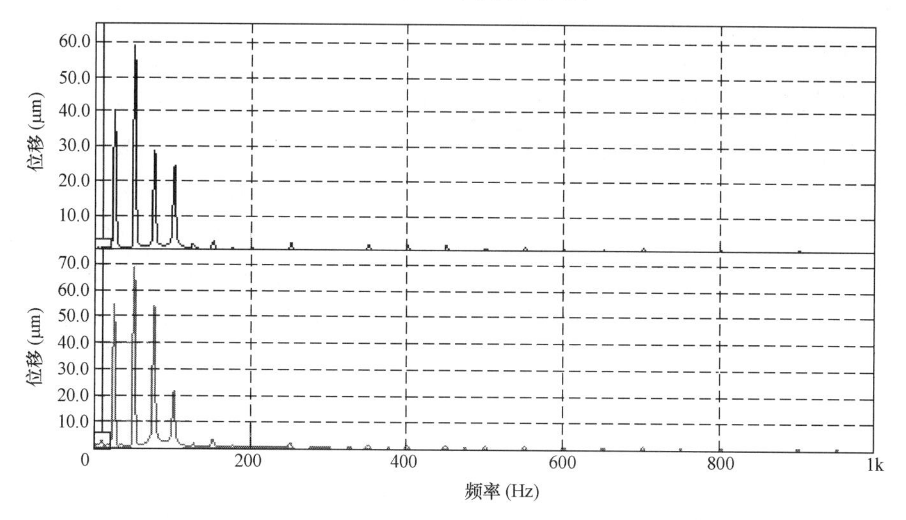

注：上图为 *X* 方向转子振动位移信号位移频谱，下图为 *Y* 方向转子振动位移信号频谱。

图 4-48 在机组低压 B 转子前轴承处检测到的转子振动位移信号频谱

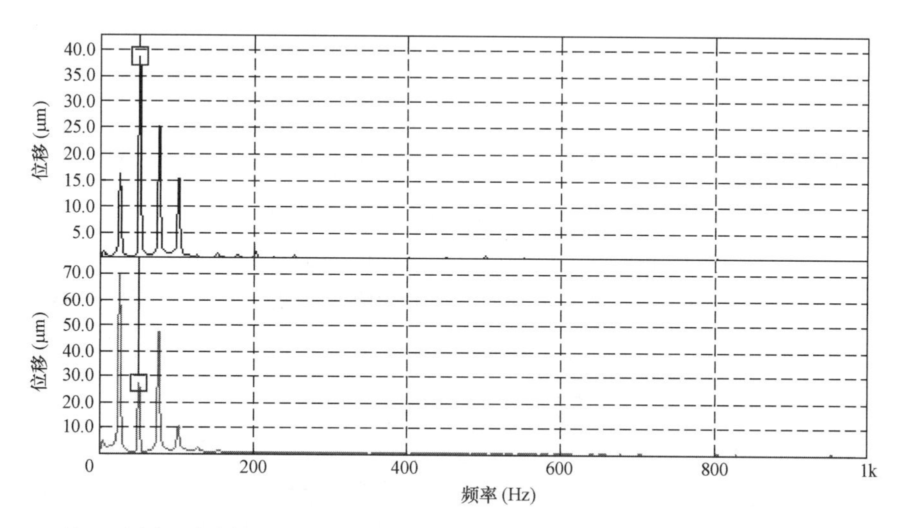

注：上图为 X 方向转子振动位移信号位移频谱，下图为 Y 方向转子振动位移信号频谱。

图 4-49 在机组低压 B 转子后轴承处检测到的转子振动位移信号频谱

2. 停机检查结果

后停机检查发现，低压 B 转子电机侧靠近盘车齿轮附近转子光轴轴肩 *R* 处发现明显裂纹（见图 4-50），裂纹超过转子周长一半。

图 4-50　机组低压B转子上的裂纹

四、原因分析

该机组在调试启动过程中，发生了次同步谐振，从而在转轴加载了大幅值交变扭矩，在转子的局部产生大幅值的交变扭应力，使转子产生疲劳裂纹。这种裂纹在机组带负荷时快速扩展，从而使得机组每次启动带负荷时振动愈来愈剧烈。

汽轮发电机组次同步谐振，又称为次同步共振也称亚同步共振，是机电系统的一种低于同步频率的自激振荡状态，即电网在低于系统同步的一个或几个频率下与汽轮发电机进行能量交换。设电网的电气振荡频率为 f_e，电网的同步频率为 f_N，轴系机械系统的某阶扭振固有频率为 f_m。若 $f_m = f_N - f_e$，电气系统将出现负阻尼的振荡状态，轴系频率 f_m 所对应主振型的振幅将逐渐放大，最终使转子损伤而产生裂纹，甚至造成毁机的恶性事故。

五、处理措施

由于该机组的低压B转子产生严重的裂纹，制造厂更换了这根产生裂纹的转子。

第六节　流体激振故障案例分析

一、故障背景

携带一定形式能量的流体在动力机械内部流动（风力机除外），实现能量的转换。在流体流过周向间隙不均匀的区域时，就会给转子产生一种扰动力，引起机组振动，所以，流体激振是蒸汽轮机、燃气轮机、水轮机的常见故障。

例如，某发电厂的 10 号汽轮发电机组，汽轮机为 C360/331-24.2/0.4/566/566 型超临界一次中间再热、两缸两排汽、直接空冷汽轮机组，机组轴系由高中压转子、低压转子、发电机转子刚性连接而成（如图 4-51 所示），1 号、2 号轴承为六瓦块可倾瓦支持轴承，其余轴承均采用椭圆瓦支持轴承。

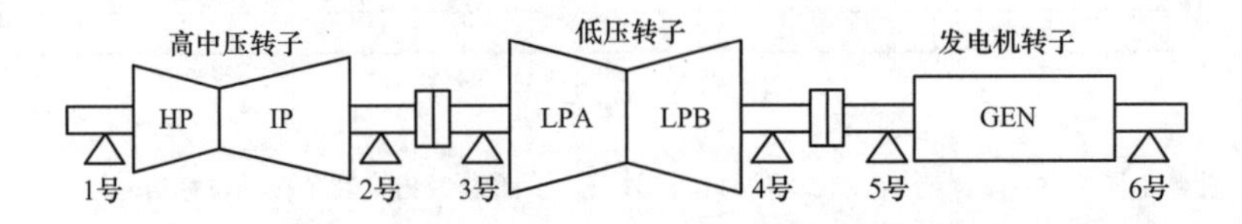

图 4-51　C360/331-24.2/0.4/566/566 型机组轴系结构示意图

该机组于 2017 年 3 月首次启动，存在因汽流激振问题而导致负荷无法带满的现象，后经现场进行切换顺序阀试验、调门开度试验、磨合试验，振动均有所好转，但随时间表现出一定的反复性。经过多次运行调整尝试，仍无法有效处理振动问题使机组带满负荷，然后对机组实施现场大修，旨在彻底消除汽流激振故障。

二、故障经过

为了消除汽轮机汽流激振故障，该机组于 2017 年 12 月进行首次大修，重点处理高中压缸汽流激振问题。在机组大修过程中检查发现：高压缸轴端汽封间隙下沉了 530μm，复装时发现调阀端左侧导汽管法兰错口的情况，表明检修后汽缸仍可能存在受管道施加作用力的情况。

该机组于 2018 年 2 月 2 日完成大修后开机，启动过程振动均无异常，并网带负荷至 305MW 以上，1 号、2 号轴承处的轴振动出现以下特点：

（1）振动幅值的波动范围增大，且表现出振幅随负荷逐步增大。

（2）负荷稳定时，转轴振动相对稳定。

（3）负荷降低后，振动能突然降低恢复之前的水平。

三、故障诊断

根据以上振动特点，初步判断机组带负荷后疑似存在汽流激振故障。为了进一步确诊是否存在汽流激振故障，2018 年 2 月 7 日机组采取单阀运行方式，于下午 16:27:25 开始提升机组负荷，机组负荷从 294MW 逐步提升直至 335MW，在提升机组负荷的过程中，监测机组高中压转子的振动。通过监测发现：

（1）机组 1 号轴承处的转轴振动通频幅值随负荷的升高而升高，其中 1 号轴承处 X 方向轴振动通频趋势如图 4-52 所示，表现出振动幅值与机组负荷的明显相关关系。

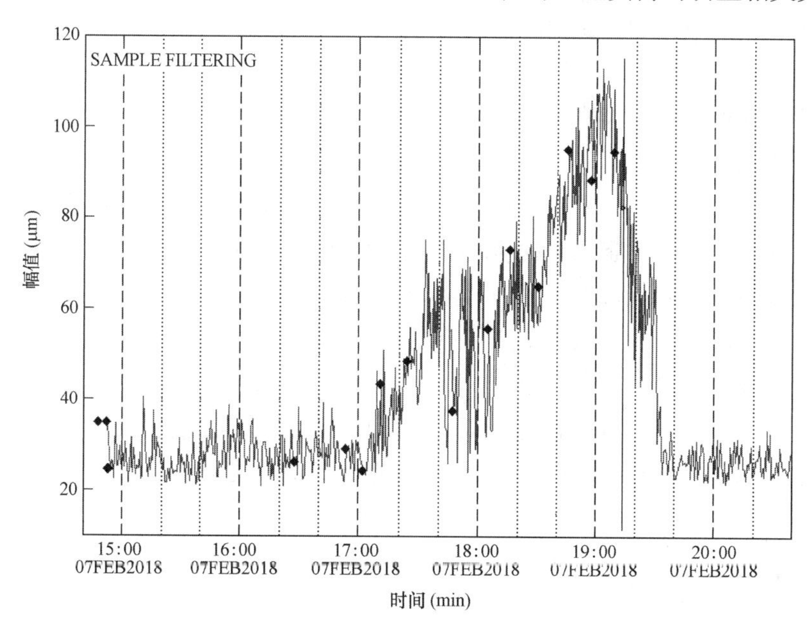

图 4-52 单阀运行方式下，负荷提升过程的转轴振动变化趋势

(2) 分析某一负荷工况下转轴振动信号频率分布情况发现，振动的信号成分为25.8Hz成分、50.0Hz成分（工频成分的量值很小），且前者的幅值大于后者的幅值，并伴随有少量的75.0Hz成分（1.5倍旋转频率成分），如图4-53所示。

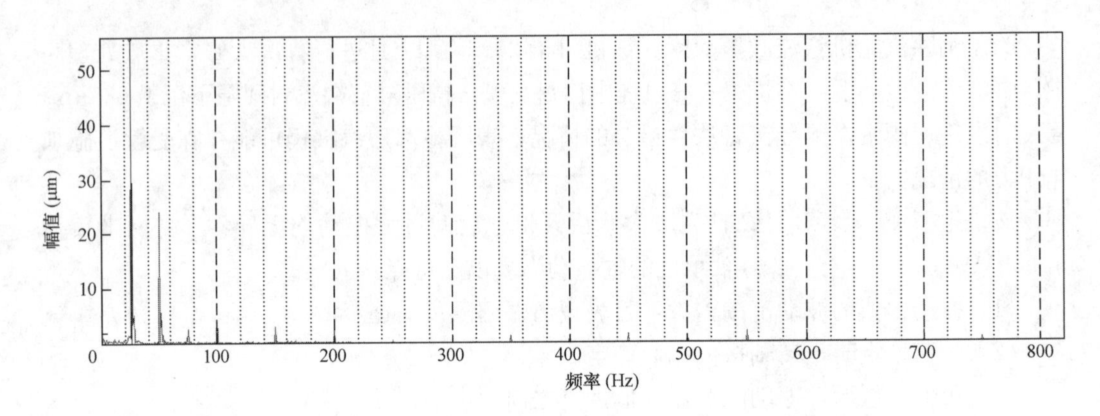

图4-53　负荷326MW时，1号轴承处X方向轴振频谱图

(3) 该机组经过检修后，仍然存在汽流激振现象，但振动变化表现柔和，未发生突然上升且幅值很大的现象，表明机组经过大修后汽流激振的状况较检修前已经有了很大改善。

四、原因分析

上述汽轮机经过大修后，高压转子动静间隙趋于均匀，汽流激振现象得到较大的改善，虽然出现汽流激振的负荷阈值较大修前降低了，但在大修后，振动的低频分量出现比较稳定，且随负荷稳定增加，而未出现大修前大幅跳变的现象。

经大修过程的测量和大修后试验结果的印证，发现该汽轮机组投运后出现汽流激振故障的主要原因为：

(1) 在冷态时，高压转子存在圆周方向动静间隙不均匀现象。在机组安装阶段，扣高中压缸后，高压转子静态径向动静间隙圆周方向不均匀程度较大，检修中发现高压转子前端汽封存在顶部间隙偏小、底部间隙大的现象。

(2) 热态工况下，高中压缸受到了管道施加的外力。大修后机组复装时导汽管的错口大小验证了管道对汽缸过大作用力的存在。同时，大修前后的汽缸膨胀值变化也验证了这个结论：大修后，机组稳定运行工况的高中压缸的缸胀值达到23.64mm，而大修前仅为21.63mm。这个现象表明，机组大修前，高中压缸因受到过大的外力作用而未能充分膨胀。

五、处理措施

处理该机组汽流故障时，工程现场主要采取了如下三个方面的措施：

(1) 机组大修过程，将高中压转子周向动静间隙调整均匀。机组检修过程中，对高中压缸整体上抬了430μm，后高压端猫爪继续上抬了300μm，中压端猫爪上抬了200μm。通过动静间隙的调整，使得大修后汽流激振故障得到较大的改善。

（2）调整高压调节阀的开启阀序。已有的研究成果和工程实际经验表明，对于喷嘴调节的大功率汽轮机而言，高压调节阀的开启顺序（简称为阀序）对高中压转子的汽流激振故障严重程度有较大影响。该机组的试验结果也验证了该结论的有效性。

2018年2月9日下午13:58，机组负荷270MW，对该机组开展了从单阀控制方式切换顺序阀控制方式的试验，顺序阀的阀序为1/2-3-4；至14:14时，完成了调节阀进汽控制方式的切换；从14:31开始机组按正常升负荷速率增加负荷至330MW；从14:39开始机组按正常升负荷速率增加负荷至350MW，后陆续增加负荷至360MW；至14:59时负荷达到360MW，振动趋势平稳（如图4-54所示）。

如图4-54所示可以看出，在加负荷初期振动低频成分小，加负荷至350MW以上后，低频成分有增大的趋势，但最大幅值未超过20μm，变化趋势较平稳，表明汽流激振现象得到有效的解决。

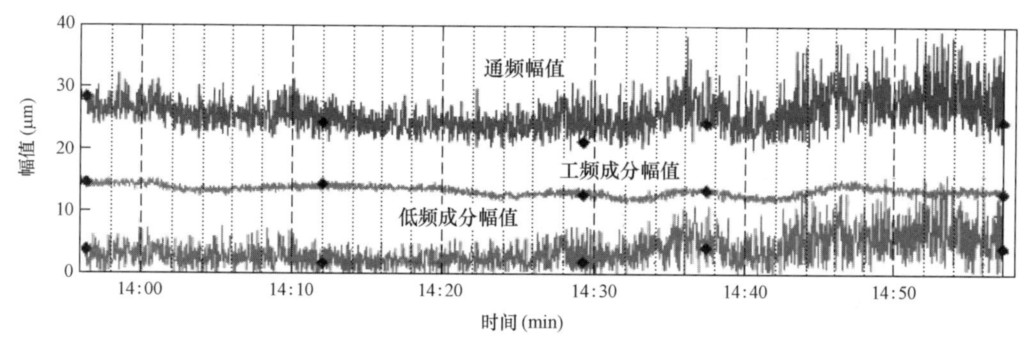

图4-54　单阀切顺序阀控制方式及加负荷过程，1号轴承处X向轴振通频、工频、低频成分幅值趋势图

第七节　动静碰磨故障案例分析

一、故障背景

大功率旋转动力机械的转动部件尺寸大，转动部件与静止部件之间的间隙小，在内外因素的共同作用下，动静间隙会发生变化甚至消失，从而发生动静碰磨。所以，动静碰磨是大功率旋转动力机械的常见故障、多发故障。

例如，对于大型汽轮发电机组而言，多数采用水-氢-氢冷却方式，即转子绕组和定子铁芯采用氢气作为冷却介质，定子绕组采用水作为冷却介质。为了安全，运行过程中发电机内的冷却介质氢气必须密封，发电机内氢气密封普遍采用一种特殊密封结构，用压力油作为密封介质。根据工程经验，发电机的密封结构处常常会发生发电机转子的动静碰磨。

二、故障经过

某发电厂一期工程共安装两台国产 300MW 燃煤发电机组，其中汽轮机是国产亚临界、一次中间再热、双缸、双排汽凝汽式汽轮机，所配发电机的冷却方式为水-氢-氢。机组的轴系结构如图 4-55 所示。

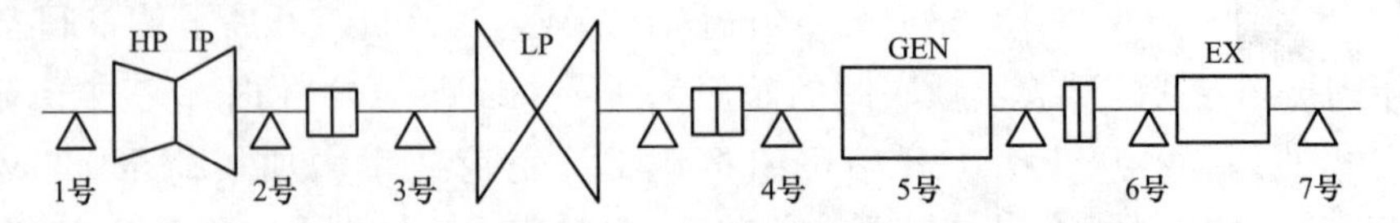

图 4-55　某 300MW 汽轮发电机组轴系结构示意图

该发电厂 2 号机组在 2002 年的计划大修前，现场工程技术人员就发现，在机组启动过程中发电机两端轴承振动较大，在转速 2300r/min 左右 6 号轴承垂直振动（用符号 6 号⊥表示）最大达 74μm；在大修过程中，对发电机异常振动原因进行了检查，发现 5 号轴承侧密封瓦有卡涩现象，后将 5 号、6 号两侧的密封瓦全部更换；大修后开机，发现两端轴承振动有明显降低。但随着开机次数的增加，发现 2 号发电机在启动和停机过程中，当转子通过临界转速后，瓦振有进一步增大的趋势，且出现多个峰值，振动特性出现了异常变化，有时因振动大使暖机不能正常进行。随着启停次数的增多，振动有进一步增大的趋势，乃至发展到开机因振动保护动作而跳机。这种异常振动现象在国内多台 300、600MW 机组上出现过，具有一定的普遍性。

三、故障诊断

1. 故障特征分析

利用该机组多次冷态、热态开机的机会，对发电机转子、两端轴承的振动进行了监测。经过分析，发现该机组的振动呈现如下典型特征：

(1) 冷态和半热态开机时振动较大，热态和停机时振动较小。

(2) 异常振动区出现在 1900～2400r/min 之间，轴瓦振动大，轴振无明显增大，瓦振 5 号⊥、6 号⊥有相同的变化规律。

(3) 在轴瓦振动较大时，振动信号的时域波形发生了明显的畸变，出现“削波”现象，如图 4-56、图 4-57 所示。

(4) 出现最大振动时所对应的转速不是固定的，一般的规律是：振动峰值大时对应的转速低，振动峰值小时对应的转速较高。

(5) 瓦振 5 号⊥、6 号⊥增大的过程中，相位增加，相位差基本保持不变。

(6) 瓦振较大时，发电机两侧台板有较大的振动。

根据以上振动特征，可以得出诊断结论：该机组发电机转子上发生了碰磨故障。

2. 诊断结论

根据机组启停过程中观察到的振动现象，以及振动试验中提取的机组振动特征，经过综合分析，得到如下诊断结论：该机组的发电机转子与静止部件发生了碰磨。

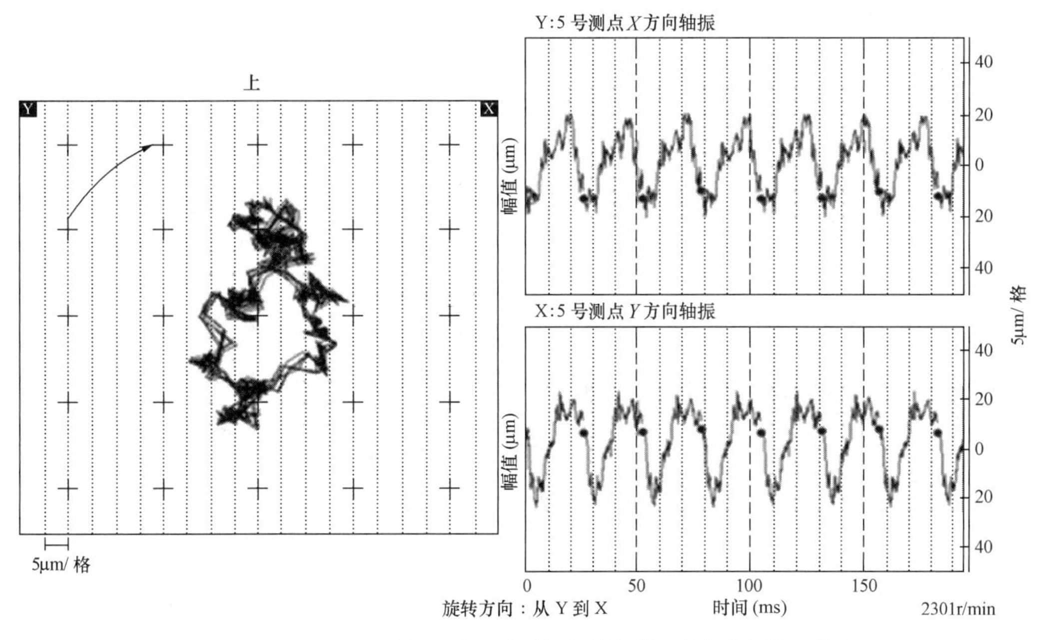

图 4-56　2300r/min 转速下，5 号轴承处转子振动波形和轴心轨迹

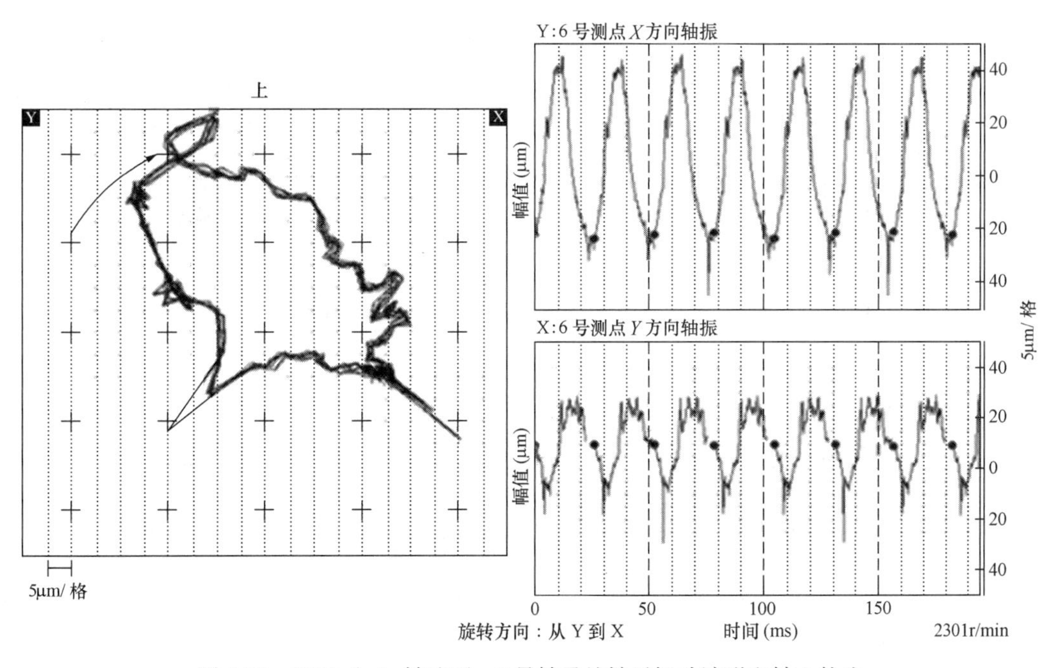

图 4-57　2300r/min 转速下，6 号轴承处转子振动波形和轴心轨迹

四、故障原因分析

1. 密封瓦受力分析

该机组的发电机轴密封采用双流环式密封瓦，密封瓦分空气、氢气两侧油环。如图

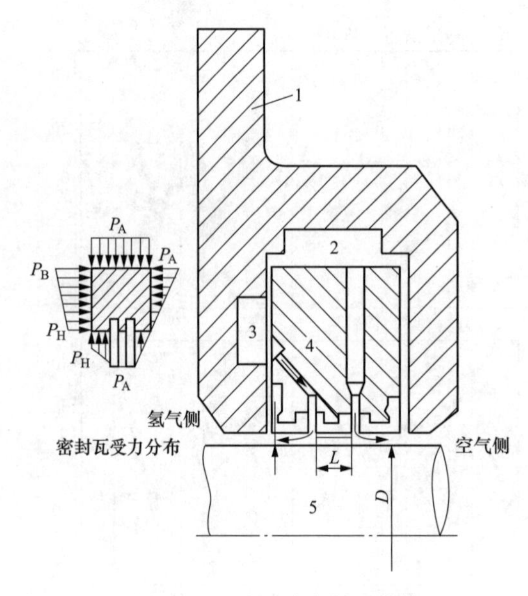

图 4-58 双流环式密封瓦结构
1—密封座；2—空侧进油；3—氢侧进油；4—密封瓦；5—转轴

4-58 所示为双流环式密封瓦的结构示意图，以此作为受力分析的研究对象。如图 4-59（a）所示是密封瓦的压力分布图，而如图 4-59（b）所示则是将分布形式的压力简化为集中力的形式，这样可以使密封瓦的模型简化，便于进行受力分析。

根据对密封瓦的受力分析和理论计算发现，这种双流环形密封瓦受到一个指向空侧的油压力，即指向空侧的轴向力。为了保持力的平衡，则密封座作用在密封瓦上有一个轴向力 F_2，指向氢侧。轴向力 F_2 的存在，使得密封瓦的浮动性能变差，容易使转子与密封瓦发生径向碰磨。

由图 4-59 可知，密封座对密封瓦作用的轴向力为：

$$F_2 = F_4 - F_1 - F_3 \tag{4-27}$$

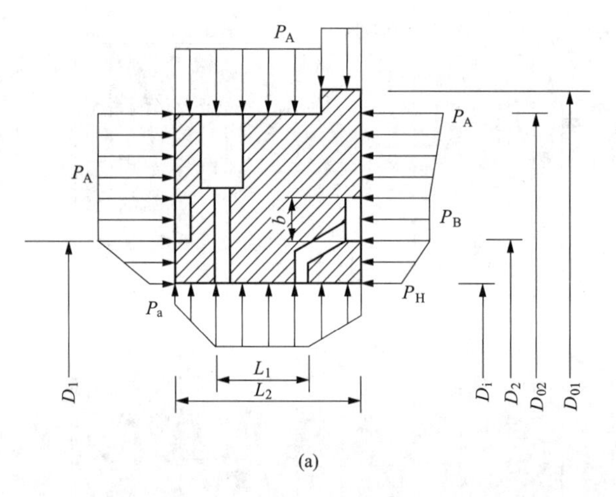

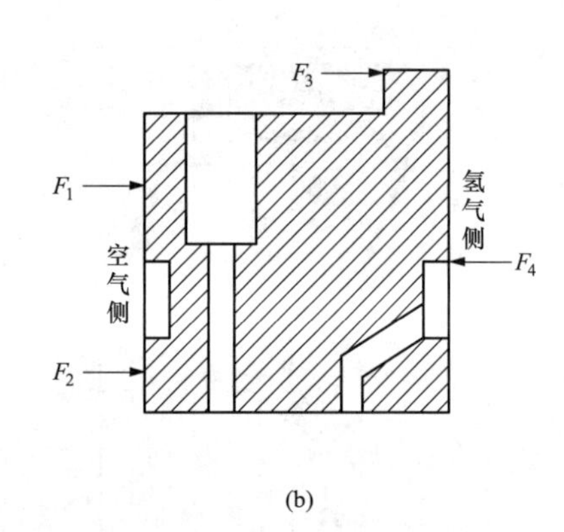

图 4-59 密封瓦在轴向方向的受力分析
（a）密封环断面所受的密封油作用力分布；（b）密封环横断面所密封油作用力合成
F_1—推力油对密封瓦的作用力；F_2—密封座对密封瓦的作用力；
F_3—空侧密封油对密封瓦的作用力；F_4—氢侧密封油对密封瓦的作用力

氢气侧密封油对密封瓦的作用力 F_4 为：

$$F_4 = \frac{P_A + P_B}{2}\pi\left[\frac{D_{01}^2}{4} - \frac{(D_2 + 2b)^2}{4}\right] + P_B\pi\left[\frac{(D_2 + 2b)^2}{4} - \frac{D_2^2}{4}\right] + \frac{P_A + P_H}{2}\pi\left[\frac{D_2^2}{4} - \frac{D_i^2}{4}\right] \tag{4-28}$$

式中 P_A ——空气侧油压；

P_B ——氢气侧油压；

P_H ——氢气压力。

P_A、P_B、P_H 都用表压力计算，图 4-59（a）中的空气表压力 p_a 则为零。由于 b 相对 D_2 来说很小，上式可简化为：

$$F_4 = \frac{1}{8}\pi[(D_{01}^2 - D_i^2)P_A + (D_{01}^2 - D_2^2)P_B + (D_2^2 - D_i^2)P_H] \tag{4-29}$$

推力油对密封瓦的作用力 F_1 为：

$$F_1 = \frac{1}{8}\pi(2D_{02}^2 - D_1^2 - D_i^2)P_A \tag{4-30}$$

密封油对密封瓦的作用力 F_3 为：

$$F_3 = \frac{1}{4}\pi(D_{01}^2 - D_{02}^2)P_A \tag{4-31}$$

因此，密封座对密封瓦作用的轴向力 F_2 为（设 $D_1 \approx D_2$）：

$$F_2 = \frac{1}{8}\pi(D_{01}^2 - D_1^2)(P_B - P_A) + \frac{1}{8}\pi(D_1^2 - D_i^2)P_H \tag{4-32}$$

在转子与密封瓦发生径向碰磨的情况下，密封瓦与转子之间的径向静态接触力 N 为：

$$N = \mu F_2 \tag{4-33}$$

式中 μ ——密封瓦与密封座之间的静摩擦系数；

F_2 ——密封座作用在密封瓦上的轴向力。

因此，F_2 的存在使密封瓦与转子产生径向碰磨。

影响径向碰磨力 N 大小的主要因素有两个：一个是摩擦系数 μ，另一个是轴向力 F_2。影响 μ 的主要因素有空侧密封油的温度和流动阻力，温度越高、流动阻力越小，则 μ 越小，N 越小；密封瓦空侧端面越光滑平整，则 μ 越小，N 越小。影响 F_2 的因素主要有密封瓦的结构、平衡阀的工作性能、油的质量、油流阻力等，F_2 越小，则 N 越小。

2. 密封瓦碰磨原因分析

根据现场试验结果，该机组启动过程中的发电机密封瓦异常摩擦振动可能为如下几个方面的原因之一或几个原因的综合。

（1）由于这种双流环形密封瓦本身的结构特点，密封瓦两侧受到的密封油作用力的合力不为零，密封瓦受到一个指向空侧的轴向密封力，这个力必须由密封座上的作用力 F_2 来平衡，而 F_2 是产生碰磨的根源。加上密封瓦端面不平整或变形，以及密封瓦端面间隙过小，导致摩擦系数过大。

（2）发电机转子在 1950～2300r/min 转速区域没有临界转速，因此在这个转速区的异常振动不可能是转子系统的共振引起的。但是，在这个转速区轴瓦异常振动现象有非常好的重现性，依据轴瓦振动波特图，具有摩擦共振的某些特征（波特图有峰值，但是峰值呈一个转速区域）。因此，可怀疑是由于密封瓦摩擦导致发电机静子系统结构共振。

（3）转子存在较严重的不对中心。这一点可以从轴心轨迹［见图 4-57（a）］的形状和密封瓦的反对称摩擦位置得以证实。

（4）空气侧密封油的工作参数调整不当。

（5）6号轴承接触情况有缺陷，导致其轴心轨迹产生尖角［见图4-57（a）］。

五、处理措施

该机组的发电机的异常振动是一种碰磨振动，主要发生在开机升速过程中。为了控制发电机升速过程中的碰磨振动，采取的现场措施为：

1. 检修方面的措施

（1）减小密封瓦内径的椭圆度，降低密封瓦端面的瓢偏；与设计单位或厂家商议，确定径向间隙范围，取其较大值，确保局部间隙不小于200μm。减小密封瓦内径的椭圆度，降低密封瓦端面的瓢偏，消除密封瓦的变形。

（2）减小发电机转子与低压转子之间的中心偏差。经测试，机组在并网带负荷时，低压缸及发电机两端轴振有突变，发电机转子与低压缸转子中心存在较严重偏差。在机组检修时，应准确校准这根转子的中心，降低偏差。

（3）进行精确的轴系动平衡，减少轴系的动态挠度。在这种型号的发电机上，二阶振型容易诱发发散的碰磨振动。因此，特别要减少发电机转子的二阶不平衡分量。

2. 运行方面的措施

（1）提高密封瓦的浮动性能，减小密封瓦与密封座间的静摩擦系数，达到减小摩擦力的目的。这方面的主要措施有：

1）降低密封油产生的轴向力。经过理论计算，在机组启动过程中，应适当提高空侧密封油的压力，使其压力保持与氢侧压力相同或稍高。

2）适当提高密封油的油温。在运行过程中瓦振较大时调整密封油参数（压力、温度），降低密封瓦与密封座的摩擦系数，提高密封瓦的浮动性能。特别是适当提高密封油的温度，提高密封瓦的自调整能力。根据试验结果，在机组启动前，可适当提高氢气侧、空气侧密封瓦油温，最好调整到40℃左右，并注意氢气侧、空气侧密封油的温差。

（2）若因振动大多次启动不成功，可停机连续盘车4～5h后再行启动。

（3）根据该机组发电机转子异常振动（碰磨振动）现象及规律，在2030r/min暖机时若振动较大，可改变暖机转速，将暖机转速至2300r/min。

（4）在机组运行过程中，应控制好氢气温度和压力，避免氢温和氢压大范围波动。

（1）如何建立大型旋转动力机械的转子振动微分方程？微分方程中的各项具有什么意义？

（2）转子运动方程的一般解具有什么理论意义和工程应用价值？

（3）转子系统的不平衡分布与转子的振动响应特性有何关系？如何通过测量转子的振动响应特性来诊断转子的不平衡分布特性？

（4）大功率旋转动力机械有哪些常见振动故障？故障机理是什么？产生故障的原因是什么？

（5）如何建立描述大功率旋转动力机械常见振动故障的数学模型？从这些数学模型

中，如何推论出转子在典型故障状态的振动响应特性？

（6）大功率旋转动力机械的常见振动故障的典型特征有哪些？如何从振动信号中提取这些故障特征？如何建立振动故障的诊断模型？

（7）针对大功率旋转动力机械的典型振动故障，如何设计、开发一套故障诊断系统？

（8）工程中，控制大型旋转动力机械典型振动故障的措施有哪些？在控制大功率旋转机械振动故障方面，你有何独特的见解？

参考文献

[1] R. 伽西，H. 菲茨耐．转子动力学导论［M］．北京：机械工业出版社，1986.

[2] 虞烈，刘恒．轴承—转子系统动力学［M］．西安：西安交通大学出版社，2001.

[3] 钟一谔，何衍宗，王正，李方泽．转子动力学［M］．北京：清华大学出版社，1987.

[4] 顾晃．汽轮发电机组的振动与平衡［M］．北京：中国电力出版社，1998.

[5] 陈大禧，朱铁光．大型回转机械诊断现场实用技术［M］．北京：机械工业出版社，2002.

[6] 张国忠，魏继龙．汽轮发电机组振动诊断及实例分析［M］．北京：中国电力出版社，2018.

[7] 施维新，石静波．汽轮发电机组振动及事故［M］．2 版．北京：中国电力出版社，2017.

[8] 寇胜利．汽轮发电机组的振动及现场平衡［M］．北京：中国电力出版社，2007.

[9] 张学延．汽轮发电机组振动诊断［M］．北京：中国电力出版社，2008.

[10] 李录平．汽轮机组故障诊断技术［M］．北京：中国电力出版社，2002.

[11] 李录平，卢绪祥．汽轮发电机组振动与处理［M］．北京：中国电力出版社，2007.

[12] 晋风华，李录平，张建东．汽轮机叶片脱落故障定位方法的研究［J］．汽轮机技术，2006，48（1）：37-39.

[13] 匡震邦．不平衡响应与共振转速区［J］．西安交通大学学报，1979（2）：125-131.

[14] 李录平，徐煜兵，贺国强，等．旋转机械常见故障的实验研究［J］．汽轮机技术，1998，40（1）：33-38.

[15] 李录平，韩西京，韩守木，等．从振动频谱中提取旋转机械故障特征的方法［J］．汽轮机技术，1998，40（1）：11-14+43.

[16] 夏松波，刘永光，李勇，须根法．旋转机械自动动平衡综述［J］．中国机械工程，1999，10（4）：458-461.

[17] 王欲欣，杨东波，刘永光．旋转机械转子自动平衡实验研究［J］．汽轮机技术，2002，42（4）：225-228.

[18] 王延博．汽轮发电机组转子及结构振动［M］．1 版．北京：中国电力出版社，2016.

[19] 刘伟．汽轮发电机组结构共振的相关理论与治理［J］．中国机械，2014（8）：250-251.

[20] 何国安，师军．大型汽轮发电机结构共振故障的分析与治理［J］．中国电力，2015，48（6）：135-138.

[21] 梁价．转子的多自由度支承系统动刚度研究［J］．振动工程学报，1992，5（3）：288-295.

[22] 晋风华，李录平，胡幼平，等．国产 300MW 汽轮机 4 号轴承不稳定振动问题研究［J］．汽轮机技术，2006，48（5）：376-378+382.

[23] 梁伟，张世海，李录平，等．国产某 600MW 汽轮发电机组基础动力学特性有限元分析［J］．汽

轮机技术，2015，57 (3)：185-188+192.
[24] 李录平，卢绪祥，晋风华，等．300MW汽轮机低压缸和低压轴承标高变化规律的试验研究 [J]. 热力发电，2003 (12)：21-24.
[25] 黄琪，于光辉，何东，等．接触刚度对汽轮机座缸式轴承振动特性影响 [J]. 汽轮机技术，2017，59 (1)：77-80.
[26] 杨金福，房德明，迟威，等．国产600MW机组带裂纹转子振动过程分析与处理 [J]. 发电设备，2005 (6)：395-397+407.
[27] 邵强，曾复，冯长建．开闭裂纹转子在非共振转速区的振动特性分析 [J]. 汽轮机技术，2017，59 (2)：131-133.
[28] 朱厚军，郑艳平，赵玫．裂纹转子振动研究的现状与展望 [J]. 汽轮机技术，2001，43 (5)：257-261.
[29] 张学延，丁联合．汽轮发电机组裂纹转子振动特性及其诊断 [J]. 热力发电，2014，43 (6)：1-6.
[30] 郭彦梅．汽轮机转子裂纹产生的原因及预防措施 [J]. 山西科技，2008 (2)：144-145.
[31] 周桐，徐健学．汽轮机转子裂纹的时频域诊断研究 [J]. 动力工程，2001，21 (2)：1099-1104+1179.
[32] 李益民，杨百勋，史志刚，等．汽轮机转子事故案例及原因分析 [J]. 汽轮机技术，2007，49 (1)：66-69.
[33] 黎新，陈勇．转子裂纹的影响因素分析及其预防对策 [J]. 装备维修技术，2011 (3)：35-38.
[34] 沈庆根，李烈荣，潘永密．迷宫密封中的汽流激振及其反旋流措施 [J]. 流体机械，1994，22 (7)：7-12.
[35] 柴山，张耀明，马浩，等．汽轮机调节级的汽流激振力分析 [J]. 应用数学和力学，2001，22 (7)：706-711.
[36] 柴山，张耀明，马浩，等．汽轮机间隙气流激振力分析 [J]. 中国工程科学，2001，3 (4)：68-72.
[37] 丁学俊，陈文，冯慧雯，等．叶轮间隙气流激振力的计算公式与验证 [J]. 流体机械，2004，32 (2)：25-27.
[38] Nicolo Bachschmid，Paolo Pennacchi，Andrea Vania. Steam-whirl analysis in a high pressure cylinder of a turbo-generator. Mechanical Systems and Signal Processing，2008，22：121-132.
[39] 李录平，晋风华．汽轮发电机组碰磨故障的检测、诊断与处理 [M]. 中国电力出版社，2006.
[40] 李录平，邹新元，晋风华．柔性转子不平衡分布对摩擦振动行为的影响分析 [J]. 动力工程，2005，25 (6)：757-760.
[41] 李录平，邹新元，晋风华，等．基于矢量分析的转子碰磨故障轴向定位方法 [J]. 热能动力工程，2006，21 (1)：27-30.
[42] 李录平，晋风华，游立元，等．汽轮发电机组起动过程振动故障诊断与处理措施 [J]. 热力发电，2006 (11)：37-41.
[43] 李录平，黄琪，邹新元，等．大功率汽轮发电机组碰磨引起的振动突变机理 [J]. 电力科学与技术学报，2007，22 (1)：51-55.
[44] PAUL GOLDMAN，AGNES MUSZYNSKA and DONALD E. BENTLYThermal Bending of the Rotor Due to Rotor-to-Stator Rub [J]. International Journal of Rotating Machinery，2000，6 (2)：91-100.

第五章

汽轮机常见故障分析

第一节 汽轮机工作过程特点

一、发电厂汽轮机基本结构

汽轮机是将蒸汽热能转化为机械能的设备，高温高压蒸汽在汽轮机通流部分做功，推动汽轮机旋转，从而带动发电机同步旋转，产生电能。现代发电用大功率汽轮机大多数为多缸、多排汽口、轴系多支承结构。汽轮机主要由本体部分和辅助系统构成。

1. 汽轮机的本体部分

汽轮机本体是汽轮机组的主要组成部分，它由转动部分（转子）和固定部分（静子）组成。转动部分包括动叶栅、叶轮、主轴和联轴器及紧固件等旋转部件；固定部分包括汽缸、蒸汽室、喷嘴、隔板、静叶持环、汽封、轴承、轴承座、滑销系统、机座以及有关紧固零件等。

2. 汽轮机辅助系统

汽轮机的辅助系统主要包括润滑油系统、调节与保安系统、回热系统（高低压加热器、给水泵、管路）、凝汽系统（凝汽器、循环水系统、真空系统）、轴封系统等。

（1）润滑油系统：润滑油系统是保障机组安全运行的最重要系统之一，主要为汽轮机支撑轴承、推力轴承和盘车装置提供润滑及冷却。根据设计不同，润滑油系统还有其他用途：①为机组提供低压保安油，特别是针对有机械超速的机组，一般都设计有低压保安油系统，保证机械超速的可靠动作；②提供顶轴油，机组的顶轴油系统主要作用是当机组在盘车状态或低转速状态下油膜不能正常形成时将汽轮机转子顶起一定高度（20～80μm），避免转子和轴瓦直接接触；③为发电机密封瓦提供密封油；④为盘车装置提供动力油。

（2）调节与保安系统。汽轮机调节保安系统是保证汽轮机安全可靠稳定运行的重要组成部分，这里所说的调节保安系统是指采用数字电液控制系统（DEH）的调节保安系统，其主要作用是：机组冲转过程至并网前，通过调节进汽量，保证目标转速与实际转速一致；正常运行时，通过改变汽轮机的进汽量，使汽轮机的功率输出满足外界的负荷要求，且使调节后的转速偏差在允许的范围内；在危急事故工况下，快速关闭调节汽门或主汽门，使机组维持空转或快速停机。调节保安系统主要分为两部分，一是调节部分，即液压伺服系统；二是保安部分，即遮断系统，其中遮断部分又可以分为高压遮断系统和低压保安系统。

（3）凝汽系统。凝汽系统的主要作用为：在汽轮机排汽口建立并维持高度真空；保证蒸汽凝结并供应洁净的凝结水作为锅炉给水；担负着凝结水和补给水在进入除氧器之前的先期除氧工作；接受机组启停和正常运行中的疏水和甩负荷过程中的旁路排汽，以回收工质。凝汽系统的主要组成包括凝汽器、循环水泵、凝结水泵、抽气器或水环真空泵。

（4）轴封系统。在机组低负荷或停机状态下，轴封系统主要用于防止冷空气进入汽缸和轴封体，造成转子或汽封体的急剧冷却，同时维持系统的真空度；在高负荷下，防止蒸汽沿高、中压缸轴端由内向外泄漏，甚至窜入轴承箱使润滑油中进水。在轴封回汽上设有轴封加热器，用于回收工质，加热凝结水，减少热量损失。

（5）回热系统。回热加热系统与设备是汽轮机组的主要辅助系统与设备。现代发电用汽轮机组的回热系统由若干个低压加热器、若干个高压加热器、除氧器、给水泵、连接管道、阀门等组成，这些设备组成一个串联网络。在回热加热系统中，低压加热器因工作压力和温度都比较低，所以故障率相对来说比较低；而高压加热器的工作压力是火电机组热力系统中压力最高的，并且高压加热器的工作温度也比较高，所以高压加热器的事故率比较高，严重影响机组的安全稳定运行。

二、发电厂汽轮机结构特点

随着汽轮机组容量的增大和进汽参数的提高，汽轮机本体结构变得越来越复杂，部件尺寸也变得庞大，为使设备在高参数下工作时金属部件有足够的强度，汽缸、法兰、螺栓等设计制造得十分笨重。庞大的尺寸和重量，使得加工、制造及安装非常复杂，也给运行带来了很多问题。概括地说，现代汽轮机组的结构具有如下特点。

1. 采用多缸结构

随着汽轮机组单机功率的增大以及进汽参数的提高，整机的理想焓降会变得很大，在保证每一级最佳速度比的前提下，则需要的级数会很多。若一个汽缸中容纳的级过多，则势必增加汽轮机转子的长度，这样使转子的刚性降低，难以保证强度和振动可靠性，因此必须将转子分成若干段，各段分别支承，因而也必须采用多缸结构。当然，采用多缸结构，还利于采用再热循环，使单机功率进一步提高；有利于轴向推力的平衡；还可以扩大通流能力。

2. 采用多排汽口

采用多排汽口是提高汽轮机组单机功率的有效途径。在功率不变的情况下，增加排汽口的个数，可缩短末级叶片的长度，减小末级叶片所受到的离心拉应力。现代大功率发电用汽轮机，根据其容量、参数的不同，有设置 2 个排汽口的（如 300MW 汽轮机），有设置 4 个排汽口的（如 600、1000MW 汽轮机），有设置 6 个排汽口的（如超超临界 1000MW 汽轮机，大功率核电汽轮机）。

3. 采用多层汽缸结构

随着汽轮机进汽参数的提高，汽缸的厚度也需要增加，但是，如果汽缸壁太厚将会产生过大的热应力，因此，大功率汽轮机组都采用多层缸结构。采用双层汽缸结构后，把原单层汽缸所受的蒸汽总压力分摊给了内、外两层汽缸，或分摊给三层缸，减少了每层汽缸内、外壁之间的压力差和温度差，汽缸壁与单层缸相比可以相应减薄；同时，汽缸水平中分面螺栓靠近缸壁中心线，使法兰厚度与缸壁差别小，上、下两半汽缸结构基本对称，热容量差别较小，而且螺栓较长，应力分布均匀，不咬扣。这些特点使机组在启动、停机和变负荷运行时，内、外壁面之间的温度差较小，热应力也较小，有利于缩短启动时间和提高汽轮机对负荷的适应性，启动和增减负荷快，具有较强的调峰能力。

4. 采用较为复杂的滑销系统

汽轮机受热以后，各部分都要膨胀。对于大型汽轮发电机组来说，体积庞大，工作蒸汽温度高，特别是汽轮机在启动、停机时，蒸汽温度变化较大，不但有纵向膨胀、横向膨胀，还有立向膨胀。欲使这些部件顺畅地按一定的方向受热时膨胀出去，冷却时缩回原位，从而保持动静部分中心不变，就必须在台板、汽缸、轴承座之间设置一系列的导向键，形成汽轮机的滑销系统。滑销系统一般由立销、纵销、横销、角销等组成：立销是引导汽缸沿垂直方向自由膨胀；纵销是引导汽缸和轴承箱沿轴向自由膨胀；横销是引导汽缸横向自由膨胀；角销也称压板，是防止轴承箱在轴向滑动时一端翘起。

5. 各转子经联轴器连接在一起组成柔性轴系

汽轮机组工作时，各转子与发电机转子由联轴器连接在一起，构成一个轴系支承于多个轴承上。形成轴系后，各转子相互影响，相互制约，因此，轴系的各阶临界转速与单个转子的临界转速是有差异的。由于各转子段自身重量的影响，各转子均有一定的静挠度，各转子的中心连接线并不是一条直线，还是一条光滑的曲线，称为转子的扬度曲线。汽轮机安装与检修时，要注意调整各轴承的位置，保证各转子在水平方向上的严格对中，以及消除端面的张口，预防转子转动时因此产生动静部件之间的摩擦或相碰。

三、发电厂汽轮机工作特点

1. 汽轮机组在高参数条件下工作

目前，新投产的汽轮发电机组以亚临界、超临界、超超临界机组为主，并且采用了蒸汽中间再热。如，目前某国产超超临界 1000MW 汽轮机的主蒸汽压力、主蒸汽温度、再热蒸汽温度分别为 28.0MPa、600℃和 620℃，电厂效率达到 48%。蒸汽参数的提高，提高了机组的循环效率，但同时对机组的运行提出了更高的要求。

2. 汽轮机组在大温差、大压差条件下的工作

现代大型汽轮机组的轴向尺寸和径向尺寸都很大，在运行时，部件承受很大的温度差和压力差：在高压缸进汽处，汽缸内与汽缸外的温差和压差都很大；在中压缸的进汽处，汽缸内外有很大的温差；在低压缸的排汽口处，汽缸内部处于真空状态，因此在此处存在反向的压力差。径向的大温差和大压差的存在，在部件的内部产生了很大的压力梯度和温度梯度，从而在材料内部产生了很大的应力。在机组的轴向也有很大的压差和

温差，轴向的大压差和大温差的存在，使得转子和静子在轴向产生热膨胀差（简称胀差），并使转子承受一个由高压端指向低压端的轴向推力。

3. 汽轮机组在高转速、高应力状态下工作

并网运行的发电用汽轮机是定速运行的，转速一般为3000r/min（核电汽轮机的转速为1500r/min），其转动部件的线速度非常大（600MW及以上大功率汽轮机末级动叶的叶顶线速度超过600m/s）。汽轮机工作时，其转动部件受到的应力有：汽流力作用产生的应力、离心拉应力、温度应力、压差产生的应力、振动产生的动应力。在这些应力的合成应力的作用下，转动部件处于很高的应力状态。值得一提的是，这个合成应力既有恒定成分，又有交变成分。

4. 汽轮机组应能长期、连续、稳定地运行

由于电网的频率要求是基本不变的，因此并网运行的汽轮发电机组的转速应恒定。即使在主蒸汽参数、再热蒸汽参数、排汽参数稍微偏离设计值时，机组也应维持长期、连续、稳定地运行。

5. 汽轮机组应具有变工况运行的能力

汽轮机组除了应满足长期、连续、稳定地发出额定负荷的要求外，还应具有变工况运行及承受一些极限工况的能力，如蒸汽参数偏离设计值、低真空运行、机组甩负荷、发电机出口母线短路、低频率运行、冷态启动和调峰运行等。在这些变动工况和极限工况条件下，机组部件的应力水平不得超过允许值。

6. 汽轮机组应具有较高的经济性

汽轮机组是一种能量转换设备，在确保安全性和可靠性的前提下，机组应具有较高的经济性。当然，没有安全性就谈不上经济性，因此机组在使用过程中首先应树立“安全第一”的思想。一旦机组的可靠性降低，甚至发生了故障，将导致重大的经济损失。在确保安全性和可靠性的前提下，机组应有良好的热力性能，具有较高的热效率。

第二节 汽轮机组常见故障

按照故障的机理来划分，汽轮机设备的故障可划分为：振动故障、转子弯曲故障、汽轮机进水故障、轴承故障、断叶片故障、膨胀不畅故障、通流部分故障、凝汽系统故障、加热器故障和阀门内漏故障等。

本章从一般意义上分析汽轮机组常见故障及其原因，并给出一部分常见故障的诊断分析案例。其中，汽轮机的振动故障诊断策略与案例在第四章中进行讨论。

一、汽轮机振动故障

汽轮机是大功率高速旋转动力机械，振动是每一台机组都可能遇到的问题，虽然汽轮机在出厂前均要进行高速动平衡试验，且振动要达到合格后才能出厂，但现场环境复杂，受安装质量、蒸汽参数、基础刚度、轴封参数及运行方式的影响，汽轮机振动原因多样复杂，在汽轮机启停机过程和带负荷运行过程中振动故障时有发生。

按照振动故障的原因分类，汽轮机振动故障可以分为转子不平衡故障、转子不对中故障、汽流激振故障、动静碰磨故障、转子裂纹故障、油膜失稳故障、结构共振故障和机电耦合轴系扭转振动故障等。

汽轮机组振动有以下几个突出特点：

1. 振动故障存在普遍性

由于汽轮机组是大型旋转机械，机组轴系工作在高温、高压和高转速条件下，易于发生故障，而故障的直接表现形式就是机组振动增大，当振动超过标准值时，必须停机进行检查，及时消除故障，以避免故障的进一步扩大。

2. 振动与机组故障的灵敏性

即当机组出现异常运行状态和（或）故障时，往往会在机组振动上立即有所反应，这样便于早期监测诊断机组运行中的异常状况，及时采取相应措施。

3. 振动故障的可识别性

汽轮机轴系和缸体上发生的故障一般都会在机组振动信号中有所反映，而且不同故障引起的振动特征有区别，可以通过适当的信号分析方法提取故障特征信息，识别产生故障的主要原因和部位，为消除故障提供比较准确的依据。

4. 机组振动的复杂性

机组振动是由多种激励源共同作用的结果，其中一些不同性质的激励源可能产生特征相似甚至表面上看起来相同的振动，往往通过简单的信号分析方法不能明确分析识别故障的原因，必须依靠经验和专家的知识，这就给现场进行及时的故障分析诊断带来难度。

二、轴承故障

轴承的工作状况及其动力特性受载荷的影响很大，载荷过小，轴承容易出现油膜涡动和油膜振荡，影响转子稳定运行；载荷过大，会导致油膜厚度减小，油膜减小到一定程度将导致轴瓦摩擦、瓦温升高、乌金碎裂和碾瓦等故障；轴承载荷的变化决定整个轴系的稳定性。

汽轮发电机组安装时，各轴承的中心位置连线要与转子的安装扬度曲线相符合；运行时，则要确保转子的中心位置与轴承的静平衡位置相吻合。由于机组冷热态工况的变化导致的地基下沉、热膨胀不均匀、润滑油参数变化、轴承动态标高改变等因素都会引起轴承中心与转子中心之间的相对位置的变化，从而引起各轴承润滑状态的变化，甚至引发轴承故障。

三、通流部分热力故障

汽轮机组通流部分性能的好坏直接影响机组运行的经济性和安全性。汽轮机组通流部分热力故障，是指引起通流部分热力性能参数（包括温度、压力、流量、效率等）异常变化的故障。发生通流部分热力故障时，最直接的反应是热力性能参数的变化，只有当故障发展到比较严重的程度时，才可能引起振动参数的变化。因此，热力故障属于一种早期诊断。

下列原因均可能导致汽轮机通流部分产生热力故障：高压阀门通道阻塞，调节级堵塞、结垢、腐蚀及喷嘴组脱落，中压阀门通道阻塞，高中低压缸动叶栅与静叶栅结垢、堵塞、腐蚀、叶片断裂或脱落、汽封磨损等。

四、凝汽系统故障

因各种内部或外部原因引起的汽轮机凝汽器真空下降的现象，称为凝汽系统故障。汽轮机组凝汽器真空状况不但影响机组运行的经济性，往往还影响机组运行的安全性，限制机组出力。例如，某类型 660MW 超临界汽轮机组，根据制造厂提供的修正曲线发现，凝汽器真空值每变化 1kPa，导致机组热耗的改变量约为总设计热耗的 1%（约为 75kg/kW・h）。

真空降低后，将使汽轮机的排汽压力和温度升高，导致排汽缸变形，引起机组振动。由此看出，应把汽轮机凝汽器真空问题作为重要的节能方式和提高机组运行安全性的措施加以研究，确保汽轮机组安全、经济运行。

五、回热加热系统故障

回热加热系统是现代化火电机组主要热力系统之一，它由高压加热器、除氧器、低压加热器及连接管道和阀门组成，其中高压加热器在高温、高压条件下工作，故障率高。长期以来，由于设计、制造、安装和运行等各方面的原因，高压加热器系统的故障频繁出现，投入率低，已成为影响大机组等效可用系数的主要因素之一。

回热系统出现故障，一个典型的后果就是给水温度达不到“基准值”，不但降低蒸汽动力循环的经济性，还降低动力设备的安全性。对于发电厂的锅炉来说，给水温度是其设计的重要参数之一。进入锅炉的给水温度的变化会影响锅炉水冷壁、过热器、再热器等各部位的吸热量分配，同时也影响锅炉内各部位的温度分布，影响锅炉的燃烧情况。如果给水加热的一部分不能投入运行（如高压加热器停运），就会影响锅炉的正常运行，甚至导致锅炉故障。

回热系统故障引起的给水温度达不到“基准值”，将降低工质在锅炉中的平均吸热温度，增加蒸汽动力循环的冷源损失，从而降低蒸汽动力循环的效率；增加锅炉的传热温差，增加锅炉的㶲损失。所以，回热系统故障将导致火力发电能量转换效率的下降。

六、阀门泄漏故障

阀门对火力发电站的系统来说是必不可少的设备，用于控制各种设备及其管路上的流体介质流动和运行。阀门泄漏可以分为外漏和内漏，高压阀门的泄漏会导致煤耗增加，经济效益下降。对于阀门外漏，还极易造成安全事故，特别是高温高压的介质突然喷射时，让附近工作人员基本没有反应时间。

阀门泄漏主要有以下几种形式：

1. 阀体的外漏

阀体的外漏主要原因是阀门生产过程中铸造或锻造缺陷所引起的，比如砂眼、气孔、裂纹等，而流体介质的冲刷和气蚀也是造成阀体泄漏的常见因素。

2. 阀门填料的泄漏

阀门填料是最容易发生泄漏的部位。阀门填料的泄漏是由于填料接触压力的逐渐减弱，填料自身的老化，失去了弹性等原因引起的。这时压力介质就会沿着填料与阀杆的接触间隙向外泄漏，长时间会把部分填料吹走和将阀杆冲刷出沟槽，从而使泄漏扩大化。

3. 法兰的泄漏

阀门的法兰密封主要是依靠连接螺栓的预紧力，通过垫片达到足够的密封比压，来阻止被密封压力流体介质的外泄。法兰泄漏的原因有很多方面，密封垫片的压紧力不足，结合面的粗糙度不符合要求，垫片变形和机械振动等都会引起密封垫片与法兰结合面密合不严而发生泄漏。另外螺栓变形或伸长，垫片老化，回弹力下降，龟裂等也会造成法兰面密封不严而发生泄漏。

4. 阀门内漏

内漏一般指从外观上看，阀门处于关闭位置，但此时仍有部分工质通过阀体的现象。引起阀门内漏的原因较多，一种是阀芯还没有关到位，但在阀门定位时设置为关到位的位置，另一种是阀门密封面磨损，关闭不严。阀门内漏对汽轮机经济性有重要影响，特别是高温高压蒸汽的内漏，是某些机组煤耗高的主要原因之一。

前述 1～3 种情况的泄漏故障较为容易发现与诊断，但是，第 4 种情况的泄漏故障（阀门内漏）具有隐秘性，诊断难度大。

七、汽缸偏移故障

汽缸是汽轮机的重要部件，用于将通流部分的蒸汽与外界隔离，保证蒸汽在汽轮机内完成做功过程。同时，它还支承汽轮机的某些静止部件（隔板、喷嘴室、汽封套等），承受它们的重量，还要承受由于沿汽缸轴向、径向温度分布不均而产生的热应力，对于采用落缸轴承的机组，汽缸还要承受轴承及转子的重量，保障机组的正常运行。

在防止汽缸偏移方面，汽轮机厂家通过布置相应的滑销系统，在机组正常运行或滑销系统正常情况下，可以在很大情况避免这种情况的发生。但如果发生膨胀受阻、受热不均、抽汽管道顶缸或其他物体阻挡缸体膨胀，就会造成机组汽缸偏移。汽缸偏移一是影响转子对中情况，二是导致机组刚度下降，极易诱发机组振动。

第三节 汽轮机通流部分故障案例分析

一、通流部分故障诊断的热力参数模型

汽轮机通流部分是蒸汽通过并实现将蒸汽携带的热能转换为机械能的关键设备。通流部分的动态性能是影响汽轮机组经济性和安全性的重要因素。通流部分的通流能力是衡量其性能的重要指标。

汽轮机的各级组是通流部分的主要组成部分，衡量级组的通流能力需要一个明确的指标。根据汽轮机的工作原理，通流能力与通过级组的蒸汽温度、压力、流量等参数联系紧密，并且这些参数在工作现场容易检测得到，如果综合考虑这些参数，得到一个能够准确反映通流特性的特征参数，并用该特征参数来判断汽轮机级组的通流能力，可以为通流部分的状态监测和故障诊断提供一个依据。

1. 基于通流能力指标的级组热力故障诊断模型

（1）通流能力的一般含义。汽轮机级组的通流能力是指在一定的压力差下该级组能够通过的蒸汽能力的大小，是汽轮机热力性能评价的一个重要指标。通流能力与通流面积之间存在一定的关系，利用压力与流量之间的关系，得到表征通流能力的指标，该指标具有面积的量纲，即所谓的特征通流面积。

（2）特征通流面积的推出及其变形公式。由弗留格尔公式可知，对于一个级组，当工况变化前后均未达到临界工况时，通过级组的蒸汽流量与该级组前后的蒸汽参数满足下面关系：

$$\frac{G_A}{G_B}=\frac{p_{0A}}{p_{0B}}\sqrt{\frac{T_{0B}(1-\varepsilon_A^2)}{T_{0A}(1-\varepsilon_B^2)}} \tag{5-1}$$

$$\varepsilon=p_2/p_0$$

式中　　ε——级组后蒸汽压力与级组前蒸汽压力之比；

下标“A”“B”——分别表示工况变动前后的两种工况；

下标“0”——级组前参数；

上标“2”——级组后参数；

G——蒸汽流量；

p——蒸汽的绝对压力；

T——蒸汽的绝对温度。

将式（5-1）两边变形，可得到：

$$\frac{G_A\sqrt{T_{0A}}}{p_{0A}\sqrt{1-\varepsilon_A^2}}=\frac{G_B\sqrt{T_{0B}}}{p_{0B}\sqrt{1-\varepsilon_B^2}} \tag{5-2}$$

定义特征通流面积的表达式为：

$$F_T=\frac{G\sqrt{T_0}}{p_0\sqrt{1-\varepsilon^2}} \tag{5-3}$$

当级组在工况变化前后均达到临界流动时，公式可表示为：

$$F_T=\frac{G\sqrt{T_0}}{p_0} \tag{5-4}$$

对于一个级组，当几何参数不变，无论其热力参数如何变化，其特征通流面积应为常数。如果级组中发生叶片脱落、叶片结垢、叶片磨损等故障时，级组的通流能力会发生变化，表征级组通流能力的指标特征通流面积相应会发生变化。因此，可用特征通流面积来诊断通流部分的故障。

从理论上讲，对于同一级组，当负荷变化时，计算出的特征通流面积应保持不变。

选用热耗率验收工况（turbine heat acceptance，THA）为基准工况，计算不同负荷下特征通流面积的偏差率：

$$\delta F_{T}=\frac{F_{T}-F_{Tj}}{F_{Tj}}\times 100\% \tag{5-5}$$

式中 F_{Tj}——基准工况的特征通流面积；

F_{T}——实际工况的特征通流面积。

δF_{T} 表示特征通流面积的相对变化量，它随机组负荷率的变化而略有变化，一般来说，负荷率越小，偏差率越大。不同位置的级组，偏差率也不同，一般来说，机组的高压缸前两个级组的偏差率较大，低压缸最后一个级组的偏差率最大，其他各级组的偏差率非常小。国产亚临界 600MW 汽轮机和超临界汽轮机各级组的特征通流面积的计算值及其偏差率分别见表 5-1、表 5-2。由表 5-1、表 5-2 可以看出，在机组负荷率达到 75% 以上时，机组的各级组特征通流面积的偏差率非常小。

表 5-1　亚临界 600MW 汽轮机各级组的特征通流面积 F_{T} 和偏差率 δF_{T}

负荷	参数	一	二	三	四	五	六	七	八	九	十
THA	F_{T}	1347	2449	4331	7672	6018	5519	10 543	29 148	49 380	112 169
75%	F_{T}	1329	2422	4320	7649	6008	5500	10 519	29 565	49 498	114 601
	δF_{T}	−1.305	−1.108	−0.255	−0.304	−0.168	−0.347	−0.229	1.432	0.239	2.168
50%	F_{T}	1316	2397	4298	7587	5995	5478	10 477	29 436	49 623	121 143
	δF_{T}	−2.345	−2.141	−0.775	−1.105	−0.381	−0.747	−0.626	0.988	0.492	8.000
40%	F_{T}	1307	2392	4291	7566	5987	5478	10 463	29 195	49 661	12 753
	δF_{T}	−2.973	−2.348	−0.934	−1.389	−0.519	−0.942	−0.763	0.162	0.569	13.714
30%	F_{T}	1301	2382	4282	7535	5978	5454	10 433	29 022	49 711	143 325
	δF_{T}	−3.431	−2.742	−1.150	−1.788	−0.661	−1.191	−1.043	−0.433	0.670	27.775

表 5-2　超临界 600MW 汽轮机各级组的特征通流面积 F_{T} 和偏差率 δF_{T}

负荷	参数	一	二	三	四	五	六	七	八	九	十
THA	F_{T}	806	2546	3617	5538	4454	4118	8127	29 069	46 703	110 987
75%	F_{T}	790	2502	3599	5519	4426	4082	8065	29 568	46 890	113 903
	δF_{T}	−2.030	−1.727	−0.497	−0.358	−0.637	−0.878	−0.760	0.017	0.401	2.627
50%	F_{T}	778	2472	3587	5489	4420	4065	8023	29 604	47 211	121 585
	δF_{T}	−3.563	−2.922	−0.851	−0.891	−0.762	−1.283	−1.276	0.018	1.088	9.548
40%	F_{T}	773	2463	3581	5478	4415	4056	8001	29 564	47 234	131 104
	δF_{T}	−4.067	−3.255	−0.997	−1.092	−0.879	−1.516	−1.546	0.017	1.137	18.125
30%	F_{T}	767	2445	3571	5461	4397	4032	7945	29 557	47 682	154 172
	δF_{T}	−4.825	−3.960	−1.282	−1.398	−1.294	−2.100	−2.236	0.017	2.096	38.910

（3）诊断策略。可以将汽轮机组各级组的特征通流面积的计算值 F_{T} 及其偏差率 δF_{T} 当作诊断级组热力故障的指标，具体诊断步骤与思路为：

1）根据新机组的通流部分热力计算资料，计算各级组的特征通流面积，称为特征通流面积的理论值。

2）新机组投产后，根据机组75%负荷以上正常运行工况的热力试验数据（各级组前后的蒸汽参数值），计算各级组的特征通流面积，称为特征通流面积的“实际值”；将此“实际值”与前述“理论值”进行对比，若两者偏差较大，进行适当修正。经过适当修正后，获得各级组特征通流面积的“诊断基准值”，用符号 F^i_{Tjz} 表示，符号中的 i 表示第“i”个级组。

3）在机组带负荷运行过程中，每隔一定的时间间隔，计算各级组的特征通流面积值，称为特征通流面积的“劣化值”，用符号 F^i_{Tlh} 表示。

4）定义级组的热力状态劣化指标：

$$\delta F^i_{Tlh} = \frac{F^i_{Tlh} - F^i_{Tjz}}{F^i_{Tjz}} \times 100\% \tag{5-6}$$

用式（5-6）实时计算各级组的热力状态劣化率 δF^i_{Tlh}，动态显示 δF^i_{Tlh} 的变化趋势，实现对各级组通流能力的实时监测。

5）级组通流部分故障的评价。当某个级组的 δF^i_{Tlh} 的值超过一定限值时，表示该机组的通流能力发生了明显变化，就可以诊断该级组内发生了故障。

2. 基于缸效率指标的热力故障诊断模型

汽轮机的通流部分在健康状况下，其各缸效率是最高的，如果某个汽缸内发生了叶片脱落、叶片结垢、叶片磨损等故障时，汽缸的缸效率就降低。因此，可用缸效率的变化指标来诊断通流部分的故障。具体诊断步骤与思路为：

根据新机组的热力计算资料，计算各汽缸分别在25%、50%、75%、100%负荷下的缸效率，称为各缸效率的理论值。

（1）新机组投产后，开展热力试验，获得新机组健康状态下，负荷率分别为25%、50%、75%、100%时的缸效率，称为各缸效率的实际值；将此缸效率“实际值”与前述缸效率“理论值”进行对比，若两者偏差较大，进行适当修正。经过适当修正后，获得各缸效率在不同负荷率下的“诊断基准值”，用符号 η^i_{jz} 表示，符号中的 i 表示第“i”个汽缸。

（2）在机组带负荷运行过程中，每隔一定的时间间隔，用热力系统计算方法计算出各汽缸的效率“劣化值”，用符号 η^i_{lh} 表示。

（3）定义汽缸的热力状态劣化指标：

$$\delta\eta^i_{lh} = \frac{\eta^i_{lh} - \eta^i_{jz}}{\eta^i_{jz}} \times 100\% \tag{5-7}$$

用式（5-7）实时计算各汽缸在相同负荷率下的热力状态劣化率 $\delta\eta^i_{lh}$，动态显示 $\delta\eta^i_{lh}$ 的变化趋势，实现对各汽缸热力状态的实时监测。

（4）汽缸热力故障的评价。当某个汽缸的 $\delta\eta^i_{lh}$ 值超过一定限值时，表示该汽缸的热力状态发生了明显变化，就可以诊断该汽缸内发生了热力故障。

3. 基于级（级组）效率指标的热力故障诊断模型

在汽轮机实时状态监测软件功能齐备的条件下，可以实时计算出汽轮机各级（级组）的效率，可以用级（级组）效率指标来构建汽轮机的通流部分热力故障诊断模型，诊断的基本步骤与思路与“基于缸效率指标的热力故障诊断模型”相似。

二、通流部分故障诊断的案例

1. 机组简介

一台型号为 N300-16.7/537/537-2 的国产汽轮机组，额定负荷下正常运行时的主要参数为：主蒸汽压力为 16.7MPa，流量为 892.66t/h；调节级后压力为 11.85MPa；再热蒸汽压力为 3.235MPa，流量为 746.8t/h；低压缸的排汽压力为 4.5kPa。

2. 故障经过

该汽轮机组在 2003 年 7 月经过 168h 试运行后，正式投入试生产运行，在试生产过程中，运行状况较好而且稳定。满负荷运行时的主要参数为：调节级后压力为 12.16MPa，高压缸的内效率为 84.65％，中压缸的内效率为 90.72％，与设计时的理论值相比，存在偏差较小。其中高压缸、中压缸、低压缸所占的整机功率分别为 30.57％、26.29％、43.14％。总体上讲，该机组的主要性能指标基本上满足设计要求。

2004 年 10 月 15 日，该台火电机组的锅炉出现爆管事故，随即进行停产抢修，于 19 日完成抢修并马上投入生产。但是在此次故障以后，该汽轮机逐渐产生带负荷能力下降的现象，主要表现为：整个汽轮机组负荷达到 300MW 时，主蒸汽压力达到甚至是超出设计时的额定值，并且需要开启全部 6 个高调节汽门，而这在故障前只需要开启 4～5 个就可以实现满负荷，而且主蒸汽的流量也有很大程度的增加，增加量高达 30t/h。与原先同条件下的生产相比，故障后的汽轮机带负荷能力明显下降，但是诸如振动等监测项目没有发生明显变化。

3. 故障诊断

（1）汽轮机设备的现场检查。为了找到汽轮机组带负荷能力下降的原因，对整个汽轮机组进行了全面细致的检查，但是没有发现较为明显的故障原因。对六个高调节汽门对的开启状态进行检查，没有发现异常的声响，以及对高调节汽门前后压力进行观察，压力降低很少，排除了由于门芯掉落的原因。

（2）各种热参数的比较。从该汽轮机组的各种监测数据来看，较为明显的变化是：故障前，该机组负荷 300MW 时主蒸汽压力为 15.6MPa，调节级压力为 12.2MPa；在发生故障以后，机组的主蒸汽压力上升到 16.7MPa，调节级压力也增加到 12.6MPa。但是，根据汽轮机的变工况特性，在汽轮机健康状态下，当工况发生变化时，只有第一级（调节级）和最后几级的级效率、级前后压力比、焓降产生明显变化，中间各级的热力参数变化很小。其中，第一级的热力参数在负荷变化时产生较大变化，最后几级只有在负荷和凝汽器压力产生变化时才会有较大的变化。

为了诊断汽轮机通流部分是否发生故障，开展了热力试验。因为，机组故障状态下带满负荷时，高压调节汽门的开启数量增加，而且主蒸汽压力升高，所以，以试生产时机组在高压调节汽门全开时的最高出力工况为基准工况，将故障状态下带负荷 300MW、高压调节汽门全开时的热力参数与基准工况的同一参数进行对比，提取机组热力参数的变化特征，作为诊断机组热力故障的诊断依据。

经过计算，获得如下典型的故障特征：在相同的调节汽门开度下，机组的最大出力下降了9.3%，主汽流量下降了9.5%，调节级后压力下降了6.8%，一段抽汽及以后各级抽汽压力下降了10%左右。

在相同的调节汽门开度和主汽压力下，即机组的初参数基本保持不变时，汽轮机组的通流量减少，根据弗留格尔公式可知，这是机组的通流面积减小所致。在流量减少9.5%的同时，一段抽汽后的各段抽汽压力降低了9.5%，说明一段抽汽后面的各个级组上不存在问题。所以，根据热力试验的数据显示，引起调节级后压力的降低程度远小于主蒸汽流量减少程度的主要原因是：调节级后至第一段抽汽前的高压通流部分面积减小了。

(3) 通流部分效率分析。根据诊断试验数据，计算出机组通流部分各个级组和汽缸的效率，并与基准工况进行对比。经过对比发现：在6阀全开的条件下，调节级效率大幅度下降，降低了约19%，高压缸效率下降了3.3%，其他各个级组的效率变化不大。对比分析发现，问题主要存在于调节级。

4. 原因分析

基于现场试验数据的计算分析发现，引起机组带负荷能力下降的主要原因是：调节级及其之前的通流部分上存在流道堵塞的情况；另外，调节级后至一段抽汽前的高压级组也存在着通流面积减小的情况，只是减小的程度要小得多。

5. 处理措施

由于机组的带负荷能力下降了9.3%，高压缸效率降低了3.3%，这清楚地说明机组的出力下降、运行经济性降低，若继续运行将对汽轮机的经济性和安全性造成严重的影响和威胁，应立即停机进行检查，重点检查汽轮机高压缸通流部分。

第四节 凝汽系统故障案例分析

一、凝汽器真空偏低的原因分析

1. 确定凝汽器内压力的数学模型

根据冷却方式的不同，汽轮机凝汽系统分为干式冷却系统（空气冷却系统）和湿式冷却系统（水冷系统），前者主要应用于我国的北方地区，后者主要应用于南方地区。湿式冷却方式中，根据供水方式的不同，又分为开式冷却系统和闭式冷却系统。如图5-1所示为开式冷却系统示意图，该系统主要由凝汽器、循环水泵、凝结水泵、抽气器以及管道组成。

根据凝汽器的工作原理，凝汽器内的压力（或真空度）p_c的大小，取决于凝汽器内蒸汽（即汽轮机的排汽）的饱和温度t_s的大小，两者之间呈一一对应关系。根据凝汽器的传热原理，凝汽器内排汽温度由下式确定：

$$t_s = t_{w1} + \Delta t + \delta t \tag{5-8}$$

式中 t_{w1}——冷却水的进口温度,℃;

Δt——冷却水的温升,℃;

δt——凝汽器传热端差,℃。

从式（5-1）可以看出，任何能够使该式右边各项发生变化的内外因素的变动，都会引起 t_s 的变化，从引起 p_c 的变化。

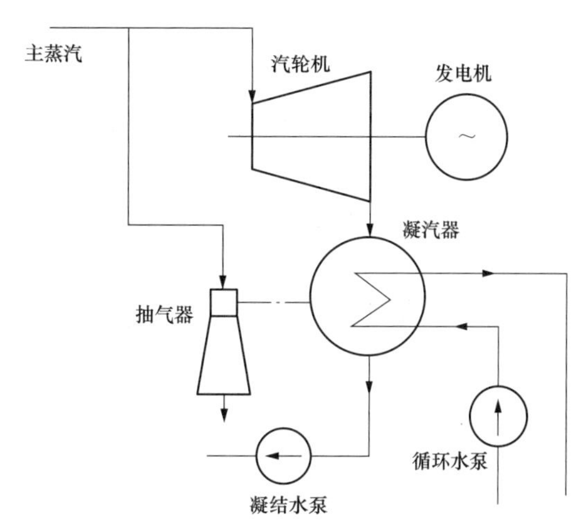

图 5-1 汽轮机开式冷却系统示意图

2. 导致凝汽器内真空偏低的主要原因

汽轮机凝汽系统的真空问题与热力系统的设计合理与否、制造安装、运行维护和检修的质量等多种因素有关，必须根据每台机组的具体情况进行具体分析。汽轮机凝汽器真空偏低的主要原因有：

（1）汽轮机真空系统严密性差。对大型凝汽器的真空系统，其漏入的空气量一般不应超过 12～15kg/h。有的机组在运行中，实际漏入的空气量远远超过这个数值，竟达 40kg/h，甚至更大，对汽轮机组的真空影响很大。空气漏入真空系统的主要部位有：低压汽缸两端汽封及低压汽缸结合面，中、低压缸之间连通管的法兰连接处，低压汽缸排汽管与凝汽器喉部连接焊缝，处于负压状态下工作的有关阀门、法兰等处。

（2）设计考虑不周或循环水泵选型不当。循环水泵出力小，使实际通过凝汽器冷却水量远小于热力计算的规定，从而影响真空。一般凝汽器的冷却倍率 m 应为 50～60，对大型凝汽器，该冷却倍率还要适当大些。而有的机组选取的冷却倍率比上述推荐的最佳值小了许多，如果冷却倍率太小，使得实际通过凝汽器的冷却水量少了很多，将使机组真空长年偏低，尤其在夏季，机组真空更差，被迫减负荷运行。

（3）凝汽器钢管内严重结垢，恶化传热效果。当钢管内结有较厚的硬垢时，凝汽器钢管整体传热系数呈直线下降。对于用江水、河水、湖水、水库水等作循环水的补充水源时，凝汽器钢管内结垢较软，较易除掉；对于地表水较缺乏的内陆火电厂，往往用硬度较大的地下水作为循环水的补充水源，如处理不当，则凝汽器钢管内较易结成较厚的坚硬的硬垢，较难除去，对机组真空影响很大。据对 125MW 汽轮机组试验证明：当铜管内结垢厚度达 1.2～1.5mm 时，在同样的冷却条件下，使汽轮机真空降低 6.66kPa，增加发电煤耗 10～15g/kWh。

（4）凝汽器钢管堵塞。凝汽器铜管管口（进水侧）被大量的贝壳、碎木片、石块、水泥块、塑料布和杂草等杂物堵死，使冷却水不能通过，使机组真空下降，机组不能满负荷运行。

（5）管壁积聚大量微生物。由于循环水中菌类含量多，未采取有效的杀菌措施，造成循环水中微生物繁殖加快，凝汽器铜管内存有大量黏性体，恶化钢管传热效果，使机组真空变差。

(6) 抽气器工作不正常。如果抽气器（包括射水抽气器、射汽抽气器和水环真空泵）工作不正常时，凝汽器中积聚的不凝结气体不能及时排出凝汽器，从而使得凝汽器的传热效果降低，真空下降。

(7) 回热系统运行不正常。高、低压加热器及其疏水系统不能按设计要求投入运行，与凝汽器汽侧相通的有关阀门运行中不严，增加凝汽器运行中的热负荷，降低凝汽器真空。

(8) 汽轮机轴封供汽系统设计不合理。有的汽轮机组的高中压缸和低压缸轴封供汽管道设计成一根共用轴封汽供汽管，且进口或出口没有调整门，造成低压缸两端轴封供汽量不足，使空气从低压轴封处漏入凝汽器，降低凝汽器真空。

(9) 冷却塔工作不正常。对有冷却塔的二次循环水冷却系统，如果冷却塔冷却面积设计偏小，冷却塔的配水槽及淋水孔、溅水碟等被赃物堵塞，冷却效果变差，冷却后的水温偏高，使真空降低；冷却塔出口至循环水泵进口间的循环水方管上的平板滤网被脏物堵塞，使循环冷却水量减少，使凝汽器真空降低。

(10) 滤网被杂物堵塞。在河边、湖边、江边、水库边设置的循环水中心补水泵房进口滤网被杂物堵塞，造成总补水量减少，影响机组真空。

(11) 凝汽器高水位运行。凝汽器高水位运行，淹没了下部部分钢管，使该部分钢管失去冷却作用。

(12) 循环水温度比制造厂设计规定值偏高，影响凝汽器真空。对一台 200MW 汽轮机，在冷却倍率满足设计要求，系统比较清洁的情况下，如循环冷却水温度由 30℃升到 33℃，则汽轮机真空约降低 1.47kPa，煤耗约增加 1.4%。

(13) 胶球清洗系统工作不正常。凝汽器未设计胶球清洗系统或虽有胶球清洗系统，由于设计、安装、检修和运行维护不当等多种原因，使胶球清洗系统不能正常运行，失去该装置应有的作用，或胶球规格及质量不符合要求，起不到清洗作用。

(14) 循环水排污、加药处理不正常，使循环水浓缩倍率偏高。

(15) 汽轮机设计效率偏低。汽轮机设计效率偏低，汽耗增大，排入凝汽器的汽量增加，从而增加了凝汽器的热负荷，降低凝汽器真空。

(16) 汽轮机二级旁路系统的有关隔离阀门不严密。汽轮机二级旁路系统的有关隔离阀门不严密，运行状态下漏汽，使凝汽器真空降低。

二、诊断凝汽器低真空故障的主要方法

1. 基于凝汽系统物理模型的诊断方法

基于凝汽系统物理模型的诊断方法包含以下步骤：①根据汽轮机凝汽系统的实际结构，经适当简化后得到其物理模型，然后推导出凝汽器的流量平衡方程、能量平衡方程、传热方程，经过计算确定凝汽系统在正常状态运行时系统内关键点上的介质温度、压力、流量值，将这些热力参数视为“基准值”；②通过在线监测实际工况下关键点上的热力参数值，将监测值与对应的“基准值”进行对比，确定其偏差率，当偏差率大于规定的限值时，说明凝汽系统出现某种故障；③按照凝汽系统物理模型，推断出凝汽系

统的故障类型。

2. 基于模糊综合评判的诊断方法

模糊综合评判是一种基于模糊集合论，对诊断和评价中的各种模糊信息做出贴近的量化处理，逐渐使之清晰化，最后进行故障和状态判断的方法。对于汽轮机的凝汽系统而言，每一种状态（包括故障状态）和每一种症状（故障特征）均有相应的隶属度，多种状态和多种症状则应有隶属度模糊向量，这两个向量之间可用模糊关系矩阵联系，通过对凝汽系统的研究构建起上述两个向量及其关系矩阵，称为故障建模。如果已知症状的隶属度模糊向量和模糊关系矩阵，可求出状态的隶属度模糊向量，从而由状态的隶属度模糊向量中各元素的大小，判断出设备的运行状态，这个过程就称为状态评价，或状态诊断。

3. 基于故障树的诊断方法

故障树分析法（fault tree analysis，FTA）最早由美国贝尔电话研究所提出，经过数十年的发展，目前在系统安全分析方法中得到广泛应用。故障树分析法所需要的前提是有关故障与原因的先验知识和故障率的知识。故障树分析法的诊断过程是从系统的某一故障开始的，通过对可能造成系统故障的各种因素（硬件、软件、环境、人为因素等）进行分析，画出逻辑框图（故障树），从而确定系统故障原因的各种组合方式和发生概率，并采取相应的改进措施。如图 5-2 所示是汽轮机组凝汽器低真空故障诊断的故障树。

基于故障树模型的故障推理就是利用现有的测量信息和故障树节点间的逻辑关系进行正向推理和反向推理。利用异常节点作为推理的起始点，利用正常节点进行假设排除，最终确定底事件的状态。如测点充分，则可确定全部底事件的状态（正常或异常）。

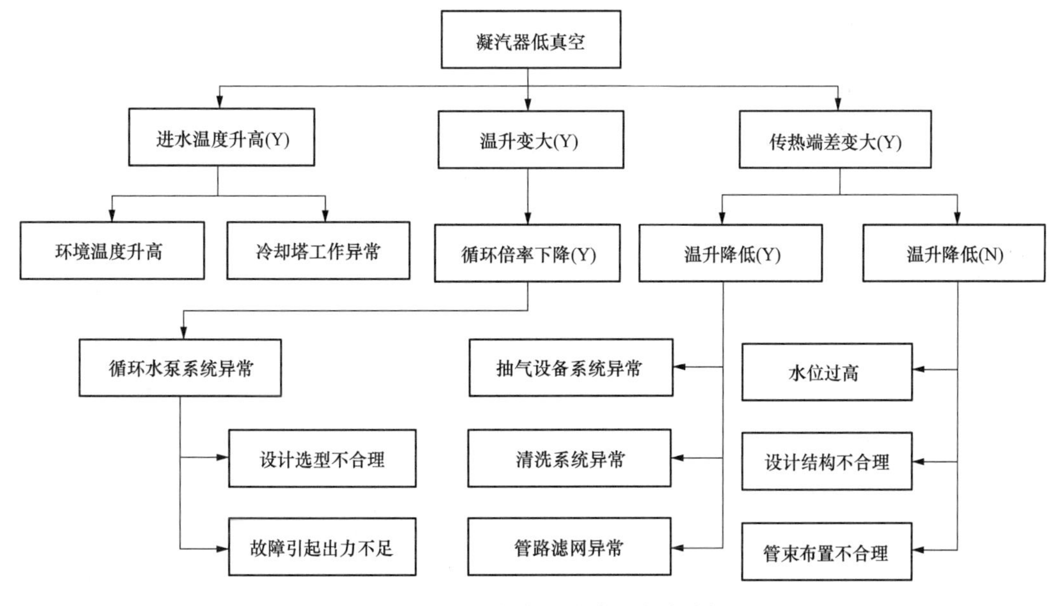

图 5-2　凝汽器低真空故障诊断故障树

三、汽轮机凝汽器低真空故障诊断与处理实例

1. 机组简介

某火电厂1号和2号汽轮机系国产亚临界、中间再热、单轴、两缸两排汽、凝汽式300MW汽轮机。机组循环冷却用水采用江水直流供给，每台机组配两台64LKXA-30型循环水泵，夏季采用单元制即一机两泵运行方式，配备N-18250型凝汽器，凝汽系统主要设备的性能参数见表5-3。

表5-3　　300MW机组凝汽系统主要设备的性能参数

名称	型号	主要性能参数
循环水泵	64LKXA-30	设计流量21 352m^3/h，扬程30.54m
凝汽器	N-18250	冷却面积18 250m^2，设计冷却水流量33 600t/h，铜管ϕ25×1mm
真空泵	2BEI-353-0ED4	抽气量大于50kg/h，极限真空3.3kPa

2. 故障经过

在夏季气温较高时，该电厂的循环水进水温度达到32℃，机组负荷为300MW时，凝汽器真空仅−87kPa，已到降负荷运行的边缘，如果真空进一步降低，将无法保证安全、经济运行。

3. 故障诊断

(1) 现场试验与热力计算。为找出该发电厂1号和2号机组夏季真空偏低的原因，开展了现场试验，利用现场试验数据，采用凝汽器热平衡法计算了流经凝汽器的循环水流量，并在1号和2号机组的循环水母管上采用超声波流量计测量了循环水母管的流量。根据试验数据，计算了凝汽器的传热系数，计算及测量结果见表5-4。

表5-4　　300MW机组循环水系统热力计算结果

项目	单位	1号机组	2号机组
机组负荷	MW	300.454	299.439
主汽流量	t/h	980.051	999.397
循环水进水温度	℃	31.98	32.67
循环水出水温度	℃	41.95	43.96
循环水焓升	kJ/kg	41.581	47.11
排汽温度	℃	50.3	50.64
排汽流量	t/h	588.062	608.133
排汽焓	kJ/kg	2440.77	2474.14
凝汽器热负荷	MJ/h	1442	1505
循环水温升	℃	9.97	11.29
凝汽器端差	℃	8.35	6.68
计算的经过凝汽器循环水流量	t/h	34 674	31 941
凝汽器传热系数	W/(m^2·℃)	1970.2	2286.4

续表

项目	单位	1号机组	2号机组
其他设备用水量（开式水+冷油器）	t/h	2000	2500
计算的循环水母管流量		36 674	34 541
超声波流量计测量的循环水流量	t/h	36 162	35 654
计算与测量的误差	%	1.4	3.5

注 测试时4台循泵运行。

(2) 循环水流量变化分析。按测量的总流量计算，每台循环水泵的平均流量约为17 954t/h。循环水泵的实际扬程为25.3m，查循环水泵的设计曲线，循环水泵的出水流量应达到23 500t/h，泵的实际出力比设计要求偏小许多，导致循环水量不足，导致凝汽器真空降低。

(3) 凝汽器清洁度变化分析。由实测数据，根据凝汽器传热计算模型，计算出凝汽器的传热系数和实际清洁系数，见表5-5。计算出1号机组凝汽器清洁系数为0.57，2号机组凝汽器清洁系数为0.69，而设计值为0.85，可见凝汽器的清洁度影响了凝汽器的传热效果。

表5-5　　凝汽器传热系数和清洁系数计算结果

项目	单位	1号机组	2号机组
凝汽器传热系数	W/(m²·℃)	1970.2	2286.4
计算的经过凝汽器循环水流量	t/h	34 674	31 941
冷却管管内平均流速	m/s	2.13	1.96
基本传热系数	W/（m²·℃）	3946	3787.3
应达到的总体传热系数	W/（m²·℃）	3455.4	3316.5
清洁系数	—	0.57	0.69

(4) 凝汽器端差变化分析。根据设计工况的参数进行计算，在凝汽器清洁度达到要求的情况下，1号和2号机组在300MW负荷时凝汽器端差应为2.2℃，这也是凝汽器的理想端差，即端差的“基准值”。实际运行中，1号机组凝汽器端差比理论端差偏高5.3℃以上，2号机组凝汽器端差比理论端差偏高3.6℃以上，说明凝汽器铜管很脏。这是凝汽器真空偏低的重要原因之一。

(5) 凝汽器热负荷变化分析。表5-4中计算的1号和2号机组凝汽器热负荷均大于设计值，1号机组凝汽器热负荷比设计值偏大7.4%，2号机组比设计值偏大12%，导致循环水温升增加，降低了机组真空。凝汽器热负荷的增加，有两方面原因：

1) 机组通流部分效率降低。根据当前汽轮机运行数据计算结果发现：1号和2号机高压缸效率为82%左右，比设计值低3%；中压缸效率基本达到设计值；1号机组低压缸效率为86%左右，比设计值低2%，2号机组低压缸效率为83%左右，比设计值低5%。机组缸效率的降低，导致汽耗率上升，排汽量增大，凝汽器的热负荷增加。

2) 阀门泄漏引起高品位蒸汽直接进入凝汽器，附加排入凝汽器的蒸汽量增加，主要是部分疏水门存在内漏，高温蒸汽排入凝汽器。高温蒸汽漏入凝汽器，直接导致凝汽器的热负荷增加。

(6) 真空泵运行情况分析。按照真空泵的设计要求，其工作液入口温度15℃才能达到最大出力。1号机组和2号机组均是1台真空泵运行，1号机组真空泵工作液入口温度为48.2℃，出口温度为55℃，开式冷却水入口温度为34.4℃，出口温度为37.2℃；2号机组真空泵工作液入口温度为45.8℃，出口温度为53.9℃，开式冷却水入口温度为33.7℃，出口温度为36.7℃。水在40℃的汽化压力为7.38kPa，50℃的汽化压力为12.35kPa，真空泵工作水在40～50℃温度下会大量汽化。真空泵因抽吸自身工质汽化产生的气体，挤占真空泵抽气量，会造成真空泵出力不足。

1号机组和2号机组真空泵冷却器中开式水的温升为3℃，换热端差达到17℃，说明冷却器换热效果差，冷却不充分，换热器的面积满足不了设备需求，影响了真空泵的运行。

4. 原因分析

从以上的分析可知，导致该电厂1号机组和2号机组凝汽器真空偏低的原因是：凝汽器循环冷却水流量下降，凝汽器铜管脏污，凝汽器的热负荷增加，以及真空泵的工作状况恶化。其中，凝汽器铜管脏污是引起该电厂1号和2号机组凝汽器真空偏低的最主要原因。

5. 处理措施

为提高机组真空，电厂利用机组检修机会进行了循环水泵的增容改造、凝汽器铜管的酸洗、真空泵加装空调冷冻水作为冷却水、热力系统阀门内漏治理等一系列综合治理。

1号机组凝汽器铜管酸洗后，在额定负荷下，凝汽器平均端差由14.08℃降至6.06℃，端差降低了8.02℃。折算到相同的循环水进水温度和循环水流量下，1号机组真空升高2.7kPa；2号机组凝汽器铜管酸洗后，在额定负荷下，凝汽器平均端差由8.82℃降至5.09℃，端差降低了3.73℃。折算到相同的循环水进水温度和循环水流量下，2号机组真空升高2.3kPa。

根据现场试验数据，真空泵冷却水改由空调冷冻水供后可将机组真空提高0.3～0.7kPa（绝对值），低负荷时效果更明显。

第五节 回热加热系统故障案例分析

一、回热加热系统构成与常见故障

1. 回热加热系统基本构成

如图5-3所示为超临界600MW汽轮发电机组原则性热力系统。由图5-3可以看出，火电机组回热系统主要由若干台高压加热（H1～H3）、一台除氧器（H4）、若干台低压加热器（H5～H8）、一台轴封加热器（SG）和给水泵（FP）、凝结水泵（CP）等

设备，以及连接上述设备的凝结水管道、抽汽管道和阀门组成。

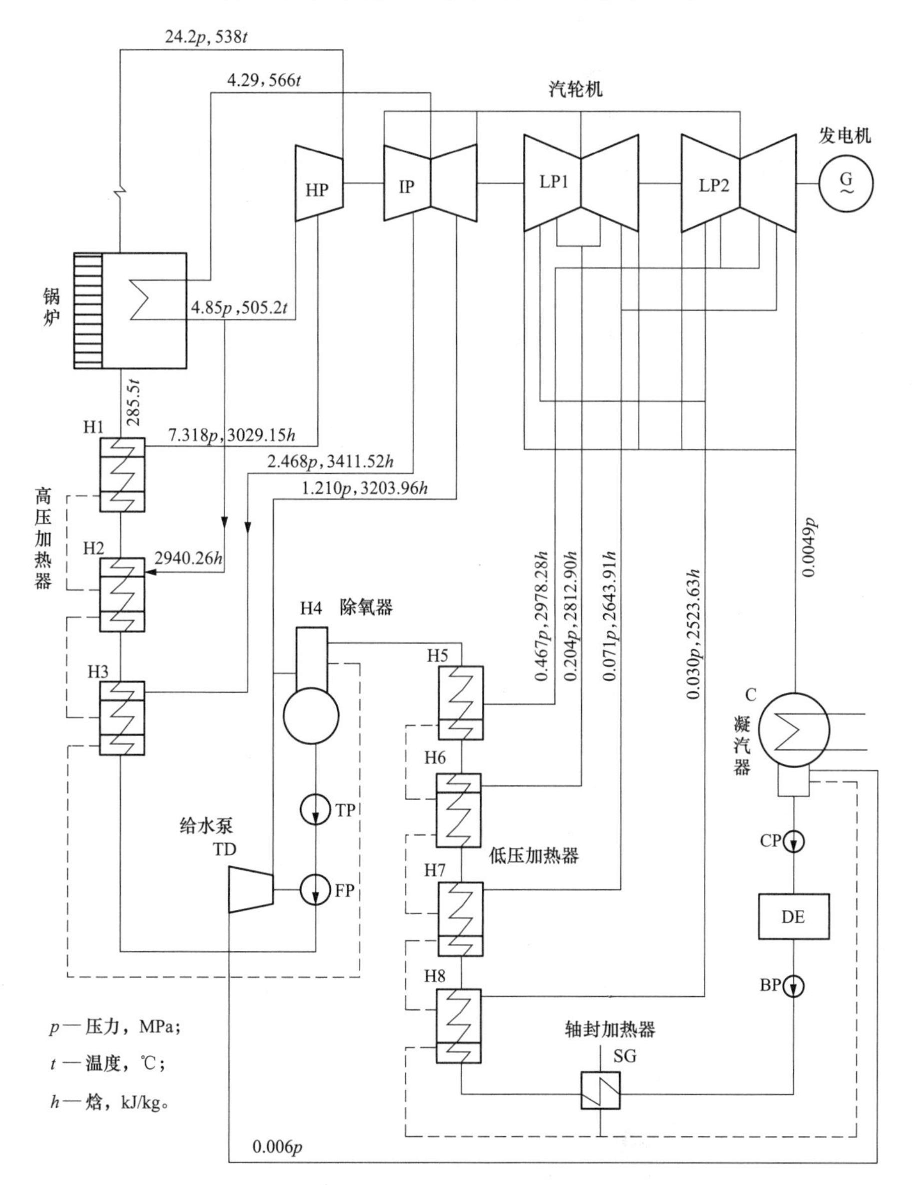

图 5-3 600MW 超临界汽轮发电机组原则性热力系统

2. 回热加热系统常见故障

回热加热系统的常见故障主要有：

（1）高压加热器内部管系泄漏。高压加热器管内压力为整个机组压力最高的地方，且加热器壳侧温度很高，所以，高压加热器的金属材料处于高应力状态下运行。内部泄漏是高压加热器最为常见的故障之一，在导致高压加热器停运的原因当中，内部管系泄漏列在首位。高压加热器出现内部泄漏时将严重影响汽轮机组的安全运行，如使汽轮机进水、高压加热器爆炸等。

当高压加热器出现内部管系泄漏故障时，若高压加热器运行过程中的抽汽参数基本正常，会出现疏水水位升高或疏水调整门开度增大（或二者同时出现），给水温升减小，疏水温度降低，给水进、出口压差增大等现象。

导致高压加热器内部管系泄漏的原因主要有：管束振动产生裂纹、管子与管板之间连接松动、管子腐蚀、管子磨损、超压爆管、管子材质差和工艺不良等。

（2）加热器疏水调节装置、热工自动与热工保护装置故障。加热器疏水调节装置、热工自动与热工保护装置故障的发生与设备的选型和调整、维护水平有关。若加热器疏水调节装置、热工自动与热工保护装置（或加热器的疏水阀）出现故障，将导致疏水阀的开度异常，可能出现两种不同的结果：一种是加热器满水，淹没管束，从而导致给水温升减小，抽汽量明显减少，端差增加；另一种是加热器无水位运行，疏水温度增加，本级抽汽明显增加，下一级抽汽量减少，同时，本级抽汽漏入下一级，降低了蒸汽的能量使用品位。

（3）加热器排气管道故障。当排气管道出现故障时，加热器内的不凝结气体增加，传热系数降低，致使给水端差增大。如果高压加热器运行没有过负荷，且各运行参数基本正常，这时，由于蒸汽的分压力下降而导致疏水端差（下端差）略有减小。

（4）传热面结垢。在运行参数基本正常的情况下，当加热器传热面结垢时，降低了传热系数，致使给水端差增大，疏水端差也有所增大。

（5）高压加热器内部进出水侧短路。在各运行参数及进出水温度正常时，若高压加热器内部进水侧与出水侧短路，则会导致给水端差增加，给水温度下降，进、出口给水压差减小等现象。

（6）给水水路管束堵塞。当给水水路管束堵塞时，给水端差会增加，给水进、出口压差明显增大。

（7）抽汽管路异物堵塞。当抽汽管路中有异物时，将使蒸汽的通流面积减少，流动阻力增加，从而使得给水温升明显减少，端差显著增加，疏水流量明显减小。

3. 回热加热系统故障原因与故障现象的关系

回热加热系统常见故障原因与故障现象之间的关系对照见表5-6。

表5-6　回热系统常见故障的现象及原因对照表

序号	故障现象	可能的故障原因
1	加热器给水端差增大（高压加热器运行时没有过负荷，且各运行参数基本正常，疏水端差基本不变）	加热器排气管道出现故障，抽气管孔板调节不当，加热器内的不凝结气体增加或加热器汽侧存在空气
2	给水端差增大，疏水端差也有所增大	加热器表面脏污、结垢，加热器汽侧存在空气，传热系数降低，加热器水位控制不合理
3	加热器进口水温降低，加热器水位下降，给水出口端差稍增大	疏水管泄漏
4	加热器水位升高，出口水温度降低，给水端差增大，给水进、出口压差增大，汽侧压力摆动或上升造成抽汽管疏水管振动冲击	高压加热器内部管系泄漏（锈蚀损坏、振动磨损、暖管不当和水冲击损坏以及管子不良等）

续表

序号	故障现象	可能的故障原因
5	给水端差增加，给水温升下降，进、出口给水压差减小	高压加热器内部进、出水侧发生短路
6	加热器汽侧压力比对应负荷下的抽汽压力低，端差正常，而出水温度低于设计值	加热器进汽阀门或抽汽管上的止回门卡涩未全开，蒸汽节流
7	加热器运行中不能保持正常水位，水位指示低甚至无，出口端差增加，疏水温度增大	主要原因是加热器水位调节器不灵，即疏水调节阀有问题
8	除氧器排气夹带水分	除氧水箱水位高；（或）进水流量过大；（或）除氧器蒸汽压力过大；（或）排气阀开度过大等
9	加热器汽侧空间满水，看不到水位指示；加热器出口水温降低；汽侧压力值有幅度不大的晃动，并有可能变大；加热器和抽汽管道有冲击声和振动，法兰连接处有水渗出；发现不及时水由汽侧倒灌入汽缸，汽轮机将发生水冲击；出现给水端差增大、出口水温降低等现象	加热器换热管破裂，或管板胀口破裂，导致内部泄漏；（或）加热器疏水器、疏水泵失常；（或）疏水门卡涩疏水积存在加热器汽侧，或加热器疏水系统上的截止门误关；（或）机组超负荷运行，抽汽量过大
10	加热器水侧旁路混点前出口水温基本不变、混合点后出口水温降低、给水端差基本不变	加热器水侧旁路阀或保护装置不严密或未关

二、回热加热系统故障诊断基本方法

与前面凝汽系统故障诊断模型类似，回热加热系统的故障也可以采用基于物理模型的诊断方法、基于模糊综合评判的诊断方法、基于故障树的诊断方法。在有些文献中，还讨论了用人工神经网络方法、模式识别方法来诊断回热系统故障问题，由于篇幅限制，这里不一一介绍。

1. 基于回热系统物理模型的诊断方法

基于回热系统物理模型的诊断方法包含以下步骤：①根据回热加热系统的实际结构，经适当简化后得到其物理模型，然后推导出回热系统的流量平衡方程、能量平衡方程、加热器传热方程，经过计算确定回热系统在正常状态运行时系统内关键点上的介质温度、压力、流量值，将这些热力参数视为“基准值”；②通过在线监测实际工况下关键点上的热力参数值，将监测值与对应的“基准值”进行对比，确定其偏差率，当偏差率大于规定的限值时，说明回热系统出现了某种故障；③按照回热系统物理模型，推断出回热系统的故障类型，发生故障的具体设备。

2. 基于故障树的诊断方法

回热加热系统故障树分析法，就是把“回热系统故障”作为故障分析的目标，然后寻找直接导致这一故障发生的全部因素，再找出造成下一事件的全部直接因素，一直追查到无须再深究的因素为止，诊断过程如图 5-4 所示。

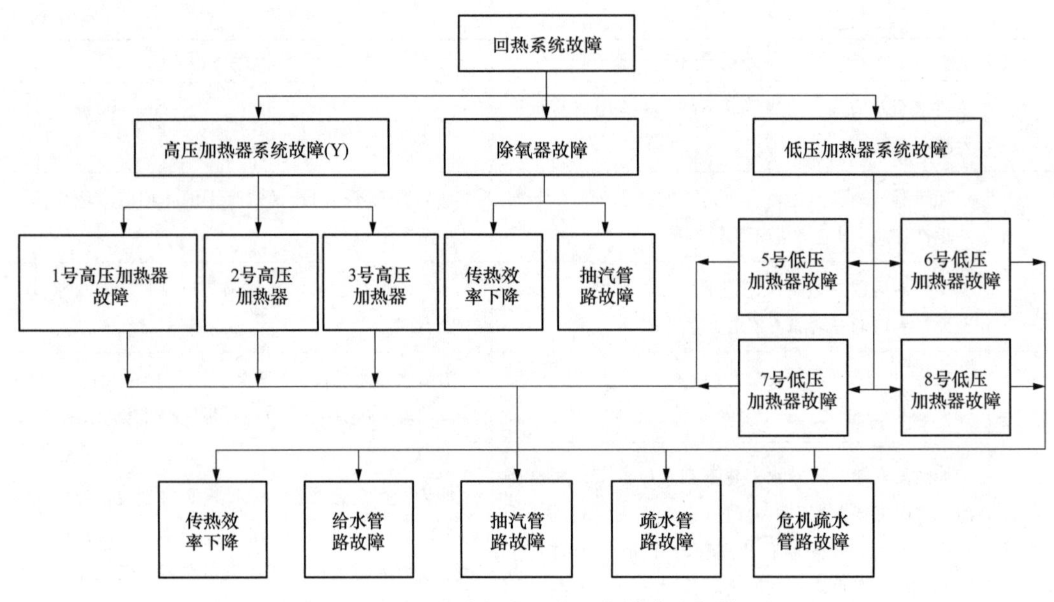

图 5-4　基于故障树的回热系统故障诊断模型

三、回热加热系统典型故障案例分析

1. 加热器水位过高引起的跳机故障案例

（1）故障背景。加热器疏水水位是回热加热系统重要的控制参数，一旦因设备故障、控制系统故障等原因导致加热器水位异常时，将严重危及机组安全，并且降低机组运行的安全性：①当加热器的水位过高时，疏水会淹没部分换热管，导致加热器传热面积减少，从而影响加热器的效果；加热器疏水水位高到一定值时，还会导致加热器解列，给水或凝结水失去加热而温度大幅下降，甚至造成汽轮机发生进水的严重故障；②当加热器出现无水位或较低水位运行时，使得抽汽还没有放出凝结热量就以蒸汽形式沿疏水管道进入下一级加热器，排挤下级低压抽汽使机组热经济性下降，同时，因汽水混合物进入疏水冷却段、疏水管、疏水阀而引起管束泄漏、疏水管振动、疏水阀冲蚀，危及设备安全。所以，必须将加热器的疏水水位控制在合理范围。

（2）故障经过。某火电厂一台660MW超临界机组，故障发生于当天上午10:28:41时，机组负荷626MW，除氧器压力从0.94MPa下降至0.74MPa，除氧器温度从182℃下降至176℃，除氧器显示水位684mm，除氧器水位调节门仍在全开位置；10:31:16时负荷605MW，除氧器水位达810mm高二值报警，除氧器溢放水门联开，除氧器水位调节主路门关至71%，旁路门关至79%，给水泵汽轮机进汽调节汽门已开度60%；10:32:28时除氧器水位达960mm高三值，四段抽汽电动门联关，负荷由610MW突升至670MW，给水泵汽轮机进汽压力由1.0MPa降至0.55MPa，给水流量由2000t/h突降至1474t/h；10:33:12时，给水泵汽轮机进汽温度由361℃降至265℃，进汽焓突降，进汽门全开，给水泵汽轮机B给水流量降至0t/h，给水泵汽轮机A给水流量降至265t/h，触发“锅炉给水流量低”保护，锅炉MFT，机组跳闸。

（3）原因分析。

1）除氧器压力突降分析：后经查阅机组的历史数据发现，10:22:21时，由于8号低压加热器水位高，7、8号低压加热器水侧解列，导致5、6号低压加热器入口凝结水温度降低，水位波动，引起5、6号低压加热器解列，此时所有低压加热器均解列，除氧器入口温度降至84℃，大量冷水进入，除氧器用汽量大增，除氧器温度及压力均降低。

2）给水泵汽轮机进汽门联开分析：此时给水在自动状态，说明此时的实际给水流量已不能满足理论给水流量的要求，主要是由于给水泵汽轮机进汽汽源与除氧器汽源相同，除氧器压力降低，导致给水泵汽轮机汽源压力同时降低。

3）除氧器水位上升分析：事故发生前，高压加热器疏水未导入除氧器，导致凝结水流量增加，为满足除氧器水位及给水流量的要求，除氧器水位调节阀主路、旁路均在全开位置。当给水泵汽轮机由于进汽参数限制和进汽量降低引起给水流量降低时，除氧器水位会逐渐上升，而此时由于除氧器上水调节门在全开位置，在自动控制下会缓慢关闭，但除氧器上水调节旁路门并不会关闭，导致除氧器水位持续上升。

4）锅炉MFT分析：除氧器压力降低，给水泵汽轮机出力降低，除氧器水位升高在此过程中实际上已形成一个恶性循环，最终由于除氧器水位高三值触发联锁关闭四段抽汽电动门，四抽至除氧器止回阀（除氧器侧）关闭不严，除氧器内冷汽进入给水泵汽轮机进汽管路，小机进汽温度由361℃降至265℃，给水泵汽轮机出力快速下降，触发给水流量低锅炉MFT动作。

（4）处理措施。本次故障的发生并非偶然，在发生此次故障前，该厂其他同类型机组已发生至少两次类似故障，由于其他机组给水泵汽轮机有高压汽源的存在，才避免了跳机事故的发生。此次事故的诱因是8号低压加热器水位高，引起低压加热器全部解列，上面提到的类似事故也是由于这个原因引起的，主要原因之一是由于8号低压加热器的危疏水设计为全开全关型气动门，在疏水不能正常排放时，危急疏水门打开，当加热器液位降低到低位后，危急疏水门关闭，由于此时负荷较高，所有低压加热器疏水均进入8号低压加热器，水位上升很快，从水位高一值到高二值的时间很短，极易造成加热器的解列。因此，建议将该危急疏水阀改为调节阀，避免这种事故的发生。

2. 加热器泄漏故障案例

（1）故障背景。加热器泄漏是电厂常见事故之一，由于加热器抽汽管道与汽轮机相连，发生加热器泄漏事故时汽轮机有进水的风险，因此在加热器的各抽汽管道上均安装了气动止回阀，以便发生事故时快速关闭，防止加热器水汽返回汽轮机。

目前大型火力发电厂一般采用卧式加热器，其结构如图5-5所示，卧式加热器内设有过热蒸汽冷段、凝结段、疏水冷却段，过热蒸汽冷却段布置在给水出口流程侧。卧式加热器利用具有一定过热度的加热蒸汽进一步加热较高温度的给水，凝结段是利用蒸汽凝结时放出的热量加热给水，疏水冷却段是把离开凝结段的疏水热量传给进入加热器的给水，从而使疏水温度降到饱和温度以下，疏水冷却段位于给水进口流程侧，并由包壳密闭。

（2）故障经过及原因分析。在加热器泄漏事故中，对于传统大型火电机组来讲，3

号高压加热器是泄漏中最常见的，主要是由于3号高压加热器工作环境较其他加热器更恶劣，某超临界汽轮发电机组高压加热器技术规范见表5-7。

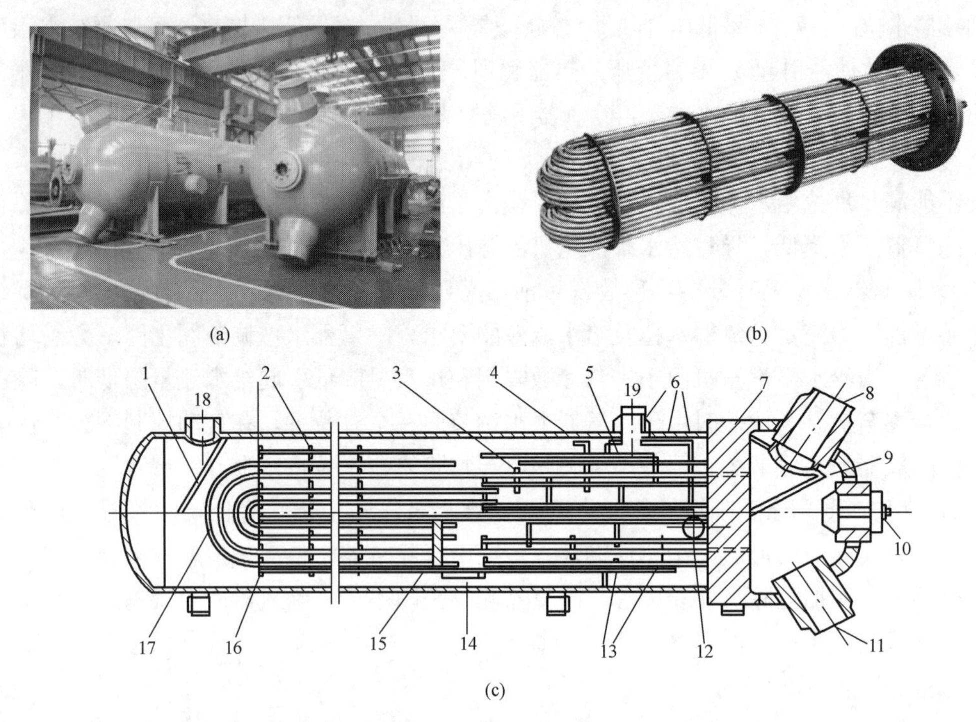

图5-5　高压加热器结构

(a) 高压加热器外形；(b) 高压加热器管束；(c) 高压加热器内部结构

1—防冲板；2—隔板；3—过热蒸汽冷却段隔板；4—管束护环；5—防冲板；6—遮热板；7—管板；8—给水出口；9—分流隔板；10—密封人孔；11—给水进口；12—疏水出口；13—疏水冷却段隔板；14—疏水冷却进口；15—疏水冷却段端板；16—拉杆；17—传热管；18—疏水进口接管；19—蒸汽接管

表5-7　某机组高压加热器技术规范

名称	1号高压加热器	2号高压加热器	3号高压加热器
水侧工作压力（MPa）	29.64	29.64	29.64
汽侧工作压力（MPa）	7.53	4.89	2.20
水侧出口温度（℃）	288.7	260.7	215.8
蒸汽进口温度（℃）	384.1	326.2	423.2

由于加热蒸汽的汽源来自汽轮机3段抽汽，进汽温度高，水侧为除氧器经给水泵高压给水，因此汽侧与水侧的温度差值最大，从而存在热应力较其他高压加热器是最大的。同时，高压加热器的疏水方式是依靠压力差逐级自流的，疏水顺序方向为1号→2号→3号，因此疏水量最大为3号高压加热器，水位波动较大，很容易形成水位大幅度波动，给自动控制造成很大困难，从而造成对管系的热冲击和造成管系振动引起机械损伤。

某机组在正常运行中，3号高压加热器至除氧器正常疏水调节阀开至90%，事故疏水由12%开至35%，凝结水流量由760t/h升至820t/h，A前置泵出口流量507t/h增至529t/h，B前置泵出口流量580t/h增至606t/h，随后就地确认3号高压加热器磁翻板水位计波动在400～500mm。对1号机1号、2号、3号高压加热器水侧进行注水试验，关闭3台高压加热器事故疏水阀，只有3号高压加热器汽侧水位上升，故判断为3号高压加热器泄漏。

加热器除管束可能发生泄漏外，其疏水冷凝段包壳也可能发生泄漏，使得过热蒸汽进入疏水冷凝段，导致疏水异常。如某电厂2号汽轮机3号高压加热器在负荷317.1MW时，入口水温164.9℃、出口疏水温度177.9℃、水位490mm（正常水位280～440mm）、出口水温184.8℃，对应抽汽压力0.947MPa下的饱和温度177.5℃。可以看出，3号高压加热器疏水冷凝段下端差12.6℃，疏水温度达到了抽汽压力下的饱和温度，后经检测确为冷凝段包壳泄漏引起。

3. 轴封加热器泄漏故障

除高压加热器易发生事故外，轴封加热器也是事故较多的地方，最常见的事故是轴封加热器满水，导致轴加风机进水，引起轴加风机跳闸，严重时轴加风机电机烧毁。同时，轴封加热器汽侧通过轴封回汽管道与汽轮机轴封相连，如发生轴封进水事故，将直接威胁到汽轮机安全。如2011年10月27日7时许，某电厂1号机组运行中，由于轴封加热器水侧管束破裂，凝结水大量进入轴封加热器汽测，满水后，进入轴封系统，进入汽轮机；凝结水压力突降（由2.4MPa下降至1.2MPa），备用凝结泵联锁启动。在检查凝结水系统的过程中发现轴加风机跳闸，在运行人员查找故障原因的时候，发现机组轴封处冒白汽甩水，主汽门门杆冒白汽，机组各轴承振动异常增大，汽轮机已进水，运行人员手动打闸停机。

第六节 高压阀门内部泄漏故障案例分析

一、火电厂高压阀门内部泄漏的主要原因

阀门是火力发电站的系统中必不可少的设备，用于控制各种设备及其管路上的流体介质流动和运行，高压阀门泄漏一般发生在填料、法兰密封（密封垫）及阀门本体上。阀门泄漏可以分为外漏和内漏，高压阀门的泄漏会导致电厂消耗增加，经济效益下降，对于外漏，还极易造成安全事故，特别是高温高压的介质突然喷射时，让附近工作人员基本没有反应时间。阀门内漏主要是由阀门关闭不严（阀体不到位）、密封面磨损等因素引起的。阀门关闭不严主要可能因素为在机组运行初期，管道内含有部分杂质（如焊渣），在阀门关闭时，杂质卡涉在密封面上，阀门不能到全关位置。另一种因素是阀门整定时调整不当，虽然关到位信号已发信，但阀门实际未关到位，在机组启动后，压力参数越来越高，阀体在节流冲刷下导致密封面受损，经过多次冲刷，密封面受损越来越严重，泄漏也越来越大，即使再重新调整阀门限位也不能恢复。

二、高压阀门内部泄漏故障诊断方法

1. 基于流量平衡的阀门内漏故障检测方法

基于流量平衡的阀门内漏故障检测方法也称为质量分析法，是一种最基本的阀门内漏故障检测方法，隶属于基于模型的故障诊断方法范畴。基于流量平衡的阀门内漏故障检测方法需要建立阀门及其与之相连的热力管道的物理模型，根据热力设备进出口管道流体的流量差来判断阀门是否发生泄漏。基于流量平衡的阀门内漏故障检测方法简单直观、易于实现，但由于水、水蒸气流量测量的精度随温度以及压力等参数变化的影响较大，因此测量的准确度比较低，同时该方法需要在与阀门相连的管道上安装高精度的流量计，成本较高。

2. 基于传热学理论的阀门内漏故障检测方法

基于传热学理论的阀门内漏故障检测方法属于基于温度检测的故障诊断方法范畴。当阀门正常运行不存在内部泄漏时，阀门及其与之相连接的管道在与周围环境充分热交换后，形成一个正常状态下的温度场分布。如果阀门产生内部泄漏，则阀门与管道系统的流动状态发生改变，温度场也发生变化。根据这种温度场的变化情况，可以诊断出阀门设备的泄漏故障。

例如，如图 5-6 所示的火电厂的蒸汽管道疏水管道与阀门系统，在机组带稳定负荷运行时，疏水阀门处于常闭状态。当疏水阀门有泄漏时，蒸汽就会通过疏水阀门进入凝汽器，造成能量损失，且会造成安全隐患。一旦疏水阀有泄漏，管道内就有高于环境温度的工质流动，管内工质将通过管壁和保温层向外散热，由于散热，沿管长方向工质和管壁温度逐渐降低。假设在管道上安装两个温度测点，且这两个测点保持一定的距离，在稳定泄漏工况下，沿管长方向的温度分布是一定的，这两个测点的温度关系就能反映泄漏量的大小，如图 5-7 所示。对于一个确定疏水系统，其疏水阀门无泄漏工况的管道温度分布与入口蒸汽参数、环境温度和疏水系统结构有关，可通过计算方法得出。只要现场检测出疏水管道测点 1 和测点 2 的实际温度，根据这两点温度与入口蒸汽温度的差值，即可诊断阀门的泄漏状态。

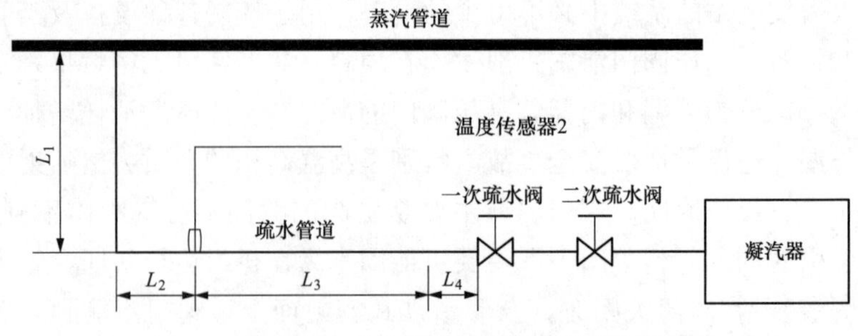

图 5-6 蒸汽疏水系统结构与温度传感器布置示意

3. 基于信号处理的阀门内漏故障检测方法

基于信号处理的阀门故障检测方法主要有负压波法、压力梯度法、声波检测方法和

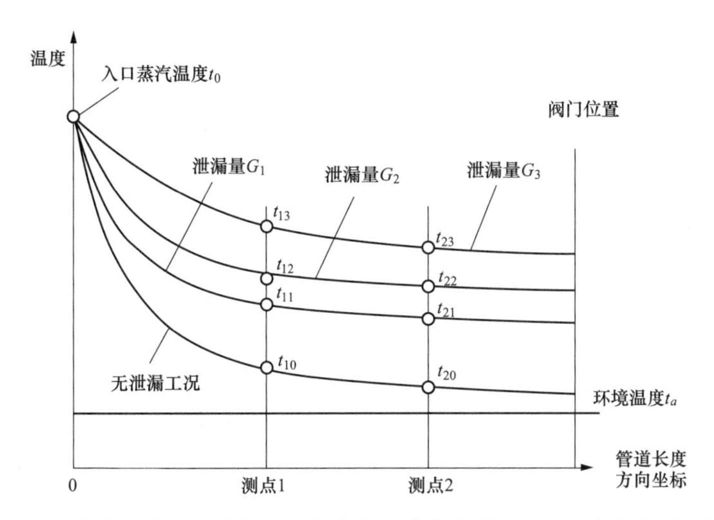

图 5-7　蒸汽疏水阀门泄漏工况与疏水管道稳态传热过程温度分布示意图

应力波检测方法。近年来人们研究了基于数学分析的“软”方法，其中主要有：相关分析法、时间序列分析法和小波变换法。

（1）声波检测方法。声波检测方法是通过测量流体泄漏时产生的噪声来进行管道、阀门检漏和定位，是目前广泛使用的方法，因为该方法具有明显的优越性：

1）即便是无法直接接触的部位，也很容易采集到声音信号。

2）相对于温度传感器和压力传感器获取的信号来说，声音信号提供了更全面、更高质量的信息。

3）在线性系统中，声音波形含有叠加特性。

这就是说，若同时有两处泄漏产生，一路信号不会干扰另一路信号，两处故障可以各自独立地检测出来。

但是，当泄漏产生的声音信号在不同的媒体中传播或遇管壁反射时，许多与泄漏无关的声音信号会造成所需信号波形的失真。声波检测方法又可以分为应力波（固体声波）法、超声波法和声发射法，其中基于应力波原理的相关检漏仪已广泛投入使用

（2）超声波法。超声波法的原理是泄漏噪声中含有超声波，测试此超声波可以发现远距离处的泄漏。由于声波的频率决定了声波的传播形式，低频信号倾向于球形传播，在各个方向上密度相等，而高频超声信号（理论上大于 20kHz，实际上可定义为大于16kHz）则倾向于直线传播，这就是利用超声波检漏的简单原理。

（3）声发射法。声发射法的原理是管道（或容器）阀门中的流体经由阀门小孔泄漏，在达到一定流量时，可在管壁中激发声发射波。泄漏的声发射信号是连续型信号，其值正比于泄漏速率，而泄漏速率与泄漏信号的均方根值的平方成正比。所以，可应用检测 *RMS* 值来检测泄漏。

声发射法是一种非侵入式的测试技术，响应的是动态事件，并且在安全方面也没有特殊的限制。但是，该方法的灵敏度在一定程度上受到背景噪音的限制。而且，当有紊流存在时，检测结果的正确性也将受到一定的影响。

（4）负压力波法。负压力波法的原理是当某个阀门发生泄漏时，该阀门前的流体压力发生突降，形成的负压力波将会以一定波速向上、下游传播，负压力波的传播速度大致与声速相等。在阀门上、下游分别安装压力传感器，检测压力梯度或压力波的变化可判断泄漏是否发生，而通过负压力波传到上、下游的时间差进行泄漏定位。

三、高压阀门内部泄漏故障检测案例

1. 故障背景

在蒸汽动力发电厂（包括火电厂、核电厂和联合循环发电厂），疏（放）水阀门几乎无处不在，只要是汽、水系统，几乎都有疏（放）水阀，该类阀门有如下特点：①一般都是截止阀；②运行中常处于关闭状态；③阀前后压差较大，运行中易泄漏；④系统中具有一定焓值的介质，一旦通过该阀门泄漏后即不再被利用，造成直接热损失。

在蒸汽动力发电厂中，常闭型的高温高压疏放水阀门数量多，每个阀门处于复杂的系统中运行，处于高温、高压运行环境，且在机组启停和负荷大幅变动工况时，这些阀门要进行频繁的开和关操作。所以，这些阀门容易因冲蚀、磨损、腐蚀、热变形、裂纹等原因而导致密封面不严密的情况，当这些阀门需要正常关闭时又关不严，出现泄漏故障。

2. 故障经过

我国南方某火电厂安装了2台国产300MW火力发电机组，2012年机组正常带负荷运行期间，发现机组的汽耗率和热耗率缓慢增加，机组效率和全厂效率呈缓慢下降态势。经过对机组的状态监测与诊断发现，除了有机组的主设备（包括锅炉、汽轮机、发电机）状态劣化导致效率下降原因外，还怀疑全厂的高温高压阀门存在疑似泄漏问题。因此，企业决定在额定参数工况下对机组的阀门泄漏状态进行了专项检测与诊断。

3. 故障诊断

（1）检测方法简介。该发电厂的阀门泄漏专项检测采用温度检测与超声测漏方法结合的检漏方法。温度检测是通过被检测阀门温度与系统温度，环境温度及阀前后温度的关系，通过热平衡方法来判断其是否处于泄漏状态并进行定量热分析；超声检漏是对阀门密封面部位因泄漏而产生的超声波进行采集，并与阀前后管道的超声强度进行比较，以印证温度判断法的正确性。根据定量分析结果，按表5-8所示标准划分泄漏程度。

表5-8　阀门泄漏的定性判断标准

阀门通径（mm）	漏量（t/h）		
	微漏	泄漏	严重泄漏
DN≤50	≤0.1	0.1～1.0	≥1.0
DN>50	≤0.5	0.5～1.5	≥1.5

（2）泄漏检测结果

该发电厂1号机组阀门泄漏检测结果见表5-9。根据表5-9所示泄漏阀门的具体位置以及其各自的参数特点综合分析，以上阀门将给1号机组汽机系统共造成1.358 0t/h的泄漏量，给1号机组锅炉系统共造成5.799 3t/h的泄漏量。

2号机组阀门泄漏检测结果见表5-10。根据表5-10所示泄漏阀门的具体位置以及其各自的参数特点综合分析，以上阀门给2号机组汽机系统共造成1.288 1t/h的泄漏量，给2号机组锅炉系统共造成0.879 5t/h的泄漏量。

表5-9　　1号机组阀门泄漏情况统计

泄漏等级	汽轮机系统	锅炉系统
严重泄漏阀门	无	无
一般泄漏阀门	A汽动给水泵再循环气动门； B汽动给水泵再循环气动门	低压旁路减压阀； 1号角下联箱排污手动总阀
微漏阀门	第五段抽汽止回门后疏水手动门； 第六抽汽电动门后疏水电动门； 第六段抽汽止回门后疏水手动门； 低压轴封调端进汽疏水手动门； 高中压轴封母管疏水门； 轴封溢流旁路疏水门	再热加热器蒸汽出口对空排汽一次门； 再热加热器蒸汽出口对空排汽二次门

表5-10　　2号机组阀门泄漏情况统计

泄漏等级	汽轮机系统	锅炉系统
严重泄漏阀门	无	1号角下联箱排污手动门； 4号角下联箱排污手动总门
一般泄漏阀门	B汽动给水泵再循环气动门； 3号高压加热器启动疏水调节阀前隔离阀	1号角下联箱排污母管疏水手动； 1号角下联箱排污总二次门； 2号角下联箱排污总二次门； 2号角下联箱排污手动门； 2号角下联箱排污总阀； 4号角下联箱排污二次总门； 4号角下联箱排污母管疏水一次门
微漏阀门	主蒸汽至轴封旁路电动门； 主蒸汽至轴封调整门前电动门； 第一段抽汽止回门前疏水电动门； 第一段抽汽止回门前疏水手动一次门； 第一段抽汽止回门前疏水手动二次门； 2号低压旁路减压阀	再热蒸汽出口对空排汽一次门； 再热蒸汽出口对空排汽二次门

（3）阀门泄漏对机组供电煤耗的影响分析。为了更直观地显示火力发电企业疏排放系统阀门内漏给系统带来的损失，阀门内漏而造成的热损失换算成的标煤损耗，具体数据见表5-11。由此可见，阀门泄漏造成的经济损失不可忽视。

表 5-11　　阀门泄漏造成的能耗损失统计

<table>
<tr><th>机组</th><th>系统名称</th><th>泄漏量（t/h）</th><th>煤耗（t/d）</th><th>合计（t/d）</th></tr>
<tr><td rowspan="2">1号</td><td>汽机系统</td><td>1.358 0</td><td>1.038 1</td><td rowspan="2">3.891 5</td></tr>
<tr><td>锅炉系统</td><td>0.879 5</td><td>2.853 4</td></tr>
<tr><td rowspan="2">2号</td><td>汽机系统</td><td>1.288 1</td><td>1.021 9</td><td rowspan="2">6.478 3</td></tr>
<tr><td>锅炉系统</td><td>5.799 3</td><td>5.456 4</td></tr>
</table>

4. 故障处理

鉴于该发电厂1号、2号机组的阀门整体泄漏情况，得出如下处理措施：

（1）对于达到“一般泄漏”及以上等级的阀门，需要进行更换。所以，1号机组需更换阀门4个，2号机组需更换阀门11个。

（2）对于达到“微漏”等级的阀门，需要进行维修。所以，1号机组需要维修阀门8个，2号机组需要维修阀门8个。

（3）对于1号机组，汽轮机系统中的阀门泄漏问题为重点治理对象；对于2号机组，锅炉系统中的阀门泄漏问题为重点治理对象。

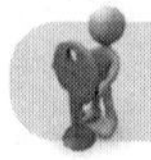

思考与讨论题

（1）发电厂汽轮机结构上有何特点？汽轮机设备及系统有哪些典型故障？

（2）汽轮机通流部分包含哪些设备？通流部分的主要故障有哪些？导致通流部分故障的主要原因有哪些？

（3）如何建立通流部分故障诊断模型？

（4）通流部分的故障诊断技术有何新进展？

（5）凝汽器真空是如何形成的？如何从理论上确定凝汽器的真空值？影响凝汽器真空的主要因素有哪些？

（6）如果某台机组凝汽器真空较差，需要你查找原因，你应该从哪几方面着手？

（7）如何从汽轮机组的DCS系统检测数据中提取凝汽系统的故障特征？

（8）如何建立汽轮机组凝汽系统的故障诊断模型？针对凝汽器低真空故障，如何设计、开发一套故障诊断系统？

（9）火电厂回热系统在结构上有何特点？在运行方面有何特点？

（10）火电厂回热系统有哪些常见故障？针对不同的故障，有何独特的监测诊断方法？

（11）针对高压加热器内部泄漏故障，如何设计、开发一套基于噪声或声发射信号检测的泄漏故障诊断系统？

（12）针对高压阀门内部泄漏故障，如何设计、开发一套基于噪声或声发射信号检测的泄漏故障诊断系统？

（13）汽轮机启机过程中，为判断主汽门、调节汽门的内漏情况，需要进行阀门严密性试验，请根据自身的理解，阐述严密性试验的过程。

参考文献

[1] Ray Beebe. Condition monitoring of Steam turbines by performance analysis [J]. Journal of Quality in Maintenance Engineering，2003，9（2）：102-112.
[2] 陈汉平，叶春，钟芳源．汽轮机热力参数在线监测及故障诊断系统 [J]. 汽轮机技术，1994，36（1）：35-38.
[3] 忻建军，叶春，等．300MW 汽轮机高压缸通流部分故障的热参数模糊诊断 [J]. 动力工程，1997，17（3）：5-8.
[4] 史进渊．汽轮机通流部分故障诊断模型的研究 [J]. 中国电机工程学报，1997，17（1）：29-32.
[5] 杨勇平，杨昆．汽轮机通流部分故障诊断的热力判据研究 [J]. 热能动力工程，1999，14（83）：347-349.
[6] 席莉，李录平．汽轮机级组通流能力诊断指标及修正方法研究 [J]. 电站系统工程，2011，27（6）：22-25.
[7] 张世海，马新惠，范斌．660MW 超临界机组凝汽器真空值异常分析及处理 [J]. 贵州电力技术，2017，20（06）：11-13+26.
[8] 于佳滨．氦质谱检漏技术在电厂凝汽器真空治理上的应用 [J]. 自动化应用，2019（03）：69-71.
[9] 刘金祥，袁新民，马金臣，查方林，石磊．600MW 机组凝汽器严重结垢原因分析 [J]. 湖南电力，2017，37（01）：56-58.
[10] 王维桂，周鲲鹏，张传锐．640MW 机组凝汽器不锈钢管结垢分析和处理 [J]. 安徽电力，2013，30（02）：27-30.
[11] 邵罡北，李东．300MW 机组空冷凝汽器结垢分析及处理 [J]. 山西电力，2013（02）：52-55.
[12] 张学利，赵晓军，解伟军．600MW 亚临界汽轮机高压加热器疏水运行故障分析与对策 [J]. 机械工程师，2019（02）：112-114+117.
[13] 施志敏．330MW 机组高压加热器泄漏原因分析及对策 [J]. 中国设备工程，2019（03）：103-105.
[14] 赵东旭．火电厂 330MW 机组高压加热器泄漏问题分析 [J]. 设备管理与维修，2017（15）：44-45.
[15] 张凯波．300MW 汽轮发电机组高压加热器故障原因分析探讨 [J]. 科技创新导报，2017，14（17）：87-89.
[16] 李晓峰，孙国彬．600（300）MW 机组加热器系统事故分析和处理措施 [J]. 化工设备与管道，2014，51（04）：53-55.
[17] 管继荣．600MW 机组高压加热器泄漏原因分析及防范措施 [J]. 华电技术，2012，34（06）：11-12+53+77.
[18] 刘洋，李录平，孔华山，等．基于传热理论的蒸汽疏水阀门内漏量计算方法 [J]. 热能动力工程，2004，29（3）：196-201.
[19] 刘洋，李录平，孔华山，等．蒸汽疏水阀门内漏量定量振动方法研究 [J]. 热能动力工程，2014，29（5）：309-313.
[20] 吴丰玲，李录平，黄章俊，等．火电机组疏水截止阀微小泄漏故障温度诊断方法及其应用 [J].

汽轮机技术，2015，57 (5)：365-370.
[21] W. Kaewwaewnoi，A. Prateepasen，P. Kaewtrakulpong. Investigation of the relationship between internal fluid leakage through a valve and the acoustic emission generated from the leakage [J]. Measurement，2010，43 (2)：274-282.
[22] Min-Rae Lee，Joon-Hyun Lee，Jung-Teak Kim. Condition Monitoring of a Nuclear Power Plant Check Valve Basedon Acoustic Emission and a Neural Network [J]. Journal of Pressure Vessel Technology，2005，127 (8)：230-236.
[23] 魏海姣，周坤胜，张富宏，薛佼，牛亚全 . 600MW 汽轮发电机组低压旁路阀内漏原因分析及处理 [J]. 内蒙古电力技术，2017，35 (05)：61-64.
[24] 郭岩，郭欣瑀，张博，张中林 . 600MW 亚临界机组高压旁路阀内漏原因分析与改造 [J]. 浙江电力，2017，36 (05)：45-47+61.

第六章

水轮机常见故障分析

第一节　水轮机工作过程特点

一、水轮机类型与基本结构

1. 水轮机类型

水轮机将水流的能量转换为轴的旋转机械能，能量的转换是借助转轮叶片与水流相互作用来实现的。根据转轮内水流运动的特征和转轮转换水流能量形式的不同，现代水轮机可以划分为反击式和冲击式两大类（如图6-1所示）。

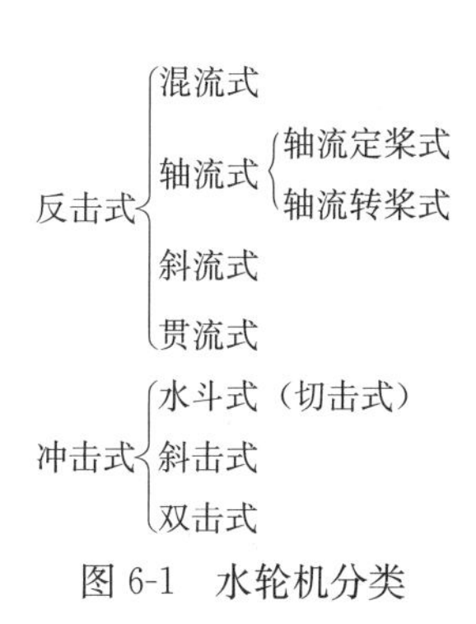

图6-1　水轮机分类

反击式水轮机利用了水流的势能和动能。水流充满整个水轮机的流道，整个流道是有压封闭系统，水流是有压流动，水流沿着转轮外圆整周进水，从转轮的进口至出口水流压力逐渐减小。根据水流在转轮内运动方向的特征及转轮构造的特点，反击式水轮机分为混流式、轴流式、斜流式和贯流式。另外，根据转轮叶片是否可以转动，将轴流式、斜流式和贯流式又分别分为定桨式和转桨式。

冲击式水轮机仅利用了水流的动能，借助特殊的导水装置（如喷嘴），把高压水流变为高速的自由射流，通过射流与转轮的相互作用，将水流能量传递给转轮。转轮和导水装置都安装在下游水位以上，转轮在空气中旋转。水流沿转轮斗叶流动过程中，水流具有与大气接触的自由表面，水流压力一般等于大气压，从转轮进口到出口，水流压力不发生变化，只是转轮出口流速减小了，转轮不是整周进水，因此过流量较小。根据转轮进水特征，冲击式又分为切击式、斜击式和双击式。

根据转轮布置方式不同，水轮机的装置形式有立式和卧式。一般大中型机组都布置成立式。立式结构又可分为悬式和伞式，发电机推力轴承位于转子上部的统称为悬式，位于转子下部的统称为伞式。

2. 反击式水轮机的基本结构

因篇幅限制，以应用最为广泛的混流式水轮机为代表介绍反击式水轮机的基本结构（如图6-2所示）。

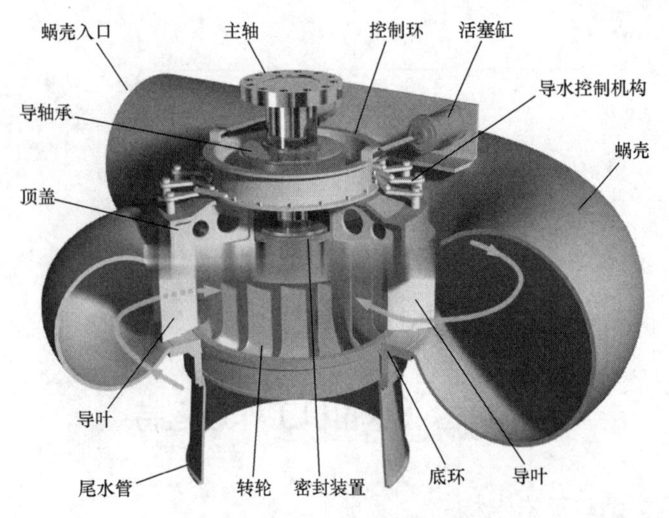

图 6-2　混流式水轮机结构简图

（1）引水室：引水室是以最小的水力损失把水流引向转轮前的导水机构，并使水流能均匀而轴对称地进入导水机构，同时，让水流具有一定的速度环量。

（2）座环：座环用来承受水力发电机组的轴向载荷，并把载荷传递给混凝土基础。

（3）导水机构：导水机构形成与改变进入转轮的水流的速度环量，引导水流按一定方向进入转轮。并通过改变导叶的位置，引起导叶出流速度方向和大小的改变，使得水轮机流量变化来调整出力。

（4）转轮：转轮将水流的能量转为转轴上的旋转机械能。

（5）尾水管：尾水管使转轮出口处水流压力下降，形成一定的真空，来回收转轮出口水流中的部分动能和转轮高出下游水面的那一段位能。同时将转轮出口水流引向下游。

（6）主轴：主轴将水轮机转轮的机械能传递给发电机。

（7）轴承：轴承承受水轮机轴上的载荷（径向力和轴向力）并传递给基础。

二、水轮机的工作特点

对于反击式水轮机和冲击式水轮机，当工作水流进入水轮机转轮后，都是利用水流和转轮叶片之间的作用力和反作用力原理，将水流能量传给转轮，使转轮连同水轮机轴一起旋转做功释放机械能。因此，它们的工作原理是完全相同的。水轮机基本方程，既适用于反击式水轮机，也适用于冲击式水轮机。

同时，反击式水轮机和冲击式水轮机存在着某些本质的区别和各自的特点。除了前面已述的在水能利用方式上的差异，还有以下不同特点。

（1）在冲击式水轮机中，喷管（相当于反击式水轮机的导水机构）的作用是：引导水流，调节流量，并将液体机械能转变为射流动能。而反击式水轮机的导水机构，除引导水流、调节流量外，在转轮前形成一定的旋转水流，以满足不同比转速水轮机对转轮前环量的要求。

(2) 在冲击式水轮机中，水流自喷嘴出口直至离开转轮的整个过程，始终在空气中进行。则位于各部分的水流压力保持不变（均等于大气压力）。它不像反击式水轮机那样，在导水机构、工作轮以及转轮后的流道中，水流压力是变化的。故冲击式水轮机又称为无压水轮机，而反击式水轮机，称之为有压水轮机。

(3) 在反击式水轮机中，由于各处水流压力不等，并且不等于大气压力。故在导水机构、转轮及转轮后的区域内，均需有密闭的流道，而在冲击式水轮机中，就不需要设置密闭的流道。

(4) 反击式水轮机必须设置尾水管，以恢复压力，减小转轮出口动能损失和进一步利用转轮至下游水面之间的水流能量。而冲击式水轮机，水流离开转轮时流速已很小，又通常处在大气压力下，因此它不需要尾水管。从另一方面讲，由于没有尾水管，使冲击式水轮机比反击式水轮机少利用了转轮至下游水面之间的这部分水流能量。

(5) 反击式水轮机的工作转轮淹没在水中工作，而冲击式水轮机的工作轮是暴露在大气中工作，仅部分水斗与射流接触，进行能量交换。并且，为保证水轮机稳定运行和具有较高效率，工作轮水斗必须距下游水面有足够的距离（即足够的排水高度和通气高度）。

(6) 在冲击式水轮机中，因工作轮内的水压力不变，故有可能将工作轮流道适当加宽，使水流紧贴转轮叶片正面，并由空气层把水流与叶片的背面隔开。这样，可使水流不沿工作轮的整个圆周进入其内，而仅在一个或几个局部的地方，通过一个或几个喷嘴进入工作轮。由于工作叶片流道仅对着某个喷嘴时被水充满，而当它转到下一个喷嘴之前，该叶片流道中的水已倾尽，故水流沿叶片流动不会发生紊乱。

(7) 冲击式水轮机的工作轮仅部分过水，部分水斗工作，故水轮机过流量较小，因而在一定水头和工作轮直径条件下，冲击式水轮机的出力比较小。另外，冲击式水轮机的转速相对比较低（这是由于转轮进口绝对速度大，圆周速度小）、出力小，导致了较低的比转速，故冲击式水轮机适用于高水头小流量的场合。

第二节 水轮机常见故障及其处理措施

一、水轮机故障

水轮机故障是指水轮机完全或部分丧失工作能力，也就是丧失了基本工作参数所确定的全部或部分技术能力的工作状态。

根据水轮机故障出现的性质，故障可分为渐变故障和突发故障。

渐变故障多由零件磨损和疲劳现象的累积结果而产生。这种故障使水轮机某些零部件或者整机的参数逐渐变化，例如过流部件的泥沙磨损和空蚀将导致水轮机效率逐渐下降。这种故障的发展及后果有规律性，可用一定精度的允许值（如振动、摆度、效率下降）来表示。

突发故障具有随机性，整个运行期间都可能发生。其现象为运行参数或状态突然或阶跃变化，例如零部件突然断裂、振动突然增大等。突发故障的原因多为设计、制造、安装或检修中存在较严重缺陷或设计运行条件与某些随机运行条件不符或设备中突然落入异物等。

通过加强运行中的维护，进行定期的停机检修，使设备保养在最佳运行状态，可以减缓渐变故障的发展过程，预防突发故障及渐变故障在突发因素下转化为突发故障。

二、水轮机常见故障的处理措施

1. 出力下降

出力下降指并列运行机组在原来开度下出力下降或单独运行机组开度不变时转速下降。这两种情况多由拦污栅被杂物堵塞而引起，尤其是在洪水期容易发生，对于长引水渠的引水式电站，也可能由于渠道堵塞或渗漏使水量减小而引起。另外，也可能因导叶或转轮叶片间有杂物堵塞使流量减小而引起。清除堵塞处的杂物可消除这种故障，在洪水期应注意定时清除拦污栅上的杂物。如果出力下降逐渐严重，且无流道堵塞现象，则可能是转轮或尾水管有损坏使效率下降，应停机检查，进行相应处理。

2. 水轮机振动

水轮机在运行中发生较强烈的振动，多由于超出正常运行范围而引起，如过负荷、低水头低负荷运行或在空蚀振动严重区域运行。这时，只要调整水轮机运行工况即可。对于空蚀性能不好，容易发生空蚀的水轮机，则应分析空蚀原因，采取相应措施，如抬高下游水位减小吸出高度、加强尾水管补气等来减小振动。

3. 运行时发生异常响声

运行时发生的异常响声如为金属撞击声，多为转动部分与固定部分之间发生摩擦，应立即停机检查转轮、主轴密封、轴承等处，如确有摩擦，则应进行调整。另外，水轮机流道内进入杂物、轴承支座螺栓松动、轴承润滑系统故障和水轮机空蚀等也会引起水轮机发生异常响声，应根据响声的特点、结合其他现象（如振动、轴承温度、压力表指示等）分析原因，采取相应处理措施。

4. 空载开度变大

开机时，导叶开度超过当时水头下的空载开度时才达到空载额定转速，如果检查拦污栅无堵塞，则是由于进水口工作闸门或水轮机主阀未全开而造成。检查它们的开启位置，并使其全开。

5. 停机困难

停机困难指停机时，转速长时间不能降到制动转速。停机困难故障的原因是导叶间隙密封性变差或多个导叶剪断销剪断，因而不能完全切断水流。如果是导叶剪断销剪断，应迅速关闭主阀或进水口工作闸门切断水流；对于导叶间隙密封性变差，其故障现象是逐渐发展的，应在加强维护工作中予以消除。

6. 顶盖淹水

顶盖淹水故障多为顶盖排水系统工作不正常或主轴密封失效漏水量过大引起。对顶盖自流排水的水轮机，检查排水通道有无堵塞；水泵排水的则检查水位信号器，并将水泵切换为手动；对顶盖射流泵排水则检查射流泵工作水压。如果排水系统无故障，则可能是主轴密封漏水量过大，应对其检查，进行调整或更换密封件。另外，应注意是否因水轮机摆度变大引起主轴密封漏水过大。如果顶盖淹水严重，不能很快处理，则应停机，以免水进入轴承，使故障扩大。

7. 剪断销剪断

剪断销是导水机构的保护元件，当某导叶动作过程中受到阻碍而承受较大的应力时，该剪断销作为受应力最大部件而被剪断，使相关导叶不受损坏而整个导水机构仍能正常工作。

剪断销剪断后的处理：首先至水轮机室核实剪断销是否确实被剪断，当剪断销被剪断1～2个时，若机组振动、摆度在允许范围内，可将调速器切为手动运行，然后更换剪断销。更换剪断销时应注意人身安全；若剪断销被剪断3个或3个以上而使相应导叶失去控制时，会引起作用于转轮上的水力不平衡，导致机组摆度增大，易使水轮机导轴承严重磨损以至烧毁，这时应迅速关闭导叶和主阀使机组停机，然后进行更换。

8. 轴承温度过高

轴承温度过高是一种很常见的故障，也是对机组正常运行影响最大的一种故障。在发生轴承温度过高时，先检查机组振动是否正常，检查冷却水系统工作是否正常，如均无异常，则应考虑轴承间隙发生变化。停机检查，如确实如此，则应查明原因并重新调整间隙。在轴承承载能力允许的条件下适当扩大间隙，对降低轴承温度是有利的。

9. 水轮机空蚀和泥沙磨损

水轮机空蚀和泥沙磨损这两种故障的原因、防止措施及基本处理方法，将在后面章节详细叙述。对多泥沙电站要定期排沙，洪水期不应超负荷运行，避免发生空蚀与磨损的联合作用而加速水轮机的破坏。

除以上几种常见故障外，水轮机还会出现一些别的故障，可以根据设备的结构、工作原理、运行情况以及故障现象进行分析判断，查明原因后进行相应处理。

第三节 水轮机出力不足故障案例分析

水轮机出力，即水轮机轴功率，是水轮机能够传给发电机的功率。水轮发电机组发不出额定出力或出力下降的现象在刚建成投产或运行多年的水电站都时有发生。

一、水轮机出力不足故障的主要特征参数

水轮机出力的计算公式为：

$$P = 9.81 \times Q \times H \times \eta_t \tag{6-1}$$

式中 P ——水轮机出力，kW；

Q ——水流量，m^3/s；

H ——水头，m；

η_t ——水轮机效率。

所谓水轮机出力不足，是指水轮机的原因导致机组的发电功率小于“基准值”。由式（6-1）可知，影响水轮发电机组出力的主要因素有：

1. 水头参数 H

如果因各种原因导致水轮机的实际工作水头小于“基准值”，将导致水轮机的出力下降。因此，水头参数 H 的值可选取为诊断水轮机出力不足故障的特征参数。

2. 流量参数 Q

如果因各种原因导致流经水轮机的实际水流量减小，将导致水轮机的出力下降。因此，流经水轮机的实际水流量 Q 可选取为诊断水轮机出力不足故障的特征参数。

3. 效率参数 η_t

如果因各种原因导致水轮机的效率降低，将导致水轮机的出力下降。因此，水轮机的实际效率 η_t 可选取为诊断水轮机出力不足故障的特征参数。但是，水轮机的实际效率 η_t 很难在现场直接进行检测，需要通过检测其他参数再利用适当的数学模型进行计算后获得。

二、水轮机出力不足故障原因分析

1. 导致水轮机工作水头 H 下降的原因

引起水轮机工作水头下降的原因主要有以下几个方面：

（1）水库漏水，使水库水位下降，达不到设计要求。这一情形在地质情况复杂的喀斯特地区或地址资料不全的中小型水电站均有发生。

（2）进水口拦污栅设计间隔过小或上游河段水中杂物太多，拦污栅被堵面积太大，使进水口的水力损失增加，过流量减小，使水轮机工作水头和过流量均下降。

（3）引水管渠周壁经一段时间运行后，生长了杂草，吸附了较多的水中贝壳类微生物或严重结垢，使引水管渠的水力损失增加，过水断面减小，过流量减小。

（4）电站下游尾水渠或河床在施工中忽视清理，造成下游河床抬高，或电站经一段时间运行后，泥沙淤积，使下游水位上升，水轮机工作水头下降。

（5）水轮机过流部件经一段时间运行后，因遭受磨蚀损坏，水中坚硬杂物碰撞变形、表面严重结垢或吸附贝壳类微生物，使水轮机中的水力损失增加，水轮机工作水头减小，过流量减小，导致水轮机出力下降。

2. 水轮机过流量减少或容积损失增加

使水轮机过流量减少或容积损失增加的原因除上面（2）、（3）、（5）中已述外，还有以下几方面：

（1）引水管渠漏水，或被分流。

（2）水轮机运行一段时间后，由于泥沙磨损和空蚀等原因，使止漏环处的间隙增大，水轮机容积损失增加，从而使通过水轮机转轮叶片的有效工作流量减少。

（3）水轮机导叶开度的整定值不够或导叶被水中杂物堵塞。

3. 导致水轮机效率下降的原因

（1）尾水管出口淹没深度不够。

(2) 转轮制造、加工质量差，使原型水轮机的转轮效率明显下降，甚至低于模型转轮的效率，从而使水轮机出力下降。

(3) 水轮机产生空化现象导致效率下降。

(4) 水轮机因腐蚀、磨损等原因导致转轮叶片的型线变化。

4. 因其他故障限制水轮机出力

(1) 因机组轴承温升过高，机组振动偏大，也迫使机组不能发出额定出力。

(2) 机组主要零部件的自然老化，使其承载能力下降，机组发不出额定出力。

三、水轮机出力不足故障诊断推理模型

引发水轮机出力不足故障的原因包括设计、制造、安装、运行、维护等各个方面，如图 6-3 所示为灯泡贯流式水轮机出力不足故障诊断的推理过程流程图。对于其他形式的水轮机，也可以建立类似的“出力不足故障”诊断推理流程图。

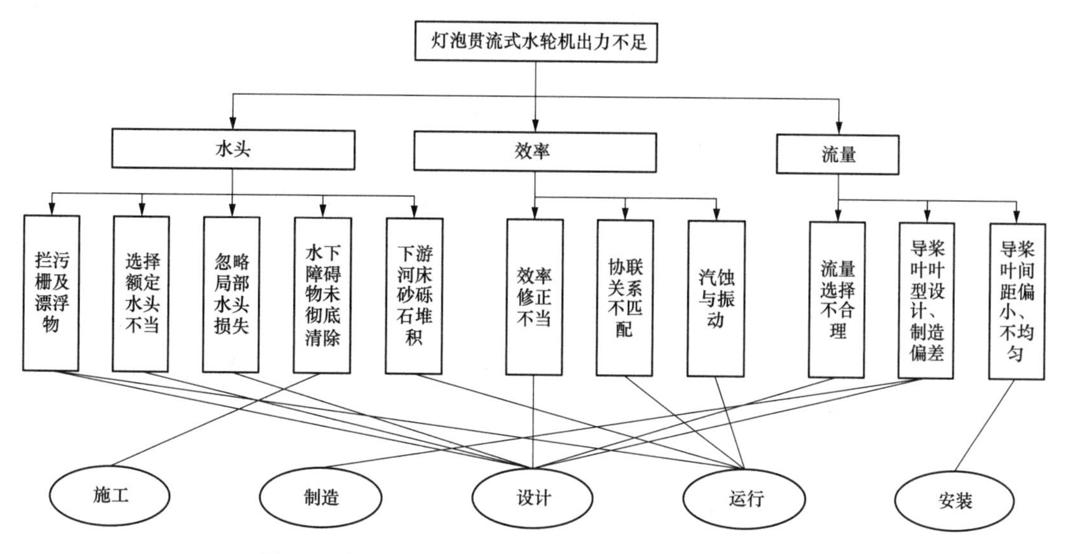

图 6-3 灯泡贯流式水轮机出力不足故障诊断推理模型

四、水轮机出力不足故障诊断与处理案例

1. 故障经过

某水电厂安装 6 台单机 45MW 灯泡贯流式机组。1 号和 2 号机组的水轮机、发电机均由国外公司生产，3 号～6 号机组由国内公司按照国外技术制造。1 号～5 号机组于 2003 年投产，6 号机组于 2005 年投产。机组设计水头 20m。

该水电厂 3 号机组自投产以来出力与其他机组存在差异，典型表现有：

(1) 在相同出力条件下，与其他机组相比，该机组的导叶开度和桨叶开度较大，效率偏低，且机组振动在允许范围内。

(2) 在低水头条件下，尽管增加了导叶开度，该机组出力仍然达不到额定出力水平，且振动偏大。

(3) 在相同运行工况下，该机组的拦污栅的栅前、栅后压差比较接近。

(4) 该机组水轮机空蚀状态较好。

据统计，相对于厂内其他机组，在相同工况下，3 号机组每年平均少发电量 1235.6 万 kW·h，折算经济损失达 371 万元/年。

2. 故障诊断

(1) 故障原因排查。与其他类型水轮机相似，灯泡贯流式水轮机的出力大小受水质、过机流量、工作水头和水轮机效率的影响。但是，该类型水轮机在设计、制造、安装、水电施工以及运行等方面的特点，使得水轮机出力更易受到影响。

根据如图 6-3 所示的诊断推理模型，经过定性分析发现，导致 3 号水轮机出力不足的主要原因是流经桨叶的过机流量偏小。为此，该水电厂工程技术人员于 2007 年下半年检修期间对 3 号机组的故障原因进行排查，包括：调速器系统进行系统性检查，未发现调速器控制系统异常；经过发电机效率分析，水轮机流道测量与分析，导、桨叶叶型测量与分析，导叶间距的测量与分析等工作，排除了这几方面的可能，并将重点放在了水轮机桨叶间距与转角的测量与分析上。

(2) 水轮机桨叶间距与转角的测量与分析。为了定量探明 3 号水轮机桨叶间距与转角的故障缺陷程度，于 2012 年 1 月和 3 月对 3 号机组和 5 号机组（出力正常的机组）的水轮机桨叶转角与轮叶间距进行了测量，以检查对比桨叶的安装质量以及桨叶间流道的均匀程度，并考察其对水轮机出力的影响。

1) 桨叶间距测量。用桨叶开度调节装置操作接力器，顺次测量出从全关到全开状态下每片桨叶的转角变化范围，以及桨叶接力器行程（直接读数）为 0%、25%、50%、75%、100%时所对应的实际转角，用钢卷尺或激光测距仪测量相邻桨叶间相应位置点（如图 6-4 所示的 1′、2′、3′、…）之间的距离。前两者可用于对比分析桨叶转角和接力器行程的关系；后者可用于判断在不同转角条件下桨叶之间水流的均匀程度。根据已掌握的 3 号机组效率偏低的信息，着重关注大转角下相邻桨叶之间的距离。

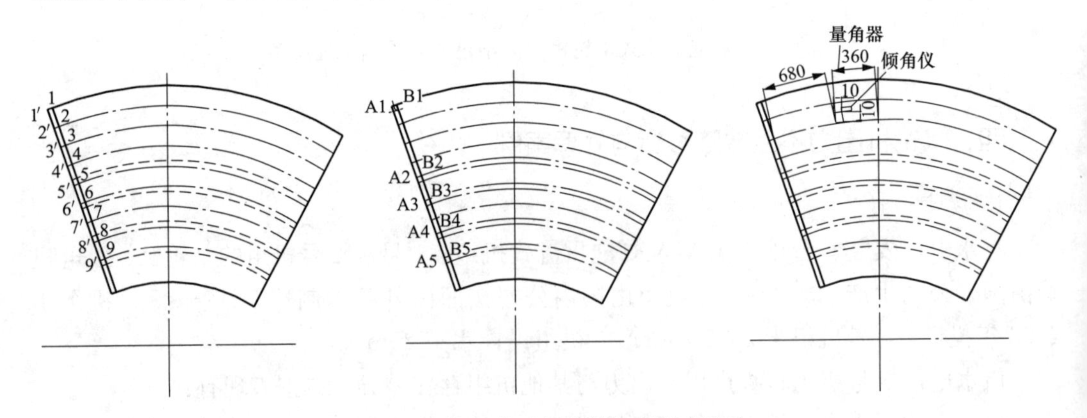

图 6-4　水轮机桨叶间距均匀度测点选取

经过测量发现：3 号水轮机和 5 号水轮机桨叶间距随转角变化具有明显的规律性，且变化趋势基本一致。同时，3 号水轮机和 5 号水轮机在不同桨叶转角下的间距平均值存在一些差值，5 号水轮机桨叶间隔平均值普遍大于 3 号水轮机，这意味着在同一导叶开度下，3 号水轮机的桨叶转角小于 5 号水轮机。在 50%开度下差距更大，最大可达到 40mm 左右；在 100%大开度下有所减弱，一般在 10～18mm 之间。就水轮机不同桨叶之间间距的最大偏差来看，在桨叶转角较大（100%）时，3 号水轮机桨叶间距的均匀性不如 5 号水轮机的均匀性好。

2）桨叶转角测量。利用倾角仪方法测量桨叶的转角，测量原理如图 6-5 所示。将倾角仪底部吸附在桨叶上，横跨桨叶旋转轴线，各桨叶上的倾角仪安放位置如图 6-5 所示，数显屏正对工作人员（简称“正面”），随桨叶调整位置的改变读取倾角仪示数 A，再将倾角仪数显屏背对工作人员，读取相应示数 B，取（$A-B$）/2 作为该桨叶位置对应的转角值。

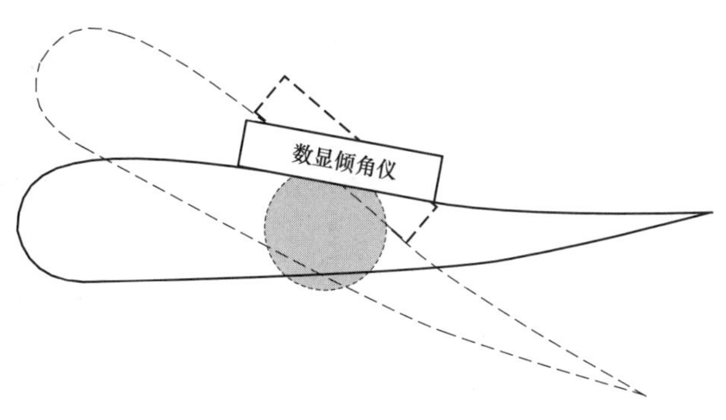

图 6-5 倾角仪测量桨叶转角示意图

3 号和 5 号水轮机各桨叶在不同叶片转角开度下的倾角仪测量数据见表 6-1。

表 6-1 3 号和 5 号水轮机桨叶转角倾角仪测量值

桨叶开度		机组	1 号叶片	2 号叶片	3 号叶片	4 号叶片	5 号叶片	平均值	最大差值
全关（出高）	0.4%	3 号	−2.68°	−5.68°	−0.68°	−2.60°	−4.68°	−3.26°	5.00°
	1.4%	5 号	−2.60°	−3.60°	−2.00°	−2.10°	−4.00°	−2.86°	2.00°
50%（进高）	50.2%	3 号	13.5°	14°	13.4°	11.6°	13.7°	13.24°	2.40°
	48.6%	5 号	15°	14.4°	16.2°	15.9°	13°	14.88°	3.10°
99.9%全开（进高）		3 号	29.8°	30.2°	29.4°	27.8°	29.7°	29.38°	1.60°
		5 号	30.9°	30°	31.7°	31.3°	28.7°	30.52°	3.00°
桨叶转角范围		3 号	32.48°	35.88°	30.08°	30.4°	34.38°	32.64°	5.88°
		5 号	33.5°	33.6°	33.7°	33.4°	32.7°	33.38°	1.00°

注 桨叶出水边位置高于进水边位置，角度为负值；桨叶进水边位置高于出水边位置，角度为正值。

由表 6-1 可以看出：3 号和 5 号水轮机桨叶倾角仪测量从全关到全开的全行程差值比较接近，但 3 号水轮机在全关时出水边高于进水边的倾角平均值和全开时进水边高于出水边的倾角平均值均大于 5 号水轮机。5 号水轮机各桨叶的转角范围较均匀（偏差为 1°），3 号水轮机各桨叶的转角范围偏差较大，达 5.88°；5 号水轮机桨叶转角范围的平均值（33.38°）大于 3 号水轮机桨叶转角范围的平均值（32.64°）；5 号水轮机各桨叶初始转角的平均值（−2.86°）大于 3 号水轮机各桨叶初始转角的平均值（−3.26°）；在大开度时，3 号水轮机各桨叶的转角值较均匀（偏差为 1.6°）。因此，从平均值来看，在相同的桨叶接力器行程下，3 号水轮机的桨叶转角均比 5 号水轮机小。

3. 处理措施

3号水轮机的“出力不足故障”的处理原则为：适当增加大开度时桨叶间距和转角并保持相对均匀。根据这个原则，计算并调整各桨叶接力器耳柄螺栓处垫片厚度。垫片调整前、后桨叶全开状态下的典型转角和间距值见表6-2。从表6-2可以看出，1～5号桨叶对应的垫片调整厚度是不尽相同的，2号桨叶对应的垫片厚度增加得最少，5号桨叶增加得最多。垫片厚度增加后，所有桨叶在全开状态下的转角和间距值相比厚度调整前均有不同程度的增加，各转角实测值和间距实测值之间更加均匀。

为分析桨叶转角调整的效果，在转角调整后开展了多水头下的稳定性及相对效率试验。以18.5m水头为例，转角调整前后的相对效率和出力对比见表6-3和如图6-6所示。

表6-2　垫片调整前、后桨叶全开状态下转角和间距数据对比

桨叶编号	垫片厚度（mm）		桨叶转角增加值（°）	全开时转角（°）			1号测点间距测量值（mm）	
	调整前	调整后		调整前	调整后		调整前	调整后
					计算值	实测值		
1	6.00	10.8	0.58	29.56	30.14	30.17	1561	1582
2	6.00	8.5	0.30	29.85	30.15	30.17	1554	1572
3	6.00	10.8	0.58	29.56	30.14	30.05	1557	1582
4	6.00	10.8	0.58	29.54	30.12	30.12	1547	1581
5	6.00	14.0	0.97	29.17	30.13	30.18	1541	1578

表6-3　桨叶转角调整前后相对效率测试结果对比

桨叶转角调整前					桨叶转角调整后				
导叶开度（%）	桨叶开度（%）	换算至18.5m水头			导叶开度（%）	桨叶开度（%）	换算至18.5m水头		
		指数流量	机组出力（MW）	相对效率（%）			指数流量	出力（MW）	相对效率（%）
97.7	93.6	1.53	43.65	92.28	92.28	82.47	1.45	42.86	96.00
96.2	91.8	1.47	42.95	94.51	92.08	83.48	1.46	42.49	94.65
94.3	89	1.43	41.76	94.46	87.01	75.57	1.32	39.43	97.27
86.2	77.9	1.22	37.02	98.15	81.96	66.87	1.17	35.95	99.71
79.9	65.2	1.04	31.73	98.69	75.12	52.21	0.96	29.26	99.78
74.6	56.9	0.91	28.02	99.60	70.8	46.8	0.87	26.69	99.79
67	44.9	0.75	22.85	98.55	65.12	40.53	0.77	23.52	99.55
58	36.2	0.62	18.55	96.78	60.49	36.78	0.7	21.10	98.79

通过测试结果的对比可以看出：桨叶转角调整后各开度下机组出力得到了明显提升；桨叶转角调整后在高负荷工况下水轮机效率得到明显提升。

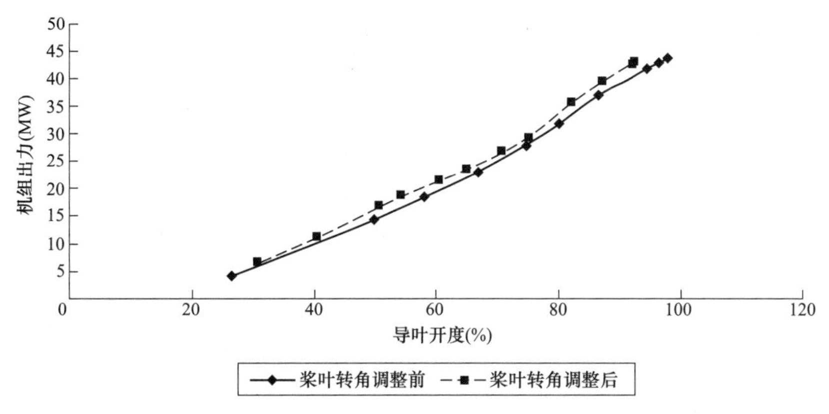

图 6-6 桨叶转角调整前后机组出力情况对比

第四节 水轮机水力振动故障案例分析

一、水轮机振动分类

水轮发电机组及其附属设备，在机组运行过程中常常发生振动。水轮机振动对水轮机影响较大，轻则使机件损坏，缩短其使用寿命；重则会影响水轮机的安全运行，甚至造成机组的功率摆动，从而影响电力系统的供电质量。随着水轮机的使用水头和单机容量的不断提高，从安全运行与可靠性的角度对水轮发电机组的振动和噪声的研究以及消振防振等措施的要求越来越高。

引起水轮机振动的原因大致可归纳为机械、水力和电气 3 个方面的原因，并由此将机组振动分为以下 3 类。

1. 水力振动

水力振动指因水轮机导叶和转轮叶片数量不合适、导叶和转轮叶片开口不均匀、导叶和转轮之间距离过小、转轮和止漏环的间隙不良、有偏心或梳齿结构形式不合适、尾水管产生低频旋转偏心涡带、转轮叶片尾部出现卡门涡列等水力方面的原因所激起的机组振动。

2. 机械振动

机械振动指因机组转动部分质量不平衡、轴线曲折、水轮机转轮等旋转部件与固定件发生摩擦或相碰、轴承间过大或紧固零部件产生松动等机械方面的原因所激起的机组振动。

3. 电气振动

电气振动指由于发电机转子不圆、励磁绕组匝间短路、定转子磁场轴心不重合、定子铁芯装压不紧、分瓣机座合缝处铁芯间隙大、定子和转子的间隙不均匀、旋转时产生不平衡磁拉力等电气方面的原因所引起的机组振动。

本章主要讨论水轮机水力振动的诊断问题。

二、水轮机水力振动故障特征

1. 尾水管涡带振动

在混流式和转桨式水轮机中，从转轮流出的水流，在正常运行状态下（设计工况）应为轴向流动。然而，在低负荷工况，水流以与转动向方向的分速运动；在超负荷工况，转轮出流有与转动反方向的分速。因此，在尾水管中心范围将产生涡流，造成压力下降，产生空腔。特别是在部分负荷时，涡旋中心如龙卷风状在尾水管内激烈旋转，形成螺旋状涡带。涡带摆动不仅可造成水轮机或机组振动，也可能引起与钢管间耦合共振形式的引水系统振动，以及厂房振动。这种振动有时还会诱发电网的功率摆动（出力波动）。

尾水管涡带振动的主要特征为：

（1）涡带振动区的负荷范围大致为额定负荷的30%～70%。

（2）试验水头由相当高的值减小，压力脉动幅值随之而增加，减小到一定的程度后，在相当宽的范围内压力脉动幅值不变，随着试验水头的降低，压力脉动值又进一步减小。

（3）补气后的压力脉动幅值始终大于不补气时的情况。

（4）水导轴承摆度幅值的变化较为显著。

（5）由尾水管涡带造成的压力脉动属于低频压力脉动，即涡带的频率是低于水轮机转动频率的，主要表现的特点是：

1）引起尾水管振动，严重时将破坏尾水管里衬。

2）引起水轮机顶盖的推力轴承的垂直振动。

3）可能引起压力水管振动。

4）引起厂房振动。

2. 卡门涡流振动

所谓卡门涡流，即流体在绕流固体流动时，在其负压侧产生的一种较有规则涡旋，是尾部脱流所产生的涡旋，如图6-7所示。出现卡门涡流时，物体与水流垂直方向作用有侧向力。卡门涡旋的频率可通过下式进行计算：

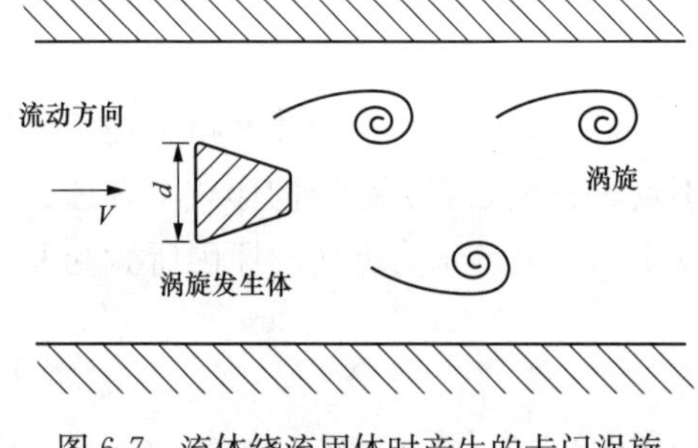

图6-7 流体绕流固体时产生的卡门涡旋

$$f=\frac{s\times v}{d} \tag{6-2}$$

式中 f——卡门涡旋频率，Hz；

s——斯特罗哈数，$s=0.18\sim0.22$；

v——流体出口边处的相对速度，m/s；

d——涡旋发生体的宽度，m。

由于水轮机叶片（包括导叶和桨叶）出水边总是具有一定厚度的（并不是理想中的尖翼形），尤其是在偏离最优工况运行时，当水流从叶片流过时，在出水边不可避免地会产生涡旋，当这些单涡交替地从叶片脱落出来的同时，将对具有弹性的叶片产生交替变化的侧向作用力，激起叶片振动；同时，由于叶片的反馈作用，使叶片附近的水流也受到激发和扰动，又会产生作用在叶片上的周期性的脉动压力。

卡门涡旋引起的水轮机振动，主要有下列基本特征：

（1）产生金属共鸣声。

（2）叶片根部出现裂纹。

（3）机组振动的特征频率与式（6-2）计算出来的频率接近。

在水轮机中，涡列引起的叶片振动主要发生在转轮叶片、固定导叶以及活动导叶的出水边。

3. 转轮叶片数与导叶数的组合参数振动

当转轮叶片数与导水叶片数配合不当时，会因水流在蜗壳与转轮室间流道内的相互干涉，而产生参数共振。转轮叶片每经过一个导水叶间进流时，均会造成细微的周期性压力脉动。压力脉动剧烈时，会向上传递引起压力钢管振动以及机组和厂房振动。

有时，振动也与导叶数有关。当导叶出口和转轮入口的距离较短时，往往也会产生周期性振动，频率为转频与叶片数的乘积。

上述振动的强度一般随负荷增加而增大。可通过改变叶片数或增加叶片与导叶的间距等措施解决。

4. 水轮机密封处压力脉动

转轮在运行中因某种原因向一侧偏转时，将产生同方向的压差，从而产生不平衡力而使偏心进一步增大，造成振动加剧，也即自激振动。当该脉动频率与轴系某一固有频率重合时，会出现危险振动。脉动压力作用于转轮的侧面和上下受力面，而作用于转轮上的静压力约束转轮运动。因此，通过增加作用于转轮的静压力可以降低主轴摆度。但是，增大转轮负压侧的静压力会增加推力负荷。另外，把密封设置在转轮下环，可以产生高压作用，同时也可对尾水管的水压脉动产生一定的影响，预计这一措施会有抑振效果。此外，转轮上冠的密封结构有时也会成为激励力源，需引起注意。

水轮机密封处压力脉动引起的机组振动，具有下列基本特征：

（1）压力脉动频率一般为转频。

（2）引起的自激振动频率一般为系统的固有频率。

（3）振动摆度及压力脉动幅值，均随机组负荷和过机流量的增加而明显增大。

5. 压力管道系统振动

当蜗壳或尾水管产生较强烈的压力脉动时，压力波有可能传递到引水系统中。若压力管道水体自振频率与脉动水流的频率重合，可能诱发管路振动，解决办法是设法改变管路的自振频率或激振源的频率。一般尾水管内的涡带是主要的，通过补气等方法来消减振动。

6. 蜗壳、导叶引水不均匀引起的转轮进口水流的冲击

如果蜗壳、导叶引水不均匀，则将导致水流在转轮进口处产生冲击，从而引起水轮机组振动。此类原因产生的机组振动，振动信号中包含如下两个典型的频率成分：

（1）振动频率为 $f_1=f_n\times z_1$（f_n 为水轮机转频，Hz；z_1 为转轮叶片数）的成分。

（2）振动频率为 $f_2=f_n\times z_2\times z_1$（$f_n$ 为水轮机转频，Hz；z_2 为导叶数；z_1 为转轮叶片数）的成分。

7. 水轮机的小负荷水力振动

水轮机的小负荷水力振动具有如下典型特征：

（1）振动频率为转频的 1.1 倍。

（2）小负荷水力振动的负荷低于涡带振动的负荷。

（3）蜗壳、顶盖及尾水管水压脉动有较大幅度增加。

（4）机组承重机架和顶盖垂直振动有较大幅度的增加。

（5）对机组各导轴承大轴摆度的影响较小。

（6）对水头及负荷较敏感。

（7）蜗壳、顶盖、尾水管水压脉动及上机架、下机架垂直振动的波形较规整，顶盖水平振动的波形含有低频分量。

8. 类转频的压力脉动引起的振动

此类原因引起的振动，具有下列基本特征：

（1）振动信号的频率范围为：（1.01～1.3）f_n，（0.70～0.99）f_n。

（2）引起机组的垂直振动和全水力系统的强烈压力脉动。

（3）出现在额定功率 25%或 75%左右。

9. 非最优协联关系引起的振动

非最优协联关系引起的振动的本质是叶片进口边附近的脱流振动或是涡带振动，振动频率为涡带频率或与叶片数有关。

10. 空化引起的振动

当水轮机发生空化并在导叶或转轮过流表面产生空蚀时，往往伴随产生振动和噪声，空化引起的振动现象在机组部分负荷工况最为明显。

三、水轮机水力振动典型案例一

1. 水轮机异常振动基本情况

位于钱塘江支流乌溪江上的某水电站，共有 5 台水轮发电机组，总装机 270MW，其中 5 号机单机容量 100MW，于 1996 年 12 月投产，水轮机及尾水管主要结构、参数如下：

水轮机型号：HLD85-LJ-380；

设计水头：80m；

水轮机出力：102.5MW；

最高水头：110.7m；

额定流量：140.4m^3/s；

最低水头：64.9m；

额定转速：187.5r/min；

满发尾水位：123.75m（实际 124.4m）；
吸出高程：－2.4m；
半台机尾水位：123.31m；
安装高程：120.355m；
尾水管里衬厚度：14mm；
尾水管型号：4H；
补气方式：自然补气。

在投产后的两年多时间里，发现5号机组在某些运行工况下有较大的振动，工作人员在发电机层的地面上有明显的感觉，甚至可以听到尾水管中发出的低频“放炮”声，造成尾水管中的补气短管多次损坏、尾水管里衬开裂和水轮机裂纹。1999年7月，对蜗壳、顶盖、尾水管的水压脉动进行定量测定。试验水头107.23m，测试结果见表6-4。

表 6-4　　某水电站 5 号水轮机故障状态下水压脉动测定值

序号	负荷（MW）	导叶开度（%）	尾水管水压脉动（MPa）	顶盖水压脉动（MPa）	蜗壳水压脉动（MPa）
1	100	67	0.047	0.049	0.055
2	90	63	0.052	0.044	0.033
3	80	58	0.079	0.014	0.042
4	70	54	0.096	0.015	0.046
5	60	49	0.104	0.073	0.049
6	50	44	0.133	0.090	0.051
7	40	40	0.153	0.053	0.030

从表6-4可以看出，蜗壳进口压力、顶盖压力和尾水管压力脉动值在部分负荷时均明显增大，尤其以尾水管水压脉动最为严重，尾水管水压脉动值与导叶开度成反比。

混流式水轮机在45%～100% 功率范围内，尾水管水压脉动应不大于相应水头的3%～11%，高水头取大值，低水头取小值，而在5号机40MW负荷时达0.153MPa（此时 $\Delta H/H$ 达15%）并伴有“放炮”声，对长期安全稳定运行构成威胁。

2. 尾水管压力异常脉动原因分析

通过分析混流式水轮机的结构特点，认为机组带部分负荷时产生的尾水管偏心涡带是引起5号机组振动及水压脉动大的主要原因。根据转轮模型试验表明：①涡带的形状与机组所带的负荷有直接关系，当机组带中小负荷时，涡带偏离中心位置，偏心涡带随转轮一起旋转；②尾水管水压脉动受涡带的大小和形状的影响，涡带越偏心和涡带越大，尾水管水压脉动也就越大。同时，由于设计水头偏低，机组实际开度较小，转轮出口有较大的正环量存在，也是造成尾水管水压脉动大的原因之一。

5号机组为短管自然补气，没有设置大轴中心补气，当涡带转至补气短管位置，大气通过补气短管向尾水管补气；当涡带偏离补气短管位置，尾水管的水流进入补气短管，这样使补气短管位置的尾水管里衬承受交变应力，最终导致尾水管里衬及补气短管损坏。

3. 故障处理及效果

(1) 故障处理措施。根据5号机组的结构特点和运行条件，采取下列技术措施来消除尾水管压力脉动引起的振动故障：

1) 增加大轴中心补气装置。在2001年12月的大修过程中，在5号机组水轮机大轴上法兰钻10个$\phi 50$孔，然后在相应位置装10个0.01MPa左右动作的补气阀。为了防止旋转的补气阀松动飞出伤人和水流溢出，再加装集水箱，集水箱不转动固定于下机架上，在法兰上安装补气阀是为了维护和检修方便，结构如图6-8所示。

2) 修复短管补气装置。在修复短管补气装置的过程中，改进了尾水管里衬的结构和强度，新里衬选用厚度为16mm的Q235钢板替代原14mm钢板，将圆锥形里衬分成3段，过渡段长度采用不锈钢，中间部分和补气通风段采用Q235钢板，分成8块制作，其中4块与补气短管拼焊后先焊接，另外4块为凑合节。用$\phi 40$的圆钢头部加工成M36的螺栓焊接新里衬与混凝土钢筋，同时增加通风道的强度，补气短管长为$R/4$（R为转轮公称半径），材料采用不锈钢。修复后的短管补气装置结构如图6-9所示。

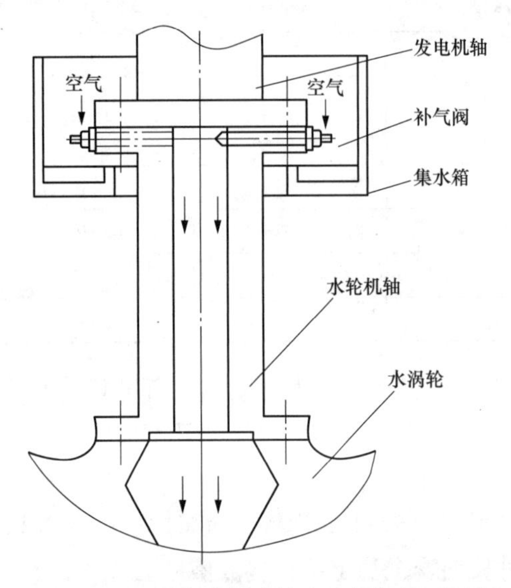

图6-8 5号水轮机大轴中心补气装置图

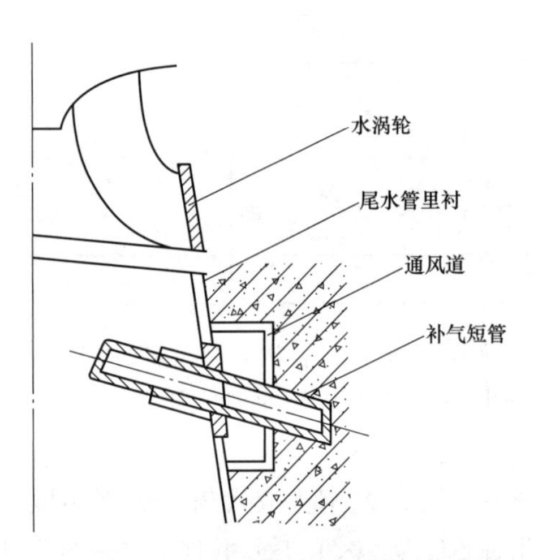

图6-9 5号水轮机尾水短管补气装置图

(2) 处理效果。实施处理措施后，2002年2月对5号水轮机水压脉动情况进行了测试，试验水头86.13m，测试结果见表6-5。

表6-5 5号水轮机实施处理措施后水压脉动测定值

序号	负荷(MW)	导叶开度(%)	尾水管水压脉动(MPa)	顶盖水压脉动(MPa)	蜗壳水压脉动(MPa)
1	100	78	0.019	0.024	0.021
2	90	72	0.031	0.045	0.027
3	80	66	0.054	0.058	0.156
4	70	60	0.035	0.054	0.035

续表

序号	负荷 (MW)	导叶开度 (%)	尾水管水压脉动 (MPa)	顶盖水压脉动 (MPa)	蜗壳水压脉动 (MPa)
5	60	55	0.034	0.043	0.034
6	50	50	0.071	0.055	0.061
7	40	44	0.094	0.061	0.053

对比表6-4和表6-5的测试结果可以发现：在实施处理措施后，5号水轮机在高负荷状态下尾水管、顶盖、蜗壳处的水压脉动值略有增加；但在低负荷工况下，尾水管、顶盖、蜗壳处的水压脉动值明显下降，其中，尾水管处的压力脉动值下降最为明显。

现场观察发现，实施处理措施后，尾水管中低频“放炮”声消失，在发电机层的地面感觉振动有明显的减少。

四、水轮机水力振动典型案例二

1. 水轮机异常振动基本情况

某大型水电站的水轮发电机组是我国首次自主研发的600MW混流式水轮发电机组。在全部机组投运之后发现，1～5号机组在高负荷区域存在着异常振动情况，水轮机顶盖振动值超标，有异常噪声，而且最大出力无法达到设计值，给水电站的安全生产和经济运行带来了巨大隐患和损失。

针对该水电站运行过程中存在的问题及现象，根据现场测试数据，结合水轮机振动机理进行了详细分析。根据分析结果，初步推断该水电站机组振动问题主要是由卡门涡旋、尾水管涡带造成的。

2. 故障诊断

（1）卡门涡旋引起的机组振动问题。根据分析结果所做出的推断，初步拟定了解决方案，即通过对过流部件进行修型来解决这一问题。修型方案通过计算流体动力学（computational fluid dynamics，CFD）计算结果来确定，分别针对每次修型前后的高负荷工况点进行CFD计算分析，最终确定对3号机组转轮叶片出水边靠近下环处（长约80mm）的叶片厚度进行适当减薄处理，以改变卡门涡的频率，避免叶片的固有频率与卡门涡频率相近引起共振现象。

在对3号机组的叶片进行减薄处理以后，在上游水位为600.1～603.0m、下游水位为439.0～440.9m以及水头为159.1～161.3m的条件下，分别对修型后的3号机组及未修型的5号机组和2号机组进行了对比测试。测试结果表明：3台机组的出力均没有达到该水头下的保证出力520MW，但3台机组的顶盖垂直振动和压力脉动值的变化趋势主要以500MW为分界线：当机组出力小于500MW时，顶盖垂直振动和压力脉动值变化不大；当机组出力超过500MW之后，顶盖垂直振动和压力脉动值随负荷的增加而增大；由于尾水位比较高，自然补气与否均不会影响到顶盖垂直振动和压力脉动值的变化趋势，而且这3台机组的变化趋势相同。据此，可以排除由于转轮叶片出水边卡门涡旋的原因而导致机组高负荷区顶盖垂直振动超标的假设。

接着对3号机组的修型效果进行了研究，研究结果表明：蜗壳门、锥管门的噪声功率随着负荷的增加而增加，从480～500MW出现了卡门涡；与5号机组不同的是，水轮机的卡门涡旋强度比较弱，说明此次修型取得了一定的效果，但是仍然不够理想。固定导叶后出现的乱流，对活动导叶、顶盖的振动会产生影响，而且对噪声也有较大的影响。因此，必须对固定导叶进行修型，这样会有益于进一步降低水轮机的噪声。同时，由于水轮机压力脉动，特别是导叶后转轮前和顶盖处的压力脉动与顶盖垂直振动的变化趋势相同，因此，可以初步推断顶盖垂直振动与转轮的特性有关。

（2）尾水管涡带引起的机组振动问题。

1）改进泄水锥形状。排除了由卡门涡旋引起水轮发电机组在高负荷区产生的顶盖垂直振动问题，那么就可以确定上述问题主要是由尾水管涡带的自激振荡所造成的。为此，通过将水轮机泄水锥加长为直柱形以改善高负荷区域的涡带特征，并避开尾水管的自激振荡；同时对固定导叶出水边进行修型处理，并将转轮叶片的出水边减薄，以期消除机组在运行中出现的卡门涡和乱流问题。

将这一方案在1号机组上付诸实施，按方案要求处理完以后，对1号机组进行了振动和噪声测试。测试结果显示，这一方案对改善机组的水平振动和低负荷的稳定性效果明显，但在高负荷运行时，尾水管涡带的噪声有加大现象，而且垂直振动现象还略有增加。测试结果说明该方案无法降低水轮机组在高负荷运行时的顶盖垂直振动问题。

2）转轮叶片出水边切割修型。由于上述方案在实施以后没有获得明显的效果，经过分析研究，决定对转轮叶片的出水边进行切割修型。具体方法为：对叶片的出水边进行切割，范围是从出水边的中部至下环处，切割40mm，将出水边形状由压力面平直吸力面弧面改为吸力面平直压力面弧面。试图通过切割叶片的出水边来改变叶片的出流角度，从而改变出口环量，进而改善高负荷尾水管的涡带形状，以达到改善压力脉动的效果。而局部增加叶片的开度，则可以少量地增加流量和功率，同时也可以改善出水边的局部空化特性，以此缓解卡门涡噪声，提高大流量大出力机组的稳定性。

将该方案在5号机组上付诸实施，对5号机组叶片的出水边进行切割修型处理以后，分别对5号机组及1号和4号机组进行了振动和压力脉动试验。试验条件为：上游水位598.51～601.24m，下游水位433.84～435.39m；1号机组变负荷范围11.7～555.7MW（96%导叶开度），4号机组的变负荷范围0～550MW（100%接力器行程），5号机组的变负荷范围14.3～577.5MW（100%接力器行程）。根据试验结果，分别对机组出力达标情况、稳定性等问题展开了分析，结果见表6-6。

表6-6　1号、4号和5号机组出力情况测试结果

机组	毛水头（m）	净水头（m）	机组实测出力（MW）	机组保证出力（功率因数0.985）（MW）	水轮机保证出力（MW）
1号	167.10	165.0	555.7	556.5	565.0
4号	163.66	160.6	550.0	527.0	535.0
5号	163.70	161.5	577.5	530.0	538.0

对比测试结果可以看出，1 号机组在该水头下存在出力略微不足的问题，4 号和 5 号机组的出力均可以满足要求；但是综合比较来看，5 号机组比 4 号机组的出力要明显增加，说明对水轮机转轮叶片出口实施切割处理，对提升机组的出力具有明显的效果。

对比 3 台机组的稳定性试验结果，发现在实施切割修型以后，5 号机组顶盖上的振动值在高负荷区有明显变大的趋势，但是均没有超标。

3）模型同步模拟分析试验。由上述试验结果可以看出，对 5 号机组叶片的出水边实施切割修型以后，对提升高负荷区出力、降低振动有着明显的效果，因此，认为在此基础上，可以继续对转轮叶片出水边进行修型。具体切割修型方案为：在第一次的基础上，将转轮叶片出水边中部到上冠部分切割掉。在修型完成以后，为了验证 5 号机组转轮 2 次切割修型的效果，借助于该水电站模型转轮进行模型试验研究。

模型试验结果表明：对模型转轮叶片出水边修型以后，可以有效改善机组在高负荷区域的能量以及压力脉动特性，而且对空化特性不会产生影响，说明这一方法可以有效改善机组运行的稳定性。因此，可以将模型转轮叶片出水边的修型方案应用到相似的原型机上，以改善原型机在额定出力附近振动大、出力不足的问题。

3. 故障处理及效果

对于在模型装置上进行的模型试验情况进行了分析，结果表明，叶片切割修型对于改善机组在高负荷区的振动及出力问题具有显著效果。因此，结合对 5 号机组的处理情况，决定对该水电站 1 号机组水轮机转轮叶片的出水边进行切割修型（切割厚度为 40mm），同时将泄水锥柱状延长段割除，恢复成原有的泄水锥。为了验证修型效果，分别进行了压力脉动和振动及噪声等稳定性试验。

（1）原型机压力脉动试验分析。为了判定机组，特别是水轮机的水力稳定性，在对 1 号机组修型前后进行了压力脉动试验，将压力脉动测点布置在蜗壳进口、顶盖甲（顶盖与转轮之间）、顶盖乙（转轮与活动导叶之间）以及尾水管锥管处。压力脉动试验是在变负荷条件下，分为升程和回程进行。在修型前，升程负荷范围为 420～600MW，回程为 600～490MW；在修型后，升程和回程负荷范围均为 60～600MW，试验净水头为 180m。修型前后的试验结果示于图 6-10～图 6-13。

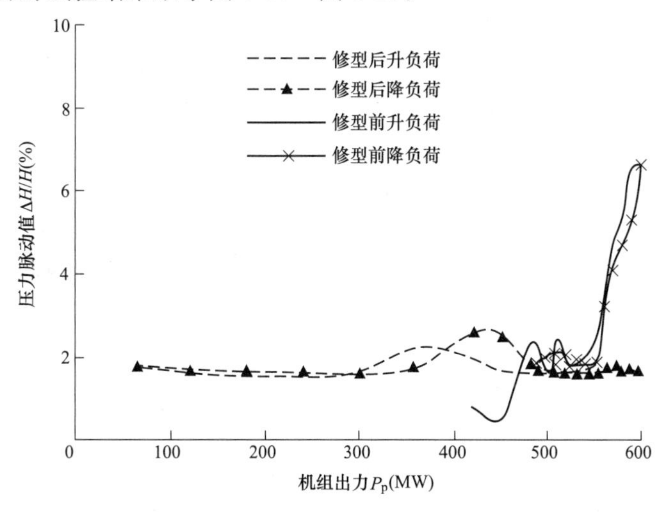

图 6-10　1 号机组修型前后压力脉动特性对比（蜗壳进口）

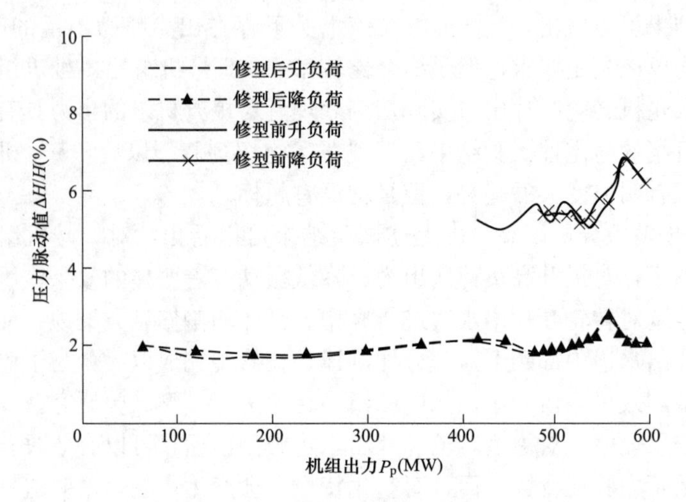

图 6-11　1 号机组修型前后压力脉动特性对比（无叶区）

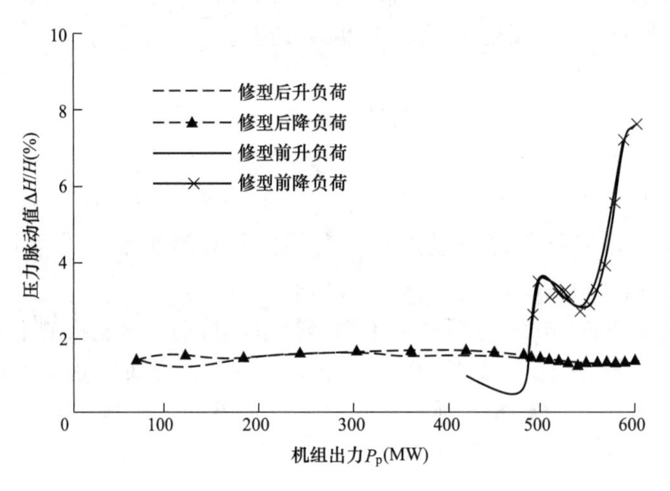

图 6-12　1 号机组修型前后压力脉动特性对比（转轮与顶盖之间）

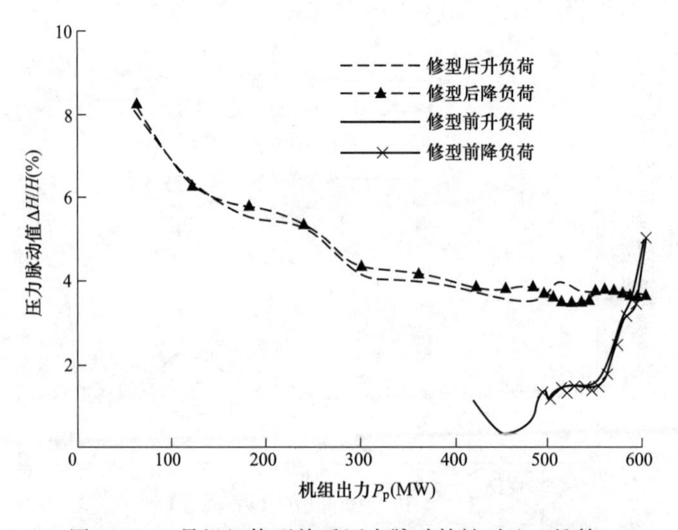

图 6-13　1 号机组修型前后压力脉动特性对比（锥管）

从图6-10～图6-13可以看出，水轮机各处的压力脉动特征为：

1）蜗壳进口。在修型前，当机组出力大于550MW时，压力脉动混频幅值$\Delta H/H$出现随机组出力增加而陡升的现象，而且最大值达到6.65%。在修型后，压力脉动混频幅值在高负荷区没有出现陡升的现象，在整个测试功率范围（60～600MW）内，最大值为2.56%。

2）无叶区。在修型前，压力脉动幅值较大，压力脉动混频幅值$\Delta H/H$达到了6.88%；在修型后，压力脉动幅值的最大值为2.90%。

3）顶盖与转轮之间。在修型前，顶盖上压力脉动混频幅值在高负荷区出现陡升现象，而且最大值为7.60%；在修型后，压力脉动幅值最大值为1.68%。

4）尾水管锥管。在修型前，在高负荷区压力脉动幅值出现陡升现象，最大值为5.16%；在修型后，在整个测试功率范围内，压力脉动幅值随负荷增加而减小，而且在高负荷区压力脉动幅值小于4%。

由各个测点的压力脉动实测结果可以看出：在修型以后，1号机组在高负荷区运行的稳定性得以大幅改善，而且并没有出现明显的随机组出力的增加压力脉动幅值大幅上升的趋势，各个测点的压力脉动值在高负荷区部分均没有出现超标现象。

（2）振动、轴承摆度及噪声分析。对1号机组的转轮叶片出水边修型后，分别进行了振动、水导轴承摆度及噪声等稳定性试验。为了便于比较，同时也对3号和5号机组进行了相同的试验。试验条件为：上游水位600m左右，下游水位在437m左右，毛水头大约为163m。试验是在变负荷工况下进行，变化范围为130～580MW。

结合修型前对1号机组进行了稳定性测试，对纵向、横向试验数据进行了对比分析，结果如下：

1）水导轴承摆度。纵向对比结果表明，在修型前和修型后，1号机组的水导摆度变化趋势一致，均小于160μm，在280MW左右存在振动区。

横向对比结果表明，1号机组的水导轴承摆度小于160μm，而且存在随负荷增加而增大的趋势；3号机组水导摆度小于160μm，不存在随负荷增加而增大的现象；而5号机组在500～560MW的水导摆度小于100μm。

2）机组顶盖振动。纵向对比结果表明，顶盖水平振动差异性较小，其主要差异在于垂直振动，在修型前，1号机组的垂直振动在500MW后存在明显增大现象，在最大负荷555MW时，顶盖的垂直振动最大值为115μm；修型后增大趋势明显放缓，当负荷达到580MW时，顶盖的垂直振动值为52μm。

横向对比结果表明，与1号机组相比，3号和5号机组的顶盖水平振动差异性较小，但其垂直振动与1号机组相比差别较大，3号机组在480MW以后，顶盖的垂直振动明显增大，而且在520～540MW区间的个别工况下，其垂直振动超过了100μm；5号机组在540MW以后存在明显增大现象，而且在550～560MW区间的个别工况下，其垂直振动超过了50μm，而1号机组的顶盖垂直振动则小于50μm。因此，相比而言，1号机组的顶盖垂直振动增大趋势要明显小于3号和5号机组。

3）机组出力情况。对3台机组出力情况进行的横向对比结果表明，在修型后，1

号机组的最大出力可以达到580MW，在这一工况下，顶盖的垂直振动没有超过60μm；而5号机组的最大出力为560MW，此时的顶盖垂直振动值为80μm；然而，3机组的最大出力仅仅为540MW，但是其顶盖的垂直振动却超过了100μm。

4）机组振动噪声分析。1号机组的叶片在修型以后，顶盖和活动导叶的振动在510～480MW的回程时存在着83Hz频率成分，而升程时没有出现83Hz频率，这一现象与修型前一致，但是修型后该主频并非为单一主频成分，而且当存在83Hz频率的振动时，振动和噪声都非常弱。这些都说明，在对叶片的出水边进行修型以后，可以有效降低该主频成分所引起的振动和噪声。

综上所述，对1号机组叶片实施修型，可以大大提高机组高负荷区的运行稳定性以及降低机组运行时的噪声，同时还可以使机组的出力得到大幅度的提升。也就是说，对水轮机转轮叶片的出水边全部实施修型处理，可以彻底解决该水电站高负荷稳定性运行问题。之后，在其余的4台机组上，这一方法得到了验证。

第五节 水轮机泥沙磨损故障案例分析

一、水轮机泥沙磨损

1. 水轮机泥沙磨损的定义

当通过水轮机过流部件的水流中含有足够数量的坚硬的泥沙颗粒时，沙粒将撞击和磨削过流部件表面，使其材料因疲劳和机械破坏而损坏，这种现象称为水轮机的泥沙磨损。水轮机泥沙磨损属于自由颗粒水动力学磨损。

水轮机部件遭受泥沙磨损的破坏形态为：①磨损轻微处有较集中的沿水流方向的划痕和麻点；②磨损严重时，表面呈波纹状或沟槽状痕迹，并常连接成一片如鱼鳞状的磨坑。磨损痕迹常依水流方向，磨损后表面密实，呈现金属光泽。磨损强烈发展时，可使零件穿孔，转轮出水边呈锯齿状沟槽。水轮机部件遭受泥沙磨损的破坏特征与泥沙特性、流速、材质和工作条件有关。

2. 水轮机泥沙磨损的危害

水轮机过流部件因泥沙磨损而产生材料损失是水轮机泥沙磨损的直接后果。同时，由此引起一系列间接后果，使水电站技术经济效益大为降低。水轮机泥沙磨损的危害引发的后果包括：

（1）水轮机效率下降。混流式水轮机上下迷宫环间隙和轴流式及斜流式水轮机叶片与转轮室之间的间隙，在泥沙磨损作用下，逐渐增大，导致水轮机容积效率下降。容积效率的下降在整个因泥沙磨损而下降的效率中占较大比重，可到达1/2左右。

水轮机过流部件表面遭到沙粒磨损时，若沙粒微细，造成均匀的轻微磨损时，有可能改善原来表面的糙度和不良的流道外形，使水轮机水力效率反而稍有提高。随着磨损的发展，过流表面将凸凹不平，进而使过流部件失去原设计表面形状；导叶出口部分的磨损使转轮水流进口角变化，增大进口损失；转轮出口边磨损使出口环量增加。这些均使得水轮机水力效率降低。

由于迷宫环被磨损后漏水量增加，如果减压孔尺寸不够时，推力轴承负荷将增大，并可能使含沙水流进入导轴承，这将使水轮机机械效率下降。

对于冲击式水轮机，引水管道、针阀、喷嘴和水轮机转轮工作面遭到泥沙磨损后，沿程水力摩擦损失增加，其中喷嘴零件的少许磨损就会使水轮机效率下降很多。

水轮机效率的下降将造成水轮机出力的下降，不仅造成发电量的损失，还将影响电力系统的供电保证。

（2）水电站检修周期缩短，检修时间增加。在含有大量悬浮泥沙的水流中工作的水轮机，其泥沙磨损破坏程度常常是决定检修周期和检修工作量的最主要的因素，泥沙磨损严重的水电站，正常的运行和检修周期无法保证（一般规定，A 修期不应低于 4 年）。如意大利维纳乌斯电站的 16MW 冲击式水轮机，运行一段时间后，需要每隔约 20 天就堆焊一次受泥沙磨损的部位，年耗堆焊金属达 50t。

此外，河流的洪峰和沙峰几乎都在汛期出现。因此，河流各梯级电站的水轮机在汛期都承受严重的泥沙磨损，汛期后都需要及时检修。为此，人力和设备等都需大为增加，以满足集中检修的需要。

（3）降低水电站运行质量。水轮机过流部件表面被泥沙磨损后出现凹凸不平，促进了水流的局部扰动和空化的发展；转轮的不对称磨损，特别是个别叶片的出口边因严重磨损而折断时，将造成水力的和机械的不平衡。这些因素都会使机组运行振动加剧。

此外，导水机构和喷嘴零件的磨损，常造成漏水量过大而无法正常停机的情况，并增加调相时的功率损失和转轮室排水的困难。混流式水轮机下迷宫环和轴流式水轮机转轮叶片端部及转轮室护面磨损严重时，漏水量增大。未经充分消能的水流可能将尾水管护面冲掉，冲刷机组基础混凝土，影响机组安全。

3. 水轮机各部件泥沙磨损的特点

（1）反击式水轮机导水机构磨损特点。导水机构受磨损零件包括：导叶体、导叶上下导轴承及其轴套和导叶上下护环（顶盖和底环），而以导叶端面缝隙区域磨损最严重。

导叶体磨损情况相对较轻。在导叶进口，少量较大粒径的沙粒将近乎垂直地冲击导叶，而细沙粒随水流绕流；在导叶出口部分，当导叶使水流偏转时，将有较重的磨损。这些基本属于离心流动磨损和绕流平板阻力体形态，有局部含沙浓度较集中的现象。

对于很低比转速的混流式水轮机，当水轮机在小开度下运行或调相运行、导叶截流又关闭不严时，导叶后压力可能大为降低，将产生严重的缝隙射流磨损条件。

导叶上下两端面缝隙区域的零件，特别是下部缝隙区域零件，其磨损形态为平面缝隙流动磨损形态和局部阻力绕流磨损形态的叠加。在缝隙中，沙粒自由运动空间较小，其对边壁的有效冲击次数大为增加，故磨损十分严重。

（2）混流式水轮机转轮的磨损特点。混流式转轮遭到较严重磨损的主要部件是：叶片进水边，特别是靠近上冠和下环处，下环内表面；叶片出水边，尤其是最靠近下环内表面处。

混流式水轮机转轮出水边工作面常遭受严重磨损，其原因是，出水边的弯曲使水流转弯，形成离心流动磨损形态，并含有较高的局部含沙浓度（对高比转速混流式转轮出水边尤甚）。非工作面的空蚀扰动，也强烈影响相邻工作区域的沙粒运动状态。

因沙粒有依惯性而脱离非工作面的趋势，使非工作面的局部含沙浓度较低，故混流式转轮非工作面的破坏以空蚀损伤为主，泥沙磨损一般轻微。

当水轮机在偏离最优工况运行时，叶片进口边偏离无撞击进口条件，形成平板绕流的局部扰流情况，加剧了叶片背部的脱流漩涡，使进口边磨损加重。

（3）轴流式水轮机转轮磨损特点。轴流式水轮机转轮叶片进口边的相对流速低于出口边，同时，随半径增加相对流速增加，叶片外缘有较高的相对速度。此外，由于含沙水流的旋转，叶片外缘的局部含沙浓度较高，故叶片出水边外缘的磨损情况最为严重。另外，叶片出水边附近为强烈空蚀区，会造成含沙水流的附加扰动。同时，在叶片外缘端面与转轮室之间形成缝隙流动，而缝隙出口的绕流漩涡将作用于叶片端部，故叶片外缘一般均有严重磨损。

（4）冲击式水轮机喷嘴和转轮部件的磨损特点。喷嘴和针阀之间为环形流动磨损形态。在喷嘴与针阀的环形缝隙中，水流速度很高，沙粒的垂直分速度不能充分形成，沙粒的冲角较小，故一般造成沟槽状依水流方向的磨痕。而喷嘴向大气射流的出口处，空蚀强烈发展，多为明显的空蚀痕迹。

冲击式水轮机的水斗承受高速含沙水流的冲击，同时，从进出到出口，水流转向约180°，近似于离心流动磨损形态。磨损多见于分水刃和水斗面，而水斗出口处尤为严重，甚至折断成缺口；水斗的工作面上沙粒冲角较小，墨痕常为波纹状。

二、水轮机泥沙磨损的影响因素

水轮机过流部件表面主要受水流中的悬移质泥沙影响，小粒径的悬移质泥沙与水充分混合，随水流运动，对水轮机过流部件表面产生切削和冲击破坏作用。泥沙对水轮机部件的磨损主要应考虑在一定的时间内材料的磨损面积和磨粒浓度的大小等。

根据国内外试验研究，水轮机的泥沙磨损量和水流相对流速、水中泥沙含量、泥沙成分与特性、机组实际运行时间、水轮机制造材质的耐磨系数等诸多因素有关，可用以下公式表示：

$$\delta=\frac{1}{\varepsilon}\times s\times\beta\times w^{m}\times t \tag{6-3}$$

式中 δ——磨损量，计算部位的平均磨损深度，mm；

s——过机平均含沙量，kg/m^3；

ε——材料的耐磨系数，与磨损量成反比，和水轮机材质的硬度、设计型线、表面加工光洁度等因素有关；

β——泥沙的磨损能力综合系数，与泥沙成分、粒径大小、颗粒形状及硬度等有关，可由试验装置试验确定，或由试验曲线近似估算；

w——水流相对流速，m/s；

m——指数，平顺流动时指数 $m=2.3\sim2.7$，冲击表面时指数 $m=3.0\sim3.3$ 或

更大，近似计算时，可用指数 $m=3.0$ 计算；

t——累计运行时间，h。

以上诸因素中，流速是最主要的因素，因为它与磨损量成 3 次方关系。

三、水轮机泥沙磨损的处理措施

防止泥砂对水轮机的磨损需要采取多方面的措施方能奏效。一方面减少水轮机的泥沙数量，另一方面采用合适的机型、合理的运行方式以及抗磨材料。综合起来可分为如下几个方面的措施：设计与制造方面的措施，检修维护方面的措施，运行方面的措施。对于已经投入运行的水轮机组，控制泥沙磨损以维护与运行方面的处理措施为主，下面做简单介绍。

1. 水轮机过流部件表面防护涂层技术

水轮机过流部件表面防护涂层技术在水轮机抗泥沙、防磨损方面取得较好的效果，在水轮机表面常用金属涂层包括焊条堆焊、线材喷涂、合金粉末喷涂等；非金属涂层材料常用环氧金刚砂涂层、聚氨酯涂层和复合尼龙涂层等。

2. 运行方式优化技术

机组的负荷分配和工况控制由电力系统及水电站本身的经济运行要求确定，但对泥沙磨损情况严重的电站，应该更多地从运行工况安排上考虑减轻水轮机的磨损，以延长机组的检修周期，机组带有功负荷运转时，对于遭受泥沙磨损的水轮机某一过流元件，在其偏离最优工况运转时，其流道平均相对速度可能比最优效率工况大为降低。而磨损程度与平均流速三次方成正比，空蚀破坏与流速的更高次方成正比。因此，通过控制运行工况，以降低流道平均流速和磨损程度是可行的措施。

要加强水库泥沙监测预报，汛期沙峰到来前可向电网申请机组短暂停运，宁可损失部分电量，避免大量泥沙过机而造成水轮机过流部件的快速磨蚀破坏而导致机组被迫停运甚至提前大修。

四、水轮机泥沙磨损的典型案例

1. 电站基本情况

位于云南省德宏州盈江县境内的大盈江干流上的某电站，装机容量 5×175MW，机组额定水头为 289m，2013 年 8 月 5 台机组全部投产发电。大盈江属于多沙河流，汛期泥沙含量大，坝址沙量为 335×104t，平均含沙量为 0.448kg/m^3，汛期含沙量最高达为 0.675kg/m^3。电站属于引水式电站，位于洪蚌河口与大盈江汇口上游约 1km 处，引水系统长达 14km，调节库容仅 3.58×104m^3，相对较小。

该电站水轮发电机型号为 HL(TF5008)－LJ－380，额定出力 178.6MW，最大水头 329m，额定水头 289m，最小水头 285m，装机年利用小时数为 5329h，汛期一般在每年的 6～8 月，期间基本 24h 不间断满负荷运行。

2. 水轮机泥沙磨损情况

2009 年 4 月首台机组发电，电站渡过第一个汛期过后，发现机组在开机的时候球阀无法正常平压，机组的振动、摆度变大、机组运行噪声增大超过设计值，机组水导、推力瓦温升高。检查发现几乎所有机组的活动导叶、底环、顶盖及其转轮都出现了严重的磨损，活动导叶上下轴颈迎水部位均受到严重的冲蚀，破坏严重，轴端密封失效，密封槽破损，活动导叶上下端面与座底环、顶盖的上下接触部位出现明显的冲蚀。转轮进口边靠近上冠、下环的位置出现缺损，并且有蚀坑、鱼鳞状的空蚀和磨损，转轮出水边下环的位置同样出现了蚀坑、鱼鳞状的空蚀和磨损。顶盖、底环表面在活动导叶活动的区域出现了严重的蚀坑，破坏十分严重。

（1）机组水轮机顶盖抗磨板、部分中轴套已经遭到破坏、导叶上端面密封槽全部破坏，破坏程度极其严重，最大破坏深度达到 50～60mm，长度沿着整个中轴套。

（2）机组水轮机底环抗磨板、下轴套全部遭到破坏、导叶下端面密封槽全部破坏，底环过流表面破坏程度极其严重，平均破坏深度达 40mm，最大破坏深度达到 60～70mm，宽度大约为 200mm。

（3）3 号机 24 个水轮机活动导叶全部遭到严重破坏，破坏程度极其严重，主要破坏位置集中于导叶的上下轴颈密封槽边缘。

（4）3 号机组水轮机转轮泥沙磨损十分严重，上下迷宫环单边磨损 15mm，下迷宫环径向磨出 15mm、深宽 30mm 的环形深沟，上下迷宫环上端面磨损严重，转轮叶片进口头部磨损严重，并且有 2 个转轮长叶片已经出现了断裂现象，断裂的叶片 1 尺寸为 450mm×230mm，断裂的叶片 7 尺寸为 390mm×220mm。

（5）机组水轮机上下固定止漏环磨损极其严重，部分端面磨损深度达到 20～25mm。

3. 原因分析

（1）流域来沙集中，机组运行工况差。大盈江为季节性河流，为多雨地区，来水主要是靠大气降雨，来水陡涨陡落，泥沙主要来源为地面侵蚀，经雨水冲刷，汇入江中。据观测，1～10 月份入库平均含沙量为 0.38kg/m^3，上游来沙主要集中在 5～9 月份，占 1～10 月份来沙 98.59%，1～4 月份仅占 0.08%，10 月份占 1.33%。坝址来水最大含沙量发生在 6～7 月，达 15.216kg/m^3。电站的蓄水坝区库容量小，没有起到沉沙的作用，使得流域中的大量泥沙流入机组造成了磨损，从表现形态到机理分析，结合其他电站的经验，主要是间隙磨损。导叶、上下抗磨板、迷宫环包括转轮的破坏原因，多数都直接或间接地由磨损引起。

（2）过流部件设计缺陷。该水电站活动导叶两轴端与导叶本体有较大的铸造圆角，从导叶进水边向转轮方向看，在过流断面上形成较高的“凸台”。活动导叶上下轴颈处的流态是极其不稳定的，非常明显地在活动导叶上下轴端的铸造圆角的迎水边出现脱流和绕流，活动导叶端面也出现间隙过流，导叶运行位置相应的顶盖、底环出现导叶型蚀坑。

4. 防泥沙磨损治理措施及效果

（1）修建沉沙池。沉沙池建成前，坝址来水含沙量在 0～0.07kg/m^3之间变化，尾水含沙量在 0～0.062kg/m^3之间变化，1～4 月份处于枯水期，天然来水含沙量较小，均值为0.005kg/m³。通过实测资料来看，坝址来水含沙量与尾水含沙量基本相当。

2013年4月完成下闸蓄水沉沙池投运后，5～10月份坝址来水含沙量在0～15.216kg/m³区间变化，平均含沙量0.555kg/m³。尾水含沙量在0～10.071kg/m³变化，平均含沙量0.258kg/m³。通过实测资料来看，沉沙池建成后对上游来沙有很好的沉沙作用，尤其是在汛期来沙量较大、泥沙粒度也较大的时候沉沙效果明显。

（2）优化设计。

1）改进抗磨板材料，改善导叶端面密封方式。顶盖、底环过流板原设计材料为Q235-B，表面堆焊一层厚度不小于5mm不锈钢，改为抗磨性能优良的ZG06Cr16Ni5Mo不锈钢板，以提高其耐磨性能；导叶D形密封由原丁腈橡胶材料改为特殊聚氨酯进口材料，密封性能改善，增强了导叶轴头抗磨损能力；上、下止漏环材质由ZG10Cr13改用抗磨性能优良的ZG06Cr13Ni5Mo不锈钢材料；取消顶盖、底环上下抗磨板上的密封槽结构，端面密封改为金属间隙密封方式。

2）改进导水机构各部位配合间隙。活动导叶端面间隙在工厂验收控制由原来的(0.6±0.15)mm改为（0.3±0.1)mm以内，有效防止大颗粒泥沙进入导叶端面，减缓导叶端面磨损；转轮上冠外圆与顶盖密封间隙由原设计3.0mm改为（2.0±0.2)mm，减缓上冠外圆及顶盖抗磨板内圆间隙磨损；转轮下环外圆与底环密封间隙由原设计3.0mm改为（2.0±0.2)mm，减缓下环外圆及底环抗磨板内圆间隙磨损；转轮上冠与顶盖密封止漏间隙、转轮下环与基础环密封止漏间隙适当减小，由原设计1.25mm改为(1.0±0.1)mm。导水机构间隙的改进，使导水机构内流体状态趋于稳定，间隙扰流、紊流能到有效控制。

3）顶盖结构改善。导水机构顶盖进行新的结构设计、增大其结构钢强度，减小因顶盖变形而导致导叶与顶盖端面间隙变化而产生的泥沙磨损。

4）对导水机构过流部件进行热喷涂。顶盖、底环、活动导叶、转轮等过流面采用国内外先进的碳化钨特殊抗磨性材料热喷涂技术，增强这些部件的抗泥沙磨损能力。

经过上述一系列措施的改造，改善了机组水流流态，增强了机组过流部件的抗磨性能。机组投入运行并经历了一个汛期，对机组进行检查，发现沉沙池降沙效果明显，蜗壳里面没有泥沙堆积，只是存有少量的泥土。机组开机时能够正常平压，机组各部位振动、摆度正常，瓦温度符合要求，很好地解决了该水电站水轮机泥沙磨损严重问题，保证了电站安全、稳定运行。

第六节 水轮机空化空蚀故障分析

一、空化及空蚀机理

空化现象是指环境温度不变时，液体中某一处由于压力的降低而引起的汽化现象，导致空化的产生的主要因素有：压强、内部气核。当一定温度下液体内局部压力小于气化压力时气穴出现，随着液体的流动，气穴的位置发生改变，当气穴移动到高压区时，气穴体积将急剧缩小或坍缩溃灭，由于气穴坍缩溃灭的过程几乎是瞬间发生，因此会在溃灭处产生极高的瞬时压强，形成微激波和微射流。

随着空化的产生，空泡坍缩溃灭的过程时间极短，因此会在溃灭处产生极高的瞬时压强，并伴随着强烈的机械、电化、热力、化学过程，当这一过程发生在离固体壁面很近时，所爆发的瞬时冲击将反复作用于壁面，破坏壁面，形成不可逆损伤，这一过程称为空蚀。

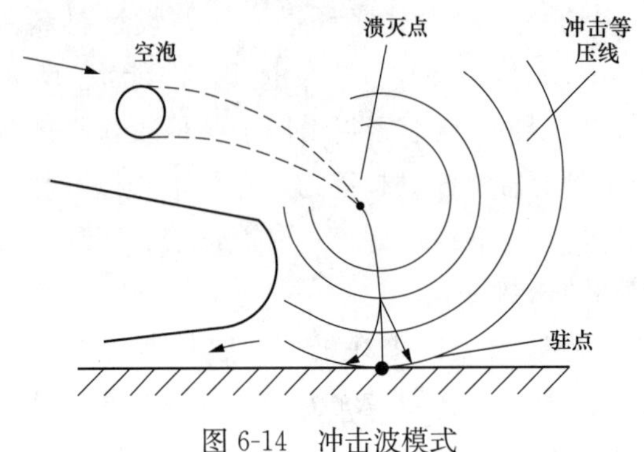

图 6-14　冲击波模式

目前，人们对空化破坏过程还没有一个完全清楚的认识。对于空化破坏的主要机理，多数研究人员认为是空泡溃灭产生的机械作用造成的，其中又主要包含两种观点：

（1）冲击波模式。冲击波模式如图 6-14 所示，冲击波模式导致的破坏是由空泡溃灭引起的辐射冲击波造成。分布在固体边界的空泡，其溃灭式产生的压力冲击波作用在边界上，在边壁面上形成凹形蚀坑。

（2）微型射流模式。如图 6-15 所示。由于压力的突变，空泡在溃灭过程中其体积急剧减小，形状发生变化，在空泡溃灭完成前会形成一股很大速度的微型射流穿透空泡内部，当空泡溃灭在固体边界附近时，微型射流将直接作用在固体壁面上造成空蚀破坏。

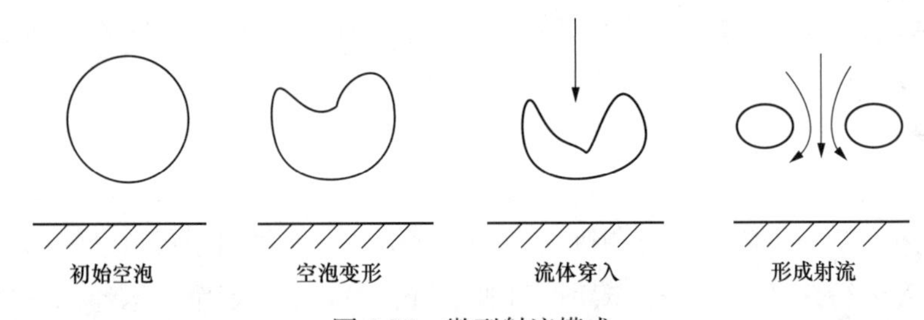

图 6-15　微型射流模式

除上述两种机械作用外，对于空蚀现象也有学者运用电化、热力学、化学等作用理论来进行研究。电化论认为，冲击点受压力冲击作用温度升高，导致冲击点与临近点位形成温差电偶产生电流。另外，由于冲击力的作用金属材料局部晶格错位，晶格间相互作用，从而产生电流对金属表面形成电解，加速固体边界侵蚀。热力学论提出，空泡形变后溃灭前由于强压力的作用，空泡体积急剧减小，空泡内气相高速凝结，释放巨大热量，当这股热量集中作用于固体表面时，将使固体材料结构和强度减弱而造成破坏。

二、水轮机空化空蚀的类型

根据水轮机空化空蚀发生的部位，水轮机的空化可分为：翼型空化空蚀、间隙空化空蚀、局部空化空蚀、空腔空化空蚀四种基本类型。

（1）翼型空化。当转轮叶片背面负压下降到水在该环境温度下的汽化压力时，会导致空泡的产生，形成翼型空化区域，为空蚀的产生创造了条件。翼型空化空蚀是反击式水轮机主要存在的空化空蚀类型，其空蚀区的位置一般位于叶片背面下段偏出水口附近，并与转轮型号、运行工况密切相关，它主要是由于绕流叶片翼型设计缺陷、制造工艺不达标、运行工况偏离等因素造成。

（2）间隙空化。水流流经狭小间隙时，会出现局部流速增大，从而造成该处压强减小，当压力下降到一定程度就会产生空泡形成空化进而造成空蚀。间隙空化一般发生在混流式水轮机导叶上下端面处、导叶关闭时导叶与导叶之间的立面间隙处、转轮止漏环间隙处和转桨式水轮机叶片外缘与转轮室之间、桨叶根部与转毂之间间隙处以及水斗式水轮机喷嘴和喷针之间的间隙处，其中尤以转桨式水轮机的间隙空蚀最为突出。

（3）局部空化。局部空化指设备在铸造和加工过程中因为工艺问题在过流部件表面形成砂眼、气孔等不规则凸凹缺陷，这些缺陷在水流经过时会引起的局部流态变化，导致局部漩涡的产生，在漩涡中心压力降低到水的汽化压力时产生空化。对于局部空化与空蚀，不同机型发生的部位往往不同。

（4）空腔空化。空腔空化是一种只存在于反击式水轮机的漩涡空化现象，主要发生在转轮下方的空腔位置。一方面因为涡带的周期作用，造成尾水管进口段边壁空蚀；另一方面由于旋转水流的产生，导致水轮机的轴向振动增加、尾水管上端压力波动剧烈造成管壁振动强烈，形成巨大噪声，严重时会产生空蚀共振，引起机组或厂房的振动，机组出力波动，严重影响水轮机的稳定运行。

三、水轮机空化空蚀的危害

当水轮机中空化发展到一定阶段时，叶片的绕流情况将变坏，从而减少了水力矩，促使水轮机功率下降，效率降低。随着空化的产生，不可避免地在水轮机过流部件上会形成空蚀。轻微的只有少量蚀点，在严重的情况下，空蚀区的金属材料被大量剥蚀，致使表面成蜂窝状，甚至有使叶片穿孔或掉边的现象。伴随着空化和空蚀的发生，还会产生噪声和压力脉动，尤其是尾水管中的脉动涡带。当其频率一旦与相关部件的自振频率相吻合，则必然引起共振，造成机组的振动、出力的摆动等，严重威胁着机组的安全运行。

国内外对空化空蚀方面做了大量的研究和实践，总结出一些防空化空蚀的经验，主要有：改善水轮机的水力设计，提高加工工艺水平、采用抗蚀材料，改善运行条件并采用适当的运行措施，受空蚀破坏的水轮机零部件的修复等。

四、水轮机空化空蚀监测技术

由于空化发生发展的过程时间很短，而且在整个工作区域内都可能发生，因此空化很难预测。预防包含水轮机在内的水力机械空化最好的办法就是建立空化监测系统，对其运行状态进行全程实时监测，及时发现并制止空化的发生和发展。

空化信号的监测就是测量空泡溃灭时产生的高频脉冲波、微射流及由此导致的高频噪声信号、介质的压力脉动和机械结构的振动等。从测量信号中提取表征空化的特征值，建立空化特征值与空化强度的对应关系，通过监测测量信号中各特征值的变化来判断空化的发生和发展，从而达到监测空化的目的。空化监测的关键在于选择合适的空化监测方法、选取适当的测量位置以及采用有效的信号处理分析方法来进行空化特征的提取。

高速摄影方法、超声波探测方法和 X 光探测方法等，都是利用特定的实验设备去观测流场的空化情况。高速摄影方法需要高速摄像机和可以观测的实验设备，如外壳透明的水力机械；而超声波和 X 光可穿透水力机械的外壳，利用超声波和 X 光对水力机械内部的空化进行探测，需要超声波和 X 光的发射和接收装置，通过分析回收信号的特征去判断流场的空化情况。由于这类方法需要特定的实验设备，且实验复杂、费用高、难度大，目前对这类方法的研究和应用还较少。

压力脉动信号、振动信号、噪声信号和声发射信号在进行水力机械空化检测时被广泛利用，很多研究都基于这四种信号，并取得了一定的效果。然而，大多数研究都只采集了其中的一种或几种信号，只对部分信号的特征进行了分析，并且很多研究所提取的空化信号特征不明显，无法准确检测和识别水力机械内部的空化情况。因此，同步采集压力脉动、振动、噪声、声发射等多种信号，分析多种信号的特征，利用多种信号的特征进行空化的检测和识别，将是水力机械空化检测下一步的研究方向。

思考与讨论题

（1）水轮发电机组结构上有何特点？水轮发电机组的设备及系统有哪些典型故障？
（2）水轮机的出力不足故障机理是什么？
（3）水轮机出现出力不足故障时，有何典型故障特征？
（4）如何建立水轮机出力不足故障的诊断模型？
（5）水轮发电机组的振动故障机理是什么？
（6）水轮发电机组的水力振动故障有何典型特征？
（7）水轮机的泥沙磨损机理是什么？
（8）水轮机的泥沙磨损故障有何典型特征？
（9）水轮机的空化空蚀机理是什么？
（10）水轮机的空化空蚀故障有何典型特征？
（11）水轮发电机组的故障诊断技术有何新进展？
（12）针对水轮机的出力不足故障，如何设计、开发一套故障诊断系统？
（13）针对水轮机的振动故障，如何设计、开发一套故障诊断系统？
（14）针对水轮机的泥沙磨损故障，如何设计、开发一套故障诊断系统？
（15）针对水轮机的空化空蚀故障，如何设计、开发一套故障诊断系统？

参考文献

[1] 郑源，张强．水电站动力设备 [M]. 北京：中国水利水电出版社，2003.

[2] 马震岳，董毓新．水电站机组及厂房振动的研究与治理 [M]. 北京：中国水利水电出版社，2004.

[3] 杜文忠．水力机组测试技术 [M]. 北京：中国水利电力出版社，1995.

[4] 沈东．水力机组故障分析 [M]. 北京：中国水利电力出版社，1996.

[5] 丁国兴．100MW 机组尾水管压力异常脉动消除 [J]. 华东电力，2002，30 (9)：51-53.

[6] 郭彦峰，赵越，刘登峰．某大型水电站异常振动和出力不足问题研究 [J]. 人民长江，2015，46 (16)：87-92.

[7] 刘强，吴长利，黄竹青，等．洪江水电厂 3# 机组效率偏低原因分析及处理研究 [R]. 长沙：五凌电力有限公司，2013.

[8] 刘忠，邹淑云，李建勇，等．灯泡贯流式水轮机出力不足原因分析与对策研究 [J]. 电站系统工程，2014，30 (6)：73-74，76.

[9] 刘忠，饶洪德，黄竹青，等．大型灯泡贯流式水轮机浆叶调整研究与实践。水利水电技术，2013，44 (10)：140-142.

[10] 刘光宁．不同比速混流式水轮机的水力稳定性问题 [C]. 第十九次中国水电设备学术研讨会，2013：139-149.

[11] 张飞，高忠信，潘罗平，等．混流式水轮机部分负荷下尾水管压力脉动试验研究 [J]. 水利学报，2011，42 (10)：1234-1238.

[12] Thapa B S, Thapa B, Dahlhaug O G. Current research in hydraulic turbines for handling sediments [J]. Energy, 2012, 47 (1): 62-69.

[13] Gohil P P, Saini R P. Coalesced effect of cavitation and silt erosion in hydro turbines—a review [J]. Renewable and Sustainable Energy Reviews, 2014, 33: 280-289.

[14] Padhy M K, Saini R P. Study of silt erosion mechanism in Pelton turbine buckets [J]. Energy, 2012, 39 (1): 286-293.

[15] 陆力，刘娟，易艳林，等．白鹤滩电站水轮机泥沙磨损评估研究 [J]. 水力发电学报，2016，35 (2)：67-74.

[16] 杨萍，唐峰，陈德新．多泥沙河流水轮机磨蚀寿命评估系统研究 [J]. 人民黄河，2009，31 (1)：83.

[17] 顾四行，贾瑞旗，张弋扬，等．水轮机磨蚀与防治 [J]. 水利水电工程设计，2011，30 (1)：39-43.

[18] 张广，魏显著，刘万江．水轮机抗泥沙磨损技术分析 [J]. 黑龙江电力，2015，37 (1)：61-64.

[19] 刘光宁，陶星明，刘诗琪．水轮机泥沙磨损的综合治理 [J]. 大电机技术，2008 (1)：31-37.

[20] 李胜亮，曲德威，刘永军．大盈江四级水电站水轮机抗泥沙磨损措施探析 [J]. 东北水利水电，2015，33 (12)：56-58.

[21] 金志强．塔尕克水电站泥沙磨损与治理 [J]. 水电厂自动化，2014，35 (3)：35-38.

[22] 刘大恺．水轮机 [M]. 3 版．北京：中国水利电力出版社，1995.

[23] 段向阳，王永生，苏永生．水力机械空化（空蚀）监测研究综述 [J]. 水泵技术，2008 (5)：1-6.

[24] 明廷锋，曹玉良，贺国，等. 流体机械空化检测研究进展 [J]. 武汉理工大学学报：交通科学与工程版，2016，40 (2)：219-226.

[25] 陈喜阳，闫海桥，郭庆. 水泵机组空化监测研究现状及展望 [J]. 水电厂自动化，2015 (2)：18-24.

[26] 刘忠，袁翔，邹淑云，等. 基于改进 EMD 与关联维数的水轮机空化声发射信号特征提取 [J]. 动力工程学报，2019，39 (5)：366-372.

[27] 刘忠，邹淑云，陈莹，等. 混流式水轮机模型空化状态与声发射信号特征关系试验 [J]. 动力工程学报，2016，36 (12)：1017-1022.

风力机常见故障分析

在风电迅猛发展的同时，风力机高额的运行维护成本影响了风场的经济效益。风场一般地处偏远、环境恶劣，并且机舱位于50～80m以上的高空，给机组的维护维修工作造成了困难，增加了机组的运行维护成本。对于设计寿命为20年的机组，运行维护成本估计占到风场收入的10%～15%；对于海上风场，用于风力机运行维护的成本高达风场收入的20%～25%。高额的运行维护费用增加了风场的运营成本，降低了风电的经济效益。因此，大力发展风力机故障诊断技术对降低风力机的运行风险和减少运维成本具有重要意义。

本章从风力机的工作过程特点出发，在阐述风力发电机组常见故障类型及其原因的基础上，以案例的形式分析了风力机4种不同类型的故障，包括传动系统故障、变桨系统故障、偏航系统故障和桨叶故障。

第一节 风力机的工作过程特点

风电机组通过叶轮吸收空气中的动能并将其转化为机械能进而转化为电能。与蒸汽轮机、燃气轮机、水轮机的工作过程相比，风力机的工作过程具有自身显著的特点，且这些工作特点与机组的故障密切相关，甚至是机组产生故障的直接或间接原因。

一、风能具有波动性

1. 风能计算基本公式

根据牛顿第二定律可以得到，空气流动时的动能为

$$E=\frac{1}{2}mv^2 \tag{7-1}$$

式中 m——气体的质量，kg；

v——气体的速度，m/s；

E——气体的动能，J。

若风电机风轮的截面积为 S，则 t 时间内流过气体的体积 V 为

$$V=Svt \tag{7-2}$$

设空气密度为 ρ ，则该体积的空气质量为

$$m=\rho V=\rho Svt \tag{7-3}$$

这时气流所具有的动能为

$$E=\frac{1}{2}\rho Sv^3t \tag{7-4}$$

上式即为风能的表达式。

单位时间内通过风轮的能量就是风功率，即

$$P=\frac{1}{2}\rho Sv^3 \tag{7-5}$$

从风功率公式可以看出，风能的大小与空气密度和通过风轮的扫掠面积成正比，与气流速度的立方成正比。其中，ρ 和 v 随地理位置、海拔高度、空气湿度和温度、地形等因素变化而变化，即使是在同一地点，风速 v 的大小、方向也随时间、高度发生变化，这种变化具有很强的随机性。

对于特定的地点，某一时刻的风速可表示为

$$v=\overline{v}+v_d \tag{7-6}$$

式中　$\overline{v}$ ——空气的平均速度，m/s；

v_d ——空气的脉动速度，m/s。

2. 平均风速模型和脉动风速模型

(1) 平均风速沿高度变化规律。平均风速沿高度变化的规律可以用指数函数式来近似描述

$$\frac{\overline{v}(z)}{\overline{v}(z_s)}=\left(\frac{z}{z_s}\right)^{\alpha} \tag{7-7}$$

式中　$\overline{v}(z)$ ——高度 z 处的平均风速，m/s；

$\overline{v}(z_s)$ ——参考高度的平均风速，m/s；

α ——地面粗糙度指数，根据国家相关标准取值。

一般来说，取 $z_s=10$m 处为参考高度。

(2) 风速谱模型。风速的脉动特性可用脉动风速功率谱密度函数来描述，它反映的是风的紊流能量在频域内的分布状况。工程中，有多种描述风速脉动特性的模型，其中 Davenport 谱是一种常用模型。Davenport 风速自谱表达式为

$$\frac{nS_{ui}(n)}{K\overline{v}^2(z_s)}=\frac{4x^2}{(1+x^2)^{4/3}} \tag{7-8}$$

式中　$S_{ui}(n)$ ——脉动风速自功率谱，n 为频率，Hz；

K——地面粗糙度系数，按 B 类地区取值，$K=0.16$；

$\overline{v}(z_s)$ ——离地面参考高度（$z_s=10$m）处的平均风速，m/s；

x——莫宁坐标（相似率坐标），为无量纲量。

二、作用在风力机上的载荷具有随机性

风力机各部件承受的载荷性质不完全相同。风力机叶片是风力机能量转换的核心部

件，它捕获风能并将其转换为风轮旋转的机械能。叶片是风力机中承受载荷最复杂的部件，并将所承受的复杂载荷通过转轴及其传动系统传递给其他部件。

风力机叶片所承受的载荷包括确定性和随机性载荷。下面简单介绍作用在叶片上的载荷特性。

1. 作用在叶片上的气动载荷

（1）作用在翼型上的升力和阻力。任何一个气流中的物体所受到的力都可以分解为平行于气流流动方向的阻力和垂直于气流流动方向的升力。假定桨叶处于静止状态，空气以相同的相对速度吹向叶片时，作用在桨叶上的气动力取决于空气相对速度和气流攻角的大小。

按照伯努利理论，桨叶上表面的气流速度较高，下表面的气流速度则比来流速度低。因此，围绕桨叶的流动可看成由两个不同的流动组合而成：一个是将叶型置于均匀流场中时围绕桨叶的零升力流动；另一个是空气环绕桨叶表面的流动。而桨叶升力则由于在桨叶表面上存在一速度环量，如图 7-1 所示。此时，作用在桨叶表面上的空气压力是不均匀的，上表面压力减少，下表面压力增加。

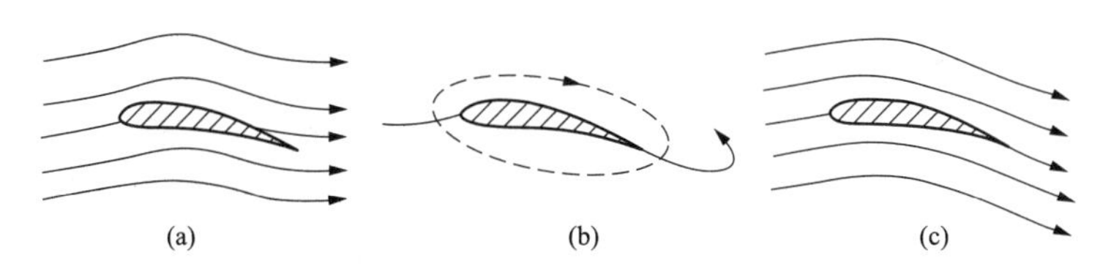

图 7-1 气流绕翼型的流动

（a）零升力流动；（b）环绕流动；（c）实际流动

为了表示压力沿表面的变化，可作桨叶表面的垂线，用垂线的长度 K_p，表示各部分压力的大小，即

$$K_p = \frac{p - p_0}{\frac{1}{2}\rho v^2} = \frac{\text{静压}}{\text{动压}} \tag{7-9}$$

式中 p ——桨叶表面垂线根部的静压力，Pa；

ρ、p_0、v ——无限远处的空气来流特征参数（空气密度，kg/m^3；静压力，Pa；速度，m/s）。

连接各垂直线段长度 K_p 的端点，如图 7-2 所示，其中上表面 K_P 为负，下表面 K_P 为正。

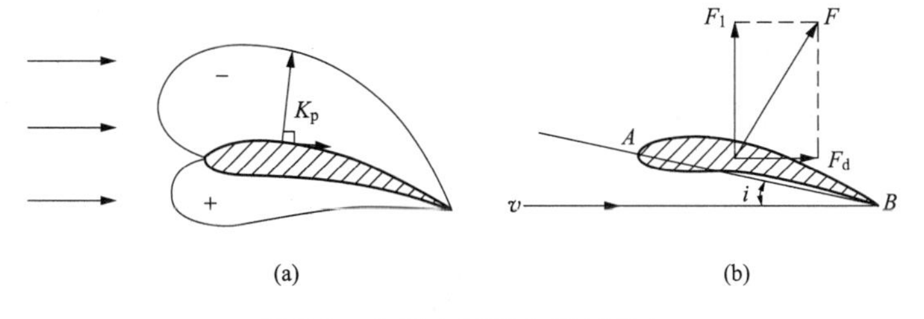

图 7-2 作用在翼型上的气动力

（a）翼型上的压力系数分布；（b）翼型上的总作用力

所有作用在叶片上的各个力的合力 F 通常与气流方向斜交，且与气流方向有关，可用下式表示

$$F=\frac{1}{2}\rho C_{\mathrm{r}}Sv^{2} \tag{7-10}$$

式中 S——桨叶面积，等于弦长×桨叶长度；

C_{r}——总的气动系数。

可以把该力分为两个分力：分力 F_{d} 与速度 v 平行，称为阻力，产生阻力的原因有两个：翼型表面的黏性摩擦力和翼型前后沿气流方向的压力差；分力 F_{l} 与速度 v 垂直，称为升力，升力是由翼型上下表面压力差产生的。F_{d} 与 F_{l} 可分别表示为：

$$F_{\mathrm{d}}=\frac{1}{2}\rho C_{\mathrm{d}}Sv^{2} \tag{7-11}$$

$$F_{\mathrm{l}}=\frac{1}{2}\rho C_{\mathrm{l}}Sv^{2} \tag{7-12}$$

式中 C_{d}——阻力系数；

C_{l}——升力系数。

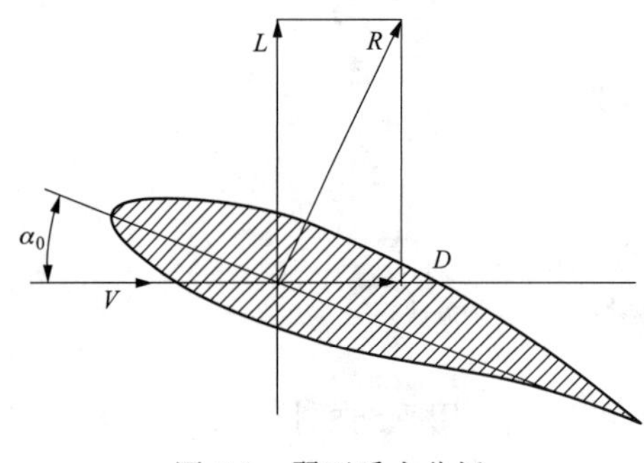

图 7-3 翼型受力分析

（2）作用在翼型上的力。作用在翼型上的力的物理机理是由于环绕翼型面流体流速的变化。如图 7-3 所示，上翼型面流速比下翼型面快，结果上面压力低于下面压力，于是产生了空气动力 R。气动力 R 可以分解为一个平行于来流的阻力分量 D 和一个垂直于来流的升力 L 分量，升阻力不但与来流的速度有关，还与它的角度 α_0（迎角）有关。风轮前的风速并不是直接作用于叶片截面-翼型上的气流速度，真正作用在翼型上的气流速度实际上是一个合成风速，即吹来的风速和叶片旋转运行的相对转速合成后的风速。

如图 7-4 所示，以半径 r 处的风轮叶片截面为一个基本单元（即叶素），其长度为 $\mathrm{d}r$，弦长为 l，桨距角为 β。则叶素在旋转平面内具有一圆周速度 $U=\omega\times r=2\pi rn$（n 为

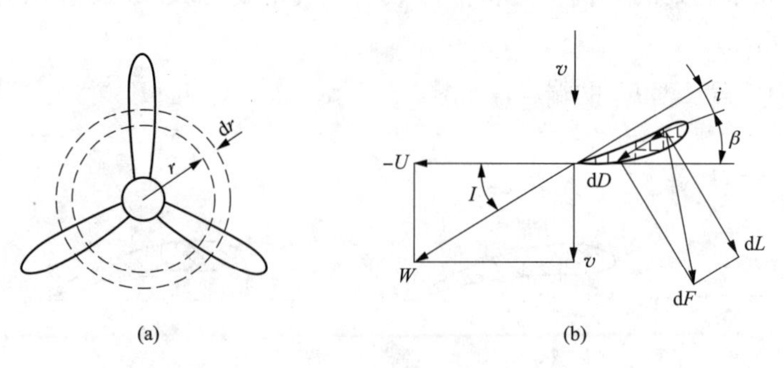

图 7-4 叶素特性分析

（a）叶素；（b）叶素特性分析

转速），由于U与r成正比例关系，因此，距离叶片根部越远，r越大，U也随之增大。合成速度W与弦线的夹角（即攻角）将会随着r的增加而降低。

如果取v为吹过风轮的轴向风速，气流相对叶片的速度W是来流速度v和局部线速度U的矢量和。而攻角为$i = I - \beta$，其中，I为W与旋转平面间的夹角，称为倾斜角。

因此，叶素受到相对速度W的气流作用，进而受到一气动力dF作用。dF可分为一个升力dL和一个阻力dD，分别与相对速度W垂直或平行，并对应于某一攻角i。

不考虑诱导速度情况下叶素的受力分析如图7-5所示。速度W在叶片局部剖面上产生升力dL和阻力dD，通过把dL和dD分解到平行和垂直于风轮旋转平面上，即为风轮的轴向推力dF_n和旋转切向力dF_t，其中轴向推力作用在风电机组塔架上，旋转切向力产生有用的旋转力矩dM驱动风轮转动。升力和阻力的计算式为：

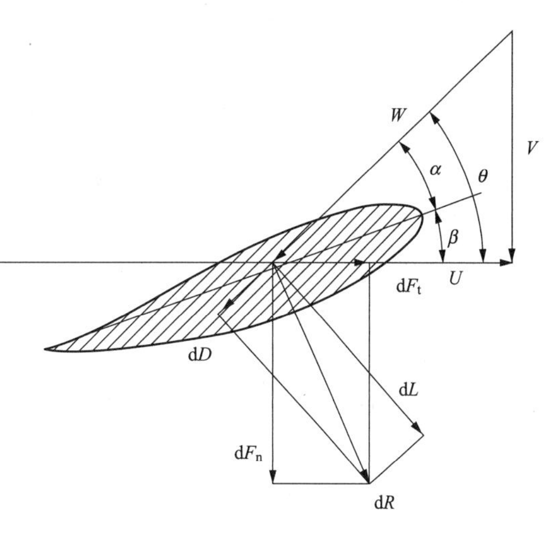

图7-5　叶素受力图

$$dD = \frac{1}{2}\rho C W^2 C_d dr \tag{7-13}$$

$$dL = \frac{1}{2}\rho C W^2 C_l dr \tag{7-14}$$

升力系数C_l和阻力系数C_d的值可按相应的攻角查取所选叶型的气动特性曲线得到。

由式（7-13）和式（7-14）可知，作用在叶素上的升力与阻力，与相对速度W^2成正比，而相对风速W与风速v以及风轮转速有关，而风轮转速也与风速有关。所以，作用在叶片上的气动载荷与风速密切相关，是随机的，也是脉动的。

2. 作用在叶片上的离心载荷

风力机叶片在运行过程中，受到离心力的作用。距离叶根r处叶素所受的离心力示意图如图7-6所示。

叶片离心力载荷计算式为：

$$F_C = \omega^2 \int_o^R A_i \rho_i r dr \tag{7-15}$$

叶片离心力弯矩计算公式为：

$$M_X = \int_r^R (r - r_0)\rho_i \omega^2 A_i y(r) dr \tag{7-16}$$

式中　r_0——叶片轮毂半径，m；

$y(r)$——叶片截面r处纵坐标，m。

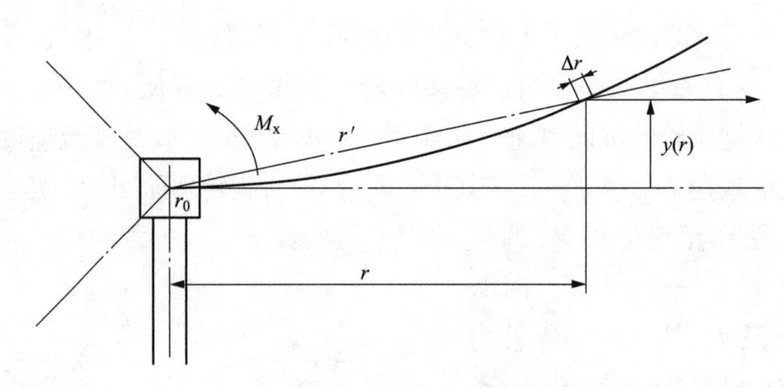

图 7-6　离心力在叶片摆振方向的作用情况

3. 作用在叶片上的重力载荷

各叶素重力载荷的计算公式为：

$$G_i = \rho_i A_i g \tag{7-17}$$

式中　G_i——剖面重力，N；

ρ_i——剖面密度，kg/m^3；

A_i——剖面面积，m^2；

g——重力加速度，m/s^2。

叶素的重力载荷在叶片轴向和切向的分力为：

$$\begin{cases} G_{i,a}(t) = \rho_i A_i g \cos\omega t \\ G_{i,t}(t) = \rho_i A_i g \sin\omega t \end{cases} \tag{7-18}$$

叶片的重力弯矩载荷为：

$$P = -\left[\int_{r_0}^{R} (r - r_0)\rho_i A_i g \, dr\right] \cos\omega t \tag{7-19}$$

式中　R——叶片叶尖处的旋转半径，m。

由式（7-18）和式（7-19）可以看出，作用在叶素上的重力载荷是时间的周期性函数。

4. 作用在叶片上的其他载荷

除了上述载荷外，还有作用在叶片上的一些瞬时载荷，典型的瞬时荷载如叶片受阵风以及控制机构产生的起动、停车、紧急刹车、变矩等。还有一些作用在叶片上的特殊周期性载荷，如高度方向的风剪产生的周期性载荷，塔影效应产生的周期性载荷，风轮陀螺力矩产生的载荷等。

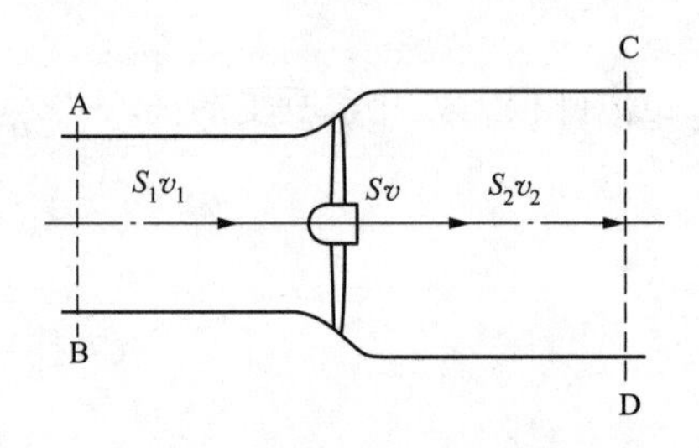

图 7-7　气流通过风轮的流管模型

三、风能转换具有低效性

如图 7-7 所示，假设通过风轮的气流其上游截面为 S_1，速度为 v_1，风轮下游截面为 S_2，速度为 v_2，风轮面积是 S，流经风轮的风速是 v。由于风轮的机械能仅由空气的动能降低所致，因而 v_2 必然低于 v_1，因此通过风轮的气流截面积从上游至下游是增加的，即 $S_2 > S_1$。

根据贝茨理论，经过推导，得到作用在风轮上的力和提供的功率可写为：

$$F=\frac{1}{2}\rho S(v_1^2-v_2^2) \tag{7-20}$$

$$P=\frac{1}{4}\rho S(v_1^2-v_2^2)(v_1+v_2) \tag{7-21}$$

经推导，得到风轮所能产生的最大功率为：

$$P_{\max}=\frac{8}{27}\rho S v_1^3 \tag{7-22}$$

将式（7-22）除以气流通过扫掠面 S 时风所具有的动能，可推得风力机的理论最大效率（或称之为理论风能利用系数）：

$$\eta_{\max}=\frac{P_{\max}}{\frac{1}{2}\rho S v_1^3}=\frac{\frac{8}{27}\rho S v_1^3}{\frac{1}{2}\rho S v_1^3}=\frac{16}{27}\approx 0.593 \tag{7-23}$$

这个系数就是贝茨极限（$C_{P,\max}=16/27$）。式（7-23）表明：风能通过风力机组不可能全部转换为旋转的机械能，否则风力机组后面的空气就会静止不动，气流就会被阻挡住，实际上这是不可能的。

四、风力机运行具有变转速变功率特性

风电机组的输出功率与风速的大小、空气密度、风轮直径、风轮功率系数、传动效率和机械效率有关，其关系用计算公式表示为：

$$P=\frac{1}{8}\pi\rho D^2 v^3 C_p \eta_t \eta_g \tag{7-24}$$

式中 P——风电机组的输出功率，kW；

ρ——空气密度，kg/m^3；

D——风电机组风轮直径，m；

v——场地风速，m/s；

C_p——风轮的功率系数，一般为 0.2～0.5，最大为 0.593；

η_t——风电机组传动装置的机械功率；

η_g——发电机的机械效率。

式（7-24）表明，风电机组输出功率与空气密度、空气压力（与海拔有关）、空气湿度和温度之间有非常密切的关系，所以气象条件对风力机的功率输出有重要影响。

另外，风力机的输出功率与平均风速的三次方成正比，所以，其输出功率的大小与风速密切相关。如图 7-8 所示为某型变桨控制风力机输出功率随平均风速的变化关系：在很低转速（如 $v<3$m/s）时，风机不能启动，只有风速达到切入风速时，风力机才能启动；然后，随着平均风速的提高，风力机的输出功率增加，转速增加；当风速达到额定风速时，输出功率达到额定功率，转速达到额定转速；风速在额定值以上还继续增加的话，风力机通过功率控制系统来维持输出功率和转速不变；当风速达到风力运行的

最大风速值（如 v=25m/s）时，风力机切出，为避免强风损坏风力机，风力机将被锁定并进入停机模式。变桨控制风力机的输出功率、转速、桨距角随平均风速的关系如图 7-9 所示。

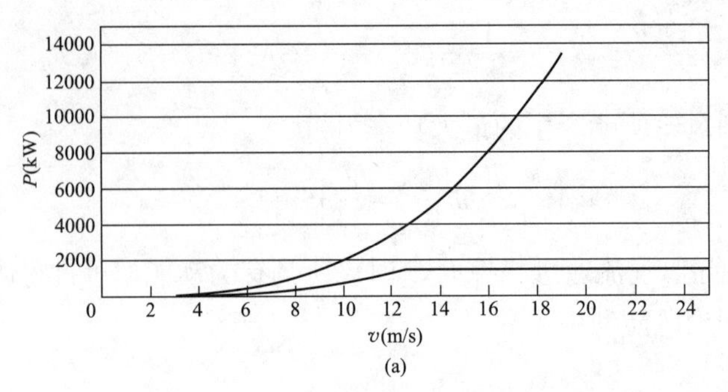

(a)

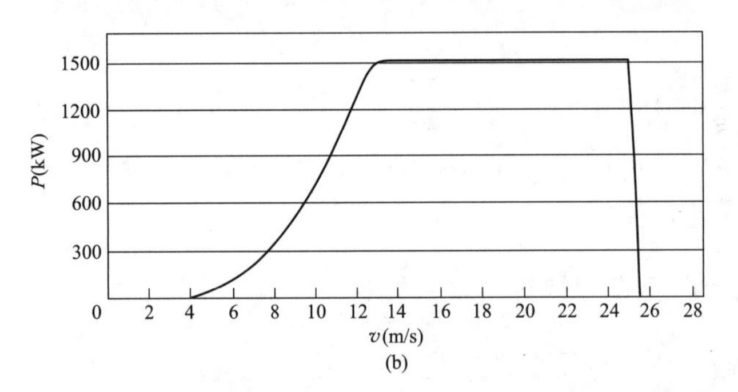

(b)

图 7-8　某型变桨控制风力机功率曲线

（a）风能功率曲线与风力机输出功率曲线；（b）风力机输出功率曲线

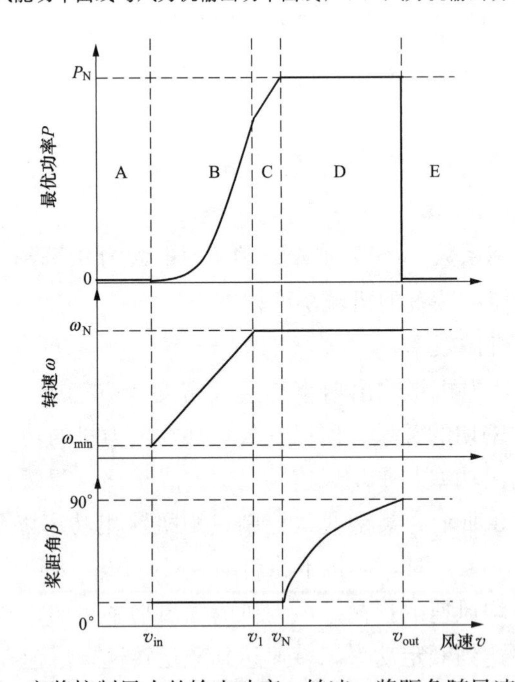

图 7-9　变桨控制风力的输出功率、转速、桨距角随风速的关系

五、风力机运行健康状况受环境影响大

风力机的关键部件都裸露在自然环境中，容易受到强阳光（紫外线）照射影响、低温影响、覆冰影响、盐雾影响、风沙磨损影响、雨水影响、雷电影响和强台风影响。上述影响加载到风力机的各部件上，造成部件过载、老化，损耗部件的寿命，导致机组出现故障。

第二节 风力机常见故障原因及其诊断方法

一、风力机故障原因分析

1. 风轮系统故障原因

风轮系统包括轮毂和叶片，其中，轮毂的故障原因主要是由于过度磨损等造成的机械故障，而叶片的故障原因较为复杂。

在风力机实际运行过程中，叶片承受着离心力、空气流体动力、振动力、温度热应力、介质应力等的综合作用，工作条件极其严酷，导致叶片经常会出现各种故障。如：结冰、裂纹、点蚀、磨损等。

（1）叶片结冰：叶片结冰对风力机叶片造成的影响是巨大的。叶片结冰不但改变叶片的气动外形，降低效率，而且会造成转动不平衡甚至无法启动。

（2）叶片裂纹：叶片裂纹扩展引起的叶片断裂对于风力机的危害极大。一般认为风力机叶片裂纹产生的主要原因是叶片局部应力集中。长期低负荷、超负荷或在振动区运行也会使叶片在交变应力作用下产生裂纹或裂纹情况加剧。

（3）叶片点蚀：叶片点蚀又称小孔腐蚀，是指金属的大部分表面不发生腐蚀，而局部出现腐蚀小孔并向纵深处发展的一种点状溃蚀现象。风力机叶片发生点蚀后，会严重损伤叶片，甚至在运行中使叶片断裂，严重危害风力机的安全。

（4）叶片磨损：在风力机运行过程中，由于空气中的粉尘、沙粒与叶片的高速碰撞，经常产生叶片磨损故障。叶片磨损是导致风力机转子不平衡、叶片断裂、飞车等重大事故的主要原因。

2. 传动系统故障原因

传动链系统包括齿轮箱、主轴、轴承等组件，用于连接主轴和发电机。传动系统中，各部件的故障原因不完全相同。

（1）齿轮箱故障原因。

1）齿轮断齿。齿轮断齿的原因是齿轮短时间意外的严重过载，超过了材料的弯曲疲劳极限；还有长期的交变应力作用于齿根，出现疲劳裂纹，并逐步扩展，进而使齿轮在齿根处产生疲劳断裂。轮齿的断裂是齿轮箱的最严重的故障，常因此造成机组停机。

2）齿轮点蚀。齿轮点蚀主要是由于齿轮的接触疲劳强度不足所致。在封闭式齿轮

传动中，齿轮在接触应力的长期反复作用下，其表面形成疲劳裂纹，使齿面表层脱落或小凹坑，形成麻点，这就是齿面点蚀。在闭式齿轮传动中，点蚀是最普遍的破坏形式；在开式齿轮传动中，由于润滑不够充分以及进入污物的可能性增多，磨粒磨损总是先于点蚀破坏。

3）齿面磨损。齿面磨损主要是由于润滑条件差，工作环境粉尘多，因为软齿面，粉尘、齿面摩擦脱离的金属细微颗粒，接触表面间有较大的相对滑动，产生滑动摩擦，造成磨损；还有由于润滑油中的一些化学物质如酸、碱或水等污染物与齿面发生化学反应造成的腐蚀磨损；还会由于过载、超速或不充分的润滑引起的过分摩擦所产生的局部区域过热，这种温度升高会引起变色和过时效，会使钢的表面层重新淬火，出现白层，损伤的表面容易产生疲劳裂纹。

4）齿面胶合。因为温度升高，润滑油的油膜被破坏，导致齿面直接接触，且接触面产生很高的瞬时温度，同时在很高的压力下，齿面接触处相互黏连，当齿面相对滑动时，软软的齿面沿滑动方向被撕下而形成沟纹。

（2）主轴故障原因。风力机主轴的载荷水平高，同时还承受交变载荷，运行过程可能产生疲劳裂纹，甚至出现断轴故障。主轴故障的原因是主轴在制造中没有消除应力集中因素，在过载或交变应力的作用下，超出了材料的疲劳极限所致。

（3）轴承故障原因。

1）疲劳剥落。风力机主要使用滚动轴承，滚动轴承工作时，滚道和滚子表面既承受载荷又相对滚动，由于交变载荷的作用，首先在表面下最大剪应力处形成裂纹，裂纹继续扩展使得接触表面发生剥落坑，最后发展到大片剥落。疲劳剥落是滚动轴承故障的主要原因，会造成运转时的冲击载荷，引起振动和噪声加剧。

2）磨损。滚道和滚子的相对运动（包括滚动和滑动）以及尘埃异物的侵入等都会引起表面磨损，当润滑不良时，会加剧磨损。磨损的结果使轴承游隙增大，表面粗糙度增加，从而降低了轴承的运转精度，振动和噪声随之增加。

3）塑性变形。当轴承受到过大的冲击载荷或静载荷，或因热变形引起额外的载荷，或有硬度很高的异物侵入时都会在滚道表面上形成凹痕或划痕。这使得轴承在运转过程中产生剧烈的振动和噪声。

4）锈蚀。锈蚀是滚动轴承严重的问题之一，高精度轴承可能会由于表面锈蚀导致精度降低而不能继续工作。水分或酸、碱性物质的直接入侵会引起轴承锈蚀。

5）断裂。过高的载荷会引起轴承零件断裂，磨削、热处理和装配不当会引起残余应力，工作过热时也会引起轴承零件断裂。

6）胶合。在润滑不良、高速重载情况下工作时，由于摩擦发热，轴承可以在短时间内达到很高的温度，导致表面烧伤及胶合。

7）保持架损坏。由于装配不当或使用不当可能引起保持架变形，增加自身与滚动体的摩擦，使得振动、噪声和发热加剧，最终导致轴承的损坏。

（4）变桨系统故障原因。有文献针对某风电场的统计数据，总结得出风力发电机组变桨系统常见故障及其原因、敏感参数见表 7-1。

表 7-1　　变桨系统故障模式、故障原因与敏感参数

序号	故障模式	故障原因	敏感参数
1	变桨角度故障	编码器异常、驱动器异物堵塞、减速器卡死	桨距角偏差、功率、风速、传动系统与塔架加速度
2	变桨转矩故障	螺栓松动、减速器坏死、润滑不足	叶片振动、功率、轴承温度、环境温度、风速
3	变桨电动机故障	变桨齿轮异物入侵、振动过大、电气刹车故障	变桨电动机温度和电流以及振动参数、环境温度、风速
4	变桨轴承故障	轴承安装不当、疲劳失效、润滑不良	变桨轴承温和环境度、风速、功率
5	变桨齿轮故障	齿轮疲劳或断裂、润滑不良	齿轮箱润滑油温、齿轮箱转速、风速、环境温度、功率

(5) 偏航系统故障。偏航系统常见故障包括偏航位置故障、偏航编码器故障、偏航速度故障、偏航驱动电动机保护跳闸、偏航驱动电动机故障、偏航润滑油泵保护跳闸、偏航润滑油位低故障、偏航驱动齿轮磨损、偏航制动器故障、偏航软起动故障、不能自动重启，需要手动复位等。

偏航系统运转时速度不高，但偏航齿轮、偏航盘承受的负荷较大，而且偏转齿轮一般为开式结构，因而受气候环境影响大。偏航齿轮和偏航盘通常采用润滑脂润滑，运行温度范围在−10～140℃之间，使用过程中存在易流失的情况。

偏航减速器是保证风力机能够正确对风的重要部件之一，其属于中等载荷部件，对润滑油的抗低温能力要求尤为重要。使用过程中容易出现腐蚀橡胶密封件和铜制件，造成润滑油渗漏和铜制件损耗。

风力机偏航电动机容易出现电动机的过负荷，其原因如下：首先机械上有电动机输出轴及键块磨损导致过负荷，齿盘断齿从而导致偏航电动机过负荷。在电气上引起过负荷的原因有软偏模块损坏、软偏触发板损坏、偏航接触器损坏和偏航电磁刹车工作不正常等，最终导致偏航电动机的过负荷。

偏航系统的常见故障中有齿圈齿面磨损，其一般原因为：齿轮副的长期啮合运转；相互啮合的齿轮副齿侧间隙中渗入杂质；润滑油或润滑脂严重缺失，使齿轮副处于干摩擦状态。液压管路渗漏也是偏航系统其中一种故障，其失效的原因为：管路接头松动或损坏、密封件损坏、偏航压力不稳、液压系统的保压蓄能装置出现故障、液压系统元器件损坏等，这些都是偏航系统中常见的故障。

偏航系统有时也会伴有异常噪声，可能导致此噪声的原因为润滑油或润滑脂严重缺失、偏航阻尼力矩过大、齿轮副轮齿损坏、偏航驱动装置中油位过低等。

(6) 液压系统故障。液压系统结构复杂，所以在运行中，常有异常情况发生。液压系统最常见的问题是泄漏，接口处的泄漏可以通过拧紧来解决，元器件发生泄漏则必须更换密封件。排除故障后，最主要的是查明故障发生的诱因。例如，液压元件因油液污染而失效，则必须更换液压油。下面列出液压系统常见的异常或故障及可能的诱因。

1）液压站出现异常振动和噪声。原因可能是：旋转轴连接不同心、液压泵超载或

吸油受阻、管路松动、液压阀出现自激振荡、液面低、油液黏度高、过滤器堵塞或油液中混有空气等。

2）液压控制系统油压过低，输出压力不足。原因可能是：液压泵失效、吸油口漏气、油路有较大的泄漏、液压阀调节不当或液压缸内泄。

3）油温过高。原因可能是：系统内泄过大、系统冷却能力不足、保压期间液压泵未卸荷、系统油液不足、冷却水阀不起作用、温控器设置过高、没有冷却水或制冷风扇失效、冷却水的温度过高、周围环境温度过高或系统散热条件不好。

4）液压泵短时间内起动过于频繁。原因可能是：溢流阀出现问题、系统内泄漏过大、蓄能器和液压泵的参数不匹配、蓄能器充气压力过低、气囊或薄膜失效或压力继电器设置错误等，其中若是溢流阀出现问题，应更换溢流阀。

5）液压系统泄漏，导管接口处泄漏。可能的原因及处理建议：管接头松动或漏油，此时要拧紧管道接头或接合面，有必要则更换密封圈；降低壳体内压力或更换油封；液压元件的自然磨损、老化等造成的液压泄漏，泄漏元件要更换；元件失效也会导致泄漏，可能是油液污染所致，此时要更换液压油。

6）液压油从高压腔泄漏到低压腔。应调试液压元件，减少元件磨损，或改进设计。

7）液压装置油位偏低。应检查液压系统有无泄漏，及时加油恢复正常油面。

8）风轮制动蓄能器气压高于极限值。一是蓄能器出现问题，此时应检修或更换蓄能器；二是压力传感器或者溢流阀出现问题，此时应更换压力传感器或溢流阀。

9）建压超时。建压超时的原因可能是：元器件有泄漏、液压阀失效、压力传感器出差错和电气元器件失效。

10）液压阀失灵。液压阀失灵可能的原因及处理建议：若怀疑有故障的阀是电控（电磁、电液比例、伺服）阀，应检查电源、熔断器，与故障有关的继电器、接触器和各触头以及放大器的输入输出信号，彻底排除电气控制系统故障；检查电液、液压件的控制油压力以及比例阀和伺服阀的供油压力，排除电气控制、液压控制系统的故障。

二、风力机故障诊断常用方法

国外有学者对不同功率的风电机组 15 年间发生的故障次数及故障造成的停机时间进行了统计，统计分析结果表明：额定功率小于 500kW 的风电机组故障率明显低于额定功率大于或等于 1000kW 的风电机组。这是由于大型风电机组的复杂程度高，故障率随之增高。已有研究成果表明，风电机组的电气系统、控制系统、液压系统、传感器和风轮这五个部分的故障占机组故障的 67%，不同部件故障发生率及其造成停机时间的关系如图 7-10 所示。从图 7-10 也可以清晰地看出，传动系统、发电机、齿轮箱、叶轮的故障率小，但造成的停机时间是最多的。为了提高整个风电机组的运行安全性和可靠性，降低因故障停机造成的经济损失，有必要对风电机组的关键部件实施在线状态监测、评价与诊断。

1. 风力机状态监测基本方法

（1）齿轮箱状态监测。影响齿轮箱失效的因素有很多，如材料缺陷、设计和安装缺

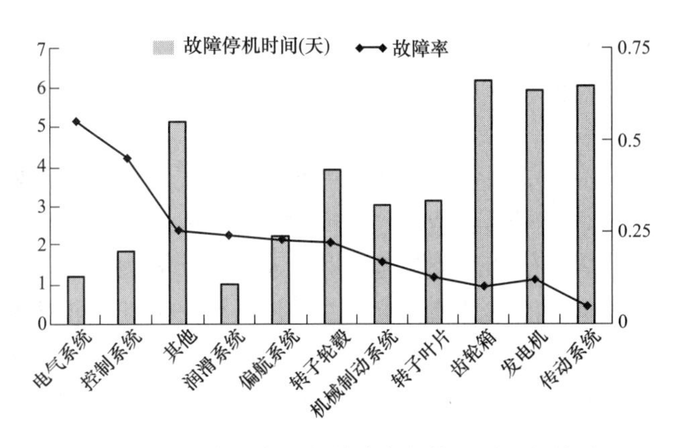

图 7-10 风力机各部件故障率与停机时间的关系

陷、磨损、扭矩过载、轴心偏差和金属疲劳，常见的齿轮箱故障有齿面磨损、齿裂纹、齿断裂和表面疲劳。传统的齿轮箱状态监测方法有观察法（VI）、无损检测法（NDT）、振动分析（VA）和油样分析法（OA）等，其中，振动分析法是最为广泛的监测方法。振动分析法是对振动信号进行时、频域分析处理从而提取到故障的特征分量，能得知齿轮箱内发生的是何种故障。但由于齿轮箱工作环境恶劣，振动信号中有许多干扰噪声，需要采用共振解调或者倒频谱等方法来提高信噪比，以获得更为精确的结果。

齿轮箱的状态还可以通过温度分析、电气分析等方法进行监测。例如，可通过分析风电场风速、机组润滑油温度和有功功率等实际数据，建立油特性和齿轮箱效率的直接关系，利用这种定量关系来监测齿轮箱的状态。

(2) 轴系状态监测基本方法。风电机组轴系是包括主轴、齿轮箱轴系、联轴器和发电机转轴，常用的轴系状态监测方法有基于振动信号检测与分析的监测方法、基于声发射信号检测与分析的监测方法、基于油液分析的监测方法等。由于振动信号具有获取方便、分析技术成熟、信号特征与故障类别对应性好等特点，所以目前风电机组轴系多采用振动信号检测与分析的状态监测方法。

(3) 叶轮状态监测基本方法。风电机组的叶轮包括桨叶和轮毂，常见的故障有表面粗糙、疲劳、裂纹、断裂等。叶片表面粗糙度通常由结冰、污染、脱落和气孔引起；疲劳是由材料老化和交变载荷作用引起的；长期疲劳导致叶片刚度降低，表面产生裂纹，裂纹扩展到一定程度后引起断裂。风电机组叶片约占整机成本的 20%，叶片故障不易诊断且不易更换，若造成事故将是毁灭性的，所以对叶片进行状态监测具有重大意义。

常见的风电机组叶片故障监测技术有振动检测、超声波检测、红外检测和声发射检测等技术。声发射检测能有效检测到较为全面的叶片故障信息，能及时掌握叶片状态变化的动态信息，在叶片状态监测中有很好的应用前景。

(4) 偏航系统状态监测基本方法。在风电机组的偏航系统中，关键设备为偏航轴承（滚动轴承）、偏航齿轮、偏航电动机，偏航控制设备等。所以，偏航系统状态监测主要采用的方法有：基于噪声检测的监测方法、基于应变测量的监测方法、基于温度检测（红外检测）的监测方法、基于无损检测的监测方法、基于声发射技术的监测方法、基于振动检测的监测方法、基于油液分析的监测方法。由于偏航系统中各设备的工作原理的差异，该系统运行具有非稳态性、间歇性的特点，这决定了其状态监测方法应该是多种监测方法的综合。

(5) 变桨系统状态监测基本方法。在风电机组的变桨系统中，关键设备为变桨轴承(滚动轴承)、变桨齿轮、变桨电动机，变桨控制设备等。所以，与上述偏航系统类似，变桨系统状态监测主要采用的状态监测方法有：基于噪声检测的监测方法、基于应变测量的监测方法、基于温度检测（红外检测）的监测方法、基于无损检测的监测方法、基于声发射技术的监测方法、基于振动检测的监测方法、基于油液分析的监测方法。变桨系统的运行与风力机轮毂高度处平均风速的大小密切相关，具有间歇性、随机性、变载荷等特点，各部件的结构和工作原理具有很大差异，所以，可以针对该系统的不同部件，选用一种合适的状态监测方法，然后根据系统中各部件的状态来综合评价变桨系统的综合状态。

2. 风力机故障诊断基本方法

风力机故障诊断基本方法指通过选择合适的状态参数，检测这些参数的时域信号，从这些信号中提取状态特征（或故障特征）后，需要构造合适的诊断模型，来实现风力机的故障诊断。下面简单介绍风力机故障诊断模型。

目前，用于风力机故障诊断的方法比较多，它大致可以分为以下 3 类：基于解析模型的诊断方法、基于信号分析的诊断方法、基于人工智能的诊断方法。

(1) 基于解析模型的诊断方法。基于解析模型的诊断方法即通过对研究对象进行物理或数学模型的建立，将理想模型与实际模型进行对比，从而得出一定范围的差值，从而判断研究对象是否出现故障的方法。基于解析模型的诊断方法主要可以分为基于状态估计的诊断法和基于参数估计的诊断法。

1) 基于状态估计的诊断法。基于状态估计的诊断法即通过获取一个系统外部的数据，从而判断系统运行状态的方法。基于状态估计的诊断法只能了解系统外部数据的变化特征和趋势，无法了解一个系统内部的运行规律或故障原因。传统的基于状态估计的诊断法有最小二乘估计、卡尔曼滤波法、贝叶斯估计法等方法，它们只适用于简单、线性的系统。但近五年来，人们开始尝试将基于状态估计法用于一些非线性或复杂估计等问题，从而出现了一些新的方法和思想，如广义卡尔曼滤波器法、自适应滤波法、自适应阈值算法等。

2) 基于参数估计的诊断法。基于参数估计的诊断法即通过分析手中的数据，推理其中存在的内在联系，从已有的样本中找到相关参数从而表征样本数据，并能分析全体样本特征、趋势的方法。基于参数估计的诊断法是概率论中数理统计的一个重要分支，常用的数学方法有矩估计法、最大似然估计法、最小二乘法等。该方法相对于状态估计诊断法不需要计算残差生成分析，更有利于故障的分离。目前更多的研究是将参数估计和模型建立等其他方法的结合。

(2) 基于信号分析的诊断方法。基于信号分析的诊断方法，是指实时检测被诊断对象的状态参数信号，对检测到的信号实施过滤、放大或缩小、域的变换、特征信号的提取等一系列数学处理，获得能够表征设备状态的特征参量，通过分析这些特征参量的取值大小或分布规律，从而识别设备的故障。风力机故障诊断领域，常用的基于信号分析的诊断方法主要有：小波变换方法、Wigner-Ville 技术、Hilbert 解调方法、FFT 频谱分解方法和经验模态分解方法等。

（3）基于人工智能的诊断方法。近年来，随着计算机以及智能技术的发展，基于人工智能的诊断方法在风电机组诊断中得到大力发展，因为它不需要确定被控设备的具体模型，能很好地应对风电机组不确定性、突发性等一系列随机故障。目前基于人工智能的诊断方法主要有：基于人工神经网络的诊断方法、基于模糊逻辑推理的诊断方法、基于专家系统知识库的诊断方法、基于遗传算法的诊断方法等。

第三节 风电机组传动系统故障案例分析

一、齿轮箱故障诊断案例

1. 故障背景

风电机组的传动系统中，齿轮箱是重要部件，齿轮箱的运行是否正常，直接影响到整个机械系统的工作。风力发电机组齿轮箱经常工作在高速、重载、特殊介质等恶劣条件下，且要求运行过程中具有高的平稳性和可靠性。近年来，随着风力发电机组单机容量的不断增大，以及机组的投运时间的逐渐累积，由于制造误差、装配不良、润滑不良、超载、操作失误等方面原因导致的齿轮箱故障时有发生，维护人员投入其中的工作量也呈上升趋势，严重时会因齿轮箱故障或损坏造成机组长期停运事件，由此带来的直接和间接损失很大。因此，研究齿轮箱故障诊断技术具有重要经济意义。

根据国内外的研究成果，得到风电机组齿轮箱故障的形式见表 7-2。从表 7-2 可以看出，在齿轮箱故障中，齿轮、轴承故障所占的比重约为 80%，所以在齿轮箱故障诊断中，齿轮和轴承的故障诊断非常重要。

表 7-2　　齿轮箱的主要故障形式

故障部件	故障比例（%）	故障（或损坏）表现形式
齿轮	60.0	断齿、点蚀、磨损、胶合、偏心、锈蚀、疲劳剥落等
轴承	19.0	疲劳剥落、磨损、胶合、断裂、锈蚀、滚珠脱出、保持架损坏
轴	10.0	断裂、磨损
箱体	7.0	变形、裂开、弹簧、螺杆折断
紧固件	3.0	断裂
油封	1.0	磨损

2. 设备概况

所讨论的故障机组地处内蒙古自治区，属于低温丘陵地区。机型为定桨距型，机组容量 750kW，塔高 50m，分为上、中、下三节，属柔性筒式塔架；风电场年平均风速

7.5m/s；故障发生时机组已运行 7 年。

该风电机组的齿轮箱采用一级行星轮两级平行结构，齿轮箱传动比 $i=67.377$，行星级啮合频率为 30Hz，中间级啮合频率为 134Hz，高速级啮合频率为 753Hz。

3. 故障特征分析

该风电机组在运行过程中，齿轮箱和主轴出现了振动量值超限的情况，为了诊断振动故障的原因，利用振动检测仪器对该机组进行振动测试。振动测试时，传感器安装在主轴承水平和垂直方向、内齿圈水平和垂直方向等测点采集振动信号。经过振动信号测试与分析，发现该风电机组的传动系统具有下列典型振动特征：

（1）振动信号中存在冲击成分。进行振动数据分析时发现，主轴承水平方向加速度时域波形存在冲击，冲击信号的频率为 0.99Hz，接近行星轴转动频率，如图 7-11 所示；齿轮箱内齿圈水平方向速度时域波形也存在冲击，频率为 0.98Hz，也接近行星轴转动频率，如图 7-12 所示。

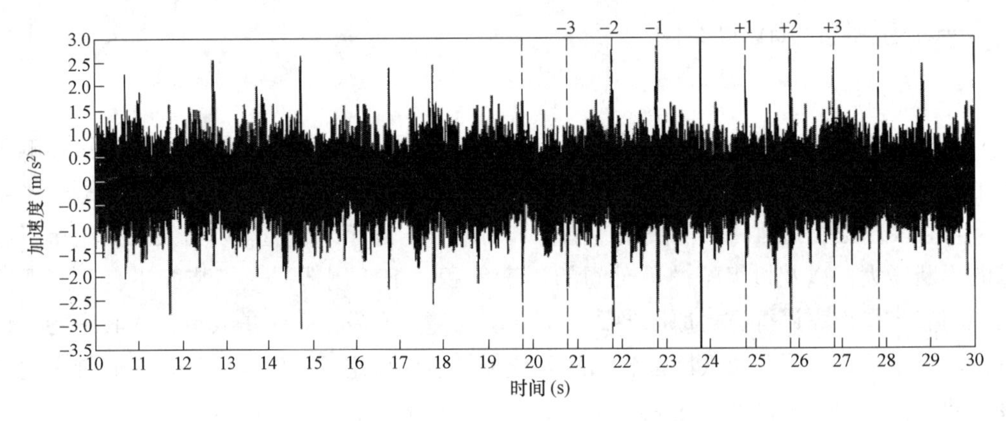

图 7-11　内齿圈水平方向加速度时域波形

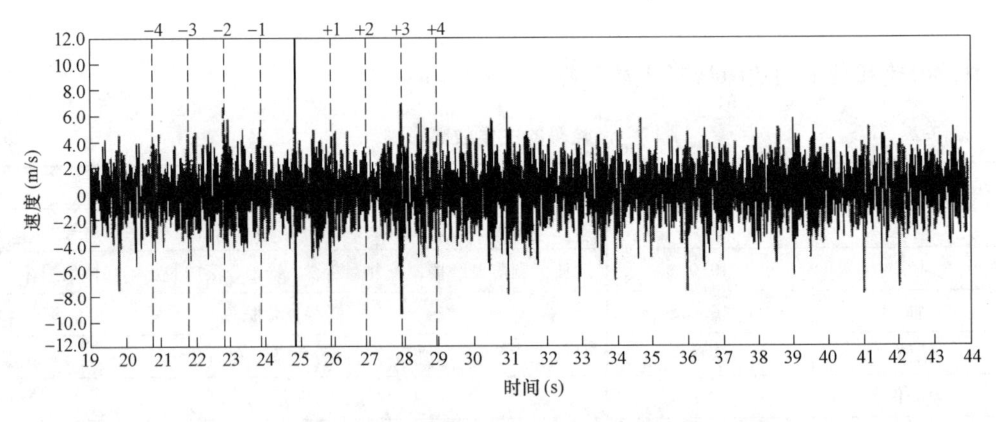

图 7-12　内齿圈水平方向速度时域波形

（2）振动频谱中存在明显的异常。对内齿圈水平方向测点数据进行加速度频谱分析，加速度频谱显示在 75～90Hz 之间存在 0.99Hz 边频，如图 7-13 所示，在低频段，存在 0.99Hz 及其倍频；将其进一步进行速度频谱分析，如图 7-14 所示，速度频谱存在

4.96Hz 及其倍频成分，该频率为行星轴转频 0.99Hz 的 5 倍，接近行星轮轴承滚动体故障特征频率的 2 倍；在 13.9Hz 为中心频率处存在 0.996Hz 边频。

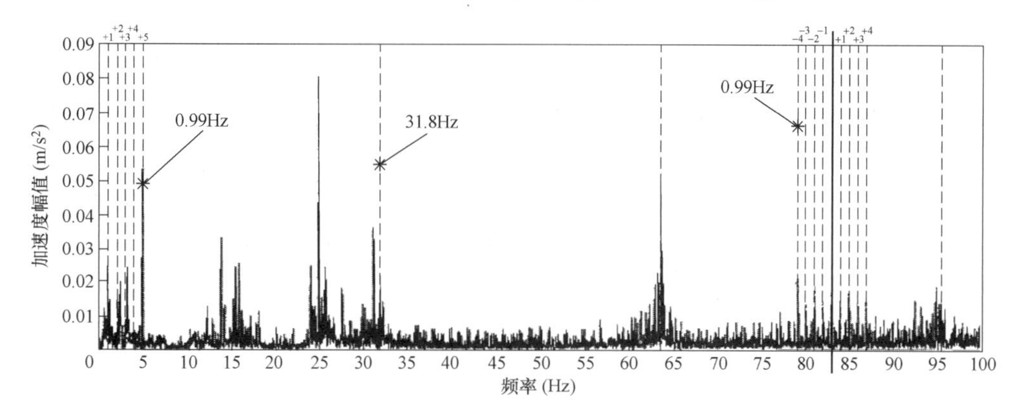

图 7-13　内齿圈水平方向加速度频谱

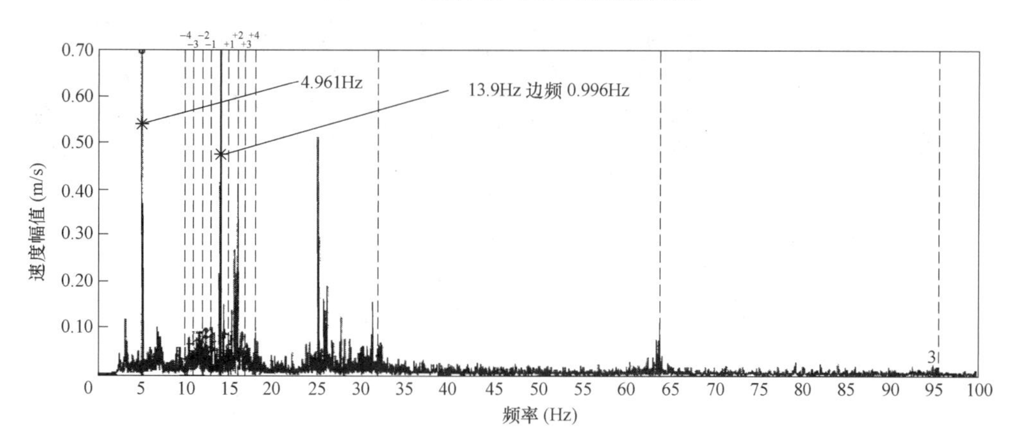

图 7-14　内齿圈水平方向速度频谱

4. 故障原因分析

综合上述分析，可判断齿轮箱行星级齿轮及轴承损伤。对风力发电机组齿轮箱进行内窥镜检查，检查结果如图 7-15 所示，内窥镜检查结果显示：行星轮存在严重损伤，与预判结果一致。

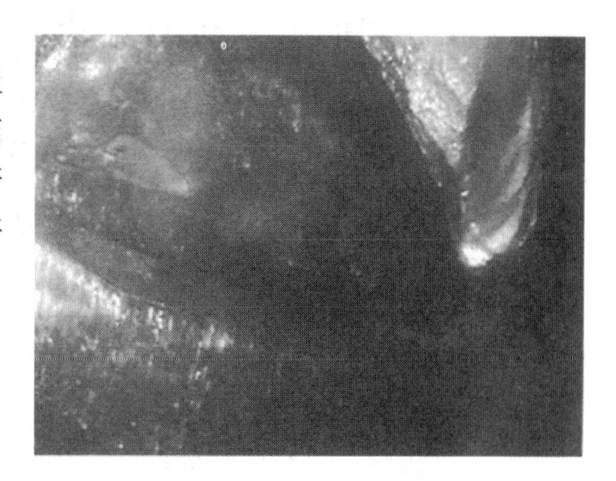

图 7-15　行星轮内部损伤图片

二、高速轴故障诊断案例

1. 设备概况

所讨论的故障机组位于江苏省内某风电场，所在地属于低温丘陵地区。机型为双馈三叶片液压变桨机组，机组容量 1.5MW，塔高 65m，分为上、中、下三节，属柔性筒式塔架；风电场年平均风速 6.9m/s，机组已运行 8 年。齿轮箱采用一级行星轮两级平行结构，齿轮箱传动比 $i=59.51$，行星级啮合频率为 28.7Hz，中间级啮合频率为 154Hz，高速级啮合频率为 679Hz。

2. 分析过程

该风电机组在运行过程中，传动系统出现异常振动的情况。为了诊断振动故障的原因，利用振动检测仪器对该机组进行振动测试。经过对振动信号的分析，发现该风电机组具有如下振动特征：

（1）振动信号中存在冲击成分。高速轴垂直方向振动加速度时域波中形存在明显冲击，冲击信号的时间间隔为 0.076s，频率约为 13.15Hz，如图 7-16 所示；振动速度时域波形也存在同频率同类型冲击，如图 7-17 所示。

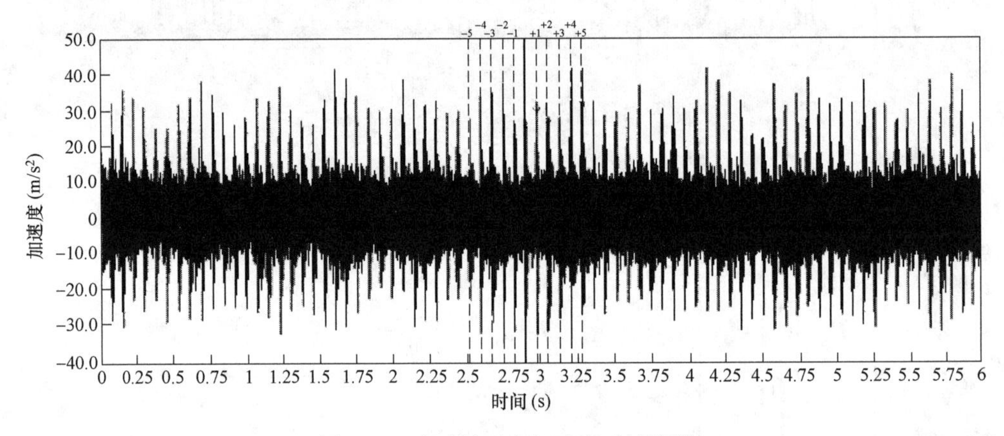

图 7-16　高速轴垂直加速度时域波形

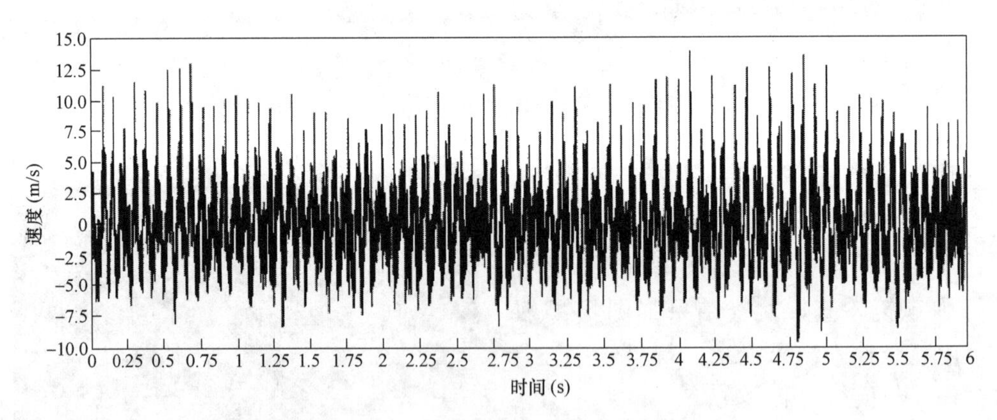

图 7-17　高速轴垂直速度时域波形

（2）振动信号的频谱分布出现异常。对高速轴垂直方向振动加速度信号、高速轴垂直方向振动速度信号进行频谱分析，得到相应的频谱图，如图 7-18 和图 7-19 所示，图 7-18 和图 7-19 中显示，在 130Hz 和 410Hz 附近均存在频率为 13Hz 左右的边频成分；进一步对加速度信号进行包络分析，得到信号的包络谱，如图 7-20 所示，发现图中 13.162Hz 及其倍频占主要成分，其中 13.1Hz 为高速轴转动频率。由于上述频率中，13.1Hz 为高速轴转动频率，由此可知高速轴存在损伤。

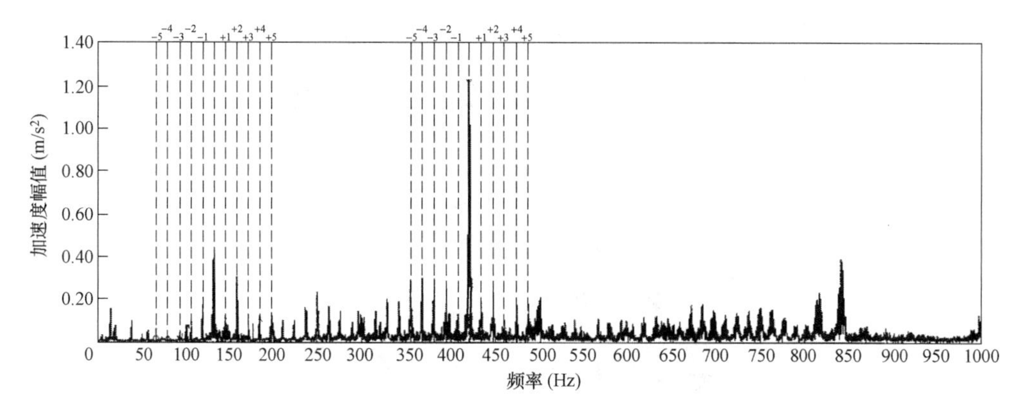

图 7-18 高速轴垂直加速度频谱

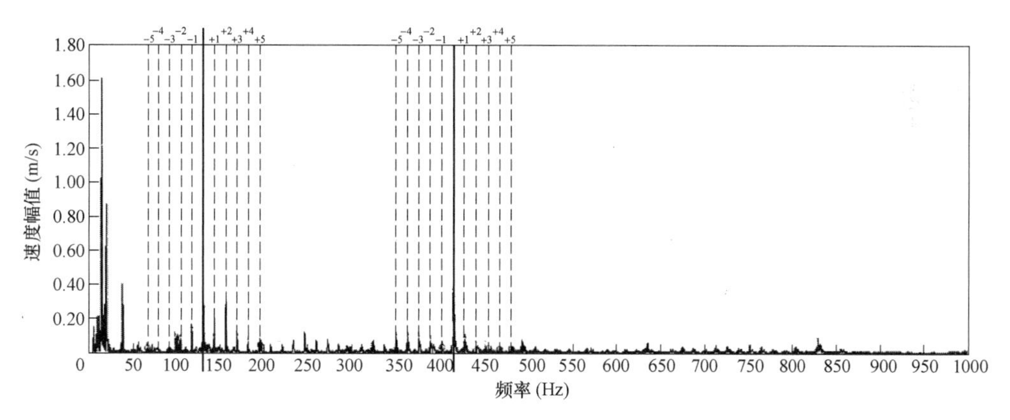

图 7-19 高速轴垂直速度频谱

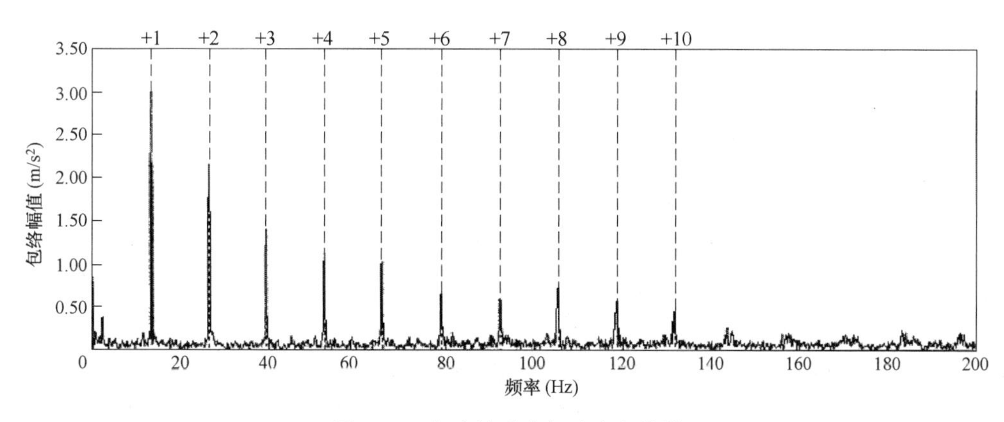

图 7-20 高速轴垂直加速度包络谱

3. 故障原因分析

预判高速轴存在损伤，建议对高速轴轴承、齿轮进行详细检查。在现场打开齿轮箱观察窗，检查高速轴轴承、齿轮，发现高速轴齿轮崩齿，如图 7-21 所示。现场检查结果与预判一致。

图 7-21 高速轴齿轮崩齿情况

第四节 变桨系统故障案例分析

一、变桨系统简介

变桨控制系统是风力发电机组控制系统的重要组成部分。变桨系统的所有部件都安装在轮毂上，风机正常运行时所有部件都随轮毂以一定的速度旋转。变桨系统通过控制叶片的角度来控制风轮的转速，进而控制风机的输出功率，并能够通过空气动力制动的方式使风机安全停机。风机的叶片通过变桨轴承与轮毂相连，每个叶片都要有自己相对独立的电控同步变桨驱动系统。变桨驱动系统通过一个小齿轮与变桨轴承内齿啮合联动。

目前，变桨系统有液压驱动变桨系统和电动变桨系统 2 种类型。近年来，电动变桨距系统已越来越多地应用于风力发电机组。电动变桨距系统的 3 个桨叶分别带有独立的电驱动变桨距系统，其机械部分包括回转支承、减速机和传动装置等，其中，减速机固定在轮毂上，回转支承的内环安装在叶片上，叶片轴承的外环固定在轮毂上。当变桨距系统通电以后，电动机带动减速机的输出轴小齿轮旋转，而且小齿轮与回转支承的内环啮合，从而带动回转支承的内环与叶片一起旋转，实现了改变桨距角的目的。

电动变桨轴承的工作条件较为特殊，轴承的内外圈不相对旋转，而是在很小的角度范围内摆动，因此它的滚珠不是沿整个滚道滚动，而是只移动很小的距离，事实上是在摇动，也就是说永远是同一部分的滚珠受载荷的作用。变桨轴承发生故障的主要原因有：轴承润滑不好造成的磨损、螺栓松动引起轴承移位、安装不当引起轴承变形等。由表 7-1 可知，变桨系统故障模式多，故障原因较为复杂，现场开展故障诊断的工作难度比较大。

二、故障概况

所分析的故障风电机组为国内某风电场一台风电机组，该机组的变桨轴承外圈所使用的材料为 42CrMo4V 钢。该变桨轴承在使用 2 年后发生外圈断裂故障。

三、故障检测与分析

1. 断口宏观形貌检查

在断裂的变桨轴承外圈上取样，清洗后观察断口宏观形貌，如图 7-22 所示。由图 7-22（a）可见：断口整体上比较平整、细腻，未见明显塑性变形，具有脆性断裂的宏观特征；螺栓孔内表面存在随机分布的锈蚀痕迹，个别区域的锈蚀比较严重，出现腐蚀产物堆积现象；断口上存在明显的疲劳弧线，可观察到两个颜色较深的疲劳贝壳纹（如椭圆形所示），贝壳纹均起源于螺栓孔内表面上，说明此处为疲劳裂纹源区。在 M205A 型体视显微镜下观察裂纹源区形貌；由图 7-22（b）可见，裂纹源区存在明显的凹坑，疲劳裂纹起源于凹坑处。

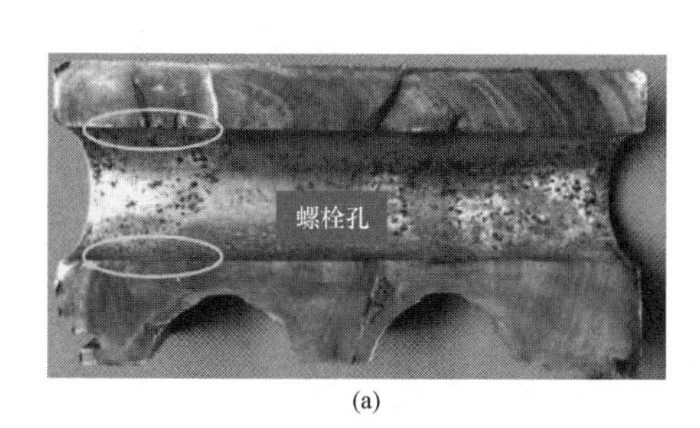

(a)

(b)

图 7-22 轴承外圈断口的宏观形貌

（a）整体形貌；（b）裂纹源区放大形貌

2. 材料化学成分分析

采用 CS901B 型红外碳硫仪和 ARL4460 型光电直读光谱仪分析断裂轴承外圈的化学成分，分析结果见表 7-3。由表 7-3 可知，断裂轴承外圈的化学成分均满足 GB/T 20123—2006《钢铁 总碳硫含量的测定 高频感应炉燃烧后红外吸收法（常规方法）》和 GB/T 4336—2016《碳素钢和中低合金钢 多元素含量的测定火花放电原子发射光谱法（常规法）》的成分要求。

表 7-3　断裂轴承外圈的化学成分实测结果及标准指标（质量分数）

条件	C	Si	Mn	P	S	Cr	Mo
实测结果	0.42	0.25	0.69	0.017	0.005	1.05	0.22
标准指标	0.41～0.45	0.17～0.40	0.60～0.90	≤0.025	≤0.025	0.90～1.20	0.15～0.30

3. 断口微观形貌及微区成分分析

裂纹源处存在明显的贝壳纹，其逆指向位置均位于断口和螺栓孔内表面的交界处，该区域为疲劳裂纹起源区。在 Quanta400FEG 型扫描电子显微镜（SEM）下观察断口微观形貌，如图 7-23 所示可知：裂纹源区均存在点蚀坑，点蚀坑中存在部分未脱落的腐蚀产物，靠近点蚀坑处存在疲劳辉纹和大致平行的二次裂纹；疲劳裂纹扩展区主要存在疲劳辉纹和大致平行的二次裂纹，呈现出疲劳断裂的典型微观特征；瞬断区主要为韧窝＋准解理断裂形貌，呈现出一次性快速断裂特征。

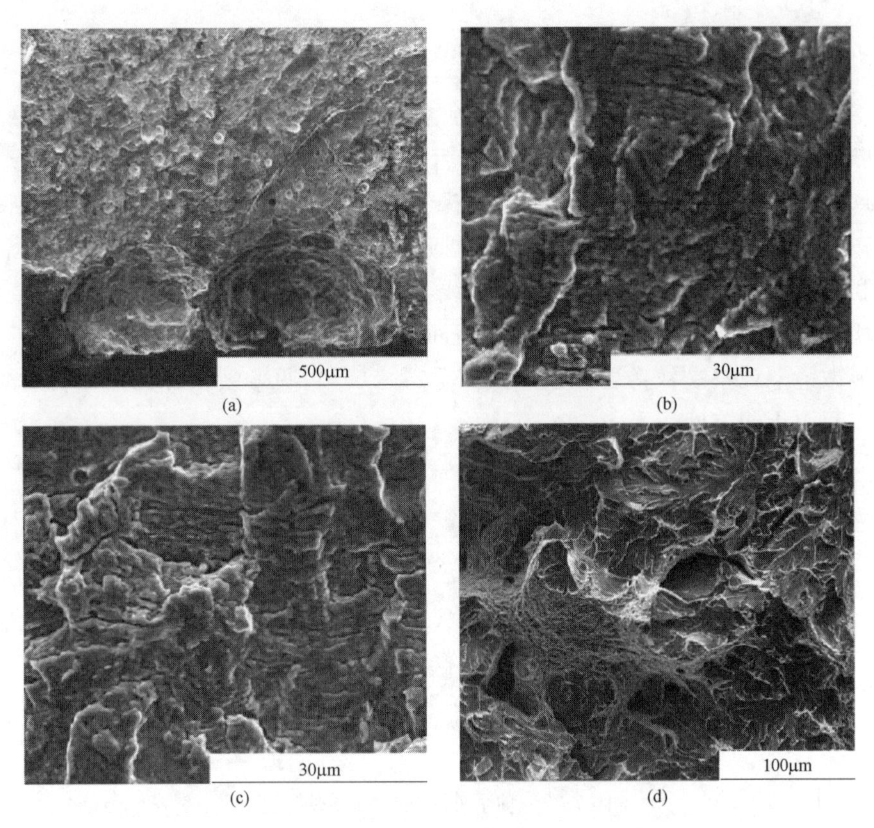

图 7-23 轴承外圈断口不同位置的 SEM 形貌

(a) 裂纹源区点蚀坑处；(b) 裂纹源区点蚀坑附件；(c) 裂纹扩展区；(d) 瞬断区

从裂纹源处垂直于螺栓孔轴向切割取样，经镶嵌、磨抛后，在 Quanta400FEG 型扫描电子显微镜下观察微观形貌，如图 7-24 所示。由图 7-24 可见，在靠近断口处和远离断口处的螺栓孔内表面上均存在明显的点蚀坑，以及从点蚀坑中萌生的微裂纹。微裂纹是由于点蚀坑处应力集中而产生的。

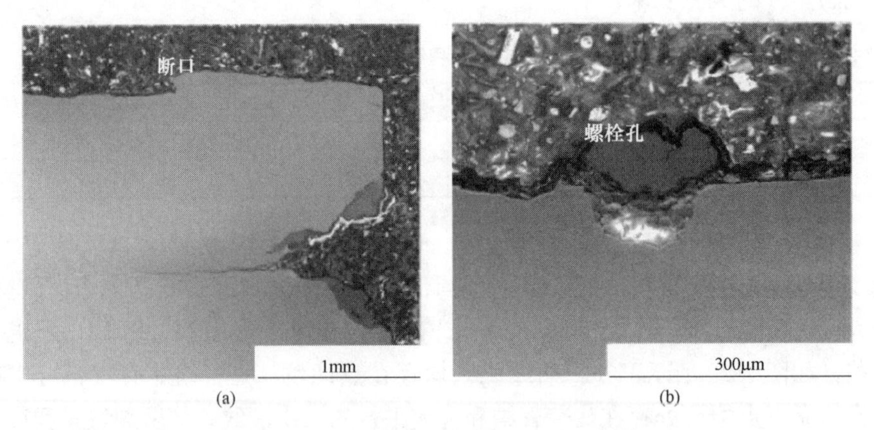

图 7-24 裂纹源附近横截面的 SEM 形貌

(a) 视场 1；(b) 视场 2

采用扫描电镜附带的 EDAX 能谱仪（EDS）对裂纹源区点蚀坑中的腐蚀产物进行无标样定性和半定量分析，分析结果如图 7-25 所示。由图 7-25 可见，腐蚀产物中除了存在基体中的主要元素外，还含有较高含量的氧、钠、钾、硫等元素，其中氧质量分数为 5.18%，硫质量分数为 1.25%，氯质量分数为 0.83%。

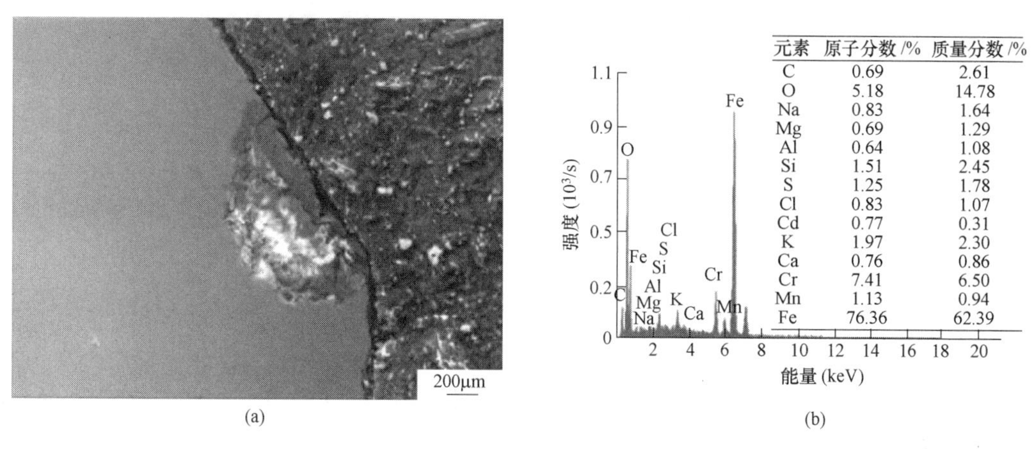

元素	原子分数/%	质量分数/%
C	0.69	2.61
O	5.18	14.78
Na	0.83	1.64
Mg	0.69	1.29
Al	0.64	1.08
Si	1.51	2.45
S	1.25	1.78
Cl	0.83	1.07
Cd	0.77	0.31
K	1.97	2.30
Ca	0.76	0.86
Cr	7.41	6.50
Mn	1.13	0.94
Fe	76.36	62.39

图 7-25 裂纹源区点蚀坑中腐蚀产物的 SEM 形貌和 EDS 谱

（a）SEM 形貌；（b）EDS 谱

4. 显微组织分析

在断口上近裂纹源处切取轴向剖面试样，经镶嵌、磨抛并在体积分数为 4%的硝酸乙醇溶液中腐蚀后，在 LEICA DMI5000M 型光学显微镜下观察显微组织。如图 7-26 所示可知：裂纹源处存在明显的带状组织偏析，带状组织垂直于断口排列，说明断裂和带状组织无直接联系；疲劳裂纹起源于螺栓孔内表面点蚀坑处，裂纹源处未见明显的增、脱碳现象；远离断口的基体组织和裂纹源处的组织基本相同，均为回火索氏体+少量铁素体。

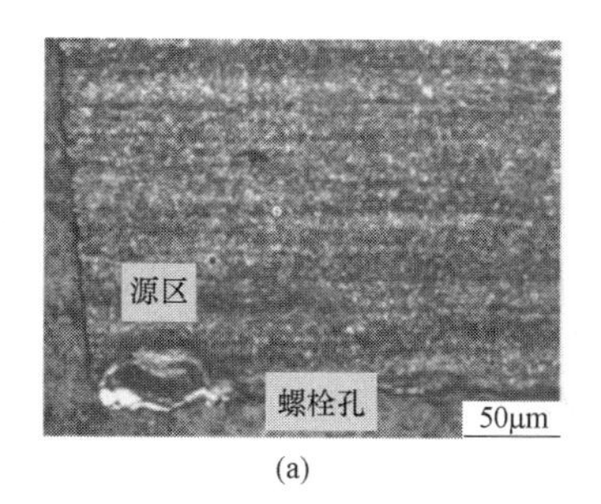

(a)

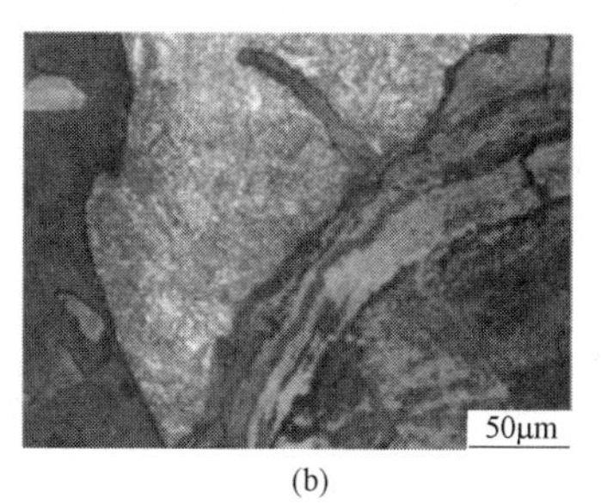

(b)

(c)

图 7-26 轴承外圈断口裂纹源区与基体的显微组织

（a）裂纹源（低倍）；（b）裂纹源（高倍）；（c）基体

5. 材料力学性能分析

根据《金属材料 拉伸试验 第 1 部分：室温试验方法》（GB/T 228.1—2010）和《金属材料 夏比摆锤冲击试验方法》（GB/T 229—2007），在断裂轴承外圈近外表面处取样，制备圆棒形拉伸试样和 V 型缺口冲击试样，分别使用 ZWICK Z250 型拉伸试验机和 ZBC2302N-2 型冲击试验机进行室温拉伸试验和－40℃冲击试验，屈服前后的拉伸速度分别为 1、25mm/min，分析结果见表 7-4。由表 7-4 可知，断裂轴承外圈的力学性能满足技术协议要求。

表 7-4　　断裂轴承外圈力学性能测试结果与技术协议要求

条件	抗拉强度（MPa）	屈服强度（MPa）	断面收缩率（%）	断后伸长率（%）	冲击功（J）
实测结果	903	746	69	19.5	39、51、30
技术协议要求	≥750	≥580	≥57	≥14	≥27

四、故障原因分析

断裂轴承外圈的化学成分满足技术要求，裂纹源处的显微组织和远离断口的基体组织一致，均为回火索氏体＋少量铁素体，螺栓孔内表面和断口处均未见明显增、脱碳现象。断口宏观形貌和微观形貌分析结果表明，该轴承外圈的断裂性质为疲劳断裂：螺栓孔内表面局部可见锈迹，裂纹源区的贝壳纹清晰可见，裂纹起源于螺栓孔内表面，具有多源特征；裂纹源部位的螺栓孔内表面存在多个点蚀坑，以及在点蚀坑处萌生的微裂纹，说明疲劳裂纹起源于点蚀坑处；点蚀坑中存在腐蚀产物，腐蚀产物中氧、硫、氯元素含量较高，说明点蚀坑主要由氧、硫和氯元素腐蚀形成。

风电设备服役的地域比较广，使用环境比较复杂。含有硫化物和氯化物的潮湿空气对螺栓孔内表面产生局部腐蚀，形成点蚀坑；点蚀坑存在明显的应力集中，在较大的外力作用下，点蚀坑处萌生疲劳裂纹，最终导致疲劳断裂。

五、处理措施

轴承外圈的断裂性质为疲劳断裂。螺栓孔内表面在环境中的氧、硫、氯等腐蚀介质作用下产生点蚀坑，形成应力集中点；在较大外力作用下，在应力集中明显的点蚀坑处萌生疲劳裂纹，裂纹扩展导致疲劳断裂。所以，在风电场现场处理该故障的主要措施为：在螺栓孔内表面采取适当的防腐措施，如刷一层油漆等，防止点蚀发生，避免因点蚀而萌生裂纹，从而防止轴承外圈的疲劳断裂。

第五节　偏航系统故障案例分析

一、故障背景

工程实际经验表明，在风力发电机组中，机械部件比电气部件更容易坏，而机械部件中，偏航系统部件又是机械中经常出现故障的重点问题。

风力发电机组偏航系统第一个常见问题就是偏航系统运行噪声偏大，噪声的发生往往伴随着振动的产生，为风力发电机组的整体运行带去不利的因素，其主要的产生原因有很多，比如偏航的阻尼力矩过大造成噪声的产生、偏航制动器和偏航制动盘之间的相互摩擦产生的噪声、风力发电机组的机械结构件相互干涉产生的噪声等；第二个问题是由于偏航过程当中的偏航制动时受到外部风力的冲击，造成的偏航驱动齿轮箱打齿问题，以及由于风力发电机组的机舱和塔筒之间的关键连接部分出现问题，造成的偏航轴承断齿及滚动的脱落问题；第三个主要问题就是由于风向标信号以及偏航阻尼力矩等原因造成的偏航定位不准确问题；第四个主要问题是由于缺少日常维护，或没有及时的更换偏航制动盘，造成的偏航制动盘磨损十分的严重；第五个主要原因就是制动系统液压管路的泄漏造成的偏航制动系统的压力不稳定现象的发生。

因此，对风力发电机组中的偏航系统故障问题进行研究对保证风力发电机组的有效运行具有重要意义。

二、故障概况

山西省某风电场内，2 台 2.0MW 风电机组（即 43 号风电机组与 26 号风电机组）在投产后比较短的时间内出现偏航大齿和驱动齿断裂事件。现场对设备进行检查后发现，43 号风力机和 26 号风力机存在较为严重的偏航系统故障。

1.43 号风力机故障情况

偏航大齿齿顶有裂纹，且偏航驱动发生了断齿。同时，调查发现：①4 个偏航驱动电机抱闸失效；②偏航刹车盘油污污染严重；③偏航卡钳存在内部漏油的可能；④齿轮均为右侧受力，齿面与竖端面接触基本全部断裂。

2.26 号风力机故障情况

26 号风力机偏航大齿和驱动齿均有断裂。同时，调查发现：①偏航卡钳、刹车盘有明显油污；②偏航驱动刹车全部失效；③偏航卡钳存在内部漏油的可能。

从地理环境调查来看，发生偏航断齿风场全部为山地环境，大部分机组位置处于山丘环绕地带。机组运行时，特别是大风情况下，湍流从下而上使机头向上翘曲，增加了偏航系统中的驱动齿与偏航齿啮合的碰撞和左侧齿顶挤压力。因此，初步推断，山地风场的湍流情况对机组运行存在一定影响。

三、故障分析

1. 偏航刹车盘污染原因分析

现场调查结果表明，偏航卡钳漏油、偏航大齿表面润滑脂都存在污染偏航刹车盘及刹车片情况；刹车片和刹车盘的污染会极大降低偏航制动力的保持，大风情况下极易产生机舱的“滑移”；机舱“滑移”对偏航驱动和偏航齿圈存在较大的冲击，容易导致齿面受力超过设计安全裕度。

2. 偏航驱动抱闸失效分析

现场检查发现，风力机存在驱动电动机内部刹车片磨损严重，以及部分抱闸 24V 整流桥失效现象。抱闸不能分开，会导致电动机被动拖动，加剧驱动齿与齿圈受力；抱闸因摩擦片磨损，摩擦力不够，会导致机舱大风情况下“滑移”产生冲击，都会对大齿和驱动齿产生增益影响。

3. 运行数据分析

分析机组之前的缓存数据可以发现，大风天气中，机舱在没有偏航动作的情况下机舱位置发生了变化。

4. 偏航软启动器整定值 T-STOP 时间设置

从厂家提供的产品说明书中可以明确，T-STOP 时间设定为 0s；在偏航系统时序控制中，偏航停止的时序是停止信号给出后，偏航卡钳液压刹车半压刹车 3～5s，然后全压刹车；偏航驱动在停止信号给出后，延时 3～5s 动作（以上时间参数需要结合现场主控版本对应来看）；而现场如果 T-STOP 时间设定超过以上时间，就会导致偏航驱动刹车情况下电动机还未停止，加速刹车片的磨损。该风电场风力机驱动磨损的主要原因就是 T-STOP 设置为 6s。

5. 其他补充说明

之前的调查分析中，已完成偏航频次、偏航动作时序（软件内部参数与硬件设置不同），偏航策略的核实、优化，确认目前不存在明显异常现象。

四、诊断结论

经过故障特征分析，得出如下诊断结论：

（1）偏航卡钳漏油及偏航大齿润滑脂滴落，污染卡钳刹车片和偏航刹车盘，导致摩擦力降低，大风情况下制动力不足，风机出现“滑移”。

（2）机组在没有偏航动作情况下出现“滑移”，反作用到偏航驱动电动机抱闸，导致电动机抱闸刹车片磨损加剧，使其失效。

（3）机组制动力来自偏航卡钳和 4 个驱动电动机抱闸；驱动电动机抱闸的失效，进一步降低机组制动效果，形成恶性循环，加剧机组“滑移”。

（4）机舱“滑移”导致偏航轴承大齿与驱动齿频繁撞击。

（5）一般情况下，由于驱动齿表面硬度高于偏航大齿，考虑到现场山地湍流对机舱翘头的影响（机舱翘头影响驱动齿与偏航齿系啮合，存在偏载现象），以及通过仿真计算得出正向偏航频次、载荷高于反向偏航情况，长时间处于这种带病运行状态下，机组容易出现偏航大齿左齿顶端裂纹。

（6）极端情况下，机舱“滑移”导致偏航大齿与驱动齿冲击，产生低周疲劳及瞬间载荷超过设计安全裕度，驱动齿根部位晶界残留对其疲劳强度的影响，导致驱动齿根部发生断裂，其断裂碎屑夹杂到齿系啮合之间，形成挤压效果，最终发生驱动齿与大齿同时断裂。

五、处理措施

此类偏航系统故障，可通过下列措施来消除或控制：

（1）现场全面排查卡钳漏油情况，及时处理（重点关注卡钳密封圈更换、刹车片更换、油缸活塞如有卡涩必须更换、油品不合格必须更换）此类问题。

（2）偏航刹车盘必需按照维护要求保持清洁，不允许存在油污污染。

（3）集油盘安装工作必需到位。

（4）现场需要全面排查驱动电动机抱闸有效性；及时、全面统计出现场电动机抱闸的型号，工服内部尽快进行物料号的申请与采购工作；现场及时更换。

（5）对全场机组偏航驱动与偏航轴承齿系啮合进行复测工作，如有问题，及时整改。

（6）现场做好巡查计划，保证可以及时发现、处理偏航卡钳漏油及偏航齿圈润滑脂滴落问题。

（7）检查、核对包括偏航软启在内的机组所有硬件整定值设置。

第六节 桨叶断裂故障案例分析

一、故障背景

随着风力发电规模和技术的不断发展，风电机组大型化趋势越来越明显。叶片长度的增加，在增大风能捕获效率的同时，也增大了叶片断裂损坏的概率。叶片是使风力发电机组叶轮旋转并产生空气动力的部件，其安全有效运行对风电机组的发电效率和运行安全等都有着重要的影响。但由于大功率风电机组的叶片尺寸大、质量大、结构复杂，且位于高空，工作环境恶劣，人工维护困难，一旦发生故障或严重事故，会造成巨大的人力和物力损失，因此，研究叶片的故障诊断技术对提高风电机组安全经济运行具有重要意义。

造成叶片损伤的原因主要包括如下两方面：①人为因素造成的损伤，如设计不完善、安装过程中造成的损伤、运行不当造成的损伤、检查维护缺失等；②自然原因造成的损伤，如雷击损坏、低温与结冰、盐雾、极端风况、沙尘、空气中的化学物质及紫外线照射等。由于叶片材料的结构复杂性，老化和故障的机理具有多样性，对其进行故障在线诊断的技术难度很大。

二、故障概况

某风电场6号风电机组，叶片型号为＃＃96-2000/A5，制造时间为2012年8月12日。该风电机组于2018年2月25日0时32分左右因叶片断裂停机。叶片断裂初始折断位置为叶片前缘$L4.5$m至后缘$L6$m，其他折断位置判断为二次断裂点，如图7-27和图7-28所示。

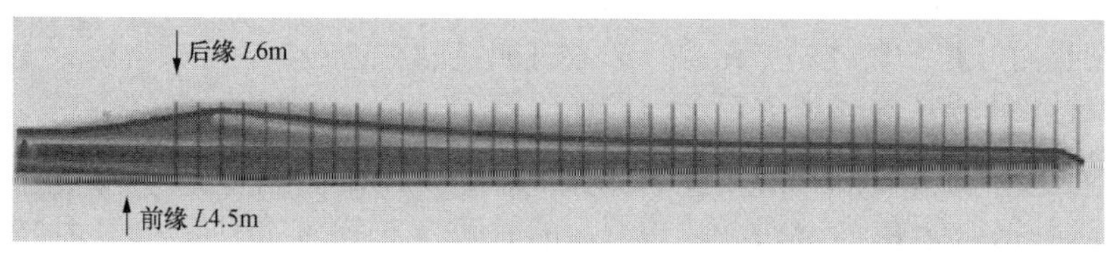

图7-27 事故叶片断裂位置示意图

图 7-28 叶片断口图

1. 现场检查结果与分析

在工程现场，对发生断裂故障的叶片的不同位置进行检查，发现如下特征：

（1）叶根位置：叶根避雷导线于弦长 $L2$m 处断开并失踪。

（2）后缘黏接：叶根外部自 $L6$m 至 $L15.5$m 处后缘开裂，自 SS 面 $L32$m 至叶尖开裂。

（3）前缘黏接：前缘黏接角保存完整，自 $L4.5$m 处发生一次断裂；自 $L7$m 处发生二次折断。黏接处未发生分离，前缘黏接厚度及宽度无法测量。

（4）腹板黏接：整个腹板黏接面未发生剥离，因叶片折断导致叶根部位黏接胶与主梁剥离。观察叶片内部，腹板未发生胶层开裂现象。

（5）叶尖部分：铝叶尖全部甩出丢失，叶尖部位 33m 至叶尖部分碎裂。经现场勘查，叶尖位置的碎裂为叶片坠落时的二次损伤。

（6）主梁部分：压力面（pressure side，PS）和吸入面（suction side，SS）主梁均自叶根 $L2.5$m 处与蒙皮分离，主梁部分整体保存完整。PS 面与 SS 面主梁与蒙皮均结合良好。经现场勘查，主梁处的折断是由于叶片断裂失效后，因重力作用导致的主梁与壳体发生分离，主梁本身并未断裂。

（7）后缘辅梁（UD）：PS 面辅梁与外蒙皮结合完整，只是在断裂后与壳体发生抽离。SS 面后缘辅梁在 $L6$m 处折断。

（8）芯材及蒙皮：叶根处、前缘 $L12$m 处、后缘 $L13$m 处均撕裂露出 PVC 芯材，残存 PVC 芯材表明黏接无异常。经现场勘察，芯材和蒙皮处均为撕裂，这是由于叶片在断裂后受重力影响，导致蒙皮与芯材发生撕裂。

（9）根据对叶片的整体检查结果，未发现明显的雷击痕迹。

2. SCADA 监控数据分析

根据 SCADA 监控系统信息，在事故发生前后，发现 6 号风电机组异常，经过分析数据库内 1s 数据如见表 7-5，叶片出现断裂的时间为 2018 年 2 月 25 日 0 时 32 分 32 秒。

叶片断裂前后几分钟的 x、y 方向的振动波形如图 7-29 所示。由图 7-29 可知：

（1）叶片发生断裂前 x、y 方向的振动幅值均较小。

(2) 叶片发生断裂后，机舱振动在 x、y 方向均明显增大，且 y 方向的变化量较大，最大值达到 3.4mm 左右。

(3) 风电机组持续摆振约 2min (32∶34～34∶35)，之后 x、y 方向的振动幅值都逐渐减小。

叶片发生断裂故障后，3 支叶片均正常顺桨且保持同步，故障发生后叶片动作过程如图 7-30 所示。

表 7-5　　SCADA 系统 1s 监控数据

记录时间	轮毂转速	叶片 1 角度 (°)	叶片 2 角度 (°)	叶片 3 角度 (°)	x 方向振动值 (mm)	y 方向振动值 (mm)	机舱气象站风速 (m/s)	变频器电网侧电压 (m/s)
0∶32∶21	16.89	3.09	3.02	3.02	−0.1	0.22	11.1	684
0∶32∶22	16.77	2.77	2.69	2.69	−0.11	−0.12	11.6	681
0∶32∶23	16.67	2.31	2.25	2.25	0.09	−0.13	11.7	684
0∶32∶24	16.41	1.82	1.77	1.76	0.17	0.02	7.6	684
0∶32∶25	16.22	1.35	1.28	1.27	−0.24	−0.01	8.5	690
0∶32∶26	16.18	0.86	0.78	0.77	−0.03	−0.15	10.8	685
0∶32∶27	16.02	0.27	0.22	0.22	0.14	0.24	8.7	685
0∶32∶28	15.9	0.09	0.05	0.03	0.01	−0.09	9.1	685
0∶32∶29	15.91	0.33	0.28	0.27	−0.08	−0.25	9.9	685
0∶32∶30	15.8	0.36	0.31	0.3	−0.03	0.06	10	688
0∶32∶31	14.9	0.36	0.31	0.31	0.03	0.1	8.8	691
0∶32∶32	16.26	0.37	0.33	0.23	0.54	−0.95	9.9	691
0∶32∶33	16.71	1.71	1.64	1.48	−1.07	1.76	8.1	685
0∶32∶34	14.72	3.44	3.37	3.37	1.26	−3.41	6.9	685
0∶32∶35	10.99	6.41	6.34	6.33	−0.06	3.37	9.8	688
0∶32∶36	10.99	9.4	9.33	9.32	−1.16	−0.71	7.2	690
0∶32∶37	13.31	12.39	12.33	12.32	0.9	−2.45	11.3	684
0∶32∶38	12.72	15.4	15.33	15.32	0.2	2.34	10.8	685
0∶32∶39	10.6	18.69	18.63	18.61	−0.21	−1.67	7	691
0∶32∶40	7.99	21.69	21.62	21.61	0.57	1.54	7.7	689
0∶32∶41	7.13	24.69	24.62	24.61	−0.64	−0.33	5.9	684
0∶32∶42	7.93	27.68	27.61	27.6	0.18	−1.37	6.9	684
0∶32∶43	8.22	30.68	30.62	30.6	0.39	2.12	7.9	684
0∶32∶44	8.61	33.68	33.61	33.6	−0.56	−1.32	7.9	690
0∶32∶45	7.59	36.67	36.61	36.6	0.5	−0.84	8.9	686

三、故障诊断过程

结合事故现场调研，从风速超限、电气故障、雷击和生产工艺等方面进行深入分

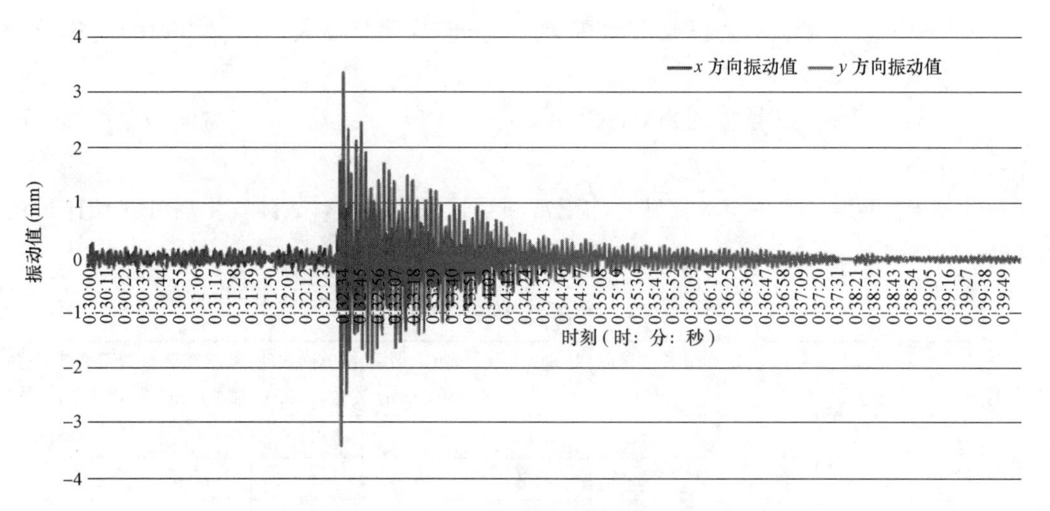

图 7-29 机舱振动值分析

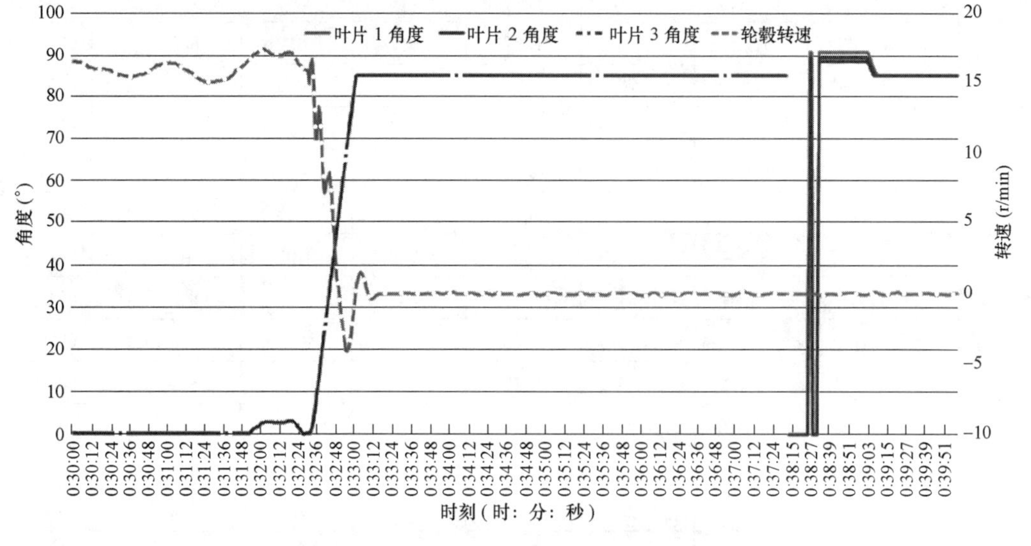

图 7-30 故障发生后桨叶动作过程图

析，判定叶片断裂失效的原因。导致叶片失效的外部影响因素及判定方法见表 7-6。

表 7-6 叶片失效外部影响因素及判定方法

序号	失效因素	判定方法
1	风速超限	通过调取事故前后最大风速及风电机组最大风速整定值，与叶片的设计风速进行比较，判断是否存在超风速运行情况或经历过超极限风速
2	电气故障	分析故障瞬间的传动链、变桨系统状态，分析是否可能因为风电机组失速或其他电气故障导致叶片断裂
3	雷击	通过调取风电机组故障时的电网电压、查看叶片断裂叶片表面状态、查看电气系统防雷状态综合评定叶片是否遭遇过雷击
4	生产工艺	失效叶片解剖测量、取样实验室分析

1. 事故发生时风速及转速分析

根据历史数据，2016 年该风电机组的最大风速为 24.3m/s，未超过设计风速。叶片断裂前后，风速未超过极限风速，2018 年 2 月 25 日 0 时 30 分～0 时 40 分的最大风速为 15.5m/s，处于正常运行风速范围内。

如图 7-31 所示可知，在叶片断裂前的一小段时间内，机舱风速仪所测得的风速切变尚可，未出现较快的风速变化。该风电机组在叶片断裂事故发生前后的最大转速为 17.42r/min（2018 年 2 月 25 日 0 时 32 分 02 秒），未发生超速。

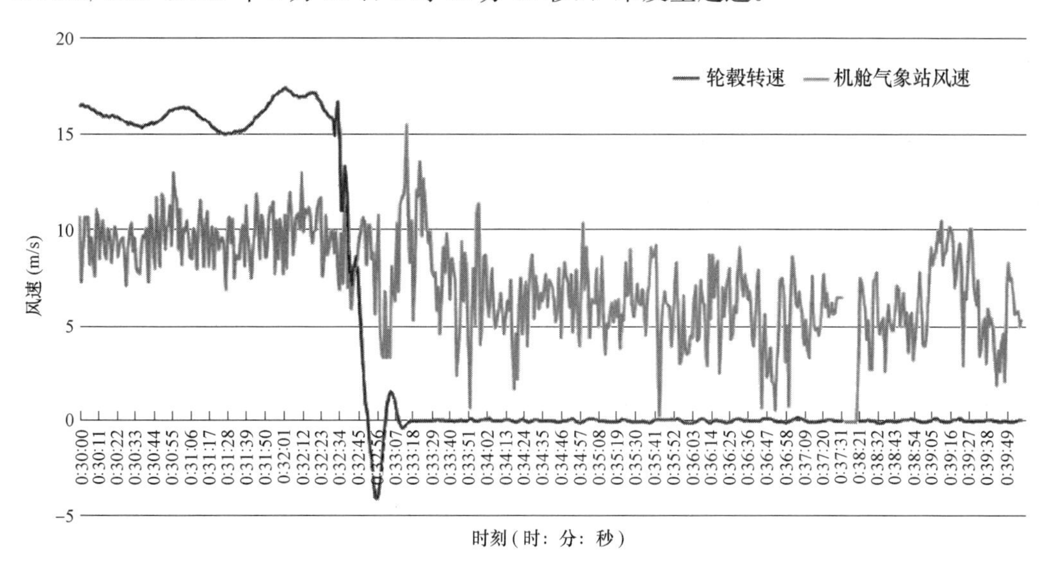

图 7-31 事故前后风速分析图

2. 雷击分析

如雷电对电网或风电机组冲击较大，应出现短时间的系统过电压；如雷电冲击能量较小，可能仅导致叶片损坏而无法引起系统过电压。由事故前后系统电压变化情况图（如图 7-32 所示）可知，叶片断裂前后系统电压无明显波动。

3. 综合分析

根据运行数据的分析结果，可知：①排除故障时风速超过设计值导致叶片断裂的可能；②排除风电机组飞车的可能；③排除雷击因素导致叶片断裂的可能。

4. 叶片解剖测量、取样试验

叶片各截面测量明细见表 7-7，发现的主要缺陷见表 7-8。综合分析如下：

（1）叶根处存在 2 处褶皱：叶根 $L2.5$m 处轴向褶皱（$L=600$mm，$W=32$mm，$H=8$mm，高宽比为 0.25）；叶根 $L1.8$m 处轴向褶皱（$L=480$mm，$W=27$mm，$H=6$mm，高宽比为 0.22）。由于叶根 $L2.5$m 折断截面并未发现褶皱分层，且 $L2.5$m 折断截面呈弦向折断与 2 处轴向褶皱没有直接关联，判定 2 处褶皱均为质量缺陷。

（2）后缘 $L23$m 和 $L24$m 处的断面上均发现有空胶现象，叶片局部空胶风险较小，可以排除。

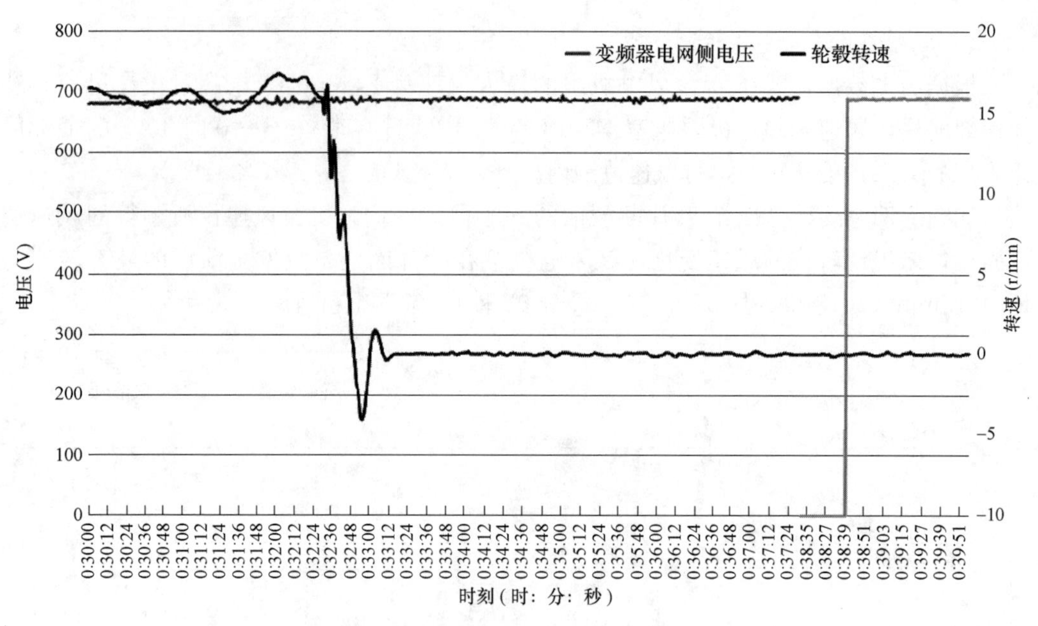

图 7-32　事故发生前后系统电压变化图

表 7-7　　叶片各截面测量明细

轴向位置	后缘黏接					
	后缘黏接宽度标准（mm）	后缘黏接宽度实测（mm）	偏差	后缘黏接厚度标准（mm）	后缘黏接厚度实测（mm）	偏差
*L*8m	⩾60	95	合格	1～8	30	超厚 22mm
*L*13m	⩾60	105	合格	1～15	9	合格
*L*16m	⩾60	100	合格	1～15	14	合格
*L*17m	⩾60	95	合格	1～15	16	超厚 1mm
*L*18m	⩾60	80	合格	1～15	13	合格
*L*20m	⩾60	110	合格	1～15	16	超厚 1mm
*L*22m	⩾60	100	合格	1～15	14	合格
*L*23m	⩾60	114	合格	1～15	12	合格
*L*24m	⩾60	105	合格	1～10	10	合格
*L*32m	⩾60	105	合格	1～10	12	超厚 2mm

表 7-8　　发现的主要缺陷

序号	问题	区　域
1	叶根褶皱	第一条褶皱距叶根 *L*2.5m，*L*=600mm，*W*=32mm，*H*=8mm，高宽比为 0.25；第二条褶皱距叶根 *L*1.8m，*L*=480mm，*W*=27mm，*H*=6mm，高宽比为 0.22
2	后缘缺胶	*L*23m 和 *L*24m 处的断面上分别发现有空胶现象

续表

序号	问题	区　域
3	后缘胶厚超标	后缘 L8m 处黏接胶厚高达 30mm，超过该叶片的胶厚（8mm）上限达 22mm
4	后缘辅梁（UD）弦向褶皱	L6m 处后缘辅梁（UD）弦向褶皱，成 Ω 形，长度为 320mm，宽度为 25mm，高度为 5mm，高宽比为 0.20，褶皱布层 10 层，褶皱布层占总布层 31.25%
5	后缘辅梁（UD）弦向褶皱	L7.5m 后缘辅梁（UD）弦向 45°褶皱，长度 1m，宽度为 28mm，高度为 6mm，高宽比为 0.21

（3）抽检了 10 处叶片后缘黏接厚度，存在 4 处超标，部分胶层存在空胶现象。除后缘 L8m 位置超标严重（超标 275%）外，其余 3 处最大超标为 16.67%。但胶层超厚的缺陷并未在叶片初始断口位置，因此后缘胶层缺陷不能作为本次叶片断裂事故的主要原因，可以排除。

（4）L6m 处后缘辅梁（UD）弦向褶皱，长度为 320mm，宽度为 25mm，高度为 5mm，高宽比为 0.20。叶片在 L6m 处发生折断，现场勘查发现 L6m 折断截面存在褶皱分层的现象，弦向褶皱对叶片折断的影响因素很大，初步判定该缺陷是造成叶片折断的主要因素。

5. 辅梁弦向褶皱材料力学性能测试、拉伸测试

因叶根外部自 L6m 至 L15.5m 处后缘开裂，在辅梁褶皱位置取三个样块：第一块为 L6m 处后缘辅梁断口位置样块，标记为 A 样块；第二块为 L7.5m 处后缘辅梁弦向 45°褶皱样块，标记为 B 样块；第三块为正常状态的辅梁，标记为 C 样块，作为对比模块。

弯曲试验是将一定形状和尺寸的试样放置于弯曲装置上，以规定直径的弯心将试样弯曲到要求的角度后，卸除试验力，检查试验承受的变形性能（由于样品 A 尺寸较小且缺陷过大，导致试验机无法做力学性能测试。因此，本次力学性能试验用样块 B 和 C 做对比测试）。

弯曲试验数据见表 7-9。由表 7-9 可知，缺陷样块的弯曲强度仅为正常样块弯曲强度的 67.97%；而弯曲模量比正常样块大 9.13%。弯曲强度降低，使得辅梁的抗剪切能力严重下降；而弯曲模量值越大，表示材料在弹性极限内抵抗弯曲变形能力相对越小，实验数据表明辅梁出现褶皱后，降低了本身的抗变形能力。

表 7-9　　弯曲试验测试结果

项目	结　果	
弯曲强度	样品 B	381MPa
	样品 C	561MPa
弯曲模量	样品 B	16130MPa
	样品 C	14780MPa

拉伸试验是检测强度和刚度最主要的试验方法之一，通过拉伸试验可以观察材料的

变形行为。由表 7-10 可知，褶皱缺陷导致辅梁抗拉强度下降了 9.18%。

表 7-10　　拉伸试验测试结果

项目	结　果	
拉伸强度	样品 B	403MPa
	样品 C	440MPa

四、故障原因分析

结合试验数据分析可知：缺陷样块的弯曲强度仅为正常样块弯曲强度的 67.97%；褶皱缺陷导致辅梁抗拉强度下降了 9.18%；而弯曲模量比正常样块大 9.13%；以上数据充分说明，叶片 L6m 处的后缘辅梁（UD）弦向褶皱是造成叶片折断失效的主要诱发因素。

综合分析，该事故风电机组叶片的失效过程是由叶片 L6m 处后缘辅梁（UD）弦向褶皱诱发叶片开始断裂，叶片在离心力的作用下，蒙皮及主梁发生撕扯分层开裂，在叶片开裂后，叶片稳定性大幅下降，当叶片载荷传递到根部后，因根部结构强度较大，在叶片 L6m 处应力积聚，导致后缘 L6m 处由内向外撕裂，迎风面和背风面主梁折断，进而导致叶片瞬间失效。

思考与讨论题

（1）大功率风电机组结构上有何特点？风电机组的设备及系统有哪些典型故障？

（2）风电机组的传动系统有哪些典型故障，故障原因有哪些？

（3）风电机组传动系统出现故障时，有何典型故障特征？传动系统故障有哪些常用的诊断方法？如何建立传动系统故障的诊断模型？

（4）风电机组的变桨系统有哪些典型故障，故障原因有哪些？

（5）风电机组变桨系统出现故障时，有何典型故障特征？变桨系统故障有哪些常用的诊断方法？如何建立变桨系统故障的诊断模型？

（6）风电机组的偏航系统有哪些典型故障，故障原因有哪些？

（7）风电机组偏航系统出现故障时，有何典型故障特征？偏航系统故障有哪些常用的诊断方法？如何建立偏航系统故障的诊断模型？

（8）风电机组的叶片有哪些典型故障，故障原因有哪些？

（9）风力机叶片出现故障时，有何典型故障特征？叶片故障有哪些常用的诊断方法？如何建立叶片故障的诊断模型？

（10）风电机组的故障诊断技术有何新进展？

（11）针对风电机组的传动系统故障，如何设计、开发一套故障诊断系统？

（12）针对风电机组的变桨系统故障，如何设计、开发一套故障诊断系统？

（13）针对风电机组偏航系统故障，如何设计、开发一套故障诊断系统？

（14）针对大功率风力机叶片故障，如何设计、开发一套故障诊断系统？

参考文献

[1] 陈雪峰，李继猛，程航，等．风力发电机状态监测和故障诊断技术的研究与进展 [J]. 机械工程学报，2011，47（9）：45-52.

[2] 金晓航，孙毅，单继宏，等．风力发电机组故障诊断与预测技术研究综述 [J]. 仪器仪表学报，2017，38（5）：1041-1053.

[3] 曾军，陈艳峰，杨苹，等．大型风力发电机组故障诊断综述 [J]. 电网技术，42（3）：849-860.

[4] Hameed Z，Hong Y S，Cho Y M，et al. Condition monitoring and fault detection of wind turbines and related algorithms：A review [J]. Renewable and Sustainable Energy Reviews，2009，13（1）：1-39.

[5] Liu W Y，Tang B P，Han J G，et al. The structure healthy condition monitoring and fault diagnosis methods in wind turbines：a review [J] . Renewable and Sustainable Energy Reviews，2015（44）：466-472.

[6] Lin Yonggang，Tu Le，Liu Hongwei. Fault analysis of wind turbines in China [J] . Renewable and Sustainable Energy Reviews，2016（55）：482-490.

[7] Lu Bin，Li Yaoyu，Wu Xin，et al. A review of recent advances in wind turbine condition monitoring and fault diagnosis [J]. Power Electronics and Machines in Wind Applications（PEMWA），2009，6：1-7.

[8] 龙源电力集团股份有限公司．风力发电基础理论 [M]. 北京：中国电力出版社，2016.

[9] Tony Burton，Nick Jenkins，David Sharpe，Ervin Bossanyi. 风能技术（第二版）[M]. 武鑫，译．北京：科学出版社，2014.

[10] 胡燕平，戴巨川，刘德顺．大型风力机叶片研究现状与发展趋势 [J]. 机械工程学报，2013，49（20）：140-151.

[11] http：//www. caithnesswindfarms. co. uk/AccidentStatistics. htm.

[12] 杨锡运，郭鹏，岳俊红，等．风力发电机组故障诊断技术 [M]. 北京：中国水利水电出版社，2015.

[13] 刘文斌，李时华．某风电场机组叶片断裂原因分析 [J]. 风能，2019，（1）：88-92.

[14] 王致杰，徐余法，刘三明，等．大型风力发电机组状态监测与智能故障诊断 [M]. 上海：上海交通大学出版社，2013.

[15] 郭梅．风力发电机传动系统振动监测与故障诊断系统研究 [D]. 杭州：浙江大学，2017.

[16] 黄秀梅。风力发电机组传动系统故障诊断研究 [D]. 北京：华北电力大学，2015.

[17] WangTianyang，Han Qinkai，Chu Fulei，et al. Vibration based condition monitoring and fault diagnosis of wind turbine planetary gearbox：A review [J]. Mechanical Systems and Signal Processing，2019，126：662-685.

[18] Nie Mengyan，Wang Ling. Review of Condition Monitoring and Fault Diagnosis Technologies for Wind Turbine Gearbox [J]. Procedia CIRP，2013，11：287-290.

[19] 胡让．风力发电机叶片故障诊断研究及实现 [D]. 兰州：兰州交通大学，2015.

[20] 赵龙．风力发电机组故障诊断系统研究 [D]. 武汉：华中科技大学，2009.

[21] 张宇．大型风力机叶片的振动分析与优化设计 [D]. 沈阳：沈阳工业大学，2013.

[22] 黄丽丽．基于 SCADA 的风力机故障预测与健康管理技术研究［D］．成都：电子科学大学，2015.

[23] 付洋洋，王荣．风力发电机组用变桨轴承外圈断裂的原因［J］．机械工程材料，2019，43（4）：83-86.

[24] 单光坤．兆瓦级风电机组状态监测及故障诊断研究［D］．沈阳：沈阳工业大学，2011.

[25] 张运．对称导流板对直叶片垂直轴风力机气动性能影响数值研究［D］．扬州：扬州大学，2015.

[26] 王健．变载荷工况下风力发电机连接部件接触强度分析研究［D］．乌鲁木齐：新疆大学，2010.

[27] 关卫东，王琴，文海．风电润滑的优化管理［J］．风能，2011，（9）：76-78.

第八章

燃气轮机常见故障分析

第一节 燃气轮机发电机组特点分析

燃气轮机（gas turbine，GT）是一种以连续流动的气体作为工质、把热能转换为机械功的旋转式动力机械。在空气和燃气的主要流程中，只有压气机（compressor）、燃烧室（combustor）和燃气透平（turbine）这三大部件组成的燃气轮机循环，通称为简单循环。大多数燃气轮机均采用简单循环方案，因为它的结构最简单，而且最能体现出燃气轮机所特有的体积小、重量轻、启动快、少用或不用冷却水等一系列优点。为了提高能源使用效率，大功率燃气轮机发电机组的热力循环一般与蒸汽动力循环耦合在一起，称为燃气-蒸汽联合循环。

与其他类型的发电用动力机械相比，燃气轮机具有自身显著的工作特点。

一、燃气轮机发电机组结构特点

1. 整体布置特点

现代电站燃气轮机通常采用组装式快装机组的方式，并使整个压气机与透平的转子连在一起组成整体转子和整体气缸的结构。这就要求尽量缩短转子的轴向尺寸，以便提高转子的刚性。如图 8-1 和图 8-2 所示分别为小型和大型燃气轮机发电机组整体布置方式实例。

图 8-1　小型燃气轮机发电机组整体布置方式

图 8-2　大功率燃气轮机发电机组整体布置方式

目前，在单轴电站燃气轮机中最常见的排列方式是：把压气机的高压端对着燃气透平高压端。这样的结构很紧凑，气流流程短，并能平衡一部分压气机和透平的轴向推力（如图 8-3 所示），而且透平端或压气机端都可以作为机组功率的输出端。

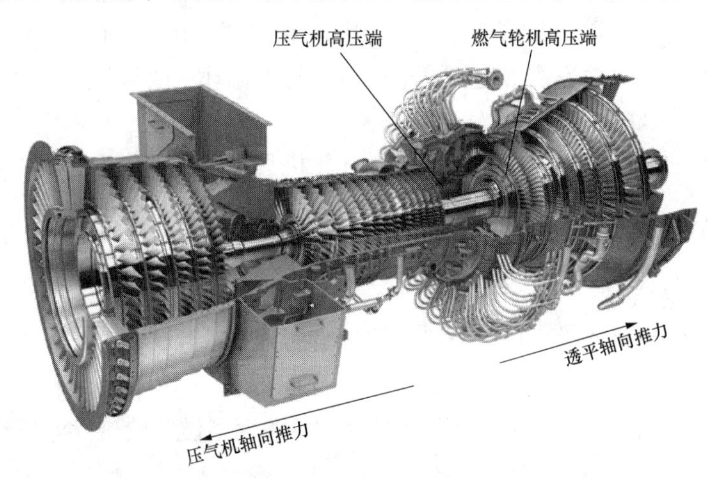

图 8-3　压气机和透平布置

燃气轮机冷端驱动是指燃机的输出轴（带动发电机的一侧）位于压气机进气端。冷端驱动时，压气机和发电机位于透平的同一侧，压气机转轴不但要承受用以驱动自身的转矩，还要将另一部分转矩传递给发电机，所以冷端驱动的机组对压气机转轴的承扭能力要求要高一些。而热端驱动是指燃机的输出轴（带动发电机的一侧）位于透平排气端。热端驱动时，压气机和发电机位于透平的两侧，透平产生的转矩向两边传递给压气机和发电机，压气机和发电机的转轴都只承担自身的驱动转矩。目前，国际上生产的大功率燃气轮机发电机组中，既有采用冷端输出方式的，也有采用热端输出的。无论采用何种布置和安装方式，燃气轮机发电机组的布置应满足下列基本要求：

（1）应力求紧凑合理，安全可靠，安装维修方便。

（2）要求部件对中准确，热胀自如，冷却、隔热、保温良好。

（3）连接管道短、直。

（4）支架负荷均匀。

2. 透平主轴结构特点

随着燃气轮机技术的发展，盘鼓式拉杆转子在重型燃气轮机中获得了广泛的应用。拉杆转子是燃气轮机的核心部件，其动力学特性在一定程度上决定燃气轮机整体的工作性能。燃气轮机转子结构示意如图 8-4 所示，其中图 8-4（a）为某型燃气轮机的转子结构模型；图 8-4（b）为另一型号大功率发电用燃气轮机的透平主轴结构图，该机组透平主轴是用专用的段拉杆/螺栓将轮盘固定在一起组成，其轮盘之间的结合和扭矩传递采用曲齿联轴器。

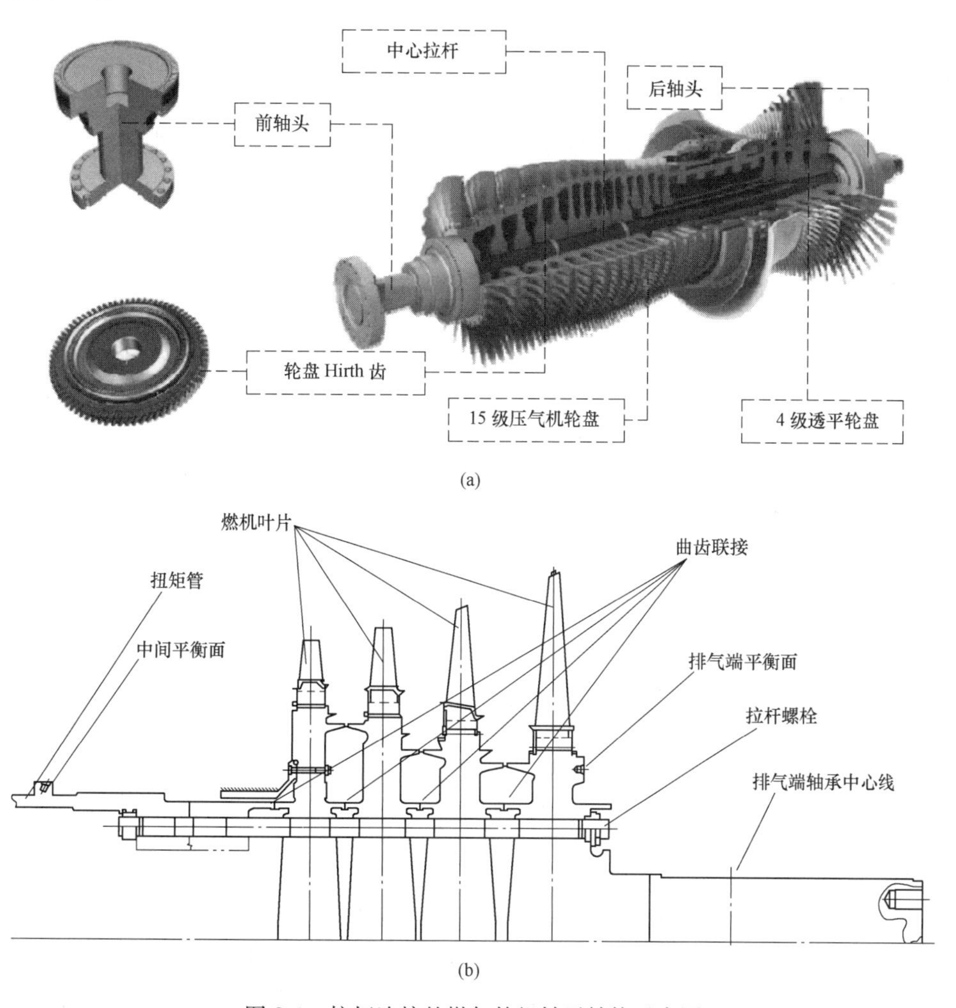

图 8-4　拉杆连接的燃气轮机转子结构示意图

（a）某型燃气轮机转子结构；（b）某型燃气轮机的透平转子组件

3. 转子支承结构特点

对于电站单轴燃气轮机来说，转子的支承通常采用双支点或三支点的方式。

(1) 双支点结构。如图 8-5 所示为大功率燃气轮机转子系统的双支点支承方式，其中，图 8-5 (a) 为外伸支承方式，图 8-5 (b) 为悬臂支承方式示意图。双支承方式的结构简单，可缩短轴系的轴向长度，但是这种支承方式的刚性比较差。

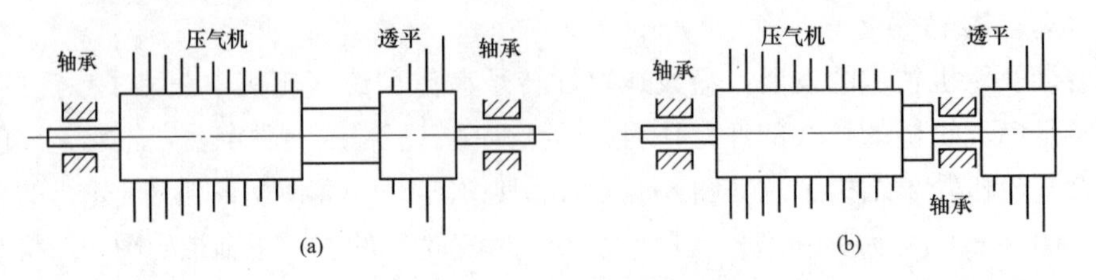

图 8-5 燃气轮机转子双支点支承方式示意图

(a) 外伸支承；(b) 悬臂支承

(2) 三支点结构。如图 8-6 所示为大功率燃气轮机转子系统的三支点支承方式示意。与双支点外伸支承的转子相比较，三支点支承转子的刚性好，有利于压气机后几级采用较小的径向间隙，但多了一个轴承使结构更加复杂，且三个轴承同心度的偏差对转子临界转速也有影响，因此对同心度的要求高，这给机组安装、调整及检修带来极大不便，也影响运行的稳定性。

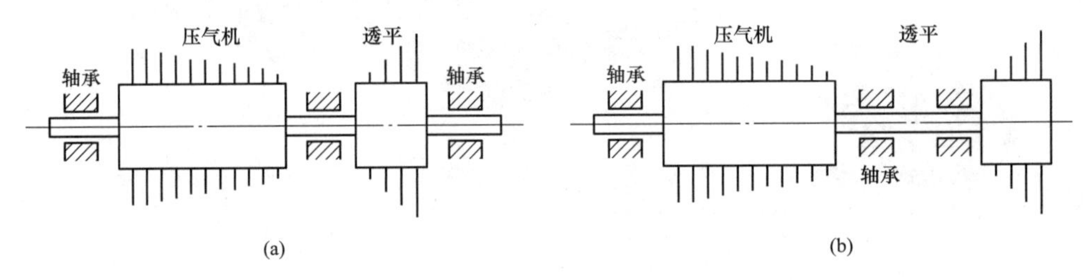

图 8-6 燃气轮机转子三支点支承方式示意

(a) 外伸支承；(b) 悬臂支承

4. 燃气轮机支架结构

(1) 支架应满足的要求。支架将整台燃气轮机支托在其底盘上。燃气轮机支架的结构和布置一般均应满足下列几点基本要求：

1) 支架固定应牢固、稳定、振动小，能承受各种可能力的作用，即机组的重量、旋转倾覆力、轴向力和振动力等。

2) 机组前后两端的支架应靠近轴承座，支架之间的轴向距离应近些，使气缸保持良好的刚性。

3) 支架处机组的热膨胀不受阻碍，机组在工作时能保持中心不变。

4) 机组转子在输出端即负荷联轴器处的轴向热膨胀位移量应小。

(2) 绝对死点的位置选取。在考虑机组的排列方式和安装结构时，在满足气缸刚性的前提下，气缸的支承点的数目应尽量减少，还应确保机组在各种工况下的热膨胀自由和热态对中，即机组中心线的位置保持不变。同时，中心线上还应有一个点的轴向位置相对于地面保持不变，这个点称为“(绝对) 死点”。对于单轴机组，其绝对死点常设在温度较低的功率输出端，以减少减速齿轮或输出端联轴器的热胀补偿；分轴机组的绝对死点则常设在低压动力透平端。

绝对死点的选取必须与转子的相对死点统一考虑，应注意各种工况下动静部分的胀差，以保证机组能高效、安全地运行。绝对死点的支架形式和结构，应结合气缸的滑销系统一并考虑，确保气缸的中心线在任何工况下都与机组中心线保持不变。绝对死点处的气缸支架的支承面高度应力求接近机组中心线，以便确保气缸支承面与机组中心之间的距离在热态时变化不大。

（3）支架的型式。燃气轮机支架的型式主要有弹性板支承、支座支承、支座和弹性板支承三种。

燃气轮机的两端都用支座支承时，支承方式具有如下特点：支座位于机组两侧，一般有四个支座；支座支承的气缸下半部靠近水平中分面处有专门的支承面，支座就支承在该处；支承面能够滑动，以便气缸能自由热膨胀。全部采用支座支承的机组，往往需要多种膨胀导键以保证机组热对中，主要用于小型燃气轮机中。

当冷端为机组死点时，不少机组采用支座支承和弹性板支承方式。这种支承方式的特点为：一般在冷端用支座支承，热端用弹性板支承；机组在压气机进气端的支座一侧一个，在该处静子底部中央有一搭耳，用一长螺栓与一侧的支座固紧，确保该处机组中心不会左右移动，以形成可靠的机组死点；热端两侧的弹性支板在机组的横向能做弹性变形，允许机组沿轴向及左右两侧自由热膨胀，在弹性摇板处气缸底部有纵向导键，保证机组中心不会左右偏歪。

此外，中、大型机组的进、排气管道的体积和重量都比较大，安装时应妥善考虑它们与气缸的连接方式。当进、排气道相当长时，管道与气缸不应刚性连接，并设置各自的支架来支承本身的重量和确保自由膨胀，以避免由于进、排气管道给气缸带来附加推力而引起气缸变形，从而产生转子与静子摩擦，甚至造成机组强烈振动等故障。

（4）底盘结构。电站燃气轮机的支承一般都是固定在底盘上的。底盘结构的好处是：便于机组的装箱运输及工地安装；可把附属设备安装在底盘上，使机组紧凑和减少安装工作量。

通常，往往把润滑油箱坐落在底盘中，使底盘所占的空间得到较好的利用。因此，底盘在各种燃气轮机中得到了广泛的应用。

由于底盘是支撑和固定燃气轮机的，因此它应具有良好的刚性；其次还应重量轻，使燃气轮机的总重量不致因底盘而增加很多。底盘一般用工字钢、槽钢、钢板等拼焊而成，其中工字钢由于刚性好而用得较多。在支承燃气轮机的部位，底盘的刚性应比其余部分强。

5. 燃气轮机的轴承和轴承座结构

（1）轴承。燃气轮机轴承，包括支持轴承和推力轴承。支持轴承的形式主要有：圆柱形轴承、椭圆形轴承、多油楔轴承和可倾瓦轴承。

（2）轴承座。轴承座是安装和固定轴承用的，首先它把轴承所受的转子径向力及轴向力传至机组的静子，因此，轴承座应该有足够的刚度和强度；其次，轴承座应能将润滑油导致轴承中去润滑和冷却轴承，润滑后的润滑油又在轴承座底部汇集起来，回至润滑油箱中循环使用。燃气轮机轴承座主要有如下两种形式：

1）直接与气缸等相连接的轴承座。这是指轴承座与气缸等静子铸成一整体，位于压气机进气端的轴承座常用这种形式。

2）放置在气缸等静子的水平法兰上的轴承座。

6. 燃气轮机的冷却系统结构

大功率电站用燃气轮机的单机功率越来越大，透平燃气初温越来越高，例如，F级燃气轮机的透平燃气初温已高达1400℃。为了保证透平机组的安全可靠运行，必须对透平的相关部件进行冷却，燃气轮机透平冷却分为静叶冷却和转子冷却。如图8-7所示为某型大功率电站燃气轮机冷却空气流程图。

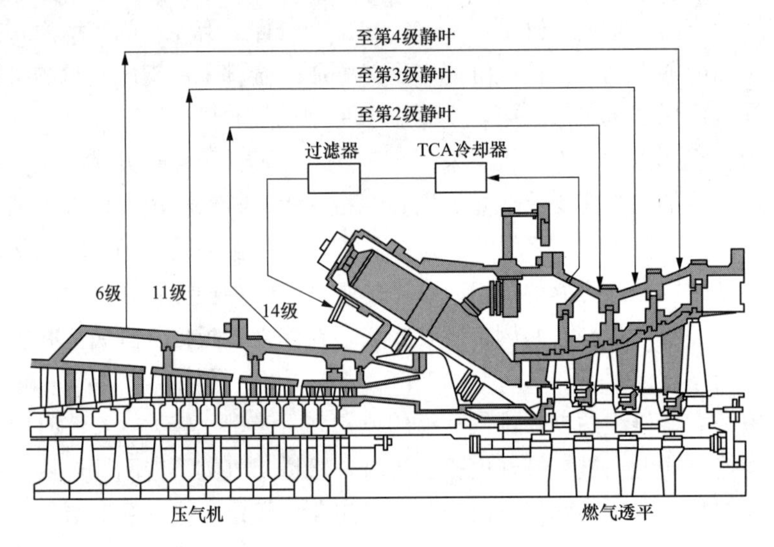

图8-7 某型燃气轮机冷却空气流程图

燃气轮机冷却分为透平静叶冷却和透平动叶冷却：

（1）透平静叶冷却。透平静叶冷却是利用压气机第17级出口的冷却空气经燃烧室火焰筒周围的空腔引入第1级静叶持环，再流入第1级静叶内部的冷却通道，从静叶出气边小孔排至主燃气通道。同时，从压气机第14、11、6级的抽气经过透平外气缸与静叶持环之间的空间，分别被引入第2、3、4级空心静叶的内部冷却通道。冷却静叶后，第2、3级静叶的一部分冷却气从静叶出气边小孔排至主燃气通道，另一部分进入密封环腔室；而第4级静叶的冷却气全部进入密封环腔室。

（2）透平动叶冷却。透平的动叶冷却是将外部冷却器的冷却空气分成两路，其中一路冷却空气经第1级轮盘上的径向孔引至第1级动叶根部，再进入第1级动叶内部的冷却通道，从叶顶和出气边小孔排至主燃气通道；另一路冷却空气经第1级轮盘上的轴向流道引至第2、3级轮盘之间的空腔，经动叶槽底部的径向孔去冷却第2、3级动叶的叶根和轮缘，同时通过内部冷却通道冷却叶片后从叶顶和出气边小孔排至主燃气通道。由于燃气轮机工作条件最为恶劣的零部件是透平第1级静叶和动叶，因此透平第1级静叶和动叶的冷却最为重要，如图8-8所示。

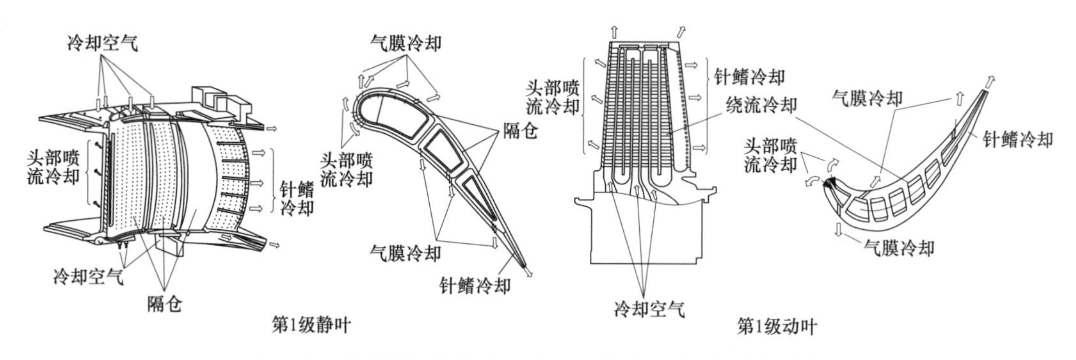

图 8-8 某型燃气轮机透平第 1 级静叶和动叶的冷却结构

二、燃气轮机发电机组运行特点

1. 燃气动力循环特点

燃气轮机以连续流动的气体（空气和燃气）为工作介质，把燃料燃烧的热能转换为机械功。燃气轮机动力循环过程如图 8-9（a）所示：外界大气环境的空气从燃气轮机的压气机吸入，经过轴流式压气机逐级压缩增压后被压送到燃烧室与喷入的燃料混合燃烧，生成的高温高压燃气进入到透平中膨胀做功，推动透平带动压气机和外负荷转子一起高速旋转，从而实现燃料的化学能到机械功的转化，从透平中排出的废气排至大气自然放热。

燃气轮机工作介质的理想热力循环是由四个典型的热力学过程组成的布雷登（Brayton）循环，其温-熵（$T-S$）图如图 8-9（b）所示：工作介质从状态点 1 变化至状态点 2 的绝热压缩（理想情况下为定熵压缩）过程；状态点 2 变化至状态点 3 的定压燃烧吸热过程；状态点 3 变化至状态点 4 的绝热膨胀（理想情况下为定熵膨胀）过程；状态点 4 变化至状态点 1 的定压放热过程。

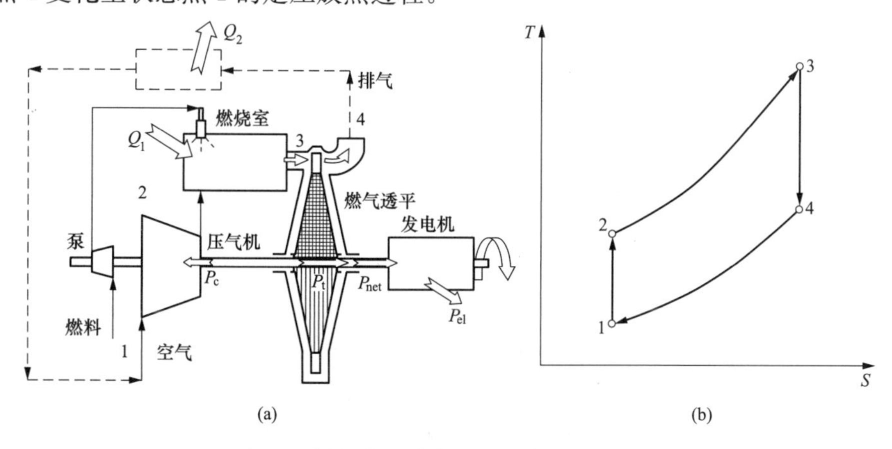

图 8-9 燃气轮机动力循环示意图和温-熵图

（a）动力循环示意图；（b）温-熵（T-S）图

Q_1—循环吸热量；Q_2—循环放热量；P_t—燃气在透平中产生的功率；P_c—驱动压气机用功率；P_{net}—燃气透平输出的净功率；P_{el}—发电机输出的电功率

2. 影响燃气轮机机组输出功率的热力学因素

（1）透平的功率计算。由图 8-9（b）可知，燃气在透平中产生的功率 P_t 可计算为：

$$P_t = \dot{Q}(h_3 - h_4) = \dot{Q}c_p(T_3 - T_4) \tag{8-1}$$

式中 P_t——燃气轮机输出的理想功率，kW；

$\dot{Q}$——燃气的质量流量，kg/s；

h_3——燃烧器出口（燃气透平入口）高温燃气的焓值，kJ/kg；

h_4——燃气透平排气的焓值，kJ/kg；

c_p——空气的定压比热容，kJ/(kg·K)；

T_3、T_4——燃气透平进、出口燃气的热力学温度，K。

（2）压气机消耗的功率计算。

由图 8-9（b）可知，压气机消耗功率 P_c 为：

$$P_c = \dot{Q}(h_2 - h_1) = \dot{Q}c_p(T_2 - T_1) \tag{8-2}$$

式中 P_c——压气机消耗的理想功率，kW；

h_2——压气机出口空气的焓值，kJ/kg；

h_1——压气机入口空气的焓值，kJ/kg；

T_1、T_2——压气机进、出口空气的热力学温度，K。

（3）燃气轮机输出的净功率计算。燃气轮机输出的净功率 P_{net} 为：

$$\begin{aligned} P_{net} &= \dot{Q}[(h_3 - h_4) - (h_2 - h_1)] = \dot{Q}c_p T_3\left[1 - \frac{T_4}{T_3} - \frac{T_2}{T_3} + \frac{T_1}{T_3}\right] \\ &= \dot{Q}c_p T_3\left[1 - \pi^{\frac{1-\kappa}{\kappa}} - \frac{\pi^{\frac{\kappa-1}{\kappa}}}{\tau} + \frac{1}{\tau}\right] \end{aligned} \tag{8-3}$$

式中 P_{net}——燃气轮机输出的净功率，kW；

τ——空气在燃气轮机中的升温比，$\tau = T_3/T_1$；

π——空气在压气机中的增压比，$\pi = p_2/p_1$；

κ——空气的绝热指数。

从式（8-3）可以看出，燃气轮机机组输出的净功率大小与下列因素有关：

1）空气在压气机中的增压比 π。

2）空气在燃气轮机中的升温比 τ。

3）燃气初温大小 T_3。

4）燃气的质量流量 $\dot{Q}$。

如果由于某种原因，导致上述某个因素或几个因素变化，将可能使燃气轮机机组输出的净功率下降、接近于零甚至小于零，从而使燃气轮机出现故障。

（4）发电机输出的电功率计算。发电机输出的电功率 P_{el} 为：

$$P_{el} = \eta_g \dot{Q}c_p T_3\left[1 - \pi^{\frac{1-\kappa}{\kappa}} - \frac{\pi^{\frac{\kappa-1}{\kappa}}}{\tau} + \frac{1}{\tau}\right] \tag{8-4}$$

式中 P_{el}——发电机组输出的电功率，kW；

η_g ——发电机的效率。

（5）燃气轮机输出功率特点。通常在燃气轮机发电机组中，压气机是由燃气透平膨胀做功来带动的，它是透平的负载。在简单循环中，透平发出的机械功有 1/2 到 2/3 左右用来带动压气机，其余的 1/3 左右的机械功用来驱动发电机。在燃气轮机起动的时候，首先需要外界动力，一般是起动机带动压气机，直到燃气透平发出的机械功大于压气机消耗的机械功时，外界起动机脱扣，燃气轮机才能自身独立工作。

3. 燃气轮机机组运行过程的载荷特性

燃气轮机运行中的常见异常工况包括：启停工况、负荷快速变动工况、甩负荷工况和紧急停机工况。

（1）启停工况。燃气轮机的启动包括发启动令、清吹、点火暖机、升速、并网带负荷五个阶段；燃气轮机的停机分为降负荷、解列、空载冷却、打闸惰走、投盘车五个阶段。燃气轮机每次正常启动和停机时，热端部件经受了剧烈的温度变化过程，经历了从加热膨胀到冷却收缩的周期性变化。在两班制运行模式下，作为调峰机组的燃气轮机通常要经过频繁的启动和停机过程，这使透平热端部件承受因燃气温度的快速变化而引起的热冲击，产生热应力，必然会导致热端部件材料疲劳，在某些应力集中部位产生裂纹。高温环境使金属材料发生蠕变，从而缩短热端部件的使用寿命。

（2）负荷快速变动工况。当发电模块的负载大幅度突增或突减时，会造成动力涡轮负载的变化，从而导致转速的急剧变化。当负荷突然大幅度减小，在动力涡轮转速回落至额定转速的过程中，容易出现因动力涡轮转速上升过快超出限定转速，造成燃机超速，对热端部件造成损坏。负荷急剧变化的同时，进入燃烧室的燃料也会发生突变，可能导致燃烧室内的温度出现严重不均匀，产生局部热应力。

（3）甩负荷工况。由于终端用户用电负荷减小（例如大型用电设备故障或大面积区域线路故障断电），燃气轮机发电厂的发电量超过输送给用户的量，此时要求发电厂将发电量减小到与实际负荷相适应的值；或是电厂内部的原因，供网出口断路器突然跳闸，发电机负荷突然掉到基本为零。

（4）紧急停机工况。与正常停机不同，只有打闸惰走和盘车投入两个阶段，包括保护动作的自动紧急停机和紧急情况下的手动紧急停机两种情况。在燃机处于转速超过 111％额定转速、叶片通道温度高于 680℃，或叶片通道温度偏差过大、排气温度过高等异常情况下会进行保护动作的自动紧急停机；而在燃气轮机满足自动紧急停机条件而保护未动作、轴承冒烟着火或者断油、调压站或者油压系统大量泄漏等紧急情况时需要进行手动紧急停运。

4. 异常工况下燃气轮机热端部件寿命损耗

常见异常工况下，热端部件的寿命损耗机理主要包括：

（1）疲劳损伤。疲劳损伤是指在循环载荷过程中的损伤累积，一般分为高周期疲劳和低周期疲劳。高周期疲劳和低周期疲劳又统称为机械疲劳，在燃气轮机热端部件中，高周疲劳很少发生，通常在设计阶段就已经避免；低周疲劳是限制热端部件寿命的主要失效模式。低周疲劳是指失效循环次数少、循环过程中物体受力大的疲劳失效模式。在燃气轮机发电机组运行中，热端部件需要承受巨大的离心应力、热应力和弯曲应力，都会产生较大的疲劳失效。实际在运行过程中，疲劳往往是以复合的形式出现的，即在一个低周疲劳循环中存在很多由振动引起的高周疲劳，使得热端部件的寿命大大的缩短。

在燃气轮机发电机组中，还存在一种热疲劳，热疲劳是指在未施加外在机械力的情况下，仅仅由于热影响而引起的疲劳失效。在燃气轮机启动-变工况-停止过程中，涡轮热端部件要经历几次急剧的温度变化，使这些部件的材料内部形成较大的温度梯度。由于这些材料的热膨胀程度不同相互之间产生约束，因而形成较大的热应力。

（2）蠕变损伤。燃气轮机热端部件工作在高温高压高转速条件下，高温高压使得热端部件的材料弹性性能降低塑性增加，高转速使得这些部件承受巨大的离心拉应力。在机组运行过程中，负荷快速变动产生巨大的拉应力使得热端部件产生不可恢复的塑性变形，当这些塑性变形超过材料本身的弹性形变时，将对这些热端部件产生巨大的损伤。蠕变损伤通常会与疲劳损伤交互作用，造成叶片蠕变—疲劳断裂失效，这种交互作用在长时间低频作用下尤为严重。

（3）腐蚀损伤。燃气轮机热端部件在工作中不仅受到热应力和机械应力的作用，还要受到来自湿空气、燃气流等影响，往往出现腐蚀损伤。在燃气轮机发电机组中，腐蚀损伤包括高温热腐蚀损伤和低温热腐蚀损伤。高温热腐蚀损伤通常发生在高温区域（800℃以上），往往出现在热端部件保护涂层破裂和脱落的位置；低温热腐蚀的机理与高温热腐蚀不同，通常产生的温度区间在500～800℃之间，同时要求燃气混合物中含有大量的SO_3。SO_3与涂层或合金元素的氧化物（如镍的氧化物）反应生成$NiSO_4$，$NiSO_4$与Na_2SO_4混合会降低Na_2SO_4的熔点，形成低熔点的$NiSO_4$-Na_2SO_4混合物。当合金表面有足够数量的共晶物时，就会形成一条迅速扩散的通道而加速腐蚀。腐蚀损伤受燃料的类型、纯度和燃料所需空气的质量影响很大，与缺少沉积的相同气体环境中发生的合金腐蚀相比，热腐蚀破坏总是更为严重。沉积作用影响小的合金材料，这种损伤最初是最轻的，但最终由沉积引起的损伤机理导致腐蚀速率增加一个数量级或更多。

第二节 燃气轮机常见故障与寿命损耗诊断方法

一、燃气轮机常见故障诊断方法

1. 基于振动信号检测的故障诊断方法

燃气轮机为旋转机械，设备状态与振动信号特征有良好的映射关系，提取振动信号特征，建立诊断模型，可诊断燃气轮机发电机组的部分故障。

利用振动信号诊断燃气轮机发电机组故障的基本思路为：

（1）振动监测系统构建。振动监测系统构建的基本任务是：根据燃气轮机发电机组转子系统的动力学特性，选择合适的振动传感器（包括振动位移传感器、振动速度传感器、振动加速度传感器)，在机组的转子-支承系统的合适位置安装振动传感器；正确选择振动信号采集设备和信号分析软件；现场安装振动信号检测硬件系统。

(2) 故障诊断模型建立。故障诊断建模的基本内容包括：根据转子动力学、机械振动学的原理，构建起机组典型振动故障与振动信号特征的映射关系，如图 8-10 所示；将该映射模型转换为诊断软件，并与振动监测硬件系统、信号分析软件集成。

本节内容中所述的故障诊断用映射模型，可用多种数学方法来实现，如人工神经网络模型、故障树模型、模糊数学模型、灰色理论模型和产生式推理模型等。

(3) 振动信号实时检测与特征提取。振动信号实时检测与特征提取指实时检测机组的振动信号，对振动信号进行适当的处理，提取机组振动的特征，包括振动信号的时域波形特征、频谱特征、轴心运动轨迹特征、瀑布图特征、振动与转速的关系特征、振动随机组负荷的关系特征、振动随燃气初温的关系特征等。

(4) 机组振动实时监测与故障诊断。机组振动实时监测与故障诊断指利用实时提取的机组振动信号特征，按照相关标准评价机组的振动状态，利用诊断模型诊断出机组存在的故障；并根据机组历史数据，预测故障状态的发展趋势。

利用该方法可以诊断燃气轮机发电机组的下列故障：压气机喘振故障、转子系统机械故障、轴承故障和发电机故障。

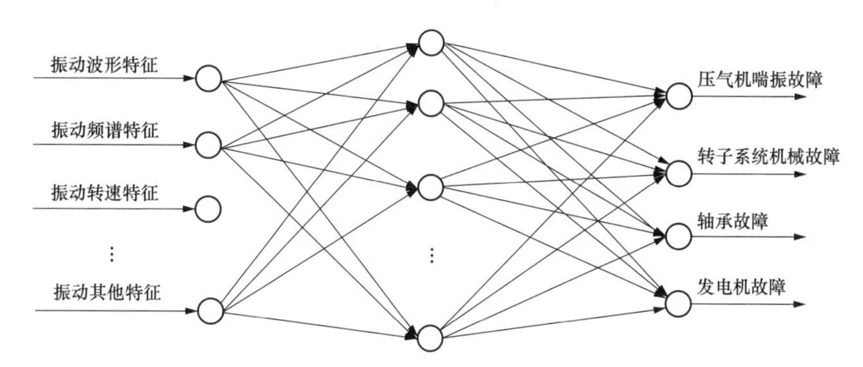

图 8-10 基于振动信号检测的故障诊断模型

2. 基于流体参数信号检测的故障诊断方法

燃气轮机工作介质为流体(液体或气体)，设备状态与流体的特征参数(温度，压力，流速，流量)特征有良好的映射关系，通过检测流经机组各设备的流体参数信号，提取流体参数的特征，建立诊断模型(如图 8-11 所示)，可诊断燃气轮机发电机组的部分故障。

这里所述的流体参数特征，主要包括：流体参数的幅值变化趋势特征、幅值波动特征；流体参数的脉动频率分布特征；流体参数的空间分布特征；流体参数随机组转速、负荷变化的关系特征等。

参照基于振动信号检测的故障诊断方法的基本思路，构建起基于流体参数检测的故障诊断系统，实施机组的故障诊断。利用该方法可以诊断燃气轮机发电机组的下列故障：压气机喘振故障、燃烧室燃烧故障、轴承故障和透平热力故障。

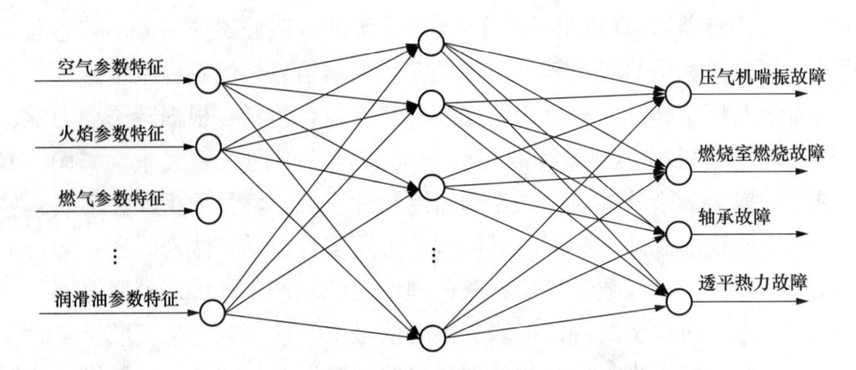

图 8-11　基于流体参数信号检测的故障诊断模型

3. 基于温度信号检测的故障诊断方法

燃气轮机为热力机械，设备状态与各部件的温度分布特征有良好的映射关系，提取各部件的温度分布特征，建立诊断模型（如图 8-12 所示），可诊断燃气轮机发电机组的部分故障。

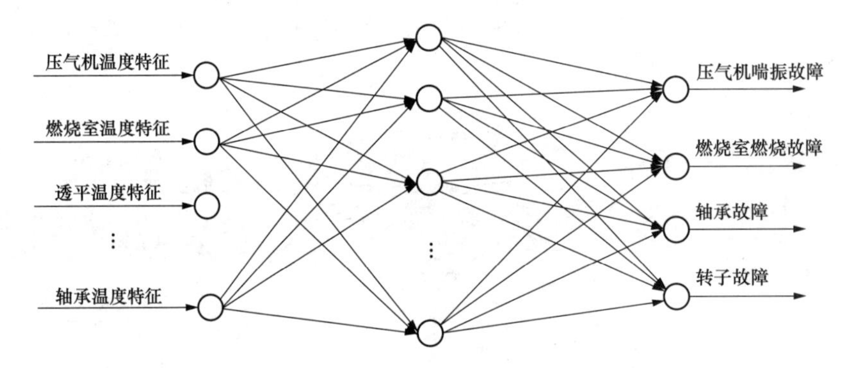

图 8-12　基于部件温度参数信号检测的故障诊断模型

这里所述的燃气轮机各部件温度参数特征，主要包括：部件温度的幅值变化趋势特征、幅值波动特征；部件温度的波动特征；部件温度的空间分布特征；部件温度参数随机组转速、燃气初温、机组负荷的关系特征等。

参照基于振动信号检测的故障诊断方法的基本思路，构建起基于部件温度参数检测的故障诊断系统，实施机组的故障诊断。利用该方法可以诊断燃气轮机发电机组的下列故障：压气机故障、轴承故障、燃烧室燃烧故障和转子故障。

4. 基于噪声信号检测的故障诊断方法

燃气轮机为高速旋转的热动力机械，运行时会产生大量噪声，这些噪声包括机械振动噪声、摩擦噪声、流体流动产生的噪声、发电机组电磁噪声等。机组的状态变化，势必会引起总体噪声的等级变化、噪声的成分的变化。因此，设备状态与所发出的噪声特征有良好的映射关系，提取其周围的噪声分布特征，建立诊断模型（如图 8-13 所示），可诊断燃气轮机发电机组的部分故障。

这里所述的燃气轮机噪声参数特征，主要包括：噪声强度（包括声压级、声强级、声功率级等）变化趋势特征；噪声信号频率分布特征；噪声信号小波谱特征；噪声强度的空间分布特征；噪声强度随机组转速、机组负荷的关系特征等。

参照基于振动信号检测的故障诊断方法的基本思路，构建基于噪声信号检测的故障诊断系统，实施机组的故障诊断。利用该方法可以诊断燃气轮机发电机组的压气机故障、轴承故障、燃烧室燃烧故障和转子故障。

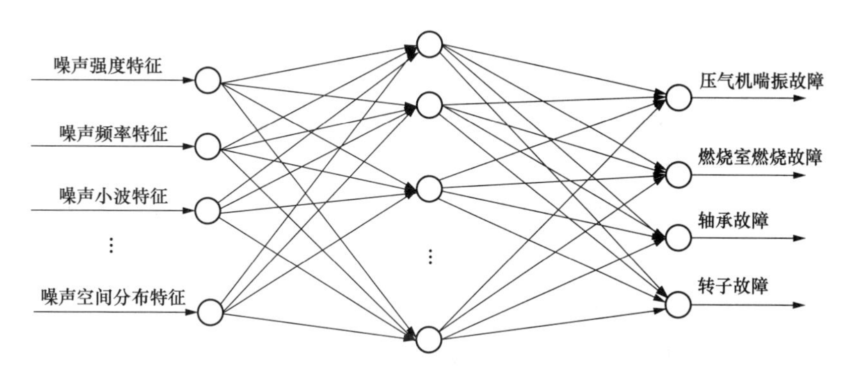

图 8-13　基于噪声信号检测的故障诊断模型

二、燃气轮机热端部件寿命损耗评估方法

1. 热端部件寿命损耗计算模型

燃气轮机中的热端部件是在燃气轮机运行过程中构成高温燃气流通通道的高温部件，主要包括：火焰筒、过渡段、联焰管、透平第1级静叶、透平第1级动叶、透平第1级复环等承受很高工作温度的Ⅰ类高温部件，以及透平第2级至第4级的动叶、静叶和复环等承受较高温度的Ⅱ类高温部件。由于不同的燃气轮机热端部件在相同工况变动条件下，寿命损耗程度也存在一定差异，因此在计算热端部件的寿命损耗时，不同热端部件的寿命损耗程度用寿命损耗差异性系数 α 表示。燃气轮机热端部件的寿命损耗用等效运行小时进行量化时，对于Ⅰ类高温部件 α 取值 20，对于Ⅱ类高温部件 α 取值 10，常见异常工况下的等效运行小时计算如下：

（1）启停工况下的等效运行小时数：

$$T_c^i = \alpha\beta_c N_c \tag{8-5}$$

式中　T_c^i——燃气轮机发电机组正常启停工况下的等效运行小时数；

β_c——启停工况的热端部件寿命折算系数；

N_c——启停工况次数。

（2）甩负荷工况下的等效运行小时数：

$$T_r^i = \alpha\beta_r N_r \tag{8-6}$$

式中　T_r^i——燃气轮机发电机组甩负荷工况下的等效运行小时数；

β_r——甩负荷工况的热端部件寿命折算系数；

N_r——甩负荷工况次数。

（3）紧急启停工况下的等效运行小时数：

$$T_j^i = \alpha\beta_j T_j \tag{8-7}$$

式中　T_j^i——燃气轮机发电机组紧急停机工况下的等效运行小时数；

β_j——紧急启停工况的热端部件寿命折算系数；

T_j——紧急启停工况次数。

（4）负荷快速变动工况下的等效运行小时数：

$$T_k^i = \alpha\beta_k T_k \tag{8-8}$$

式中　T_k^i——燃气轮机发电机组负荷快速变动工况下的等效运行小时数；

β_k——负荷快速变动工况的热端部件寿命折算系数；

T_k——负荷快速变动工况次数。

燃气轮机热端部件的等效运行总小时数 T_E 为各工况下等效运行小时数之和，即

$$T_E = \sum T_P^i + \sum T_c^i + \sum T_r^i + \sum T_j^i + \sum T_k^i \tag{8-9}$$

式中　T_E——燃气轮机热端部件的等效运行小时数；

$\sum T_P^i$——所有燃气轮机发电机组带稳定负荷运行工况下的等效运行小时数之和；

$\sum T_c^i$——所有燃气轮机发电机组启停工况下的等效运行小时数之和；

$\sum T_r^i$——所有燃气轮机发电机组甩负荷工况下的等效运行小时数之和；

$\sum T_j^i$——所有燃气轮机发电机组紧急停机工况下的等效运行小时数之和；

$\sum T_k^i$——所有燃气轮机发电机组负荷快速变动工况下的等效运行小时数之和。

2. 异常工况定量特征计算方法

为了定量计算燃气轮机热端部件的等效运行小时数，首先对燃气轮机异常工况的电负荷变化率进行量化定义，即：电负荷变化率是指单位时间内燃气轮机电负荷的变化量，用公式表示为

$$P'_{el} = \frac{dP_{el}}{dt} \tag{8-10}$$

式中　P'_{el}——燃气轮机电负荷变化率；

t——负荷变化的时间。

燃气轮机异常工况的定量特征及热端部件 EOH 计算系数见表 8-1，其中 n 为燃气轮机实际转速，n_0 为燃气轮机额定转速，P'_{el} 为燃气轮机每分钟的电负荷变化率，$P_{el,0}$ 为燃气轮机发电机的额定负荷。

表 8-1　燃气轮机异常工况的定量特征及热端部件 EOH 计算系数

序号	异常工况	定量特征	热端部件的 EOH 计算系数
1	启停	$(n/n_0) < 0.95$， $(0.005P_{el,0}) < \lvert P'_{el} \rvert < (0.08P_{el,0})$	$\beta_c = 0.1$
2	负荷快速变动	$0.95 \leqslant (n/n_0) < 1.05$， $(0.05P_{el,0}) < \lvert P'_{el} \rvert < (0.08P_{el,0})$	$\beta_k = 0.2$

续表

序号	异常工况	定量特征	热端部件的EOH计算系数
3	甩负荷	$1.05 \leqslant (n/n_0) < 1.1$， $P'_{el} < (-0.08P_{el,0})$	$\beta_r = 3.0$
4	紧急启停	$(n/n_0) \geqslant 1.1$， $P'_{el} < (-0.08P_{el,0})$	$\beta_j = 3.0$

3. 热端部件使用寿命监测

燃气轮机热端部件使用寿命监测系统的基本结构如图 8-14 所示，主要组成单元包括：信号传感器、信号变送单元、数据采集模块、分析评估单元和显示单元。其中信号传感器将燃气轮机机组运行的转动速度、电负荷等监测参数，通过信号变送单元进行信号放大、滤波、转换等前置处理，然后由数据采集单元传送至分析评估单元；分析评估单元按照前文提出的燃气轮机热端部件等效运行小时计算方法，分析计算对燃气透平热端部件的等效运行小时数，从而实现燃气透平热端部件的剩余寿命分析和评估。

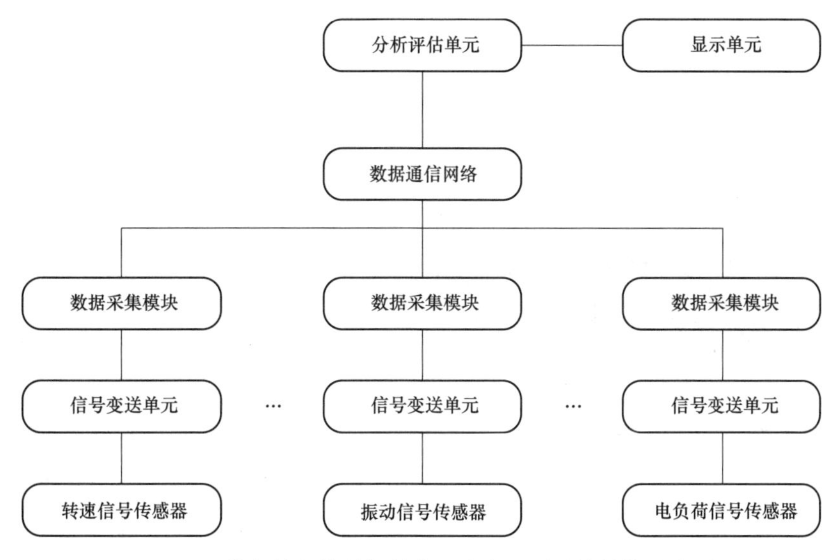

图 8-14 燃气轮机热端部件使用寿命监测系统结构示意图

第三节 燃气轮机热悬挂故障案例分析

一、燃气轮机热悬挂故障背景

与蒸汽轮机动力循环装置不同的是，燃气轮机动力循环的工质压缩过程和膨胀做功过程是在同一根转子系统上完成的。在燃气轮机启动过程中，作用在转子的力矩如图 8-15 所示，其中，透平发出的扭矩 M_T 加上启动装置所提供的扭矩 M_N 是动力矩，而带动压气机所需要的力矩 M_C 和克服摩擦所需力矩 M_f 之和为阻力矩，动力矩与阻力矩之差是用于燃气轮机加速（升速）的剩余力矩 M ：

$$M=(M_T+M_N)-(M_C+M_f) \tag{8-11}$$

通常认为，燃气轮机是否会发生热悬挂主要取决于燃气轮机的加速剩余力矩和加速过程中的燃料基准行程（fuel stroke reference，FSR）的控制，加速剩余力矩 M 大，燃气轮机升速快，反之则转速停止上升，发生热悬挂。导致剩余力矩 M 偏小甚至为负的因素，可能是压气机故障使 M_C 增加；也可能是透平故障使 M_T 减小；也可能是启动装置脱扣使得扭矩 M_N 为零；还有可能是 FSR 控制不当，导致燃油量过多，使排气温度过高，机组过早进入温控，阻止燃油流量增加，限制透平发出的扭矩 M_T 。

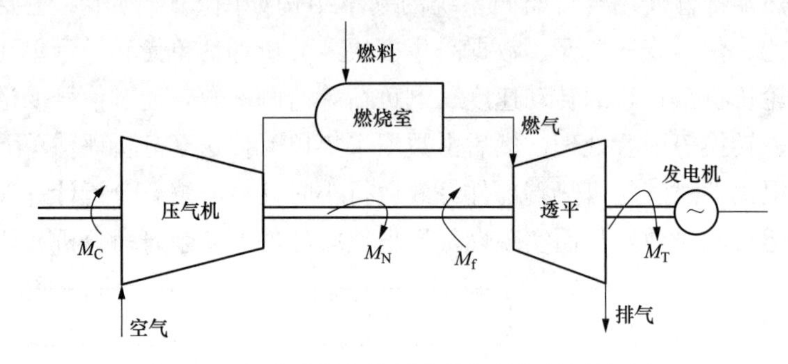

图 8-15　启动过程中作用在燃气轮机转子的力矩

根据统计资料分析发现，不同类型的燃气轮机发电机组在启动过程中均曾发生过热悬挂故障。热悬挂故障是燃气轮机发电机组的特有故障，也是常见故障。一旦机组发生热悬挂故障，对机组安全经济运行构成严重不良影响。

二、燃气轮机热悬挂故障经过

某电厂一台 SGT5-4000F（4＋）型燃气轮机发电机组曾发生热悬挂故障。热悬挂故障发生的大致经过为：该 SGT5-4000F（4＋）型燃气轮机发电机组在某次停机后，根据电网负荷调度需要快速投入运行。运行人员备车完毕后，开始启动燃气轮机；经过第一阶段启动电动机工作，燃气轮机转速上升到额定转速的 20%；随后，按控制系统设定进行点火、喷油；点火成功后，燃气轮机转速开始上升，但压气机转速最高达到 4133r/min 即停止上升，无法达到慢车转速 4600r/min；随后，机组转速开始下降，控制系统执行停机程序，同时控制系统监控平台显示“启动失败”报警。机组本次启动过程中，压气机转速随时间变化曲线如图 8-16 所示。

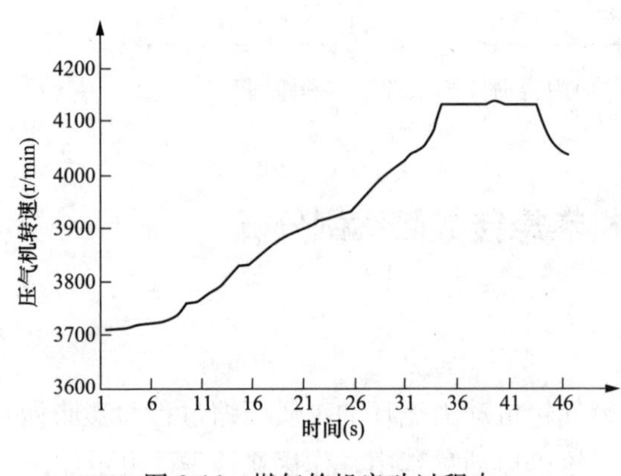

图 8-16　燃气轮机启动过程中压气机转速变化曲线

三、燃气轮机热悬挂故障诊断

热悬挂故障发生后，现场工程技术人员查阅了机组的历史启动数据，并对历史数据进行分析，从历史数据中提取机组的故障特征。

1. 环境温度与启动时的燃油量匹配特征

上一次启动时的环境温度为 22℃，而由于天气变化使得此次启动时环境温度只有 5℃。同时发现此次启动过程实际燃油压力最大只达到 5℃慢车工况运行时历史油压的 82.2%，燃油压力变化如图 8-17 所示。如图 8-17 所示可以发现，本次启动过程的燃油压力与环境温度不匹配，实际燃油压力低于该环境温度下所需要的燃油压力。

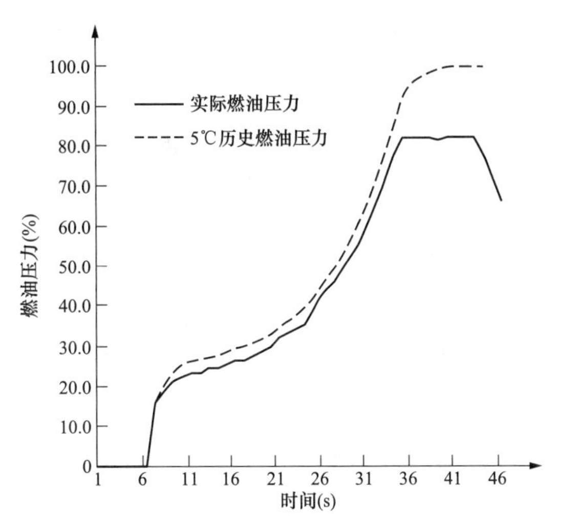

图 8-17 燃气轮机启动过程中燃油压力变化趋势对比

2. 燃油量设定值与需要值对比分析

根据历史数据分析，现场工程技术人员判断燃油调节系统提供的慢车油量为上一次启动环境温度（22℃）对应的油量，而在此次大气温度（5℃）下，燃油压力偏低，燃油量偏小。

3. 诊断结论

由于燃气轮机启动过程中燃油量偏小，导致透平发出的功率 P_t 和驱动力矩 M_T 偏小，使得转子上的剩余力矩 M 偏小甚至接近于零，使燃气轮机无法进入慢车工况，最终导致燃气轮机热悬挂故障。

根据分析结果，运行人员调整机械液压式燃油调节系统的慢车供油螺钉，增加慢车油量，而后再次启动机组，压气机顺利达到慢车转速，燃气轮机顺利进入慢车工况，启动成功。

四、燃气轮机热悬挂处理措施

根据工程实际经验，处理燃气轮机启动过程中因供油原因引起的热悬挂故障，可以遵循下列的基本处理措施：

（1）当机组启动过程中发生热悬挂故障时，若燃油压力偏低、排烟温度偏低，可以快速调节燃油调节系统的慢车供油螺钉。若调整慢车供油螺钉，增加油量而油压不上升，可判断燃油调节系统出现故障，应检查燃油调节系统，排除故障点，或者更换燃油调节系统，以保证机组快速投用。

（2）当机组启动过程中发生热悬挂故障时，若燃油温度正常或者偏高，且排烟温度偏高，此时严禁手动操作油门加油，为避免发生喘振及相应严重后果，应手动紧急停机。若机组为热态启动，应进行机组冷吹，待机组冷却下来后再次启动。若由于启动过程中燃油压力偏高，造成了热悬挂故障，应对燃油调节系统进行调节，以减少燃油供应量。

（3）大气温度越低，空气密度越大，为使燃气轮机达到一定的转速，压气机需消耗更多的功。因此为使燃气轮机启动顺利，启动燃油量应根据环境温度进行修正。

（4）机组计划停机后，应定期对机械液压式燃油调节系统进行检查和清洗，防止污染，避免造成燃油调节系统滑阀卡涩等故障，从而保证启动过程燃油供应正常，避免启动热悬挂故障发生。

第四节 燃气轮机燃烧振动故障案例分析

一、燃气轮机燃烧振动故障背景

燃烧振动主要是由火焰放热速率和燃烧室声压振动之间的耦合引起的，不稳定的放热会产生声音，声音会引起热释放速率的变化，热释放速率的变化又会影响燃烧室声场。燃烧振荡机理研究表明，当二者发生共振，就会引起强烈的燃烧振动。燃烧振动严重时，轻则使机组甩负部分荷，甚至跳机；重则迅速损坏燃烧器。燃烧振动的表现形式主要是燃烧器压力波动，其压力波动模式见表 8-2。

表 8-2 燃气轮机燃烧器压力波动模式

波动模式	机　　理	关联部件
亥姆霍兹模式的压力波动	热释放波动与燃烧空间相关，频段为 15～30Hz，该模式的波动受缸体容积影响	缸体
轴向压力波动	在燃烧区域上游的热释放与轴向的压力波动相关，频段为 60～300Hz，常发生在燃烧区域上游	燃烧器内筒和尾筒
周向压力波动	比邻燃烧器外壁区域的热释放与周向的压力波动相关，频段为 1400～5000Hz，常发生在燃烧器外壁区域	燃烧器内筒和尾筒

导致燃烧振动的因素很复杂，涉及燃烧调整原理及压力波动监测系统、燃气轮机及其附属机械系统，并与燃烧调整作业有关，详细分析见表 8-3。

现场经验表明，燃烧振动故障是燃气轮机的常见故障之一，一旦发生此类故障，将严重危及机组的安全稳定运行，造成比较严重的后果。

表 8-3 燃烧振动故障的主要影响因素

影响因素	具　体　原　因
压力波动监测系统	系统故障、系统误差、噪声干扰
燃料供应系统	天然气泄漏、天然气温度、天然气成分、天然气热值
空气供应系统	大气压力、大气湿度、大气温度、空气泄漏、空气阻力、透平空气温度、抽气量
燃烧器系统	燃烧器材质、燃烧器修理、燃烧器流量匹配试验、燃烧器运输、燃烧器现场安装
其他附属关联系统	支撑件刚性不足、附属装置部件有损伤
燃烧调整作业	燃烧调整作业程序、燃烧调整负荷计算、燃烧调整修正及补偿曲线选定、燃烧调整作业方法及裕度确认

二、燃气轮机燃烧振动故障过程

某电厂 390MW 级单轴联合循环机组按计划进行燃气轮机燃烧器定期检修，其结构如图 8-18 所示。检修前机组运行平稳；检修中将燃烧器内筒、尾筒更换为修理成品；检修后需进行燃烧调整，以使燃烧稳定、具有一定的安全裕度并达至满负荷。根据经验，在冬季条件下，燃烧调整应可达到满负荷 380MW 左右。实际上，当燃烧调整进行到 240MW 负荷时，20 个燃烧器的 HH2 频段（2400～2800Hz）燃烧压力波动普遍偏高；在 300～340MW 负荷段，压力波动幅值又升高。在此过程中，运行人员发现余热锅炉受热面严重泄漏，随后更换 3 个燃烧器内筒，但压力波动依然很大，振动转移到另外几个燃烧器上，最终只能稳定于 350MW 以下负荷运行。

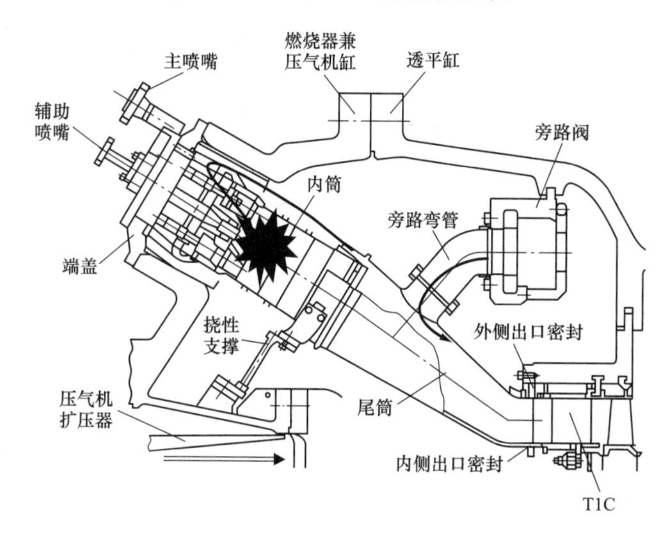

图 8-18 某型燃气轮机的燃烧器结构

三、燃气轮机燃烧振动故障诊断

1. 设备与检测系统缺陷检查

首先进行回路故障检查，12 号燃烧器传感器接线有部分破损，进行了处理；将 11、12 号燃烧器至压力波动信号功率放大器之间的接线对调后，发现 12 号燃烧器波动情况有少许好转；6、13、19 号燃烧器接线检查后，各燃烧器的压力波动情况无明显改善。对传感器校验后，未发现性能劣化、绝缘性能下降等现象，也无失电、断线等故障，传感器零输出正常。因此，排除了系统误差偏离过大的原因。

2. 机组作业程序检查

对机组的作业程序进行核查，确认作业程序无误。

3. 燃气轮机负荷计算

燃烧调整作业以燃气轮机负荷为基准，由于燃气轮机负荷无法通过直接测量得到，因此只能以机组总负荷减去蒸汽轮机负荷的方式来间接计算，而蒸汽轮机负荷是根据高中低压各种参数实时计算而得，因此，余热锅炉受热面严重泄漏将直接影响蒸汽轮机负荷，继而影响燃气轮机负荷的计算。随着调试进程，联合循环总负荷越来越高，锅炉泄漏也越来越大，使蒸汽轮机负荷（计算值）越来越小于实际应该达到的负荷值，导致燃气轮机计算负荷越来越偏大。根据该偏大的燃气轮机计算负荷进行燃料量与空气量的匹配调整，使得联合循环总负荷调整到 350MW 时，燃气轮机已达到满负荷出力，联合循环总负荷被限制。实践经验表明，在联合循环总负荷高的阶段，蒸汽轮机负荷偏差可以达到兆瓦级。

4. 燃烧振动故障的原因分析

根据分析结果，发现该机组发生本次燃烧振动故障的可能原因有：

（1）余热锅炉中压过热器两根管子泄漏较大，可能对燃烧调整产生了噪声干扰，使随机噪声偏高，燃气轮机计算负荷产生了偏离。

（2）燃烧调整过程中未对进气温度补偿进行修正，未能抑制不利影响。

5. 诊断结论

本次燃气轮机燃烧振动大导致机组限制发电负荷的初始起因就是余热锅炉中压系统泄漏大使蒸汽轮机计算负荷偏小、燃气轮机计算负荷偏高，由此泄漏所带来的外部噪声干扰是燃气轮机燃烧振动大、引起机组限负荷的后发诱因，而温度补偿函数未修正、调试方法简化也是引起燃烧振动大的重要影响因素。

四、燃气轮机燃烧振动故障处理

1. 建议处理方案

在余热锅炉漏点处理后重新进行燃烧调整；增加进气温度补偿函数修正，使燃烧调整更精细。为此，应分步试验，谨慎尝试，渐进求证。在充分评估风险的基础上，请经验丰富的燃烧调整人员进行操作，调整燃料与空气的供给比例，使燃烧振荡激励或阻尼避免进入发生振动的能量分布区域。

2. 故障处理效果

（1）第一次试调余热锅炉受热面泄漏点处理完毕，调试人员进行调试，解除自动调整负荷逻辑中最高负荷 350MW 限制，先后升负荷至 355MW、360MW，燃烧裕度有明显改善，虽然也出现了压力波动监测系统电脑自动补偿报警，但调试人员表示仍可继续升负荷调试。

（2）第二次调整重新进行燃烧调整，顺利升至满负荷 385MW，负荷摆动试验顺畅（从 385MW 降至 200MW，再升至 385MW）。整个过程中，机组运行正常，安全裕度明显改善。

（3）经一段时间观察，压力波动监测系统频繁补偿报警消失，机组转入正常运行。

第五节　压气机喘振故障分析

一、压气机喘振故障机理

压气机喘振是指气流沿压气机轴线方向发生的低频率、高振幅的气流振荡现象，压气机喘振现象的发生与气流脱离现象密切相关。由于叶轮的旋转，气流脱离现象会迅速扩大到整个压气机通道，使通道堵塞。由于前方气流堵塞，使得出口反压下降，当出口反压较低时，堵塞解除，被拥堵的气流一拥而下，于是进入压气机的空气流量又超过压气机后方所能排泄的流量，反压急剧上升，造成压气机内再次气流堵塞现象。气流交替堵塞、畅通，使得压气机工作点沿共同工作线向下移动超过喘振边界线（如图 8-19 所示），燃气轮机出现喘振现象。

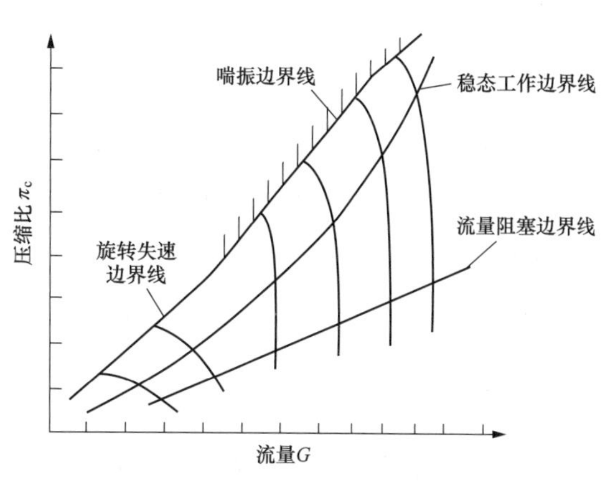

图 8-19 压气机通用特性曲线示意图

二、压气机喘振的影响因素

研究发现，对于多级的、高压缩比的轴流式压气机来说，导致喘振的因素主要有偏离设计工况、气流通道堵塞、环境因素等，如图 8-20 所示。

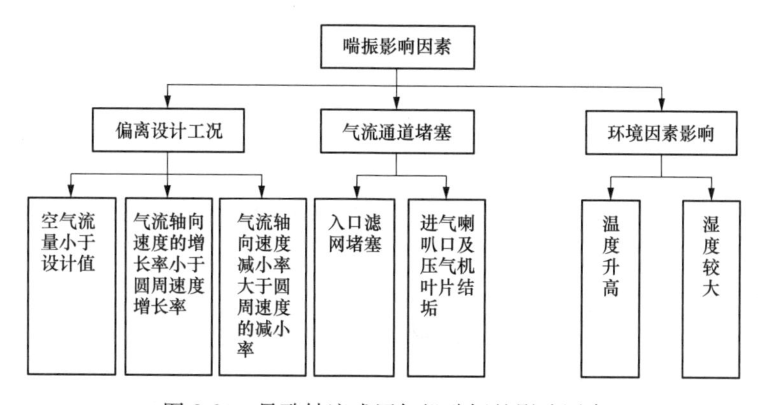

图 8-20 导致轴流式压气机喘振的影响因素

三、压气机喘振故障的典型特征

当压气机发生喘振故障时，转子及其支承系统、燃气轮机的缸体及其连接管道的振动会发生明显的变化，燃气轮机的工质参数也会发生改变，并且工质参数会发生脉动，在机组周围能够听到异音。压气机喘振故障的典型特征见表 8-4。

表 8-4　压气机喘振典型故障特征

故障特征类型	主 要 特 征
振动特征	喘振时，振动信号中不但有旋转频率成分，而且出现低频成分，且主要振动频率为 0～40Hz 之间的低频，甚至出现显著的 10Hz 以下的低频振动成分

续表

故障特征类型	主要特征
运行参数特征	空气压力和气流速度发生大幅波动；在喘振工况下，平均出口压力明显下降，压力与速度脉动的振幅则会大大增加；振动信号和压力信号的变化保持一致
其他特征	发生喘振时，压气机的空气流量会大幅度波动，甚至出现气流倒灌至吸气管道中的现象；喘振非常强烈时，会伴随有低而沉闷的“嗡嗡”声，严重时可能会有爆炸声；发生喘振时，透平的排气温度升高，透平功率下降

四、压气机喘振故障预防与处理措施

1. 预防措施

在发电用燃气轮机的设计阶段，可采用下列措施来预防压气机喘振的发生：

（1）安装可调导叶。在机组设计阶段，针对机组在启停过程中压气机可能偏离设计工况这一现实情况，在压气机进口安装流线型可调导叶（IGV），便于在机组启停过程中通过改变 IGV 角度来控制导流叶片出气角的大小和方向，调节前几级的静叶片出气角，防止压气机工作时偏离设计工况。

（2）压气机设置防喘阀。通过防喘阀，把空气从压气机中间级放出是改善压气机特性、扩大稳定工作范围的简单而有效的方法。防喘阀在燃气轮机起动和低转速范围内（即低增压比时）打开，当接近燃气轮机设计状态时就关闭。

2. 处理措施

如果燃气轮机在运行过程中发生了压气机喘振故障，可视具体情况采取下列措施来处理喘振故障：

（1）在燃气轮机启动过程中，适当推迟防喘放气阀的关闭时间。

（2）适当控制压气机进口导叶的开度。

（3）改变机组升速加载的调节规律。

（4）定期清洗压气机进气滤网。

（5）定期清洗压气机转子。

（6）加强进气空气质量的监控，确保进入压气机的空气的清洁度。

思考与讨论题

（1）大功率燃气轮机发电机组结构上有何特点？燃气轮机发电机组有哪些典型故障？

（2）大功率燃气轮机发电机组运行上有何特点？其运行特点与机组的典型故障有何关联关系？

（3）燃气轮机发电机组的故障诊断有哪些常用方法？这些诊断方法的原理是什么？

（4）多级压气机喘振故障的形成机理是什么？

(5) 为了改善压气机的工作特性，扩大压气机的稳定工作范围，避免喘振的发生，可以采取哪些有效措施?

(6) 燃气轮机启动过程中的“热悬挂”故障的机理是什么? 产生“热悬挂”故障的原因是什么?

(7) 采取什么技术手段可以在线监测与诊断“热悬挂”故障?

(8) 燃气轮机燃烧室燃烧故障的机理是什么? 产生燃烧故障的原因是什么?

(9) 如何开发燃气轮机压气机喘振故障在线监测与诊断系统?

(10) 如何开发燃气轮机燃烧室燃烧故障在线监测与诊断系统?

(11) 工程上一般有哪些常用措施可用来处理压气机喘振故障、燃烧故障和热“悬挂”故障?

参考文献

[1] 陈开胜. 西门子F级燃气轮机热悬挂的分析与处理 [J]. 燃气轮机技术，2016，29 (03)：53-56.

[2] 李宁坤，王朝蓬. 某涡轴发动机空中启动热悬挂分析 [J]. 工程与试验，2017，57 (02)：49-51.

[3] 魏昌淼，蔡其波，张再峰. 某工业型燃气轮机启动悬挂故障分析 [J]. 热力透平，2018，47 (03)：232-235.

[4] 张大中. 对燃气轮机运行中出现热悬挂的剖析 [J]. 热能动力工程，1991 (03)：139-145.

[5] 刘正宇. 6B燃机起动热悬挂现象的分析和应对 [J]. 燃气轮机技术，2004 (03)：57-60.

[6] Shi-sheng Zhong，Song Fu，Lin Lin. A novel gas turbine fault diagnosis method based on transfer learning with CNN [J]. Measurement，2019，137：435-453.

[7] 胡志鹏，何皑. 基于余弦定理的燃气轮机燃烧故障诊断方法 [J]. 燃气轮机技术，2019，32 (01)：21-25.

[8] 赵丽娟，周晓宇，杨帆. PG9351FA燃气轮机DLN2.0+燃烧室烧穿故障分析 [J]. 燃气轮机技术，2008 (03)：52-57.

[9] 叶仁杰. 9E型燃气轮机燃烧事故分析及预防 [J]. 浙江电力，2008 (03)：26-28.

[10] 孔舒尹. 燃气轮机燃烧故障原因与检修策略探究 [J]. 现代制造技术与装备，2017 (06)：87-88.

[11] P. L. Mendonça，E. L. Bonaldi，L. E. L. de Oliveira，G. Lambert-Torres，J. G. Borges da Silva，L. E. Borges da Silva，C. P. Salomon，W. C. Santana，A. H. Shinohara. Detection and modelling of incipient failures in internal combustion engine driven generators using Electrical Signature Analysis [J]. Electric Power Systems Research，2017，149.

[12] 王庆韧. M701F3型燃气轮机燃烧振动大的解决方案 [J]. 广东电力，2018，31 (03)：37-41.

[13] 崔卫，邵良，孟成，忻建华. 西门子V94.3A型燃气轮机喘振现象及原因分析 [J]. 华东电力，2012，40 (11)：2076-2078.

[14] 刘健鑫，任荣社，仇远旺. 燃气轮机压气机喘振故障分析与防喘方法研究 [J]. 内燃机与动力装置，2016，33 (06)：1-4+32.

[15] 张亚飞，张巍. 燃气轮机喘振故障诊断方法研究 [J]. 华东电力，2013，41 (02)：475-477.

[16] 宋光雄，张亚飞，宋君辉. 燃气轮机喘振故障研究与分析 [J]. 燃气轮机技术，2012，25 (04)：20-24.